河南省"十四五"普通高等教育规划教材
科学出版社"十四五"普通高等教育本科规划教材

动物生理学

朱河水　主编

科学出版社

北　京

内 容 简 介

本书首先从"何谓动物生理学？为何学习动物生理学？如何学习动物生理学？"三个方面阐述动物生理学的本质、意义和学习方法；其次从物质、能量、信息三个方面介绍了生命的组成单位——细胞；最后以系统为轴线，重点介绍了哺乳动物的血液生理、血液循环系统、呼吸系统、消化系统、体温调节系统、泌尿系统、神经系统、内分泌系统、生殖系统和泌乳系统，力求从系统论的角度分析机体内各系统的器官组成、相应功能和相互联系；尝试运用局部与整体统一、结构与功能统一、机体与环境统一的观点分析生命现象和内部机制。

本书可作为高等院校动物医学类、动物生产类等专业动物生理学课程的教材，也可作为相关行业从业人员的参考书。

图书在版编目（CIP）数据

动物生理学 / 朱河水主编. --北京：科学出版社，2025. 3. -- (河南省"十四五"普通高等教育规划教材) (科学出版社"十四五"普通高等教育本科规划教材). -- ISBN 978-7-03-081365-7

Ⅰ. Q4

中国国家版本馆 CIP 数据核字第 2025AK7110 号

责任编辑：林梦阳 / 责任校对：严　娜
责任印制：赵　博 / 封面设计：无极书装

科学出版社 出版

北京东黄城根北街 16 号
邮政编码：100717
http://www.sciencep.com

北京厚诚则铭印刷科技有限公司印刷
科学出版社发行　各地新华书店经销

*

2025年3月第　一　版　开本：787×1092　1/16
2025年9月第二次印刷　印张：16 1/4
字数：437 000

定价：69.80 元
（如有印装质量问题，我社负责调换）

《动物生理学》编写人员

主　　编　朱河水

副 主 编　韩立强　宋予震　王林枫　白东英

编　　委（按姓氏拼音排序）

白东英（河南科技大学）　　　蔡德敏（扬州大学）

陈　宇（河南农业大学）　　　郭　爽（河南农业大学）

韩立强（河南农业大学）　　　李月勤（河南牧业经济学院）

刘　洋（河南农业大学）　　　马彦博（河南科技大学）

庞　坤（信阳农林学院）　　　斯日古楞（内蒙古农业大学）

宋予震（河南牧业经济学院）　苏兰利（河南工业大学）

王林枫（河南农业大学）　　　杨彦宾（河南农业大学）

朱河水（河南农业大学）

前 言
Preface

《动物生理学》为科学出版社"十四五"普通高等教育本科规划教材，也是河南省"十四五"普通高等教育规划教材。本书主要面向全国高等农林院校的动物医学类（动物医学、动物药学、动植物检疫、实验动物学、中兽医学、兽医公共卫生）、动物生产类（动物科学、经济动物学、马业科学、饲料工程、智慧牧业科学与工程）等专业的本科生，为他们提供有关动物生命现象及其内部机制的生理知识，使他们知其然，又知其所以然，以了解生命、尊重生命。

为了增加课程的高阶性、创新性和挑战度，本书在介绍生理知识的同时，因知识点制宜，延伸介绍了相关的病理、药理或者生物化学知识，引导读者用联系和发展的观点理解生命的内部机制；在引言和思考题中，启发读者把生命、生活、生理进行融合，全面开展课程思政，提高课程的育人温度。同时编者希望大家在学习中，从进化论的角度了解各个系统的演化过程，比较不同种类动物之间生理功能的差异，理解生命的多样性和适应性。

本书编写过程中，编者参阅、学习了国内外优秀同类教材，结合教学和科研情况进行了认真编写，其中朱河水、陈宇编写了第一章和第二章，宋予震编写了第三章，蔡德敏编写了第四章，白东英、马彦博编写了第五章，王林枫、郭爽编写了第六章，苏兰利编写了第七章，斯日古楞编写了第八章，韩立强、杨彦宾编写了第九章，郭爽编写了第十章，杨彦宾编写了第十一章，庞坤编写了第十二章，李月勤整理了书中图片，刘洋编写了附录和索引等。

其他课程老师也给予了大力的支持，在此一并表示深切的谢意。限于编者水平，书中难免有不足之处，恳请读者对本书提出批评和改进的意见（zhuheshui@126.com）。

《动物生理学》编写组

2025 年 1 月 30 日

《动物生理学》教学课件索取单

    凡使用本书作为授课教材的高校主讲教师，可获赠教学课件一份。欢迎通过以下两种方式之一与我们联系。

1. 关注微信公众号"科学 EDU"索取教学课件

扫码关注→"样书课件"→"科学教育平台"

2. 填写以下表格，扫描或拍照后发送至联系人邮箱

姓名：	职称：	职务：
手机：	邮箱：	学校及院系：
本门课程名称：	本门课程选课人数：	
您对本书的评价及修改建议：		

联系人：林梦阳　编辑　　　电话：010-64030233　　　邮箱：linmengyang@mail.sciencep.com

目 录
Contents

前言

第一章 绪论 ·· 1
　　第一节 课程概述 ·· 1
　　第二节 生命活动概述 ··· 4

第二章 细胞 ·· 9
　　第一节 细胞膜概述 ··· 9
　　第二节 跨膜物质转运 ·· 12
　　第三节 跨膜信号转导 ·· 17
　　第四节 细胞的生物电与兴奋性 ·· 22
　　第五节 肌细胞的兴奋与收缩 ··· 28

第三章 血液生理 ·· 38
　　第一节 概述 ·· 38
　　第二节 血细胞生理 ··· 41
　　第三节 血液中的血凝、抗凝和纤溶系统 ··· 48
　　第四节 血样的制取方法 ··· 52
　　第五节 血型与输血 ··· 54

第四章 血液循环系统 ··· 57
　　第一节 心脏的泵血功能 ··· 57
　　第二节 心脏泵血的细胞机制 ·· 61
　　第三节 血管生理 ··· 68
　　第四节 心血管功能的调节 ··· 77
　　第五节 器官循环 ··· 81

第五章 呼吸系统 ·· 83
　　第一节 概述 ·· 83
　　第二节 肺通气 ··· 85
　　第三节 气体交换 ··· 90
　　第四节 气体的运输 ··· 93
　　第五节 呼吸的调节 ··· 97

第六章 消化系统 ··· 104
　　第一节 概述 ··· 104
　　第二节 摄食 ··· 109
　　第三节 口腔消化 ··· 110
　　第四节 单胃消化 ··· 112
　　第五节 复胃消化 ··· 116
　　第六节 小肠消化 ··· 123

第七节　大肠消化··129
第八节　吸收··130
第九节　消化功能的整体性··133

第七章　体温调节系统··135
第一节　能量代谢··135
第二节　体温及其调节··141

第八章　泌尿系统··153
第一节　概述··153
第二节　尿生成的过程··156
第三节　尿生成的调节··162
第四节　排尿··165
第五节　尿样的分析和临床应用··166

第九章　神经系统··169
第一节　神经系统的细胞组成··169
第二节　神经元之间的信息传递··173
第三节　神经元之间的联系和反射··178
第四节　神经系统的感觉功能··181
第五节　神经系统对躯体运动的调节··185
第六节　神经系统对内脏活动的调节··189

第十章　内分泌系统··194
第一节　概述··194
第二节　下丘脑-垂体··198
第三节　甲状腺··202
第四节　肾上腺··205
第五节　调节钙磷代谢的激素··209
第六节　胰岛··211
第七节　其他内分泌物质··214

第十一章　生殖系统··216
第一节　概述··216
第二节　雄性生殖生理··217
第三节　雌性生殖生理··220
第四节　有性生殖过程··225

第十二章　泌乳系统··230
第一节　哺乳动物··230
第二节　乳腺的发育··231
第三节　乳的生成与分泌··234
第四节　乳的成分··236
第五节　乳的储存和排出··238

主要参考文献··241

附录　诺贝尔生理学或医学奖··243

索引··247

—————————— 引　言 ——————————

　　生理，生命之道理也。天之下、地之上、水之中蕴藏众多生命，构成了丰富多样的生物链和生物圈，其中有很多大家熟悉的动物。让我们以动物为研究对象，了解生命的奥秘，进而认识生命、尊重生命、敬畏生命。

—————————— 内容提要 ——————————

　　本章我们将从三个方面了解动物生理学：何谓动物生理学？为何学习动物生理学？如何学习动物生理学？从生命活动的基本特征、内环境和稳态、调节和反馈三个方面了解生命内部的运行机制和特点。

◆　第一节　课程概述

一、何谓动物生理学?

动物生理学是生理学的一个分支，欲知动物生理学，须先知生理学。

（一）生理学的概念

生：有"生命、生长、生存、生计、生育"等意思，还可表示生命活力或者没有成熟等，作为动词时，有"产生、发生"等意思。理：有"道理、规律"等意思，作为动词时，有"整理、管理"等意思。"生理"一词的组合和"地理、物理、病理、药理"等类似，代表一门课程或科学。简而言之，生理就是有关生命的道理。生理学（physiology）是生物科学的一个重要分支，它以生命有机体（简称机体或生物体）为研究对象，是研究机体生命活动各种现象及其功能活动规律的科学。机体生命活动外在表现有运动、摄食、呼吸、排泄等各种现象。生理学既要探究这些生命现象的特点和规律，还要探究其产生的机制，既要知其然，也要知其所以然，这就牵涉到机体内各种细胞、组织、器官和系统的相应功能和相互联系。

（二）生理学的研究水平

在研究生命活动各种现象及其功能活动规律时，根据侧重点不同，生理学研究水平一般分为器官和系统水平、细胞和分子水平、整体水平。

1. 器官和系统水平　　在生理学的发展过程中，最初的研究是在器官和系统水平上进行的。例如，"惟江上之清风，与山间之明月，耳得之而为声，目遇之而成色"所描写的耳和目功能。器官和系统水平先从外部器官功能着手，再探讨内部器官的功能，探究器官及其组成系统的活动规律。器官和系统水平的研究既阐明了机体的系统组成框架：消化系统、呼吸系统、血液循环系统、泌尿系统、神经系统、内分泌系统、生殖系统等，又阐明了系统内部不同器官之间的相互影响和作用等，对于人们早期认识生命活动规律起着重要的作用，同时又为临床分科诊断、治疗疾病打下了基础。生理学教材的编写和教学内容的安排大部分也是基于器官和系统水平进行的。

2. 细胞和分子水平　　细胞是生命的基本单位，各种器官的活动是基于细胞所进行的理化过程。例如，心脏之所以节律性地收缩和舒张，取决于其内部的两类细胞——自律细胞和工作细胞。自律细胞不断地产生节律性的兴奋，先后带动心房和心室肌肉细胞收缩，完成泵血功能。细胞的生理特性是由构成细胞的生物大分子决定的，兴奋时肌肉细胞之所以收缩、腺细胞之所以分泌，取决于各自细胞内部分子组成的差异。同理，心肌细胞、骨骼肌细胞和平滑肌细胞兴奋时收缩的差异也是取决于各自细胞内不同的分子组成。在探索细胞的生理机制方面，延伸出了细胞生物学和分子生物学，从基因的表达和调控、蛋白质的合成和修饰、信号的转导和调控等多个方面探究生命现象的内部机制，如生物钟形成的细胞分子机制、触觉和痛觉等不同感觉形成的分子机制等。细胞和分子水平的研究对于药物开发和临床治疗等提供了新的方向和思路，但由于其多采用离体的方法，有时不能代表完整机体状况，因此还要和其他研究水平相结合。

3. 整体水平　　机体的生命活动并不等于各器官、系统生理功能的简单总和，而是不同器官、系统之间相互联系、配合和制约的综合结果。整体水平研究是以完整的机体为研究对象，分析不同生理条件下各种器官和系统之间相互影响的规律。例如，运动状态下，随着骨骼肌的收缩和舒张，机体血液循环系统、呼吸系统活动增强，这为骨骼肌提供更多的能量和氧气，在这个过程中，机体神经系统和内分泌系统分别通过神经调节和体液调节进行协调，以调动相应系统，满足机体运动的需要。基于整体水平的研究，生理学分类形成了运动生理学、潜水生理学、高原生理学等。

以上三个研究水平有的侧重于微观研究，有的侧重于宏观研究，但其相互交叉和补充。2008年国际生理科学联合会提出了整合生理学（integrative physiology）概念。整合生理学是指在经典生理学基础之上强调生理学的整合本质，基于机体整体、动态、联系的观点，综合利用现代跨学科研究方法，从基因、分子、细胞、组织、器官到整体等不同层次和水平分析阐明机体功能活动的发生规律、调控及机制，揭示机体功能活动与整体活动及环境行为等因素的关系或在疾病发生、发展中的作用。

（三）动物生理学的概念

生命有机体种类丰富，根据研究对象不同，生理学可分为微生物生理学、植物生理学、动物生理学、人体生理学等。动物生理学（animal physiology）是生理学的一个重要分支，其以动物为研究对象，探究动物机体细胞、组织、器官和系统的正常活动过程和规律，揭示不同动物生命活动的内部机制，探究生命发展和进化的规律等。自然界中动物的种类很多（表1-1），根据研究的种类不同，动物生理学分为昆虫生理学、鱼类生理学、鸟类生理学、哺乳动物生理学、比较生理学等。本书主要以系统为轴线，介绍陆生哺乳动物系统的组成、功能及系统间的联系。

表 1-1 已定名的动物物种数量（吴志新，2022）

动物类群	数量/种	动物类群	数量/种
原生动物	32 750	棘皮动物	7 000
海绵动物	10 000	其他无脊椎动物	14 200
刺胞动物	11 000	尾索动物	2 000
扁形动物	25 000	头索动物	25
线虫	30 000	圆口纲	130
环节动物	16 500	鱼类	33 200
软体动物	200 000	两栖动物	7 900
甲壳动物	65 000	爬行动物	10 000
昆虫	1 000 000	鸟类	10 000
其他节肢动物	235 000	哺乳动物	5 500

二、为何学习动物生理学？

首先，生理学非常重要。在生命科学领域，病理学、病理生理学、药理学都是建立在生理学基础上的，同时生理学与生物化学、解剖学、组织胚胎学等也有密切的联系。生理学研究为现代医学发展提供了重要的支撑作用。生理学在现代医学发展中就像高楼大厦的地基和参天大树的树根一样起着默默支撑或营养作用。诺贝尔生理学或医学奖（Nobel Prize in Physiology or Medicine）是最初设立的五项诺贝尔奖之一，这也说明了生理学的重要性。

其次，动物对于人类来说至关重要。在人类的发展历史中，有的动物是人类的伙伴，有的动物为人类提供了丰富的蛋白质食物，如"五谷丰登、六畜兴旺"中的猪、马、牛、羊、鸡、犬。野生动物也和人类的健康密切相关，一些疾病可通过野生动物传染给人类。

动物生理学除研究动物生命现象及其生理机制外，还研究与动物生产、经济性状和疾病紧密联系的生理特点。学习动物生理学既有利于更好地服务畜牧生产和兽医临床实践，也有利于人畜共患病的防治和人类健康的保护。由于动物生理学的重要性，在动物生产类、动物医学类相关专业的硕士研究生入学考试中，动物生理学是常考的专业基础课之一。

三、如何学习动物生理学？

（一）学习动物生理学的思路

由于生命的复杂性和多样性，在学习动物生理学过程中，要从系统论的角度，分析生命体内各系统的器官组成、相应功能、相互联系；运用局部与整体统一、结构与功能统一、机体与环境统一的观点分析生命的现象和功能；从进化论的角度，分析比较不同动物之间生理功能的差异和生命的适应性、多样性。另外，专业知识本是一个有机的整体，课程之间知识点本是相互联系，进而构成一个完整的知识体系。在传统的专业教育中，人们把它分为不同课程进行教学有其相应的优势，如通过独立的课程教学，可提高课程学习的效率。但是这种安排也使知识出现了隔断化，所以在动物生理学的学习中，要运用普遍联系、发展的哲学观点看待不同课程之间的关系，把生理和生物化学、病理、药理联系到一起，构建系统性专业知识体系，培养分析、解决复杂问题的综合能力和思维。同时生理和生活密不可分，学习生理学也是了解我们自己，可尝试把学习生活化，进行生命、生理、生活"三生"融合的学习。

（二）学习动物生理学的方法

动物生理学和很多自然科学类似，其所有知识均来自实验观察和研究。"纸上得来终觉浅，绝知此事要躬行。""夫耳闻之不如目见之，目见之不如足践之，足践之不如手辨之。"所以学习动物生理学既要加强理论学习，还要通过实验来验证已知和求证未知，实验是学习和研究动物生理学的基本方法之一。

1. **急性实验**　　在人工控制的实验环境条件下，短时间内对动物某些生理活动进行观察和记录的实验方法称为急性实验（acute experiment），分为在体实验和离体实验。

（1）在体实验（*in vivo* experiment）　　在麻醉动物条件下，手术暴露需要研究的部位，观察该部位的某些生理功能及在人工干预条件下的变化。例如，麻醉动物，通过手术把动脉插管插入动脉，直接记录血压，并观察不同因素对动物血压的影响，这类实验属于在体实验。

（2）离体实验（*in vitro* experiment）　　经手术取出需要研究的动物器官、组织或细胞，置于适宜的人工环境中，观察其生理功能及在人工干预条件下的变化。例如，制得蛙坐骨神经-腓肠肌标本，观察各种电刺激对腓肠肌收缩的影响，这类实验属于离体实验。

急性实验的优点在于实验条件比较简单，容易控制；缺点在于其结果可能与整体生理条件下的功能活动有所不同，尤其是离体实验的结果，此时被研究的对象，如器官、组织、细胞已经脱离整体，它们所处的环境与其在体内的环境有很大的差别，实验结果与整体中的反应可能会有很大差异。

2. **慢性实验**　　以健康、清醒的动物为对象，在尽可能接近自然的条件下，较长时间内反复多次对动物进行观察和记录的实验方法称为慢性实验（chronic experiment）。这类实验需要对动物进行预处理，待动物康复后再进行长期的实验。例如，通过手术在动物消化道安置瘘管，能够比较方便地观察和收集消化液，了解不同情况下机体消化液的分泌和排出。巴甫洛夫有关消化的经典条件反射学说就是通过慢性实验取得的。

慢性实验的优点是能最大限度地反映动物组织、器官在接近正常条件时的生理活动，但不足之处是影响体内生理活动的因素较多，有时不太容易确定影响实验的首要因素。临床研究中，人们常根据研究的对象和研究侧重点不同，采取不同的实验方法。

◆ 第二节　生命活动概述

一、生命活动的基本特征

生理学的研究对象为生命有机体。在自然界中，生命有机体的种类繁多、形态各异，各自的生理现象和机制也不尽相同。不管生命有机体简单或复杂，其生命活动都表现出以下基本特征。

（一）新陈代谢

生命活动中，机体不断和周围环境进行着物质和能量的交换，一方面从外界摄取物质，在体内进行物质的分解、合成、转换等，伴随着能量的转换和利用，以维持其生命活动，另一方面及时排出代谢产物。这种依赖于周围环境，发生在机体内部的自我更新过程称为新陈代谢（metabolism），包括物质代谢和能量代谢，两者密不可分。物质代谢中的分解代谢一般伴随着能量的释放和传递，合成代谢一般需要消耗能量。不同的外界环境和生理状态下，机体新陈代谢的强弱会相应变化。在极端条件下，一些动物会出现冬眠，新陈代谢显著降低。

（二）兴奋性

内、外环境发生变化时，机体器官、组织或细胞功能活动发生相应改变的特性称为兴奋性（excitability）。"明月别枝惊鹊，清风半夜鸣蝉""争渡，争渡，惊起一滩鸥鹭"就是动物兴奋性的表现。机体所感受到的各种内、外环境因素称为刺激（stimulus），如光、电、温度、压力、化学刺激等。刺激引起机体功能的相应改变称为反应（reaction）。机体反应有两种形式：由相对静止或活动较弱的状态，转变为活动的状态或活动增强，称为兴奋（excitation）；由活动状态转变为静止或活动减弱，称为抑制（inhibition）。兴奋和抑制是机体生命活动中对立统一的表现，以满足机体不同时期的需要，保证机体功能正常进行。细胞兴奋时有不同的表现，如肌细胞的收缩、腺细胞的分泌等。

（三）适应性

不管是机体所处的外部环境，还是体内的内环境，都处于不断变化中。面对这些变化，机体器官、组织和细胞不但会表现出兴奋性，感受其变化，还会根据变化情况适时调整自身生理功能，与其协调，这种调整能力称为适应性（adaptation）。例如，某些情况下，嗅觉对气味的适应："如入芝兰之室，久而不闻其香""入鲍鱼之肆，久而不闻其臭"。适应分为生理性适应和行为性适应。长期生活在高原地区的动物，其血液中红细胞数和血红蛋白含量比生活在平原地区的动物要高，以适应高原缺氧的生存需要，属于生理性适应；动物在寒冷环境中相互抱团的取暖行为，属于行为性适应。"物竞天择，适者生存"也说明了适应性对于生命的重要性。

（四）生殖

个体的生命是有限的，一个种群在自然界中存活下来还需要不断地繁衍后代。生殖（reproduction）是生物体生长发育到一定阶段，产生与自己相似的子代个体的过程。一个个体可以没有生殖能力而生存，但一个物种的延续则必须依赖生殖。

生殖可分为无性生殖和有性生殖。无性生殖中，一个个体可分成两个或两个以上相同或不同的部分，仅有一个亲本的参与，一般没有配子的形成。无性生殖常见于一些植物、细菌、原生生物及低等的无脊椎动物，表现为分裂生殖、出芽生殖、孢子生殖、孤雌生殖等。无性生殖的优点在于可使有益的性状组合持续存在，短时间内可大量繁衍后代。"无心插柳柳成荫"为植物无性生殖，而克隆为人类辅助的动物无性生殖。在有性生殖过程中，亲代产生雄性或雌性生殖细胞，两者发生融合，形成的合子发育成新的个体，携带两个亲本的遗传信息。多数的无脊椎动物和所有的脊椎动物通过有性生殖繁衍后代。有性生殖的优越性在于通过两个亲本的细胞核融合，子代可产生各种各样的性状组合，对于增加物种的多样性、提高物种的适应性具有重要意义。

（五）生物节律

机体的一些生理活动按照一定的时间周期发生节律性的变化，这种现象称为生物节律（biorhythm）。生物节律是机体普遍存在的生命现象，反映了机体内环境水平和相应活动的节律性变化。这种节律性变化是机体经历环境选择的产物，是机体在长期进化中行为模式选择和演化的结果，也是用于预测时间变化、及时调整生理活动的一种内在调节机制，可使机体对环境变化做出前瞻性的主动适应。例如，机体活动受到地球自转和公转、太阳和月球引力等外环境变化的影响,形成了日周期、月周期和年周期等相应的生物节律,如体温的日周期变化、睡眠与觉醒、动物的季节性发情等。

2017 年,诺贝尔生理学或医学奖联合授予 3 位科学家:Jeffrey C. Hall、Michael Rosbash 和 Michael W. Young,以表彰他们"发现了生物节律的分子调控机制"。临床研究中,已有利用这种节律性变化来提高药物疗效的尝试。此外,生物节律的研究对认识动物的行为,治疗与生物节律相关的人类代谢性疾病、睡眠障碍,以及保障航天、航海、轮班作业、驾驶安全等具有重要的应用意义。

二、生命活动的内环境和稳态

(一)内环境的概念

1857 年,法国生理学家 C. Bernard 首次提出了内环境(internal environment)的概念,以描述体内各种组织细胞直接接触并赖以生存的环境。而外环境是机体生存所处的外部环境,如外部环境中的光线、温度等因素。

生物体内绝大部分组织细胞不与外界环境相接触,而是浸浴在细胞外液中。因此,细胞直接接触和赖以生存的细胞外液构成了机体细胞的内环境。细胞外液包括血浆、组织液和脑脊液等。血浆是血细胞活动的内环境,组织液是各组织细胞的内环境,而脑脊液是神经细胞的内环境。细胞外液含有各种无机盐(如钠、氯、钾、钙、镁、碳酸氢盐等)和细胞必需的营养物质(如糖、氨基酸、脂肪酸等),还含有氧、二氧化碳及细胞代谢产物。正常情况下,细胞通过细胞膜与细胞外液进行物质交换,维持细胞的新陈代谢。

体内的液体总称为体液,除细胞外液外,还包括细胞内液及其他液体。细胞内液约占体液的 1/3,细胞外液约占体液的 2/3。细胞内液和细胞外液中某些物质的含量存在着显著差异,如钠、氯、钾、钙等。

(二)内环境的特点:稳态

伯尔纳在研究细胞外液时发现当机体的外环境发生较大变化时,内环境的理化性质却能保持相对的稳定,并指出机体内环境的恒定是维持生命活动的必要条件。基于内环境相对稳定的特点,1926 年,美国生理学家 Cannon 提出了稳态(homeostasis)的概念。内环境的稳态是指内环境的理化性质如温度、酸碱度、渗透压和各种液体成分的相对恒定状态。稳态不是指内环境绝对静止不变,而是相对稳定的状态,如温度和酸碱度在一定范围内波动。

稳态具有十分重要的生理意义。内环境中相对稳定的营养物质、氧气和水分,以及适宜的温度、离子浓度、酸碱度和渗透压等,保证了细胞内液中相应物质和理化特性的稳定,从而保证了细胞正常的生理活动,进而使各个器官、系统及机体正常工作;反过来,内环境稳态的维持也需要各个细胞、器官、系统的参与。例如,血糖的稳定可保证脑、肝、肌肉等多个器官新陈代谢的需要,而血糖稳定的实现也需要多个器官和系统的参与。随着新陈代谢的进行,当血糖含量趋于下降时,机体首先动员体内储存的糖原,在相关酶的作用下生成葡萄糖,补充到血液中,还会进一步刺激摄食等活动,通过消化吸收等补充血糖,保证血糖的稳定。

在维持内环境稳态方面,机体根据内外环境的变化而适时进行的调节起着重要的作用。当内外环境变化剧烈,超过机体调节的能力时,就会出现内环境稳态的破坏和紊乱,如体温升高、机体酸中毒或碱中毒,影响细胞、器官和系统的正常功能。

三、生命活动的调节和反馈

（一）生命活动的调节

对于生命有机体来说，不管是内环境稳态的实现，还是新陈代谢、兴奋性、适应性、生殖等，这些生命活动都受到相应的调节。生命活动的调节一般分为三类：神经调节、体液调节和自身调节。

1. **神经调节**　　在神经系统主导下，机体对内、外环境变化产生的反应，称为神经调节（ neural regulation ）。神经调节的基本方式是反射（ reflex ），其活动的结构基础是反射弧（ reflex arc ）。反射弧由感受器、传入神经、神经中枢、传出神经和效应器组成。感受器分布于体内或体表，有的形成了感觉器官，负责把各种变化或刺激转化为神经冲动，沿着传入神经传到神经中枢。神经中枢是脑和脊髓中的神经核团，对传入的信号进行分析整合，有的在大脑皮层形成各种感觉；神经中枢随后发出指令，以神经冲动的形式沿传出神经传送到效应器，改变其活动，完成机体对刺激的反应。

根据形成的条件和特点，反射分为非条件反射和条件反射。非条件反射是与生俱来的，如眨眼反射、食物反射和性反射等，反射中枢一般为非大脑皮层（如脊髓、延髓等），反射弧相对稳定，对维持生命来说比较重要。条件反射是后天形成的，反射中枢为大脑皮层。条件反射的刺激与反应之间的关系灵活可变且不固定，若不加以强化，则可逐渐消退。食物在口腔咀嚼时，引起唾液的分泌，这是非条件反射；谈起某个曾吃过的可口食物，引起唾液的分泌，这是条件反射，"望梅止渴"就属于条件反射。条件反射的不断建立，与非条件反射密切融合，扩大了机体的反应范围，以更好地适应复杂变化的生存环境。如果反射弧中的感受器和效应器是同一个组织或器官，称为本体感受器反射，如在呼吸肌收缩过程中，就存在着此类反射。

神经调节的特点是反应迅速、作用范围比较局限、持续时间短暂、调节精确。神经调节主要参与肌肉运动、腺体分泌等活动的调节。

2. **体液调节**　　体液调节（ humoral regulation ）是机体内某些组织细胞分泌的特殊化学物质，经过扩散、血液运输等体液途径到达靶细胞，影响靶细胞活动的一种调节方式。体内具有信息传递功能的化学物质主要有激素、细胞分泌物和组织代谢产物。激素主要借助于血液循环运输至各组织、器官发挥作用。例如，生长激素从垂体分泌后由血液运输到全身各处，直接促进生长或通过胰岛素样生长因子间接促进生长，以及调节糖、脂肪和蛋白质等物质的代谢。一些内源性代谢产物也具有信号分子的作用，进而参与机体功能的调节。某些细胞分泌物（组胺、激肽）和组织代谢产物（CO_2、乳酸等），则主要借助于扩散至邻近细胞，影响其功能，这称为局部性体液调节或旁分泌调节。例如，当机体组织代谢产生的CO_2在微循环区累积到一定量时，能引起该区域后微动脉和毛细血管前括约肌舒张，改善局部血液循环。

体液调节的特点是调节范围较广、持续时间较长，但作用比较缓慢。体液调节主要参与机体生长、发育、代谢、生殖等缓慢发生的、需要持续调节的过程。

3. **自身调节**　　自身调节（ autoregulation ）是指某些细胞或组织器官依据自身内在特性，而不依赖神经和体液调节，对内外环境变化产生特定适应性反应的过程。例如，当动脉血压在生理范围波动时，机体可经自身调节，使肾血流量保持相对稳定。自身调节是神经和体液调节的补充，虽然其调节形式比较简单，但具有准确、稳定且调节幅度小的特点，对于机体活动及稳态的维持同样重要。

以上三种生命活动的调节方式各有特点和分工，如短期血压的稳定主要依赖神经调节，血糖的稳定主要依赖体液调节,肾血流量的稳定可借助自身调节。但三种调节方式又相互辅助和配合,如哺乳动物排乳时,既有神经调节的启动,也有体液调节的参与。当内外环境发生变化时,机体适时进行调节,维持内环境的稳态,保证机体生命活动的正常进行,促进动物的生长发育和成熟等。

(二)生命活动的反馈

机体内大部分的调节活动,在调节靶器官活动的同时,还存在着反馈。反馈是受控部分向控制部分返回实时信息,从而调整控制部分的活动。调节和反馈是一个相互的过程,有利于机体根据受控部分的动态变化,实时调整控制部分的活动,实现精准和高效调控。反馈分为负反馈和正反馈两大类。

1. 负反馈 反馈信息抑制或减弱控制部分的活动称为负反馈(negative feedback)。机体大部分反馈属于负反馈,负反馈在控制部分输出的活动出现偏差时,起到纠正偏差的作用,表现一定的滞后性,但对于维持机体生理功能的平衡和内环境稳态起着重要作用。例如,恒温动物体内有一个体温调定点,当体温高于调定点时,机体调节代谢和活动,产热下降、散热增加。随着调节的进行,体温逐渐下降,当体温接近或等于调定点时,负反馈调节中枢及时减弱或终止上述调节活动,使体温恢复并稳定在正常水平,避免"过犹不及"的后果。

2. 正反馈 反馈信息促进和加强控制部分的活动称为正反馈(positive feedback),其作用是不断增强相应的调控过程。正反馈调节的效应不是维持稳态,而是促使某一生理活动在短期内达到最高水平,发挥最大效应。例如,血液凝固是一系列凝血因子相继激活的过程,后一个凝血因子的激活又反过来促进前一个凝血因子的活化,整个凝血过程呈现级联放大的效应,使血液凝固可以在短时间内启动和完成。机体正反馈控制情况较少,除血液凝固外,排尿、排便、射精、排卵、分娩等活动的某个阶段也属于正反馈。

除反馈外,机体还存在着前馈情况,是指控制部分在受控部分的反馈信息尚未到达时,及时纠正或调整相关活动。例如,奶牛进入挤奶台时,虽然乳房感受器尚未受到刺激,但环境中的其他刺激已通过视、听等各种感觉传导通路进入神经中枢,奶牛通过条件反射开始调节泌乳活动,这种条件反射就是一种前馈。通过前馈动物能够快速、有预见性地进行适应性调节,这也是动物适应性的表现。另外,极少数受控部分的活动不会反过来影响控制部分的活动,没有反馈现象,这是一种单向的调节,在动物机体活动中比较少见。

? 思考题

1. 生理学课程和其他课程有哪些区别和联系?
2. 社会生活中有类似生命活动的基本特征吗?
3. 请用三何——何谓、为何、如何? 分析日常学习、生活中遇到的一些问题。

(朱河水 陈宇)

| 第二章 |

细　胞

—————————————— 引　言 ——————————————

正如机体内的细胞一样，我们每个人都是社会的一个"细胞"，构成了社会的组织和系统，个体之间也存在着信息传递和沟通，让社会的"细胞"来了解一下机体的细胞吧……

—————————————— 内容提要 ——————————————

细胞是生命的基本单位，它的活动体现在物质、能量和信息三个方面。有关细胞的物质代谢，生物化学中有详细介绍，生理学主要从以下几个方面了解细胞：细胞膜概述、跨膜物质转运、跨膜信号转导、细胞的生物电与兴奋性、肌细胞的兴奋与收缩等。

◆ 第一节　细胞膜概述

人们通常认为 1838～1839 年 Schleiden 和 Schwann 确立的细胞学说、1859 年 Darwin 确立的进化论和 1866 年 Mendel 确立的遗传学是现代生命科学的三大基石，而细胞学说又是后两者的"基石"。已发现有 150 万种以上的动物，它们外在形态虽大相径庭，但在显微镜下，它们的细胞结构却大致相同，均由细胞膜、细胞质和细胞核组成。动物细胞包括上皮细胞、神经细胞、肌肉细胞、血细胞、脂肪细胞等，它们分布在不同的组织和器官，参与不同的生理功能。

一、细胞膜的成分和结构

动物细胞及其细胞核、细胞器等，都被一层结构基本相同的膜包裹，统称为生物膜。作为细胞的界膜，细胞膜也称细胞质膜（简称质膜），是分割细胞质与周围环境的生物膜。细胞膜在保持细胞的相对独立性和稳定性、维持新陈代谢所必需的跨膜物质转运、保障细胞间的信号转导方面起着重要的作用。

细胞膜主要由脂质和蛋白质组成，还有少量糖类。蛋白质和脂质的比例在不同种类的细胞中相差很大。一般而言，功能活跃的细胞，如小肠黏膜上皮细胞，其膜蛋白含量较高；而功能简单的细胞，如构成神经纤维髓鞘的施万细胞，其膜蛋白含量相对较低。

关于膜的结构，大多数人认可的是 1972 年 Singer 和 Nicholson 提出的"液态镶嵌模型"：主要由磷脂形成的液态脂质双层构成了细胞膜的基架，不同结构和功能的蛋白质镶嵌在其中，糖类分子与脂质、蛋白质结合后附在膜的外表面（图 2-1）。基于对生物膜结构和功能的认识，人们制备出了很多具有生物活性的模拟生物膜，用于研究和生产。

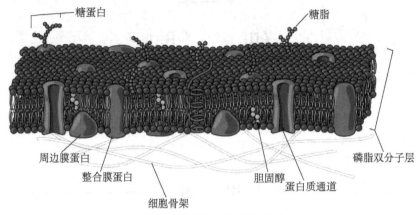

图 2-1　细胞膜"液态镶嵌模型"示意图

（一）膜脂

细胞膜上脂质分子数量最多，构成了细胞膜的基本骨架。细胞膜的脂质主要是磷脂、胆固醇，其中磷脂约占总量的 70%。

1. 磷脂　磷脂分为甘油磷脂和鞘磷脂。甘油磷脂占膜脂的 50% 以上，是一种由甘油（丙三醇）和 1 个磷酸（磷酸另一端连接有碱基）、2 个脂肪酸等形成的酯。在与甘油结合中，磷酸形成的酯键及碱基端为极性头部基团，表现为亲水性；2 个脂肪酸形成的酯键端为非极性尾部基团，表现为疏水性（图 2-2）。所以甘油磷脂为双嗜性分子，构成了细胞膜的脂质双层框架，亲水性的磷酸基团朝向细胞外部或细胞质，疏水性的脂肪酸基团朝向细胞膜内部。

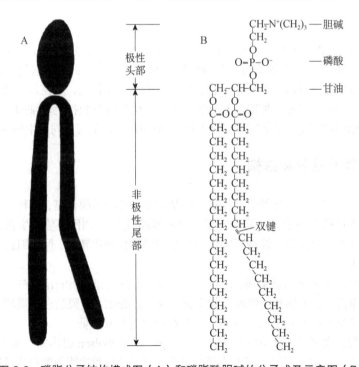

图 2-2　磷脂分子结构模式图（A）和磷脂酰胆碱的分子式及示意图（B）

根据磷酸基团上碱基的不同,甘油磷脂分为磷脂酰胆碱(卵磷脂)、磷脂酰乙醇胺(脑磷脂)、磷脂酰丝氨酸和磷脂酰肌醇。鞘磷脂的结构与甘油磷脂中的卵磷脂相似,只是以鞘氨醇代替了卵磷脂中的甘油,同样具有亲水和疏水基团,参与细胞膜脂质双层的形成。

2. 胆固醇 胆固醇由环戊烷多氢菲与八碳饱和烃链组成。极性亲水头部为羟基,非极性疏水结构为甾环和烃链。胆固醇自身不能形成脂质双层,只能插入磷脂分子之间,增加磷脂分子的有序性及脂质双层的厚度,从而调节膜的流动性,增加膜的稳定性。细胞膜上缺乏胆固醇可能抑制细胞的分裂。除作为生物膜的主要结构成分外,胆固醇还是体内很多重要生物活性分子的前体化合物,用于合成类固醇激素、维生素 D 和胆酸等。

(二)膜蛋白

膜蛋白可分为外在(周边)膜蛋白、内在(整合)膜蛋白和脂锚定膜蛋白(图 2-3)。

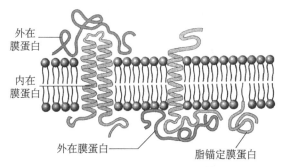

图 2-3　膜蛋白的基本类型(丁明孝等,2020)

外在膜蛋白占膜蛋白总量的 20% 左右,表现为水溶性,不直接与脂质双层的疏水核心接触,而是以离子键等与膜脂或膜表面的蛋白质分子相结合。改变细胞溶液的离子强度甚至提高温度就可以使外在膜蛋白与膜分离,但膜结构并不被破坏。外在膜蛋白与细胞的吞噬作用、变形运动和细胞分裂等功能相关。

内在膜蛋白为跨膜蛋白,占总蛋白的 70%~80%,在结构上分为胞质外结构域、跨膜结构域和胞质内结构域三个组成部分。胞质外和胞质内结构域具有亲水表面,中间的跨膜结构域通常含有多个疏水性氨基酸,可通过疏水键与脂质双层的非极性基团牢固相连,形成一个或多个 α 螺旋(β 折叠),有的跨膜一次,有的跨膜多次。一般来说,与跨膜物质转运有关的载体、与信号转导有关的受体及相关离子通道都属于内在膜蛋白。

脂锚定膜蛋白通过与其共价相连的脂分子,插入膜脂的双分子中,进而锚定在细胞膜上,其水溶性蛋白质部分既可游离在细胞膜外侧,也可游离在细胞膜内侧。

目前人们根据膜蛋白分子的氨基酸组成及序列推测其三级结构,并对膜蛋白三维结构深入分析,了解其结构和功能,为探究一些疾病的发病机制与临床治疗提供理论依据。

(三)膜糖类

细胞膜中的糖类主要是一些寡糖和多糖链,它们以共价键的形式与膜蛋白或膜脂相结合,分别形成糖蛋白或糖脂。大多数内在膜蛋白和 10% 左右的膜脂都结合糖类。糖脂包括脑苷脂和神经节苷脂,前者是神经髓鞘膜的重要成分,后者是神经细胞膜的重要成分。

糖蛋白或糖脂上的糖链几乎总是伸向细胞膜的外侧,称为细胞"天线"。许多糖类带有负电荷,这使得细胞表面呈现负电性,从而排斥带负电荷的物质与其接触。血液中红细胞之所以保持分开状态就与其膜上糖蛋白(唾液酸)携带负电荷有关。许多糖类还作为一种分子标记发挥受体或抗原的功能，如红细胞膜上糖蛋白或糖脂中的寡糖链决定了 ABO 血型系统的抗原类型，其中 A 型和 B 型抗原之间只是一个糖基的差别。

二、细胞膜的基本特征

（一）流动性

细胞膜的流动性是指细胞膜中膜脂和膜蛋白等分子的流动性。这些分子在细胞膜二维空间上的热运动是流动性的动力学基础。膜脂的流动性主要指脂分子的侧向运动。脂肪酸链越短，不饱和程度越高，膜脂的流动性越大。膜蛋白的流动性以侧向运动和翻转为主，往往局限于某类蛋白质或某一特定区域。

温度的变化会影响膜的流动性。常温下，膜分子有序排列，呈液晶态。当温度下降到某一点时，液晶态变为晶态，膜的流动性下降；当温度回升到某一点时，它们又可以从晶态转变为液晶态，这一临界温度称为膜的变相温度。

膜的流动性是细胞执行正常功能的必要条件，具有十分重要的生理意义。例如，物质转运、能量转换、信号转导、细胞识别、免疫、药物对细胞的作用等都与膜流动性密切相关，膜的流动性过大或过小都会影响膜的功能。

（二）不对称性

膜脂、膜蛋白和膜糖类在细胞膜内外都存在分布的不对称性，称为细胞膜的不对称性，造成了细胞膜内外两层结构和功能上的很大差异。糖类分布的不对称性最明显，它们只在细胞膜的外侧面。细胞膜内外的磷脂在组分、含量和比例上也有一定差异，如红细胞膜上含胆碱的磷脂多位于外层，含氨基的磷脂多位于内层。膜蛋白在细胞膜上的不对称分布形成了细胞不同部位的功能差异。例如，小肠上皮细胞的顶膜、基底膜和侧膜上的酶和转运蛋白不同，决定了其顶膜以吸收功能为主，基底膜和侧膜以转运及连接功能为主。除不对称性外，膜蛋白还具有明确的方向性，如细胞表面的受体、载体等，都是按一定的方向传递信号和转运物质的。

三、细胞膜的基本功能

细胞膜的成分、结构和流动性、不对称性等决定了其相应功能。细胞膜的基本功能有：①为细胞生命活动提供相对稳定的内环境。②选择性地转运物质，如代谢底物的摄入、代谢产物的排出。③提供细胞识别位点，完成细胞间信息跨膜转导。④为多种酶提供结合位点，使酶促反应高效有序进行。⑤介导细胞与细胞、细胞与胞外基质之间的连接等。

病毒等病原微生物识别和侵染宿主细胞的受体也存在于细胞膜上，另外，膜蛋白的异常与某些遗传病、恶性肿瘤、自身免疫病甚至神经退行性疾病相关，很多膜蛋白可作为治疗疾病的药物靶标。

有关细胞膜的物质转运和信号转导功能将在下面两节详细阐述。

◆ 第二节　跨膜物质转运

作为一种选择性通透膜，细胞膜通过多种灵活方式调控物质的进出，维持细胞内部的相对稳定，保障细胞对营养物质的摄取、代谢产物或废物的排出，保持细胞的兴奋性，协助跨膜信号转导。不同的物质分子大小、电荷、水（脂）溶性不一样，细胞膜对其通透性存在差异（图 2-4），所以不同物质进出细胞膜的方式也不一样。跨膜物质转运主要有三种途径：被动转运（包括单纯扩散和协助扩散）、主动转运及胞吞与胞吐。同一种物质在某些情况下通过被动转运进出，而在其他情况下可通过主动转运进出。

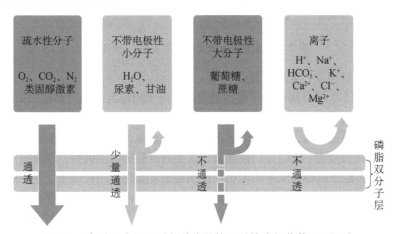

图 2-4 脂质双分子层对各种分子的通透性（赵茹茜，2020）

一、被动转运

被动转运是指物质顺浓度梯度，从浓度高的一侧向浓度低的一侧扩散，不消耗能量。被动转运的结果是两侧物质浓度趋向于平衡，分为单纯扩散和协助扩散。

（一）单纯扩散

物质以热运动的方式顺浓度梯度跨膜进出，不需要膜蛋白协助，不消耗能量，称为单纯扩散，这是一种单纯的物理过程，也称简单扩散。经单纯扩散转运的物质一般是脂溶性（非极性）物质或少数不带电荷的极性小分子物质，如 O_2、CO_2、N_2、水、乙醇、尿素、甘油、类固醇激素等。单纯扩散转运的速率主要取决于该物质在膜两侧的浓度差和膜对其的通透性。物质的分子量越小、脂溶性越强，其通透性越大。

（二）协助扩散

物质在膜蛋白的协助下顺浓度梯度跨膜转运，不消耗能量，称为协助扩散，也称易化扩散。经协助扩散转运的物质一般是非脂溶性或带电荷的小分子物质，如水、糖、氨基酸、核苷酸、无机离子（Na^+、K^+、Ca^{2+} 等）。细胞膜对它们的通透性小，需要膜蛋白的协助，这些膜蛋白都属于跨膜的内在膜蛋白。根据参与协助的蛋白质不同，协助扩散分为通道转运和载体转运，通道转运的速率比较高，平均高出载体转运速率 100 倍。

1. 通道转运 是指经通道蛋白介导的协助扩散。根据转运物质的不同，通道蛋白分为水通道和离子通道。水分子可以通过单纯扩散进出细胞膜，但膜脂对水的通透性很低，扩散速率很慢。唾液腺、汗腺、泪腺、肾小管和集合管细胞膜中存在水通道，可以快速转运大量水分子。离子通道协助转运 Na^+、K^+、Ca^{2+}、Cl^- 等（图 2-5），具有以下两个特征。

（1）选择性 每种离子通道只对一种或几种离子有较高的通透性。根据选择性的差异，离

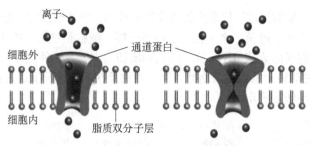

图 2-5 通道转运模式图（王庭槐，2018）

子通道分为钠通道、钾通道、氯通道等。

（2）门控特性 大部分构成离子通道的蛋白质分子内部有一些可移动的结构或化学基团，在通道开口处起"闸门"作用。静息状态下，大多数通道处于关闭状态，只有受到相关刺激时才发生分子构象变化，通道开放，离子得以进出，这一特点称为门控特性。根据引起通道开放的刺激因子不同，离子通道分为：①电压门控通道，这类通道受膜电位调控。当膜电位达到一定数值时，通道开放，如神经细胞轴突膜中的电压门控钠通道。②化学门控通道，这类通道蛋白兼有受体功能，受某些化学物质调控。例如，骨骼肌运动终板膜上的钠通道，结合乙酰胆碱后开放，引发 Na^+ 内流，在跨膜转运物质的同时起到信号传递的作用。③机械门控通道，这类通道受机械刺激调控，通常是细胞膜感受牵张刺激后引起通道开放或关闭。一些感受器细胞（如感受触觉、听觉、运动觉、位置觉、血压的细胞）都存在着机械门控通道，协助离子流动，产生神经冲动，最后引起机体形成相应的感觉。

此外，也有少数通道始终是开放的，这类通道称为非门控通道，如神经纤维上的钾漏通道。

2. 载体转运 膜蛋白以载体的形式协助物质进行扩散，但膜蛋白并不是在细胞膜内外来回移动，而是通过构象变化，依次结合、解离底物，实现把物质从膜一侧转运到另一侧（图 2-6）。

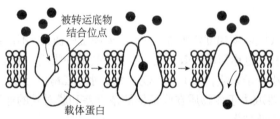

图 2-6 载体转运模式图（丁明孝等，2020）

在与底物结合过程中，载体转运和生物化学中酶促反应类似，具有以下特征。①选择性，载体通常只结合并转运特定的物质，如葡萄糖载体和氨基酸载体分别转运葡萄糖和氨基酸分子。但有些载体可同时转运两种物质，如同时转运钠和葡萄糖的偶联载体。②饱和现象，细胞膜上的载体总数有限，当膜一侧物质浓度增加到一定量时，由于载体已饱和，扩散速率达到最大值，这称为饱和现象。③竞争性抑制，如果两种结构相似的物质都能被同一载体结合转运，两者会表现竞争性抑制，浓度较低的物质容易受到抑制。

二、主动转运

如果跨膜物质转运只有被动转运，细胞膜内外各物质的浓度应该趋于平衡，这样最终缺乏相应的流动性。实际上细胞膜内外离子的浓度存在着显著差异（表2-1），Na^+是胞外最丰富的阳离子，K^+是胞内最丰富的阳离子。

表 2-1　哺乳类动物细胞内外离子浓度的比较（丁明孝等，2020）

组分	细胞内浓度/（mmol/L）	细胞外浓度/（mmol/L）
Na^+	5～15	145
K^+	140	5
Mg^{2+}	0.5	1～2
Ca^{2+}	10^{-4}	1～2
H^+	7×10^{-5}（pH 7.2）	4×10^{-5}（pH 7.4）
Cl^-	5～15	110

所以除被动转运外，细胞膜上还存在着逆浓度转运的方式，维持细胞内外离子的浓度差，形成扩散的动力。在载体蛋白的协助下，消耗一定能量、逆浓度梯度的跨膜物质转运，称为主动转运。主动转运和被动转运相辅相成，广泛存在于各类细胞。根据是否直接利用三磷酸腺苷（ATP）提供的能量，主动转运分为原发性主动转运与继发性主动转运（表2-2）。

表 2-2　不同的主动转运方式（丁明孝等，2020）

载体蛋白类型	定位	主动转运方式	功能
钙泵	大多数细胞的质膜、内质网膜和肌质网膜	原发性	主动转出胞内 Ca^{2+}
钠-钾泵	大多数细胞的质膜	原发性	主动转出 Na^+，转入 K^+
氢-钾泵	胃腺壁细胞的质膜	原发性	主动转出 H^+，转入 K^+
氢泵	溶酶体、高尔基体等细胞器膜	原发性	主动转运胞内 H^+ 至相应细胞器内
Na^+驱动的葡萄糖泵	肾小管和小肠上皮细胞的质膜	继发性（同向）	被动转入 Na^+，主动转入葡萄糖
Na^+-Ca^{2+}交换体	心肌细胞的质膜	继发性（反向）	被动转入 Na^+，主动转出 Ca^{2+}
Na^+-H^+交换体	肾小管上皮细胞的质膜	继发性（反向）	被动转入 Na^+，主动转出

（一）原发性主动转运

原发性主动转运是指直接利用 ATP 提供的能量进行的主动转运，常见的有钙泵和钠-钾泵。这些离子泵兼有载体蛋白和 ATP 酶的特点，利用分解 ATP 释放的能量，逆浓度梯度转运离子。

1. 钙泵　钙泵既存在于细胞膜，也存在于内质网膜和肌质网膜，通过主动转运把细胞质内 Ca^{2+} 转运到胞外或者内质网、肌质网上，每消耗 1 分子 ATP 可从细胞质中泵出 2 个 Ca^{2+}，以维持胞内低 Ca^{2+}。胞内低钙状态时，在一定刺激条件下，Ca^{2+} 能通过协助扩散顺浓度差进入细胞内，参与信息传递。

2. 钠-钾泵　钠-钾泵简称钠泵。与钙泵单独转运 Ca^{2+} 不同，细胞膜上的钠-钾泵每消耗 1 分子 ATP 可同时转出 3 个 Na^+、2 个 K^+，以维持膜内高 K^+ 和膜外高 Na^+ 的不均衡状态（图2-7）。

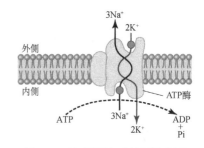

图 2-7　钠-钾泵主动转运示意图
（赵茹茜，2020）

钠-钾泵的生理功能如下。①维持细胞膜电位。②维持细胞渗透平衡。例如，钠-钾泵受到乌苯苷抑制，水分子可进入红细胞膜内，导致红细胞吸水膨胀，甚至破裂。③协助吸收营养物质。

除钙泵、钠-钾泵外，还有分布在胃黏膜壁细胞膜的氢泵、氢-钾泵等质子泵，可转运氢离子，参与胃酸的分泌等。

（二）继发性主动转运

继发性主动转运是指间接利用 ATP 提供的能量而进行的主动转运。继发性主动转运一般发生在原发性主动转运之后，多与钠泵相协同，又称为协同主动转运。根据两种物质转运的方向是否相同，分为同向转运和反向转运。

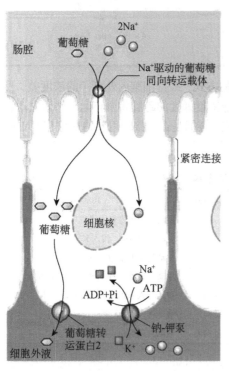

图 2-8　小肠上皮细胞吸收葡萄糖示意图
（丁明孝等，2020）

1. **同向转运**　小肠上皮细胞从肠腔吸收葡萄糖时，Na^+ 协助葡萄糖的吸收，两者表现为同向转运。如上节所述，小肠上皮细胞的膜蛋白分布具有不对称性，其基底膜分布有钠泵，通过消耗 ATP，把 Na^+ 逆浓度转运到胞外，造成胞内低钠状态，此为 Na^+ 的原发性主动转运。由于胞内低钠状态，在靠近肠腔的顶端膜，肠腔中 Na^+ 顺浓度梯度、通过载体转运以协助扩散的形式进入小肠上皮细胞。这类载体可同时同向转运葡萄糖（2 个 Na^+ 和 1 个葡萄糖），使葡萄糖逆浓度进入细胞，此为葡萄糖的继发性主动转运。由于胞内葡萄糖浓度较高，在基底膜葡萄糖可通过协助扩散形式顺浓度运出，最后进入血液，完成吸收（图 2-8）。小肠对氨基酸的吸收及肾小管对氨基酸和葡萄糖的重吸收与此类似。

2. **反向转运**　心肌细胞在兴奋-收缩偶联过程中，协同转运载体向胞内转运 Na^+ 的同时，向胞外转运 Ca^{2+}，表现为 Na^+ 与 Ca^{2+} 的跨膜交换，此为继发性主动转运的反向转运。临床上常用一些强心苷类药物治疗心力衰竭，其原理就是通过抑制钠泵活动，减少 Ca^{2+} 外运而增强心肌收缩功能。与此类似，肾小管上皮细胞存在着 Na^+ 与 H^+ 的反向转运。

三、胞吞与胞吐

一些大分子物质与颗粒性物质，如蛋白质、多核苷酸、多糖等，通过包裹在脂双层膜形成的囊泡中进行跨膜转运，根据进出方向可分为胞吞与胞吐。胞吞与胞吐涉及生物膜的断裂与融合，是一个耗能的过程（图 2-9）。

（一）胞吞

细胞外液中的某些大分子物质、颗粒性物质或液体等，在进入细胞时，先与细胞膜接触，引起该处的质膜发生凹陷进而包被该类物质，形成囊袋，然后与质膜断裂，进入细胞质中，这种摄取过程称为胞吞。根据形成的分子机制和胞吞泡大小的不同，胞吞分为两种类型。①吞噬，摄入物为大颗粒，如微生物、细胞碎片或整个细胞，形成的胞吞泡直径一般大于 250 nm。吞噬往往发生在巨噬细胞和中性粒细胞，借此可清除侵染机体的病原体及衰老或凋亡的细胞。②胞饮，摄

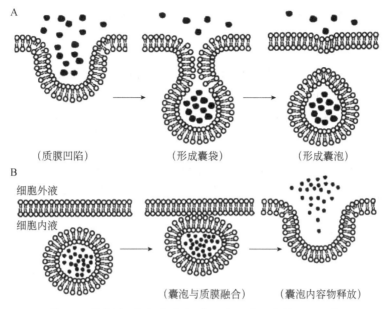

图 2-9　胞吞（A）与胞吐（B）示意图（王庭槐，2018）

入物为细胞外液及其内的大分子溶质，形成的胞吞泡直径一般小于 150 nm，几乎所有细胞都存在胞饮作用。

　　一些物质在胞吞时，需要先和细胞膜受体结合才能发生，称为受体介导式胞吞。例如，细胞摄取胆固醇、肝细胞摄入转铁蛋白等都属于受体介导式胞吞。受体介导的胞吞作用也可以被某些病毒利用，流感病毒和人类免疫缺陷病毒就是通过这种胞吞途径侵染细胞的。

（二）胞吐

　　细胞内合成的生物分子（蛋白质和脂质等）或代谢物以分泌泡的形式与质膜融合，进而分泌到细胞表面或细胞外的过程，称为胞吐。胞吐主要见于细胞的分泌活动，如外分泌腺分泌各种分泌物、内分泌腺释放激素、神经细胞释放递质、呼吸道及消化道上皮细胞分泌具有保护作用的黏蛋白等。另外，细胞也可通过胞吐途径，把合成的蛋白质和脂质以囊泡形式转运到细胞膜，完成膜蛋白和膜脂的更新。

◆　第三节　跨膜信号转导

一、细胞间信息传递

（一）细胞间信息传递的概念

　　细胞间信息传递是指机体细胞之间通过物理、化学等信号进行的信息传递。传出信息的细胞一般称为信号细胞，接收信息的细胞一般称为靶细胞。机体生命活动的维持不仅依赖各种细胞的物质转运和代谢，还依赖细胞间的信息传递，从而感知外界环境变化和内部状态，适时调节细胞生长、代谢、分裂、分化与凋亡等，保证生命活动正常进行，达到与周围环境的协调与统一。基因变异、感染及其他伤害可导致细胞间信息传递异常，引起疾病的发生。

（二）细胞间信息传递的载体

信息载体种类繁多，主要包括物理信号和化学信号。物理信号有声、光、电、机械牵张和温度变化等，常见的为电。生命活动中产生的电为生物电，电压一般较小，为毫伏级别。化学信号有神经递质、激素、生长因子、细胞因子、血管活性物质、外泌体、一氧化氮（NO）等。

（三）细胞间信息传递的通路

根据细胞间信息传递的载体不同，其传递通路可分为如下几种。

1. 全程以电信号传递　脑内某些神经核团之间、心肌及某些平滑肌细胞之间存在着直接接触，这种直接接触称为缝隙连接，又称间隙连接。神经元之间通过其缝隙连接——电突触传递信息时，信息以神经冲动生物电的形式从上一个神经元快速传递到下一个神经元。心脏内兴奋从窦房结等细胞产生后，会以生物电的形式，通过心肌细胞之间的缝隙连接——闰盘快速传递，使整个心房或者心室表现为一个合胞体。以上通过电突触或闰盘的细胞间信息传递，全程以电信号进行，不牵涉信号的转换，信息传递较快。

2. 以电信号和化学信号交替传递　神经元之间除通过电突触传递信息外，还通过化学突触传递信息。经化学突触传递时，上一个神经元的信息先以神经冲动生物电的形式传递到神经纤维末梢，促使末梢释放神经递质，神经递质再与下一个神经元的受体结合，使其膜电位发生变化，出现兴奋或抑制效应。这种细胞间信息传递时，信息载体依次发生电→化学物质→电的转换。机体通过神经调节肌肉收缩时，信息从神经元到达靶细胞（骨骼肌、平滑肌、心肌等细胞），也存在类似的电信号和化学信号的交替传递。

3. 全程以化学信号传递　细胞间信息传递时，大部分全程以化学信号传递。根据对靶细胞发挥效应的空间距离和作用方式，化学信号传递可分为以下几种。

1）内分泌：内分泌细胞分泌激素，通过血液或其他细胞外液运送到体内相应组织，作用于靶细胞进而发挥作用。

2）旁分泌：细胞通过分泌局部化学介质到细胞外液中，经过扩散作用于邻近靶细胞而发挥作用。许多生长因子在调节发育时往往通过旁分泌起作用，另外，创伤或感染组织恢复过程中，旁分泌对刺激细胞增殖具有重要意义。

3）自分泌：分泌细胞释放的信号分子作用于其本身，调节其自身分泌，这是一种自我反馈。

4）神经内分泌：下丘脑的一些神经元也可合成激素（抗利尿激素或催产素），通过轴突末梢运送到神经垂体。当机体需要时，释放到血液中，到达靶器官，调节相应功能。

5）接触依赖性传递：细胞直接接触，信号细胞膜上的信号分子无须释放，直接与靶细胞膜上的受体分子相互作用完成细胞间的信息传递。例如，胚胎发育过程中，预分化形成的神经元可通过膜上的抑制性信号分子（Delta）与周边细胞膜上的受体（Notch）相互作用，以阻止周边细胞分化为神经元。

二、细胞的跨膜信号转导

（一）跨膜信号转导的概念

细胞间信息传递时，全程以电信号传递的较少。不管全程以化学信号传递，还是以电信号和化学信号交替传递，作用于靶细胞时，信息载体都为化学物质，这称为信号分子。信号分子根据其性质可分为三类。①气体性信号分子，包括 NO、一氧化碳（CO），可以通过单纯扩散进入细胞。②疏水性（亲脂性）信号分子，主要是甾类激素和甲状腺激素，是血液中的长效信号。这类信号分子表现为疏水性、亲脂性，分子小，可穿过细胞膜进入细胞。③亲水性信号分子，包括神经递质、局部介质和大多数肽类激素，它们不能透过细胞膜。

信号分子到达靶细胞后，一般要与受体结合，经过信号的传递和转换，使靶细胞产生生物学效应，这种信息传递过程称为跨膜信号转导。跨膜信号转导过程中信息传递的信号分子链称为信号转导通路（图 2-10）。

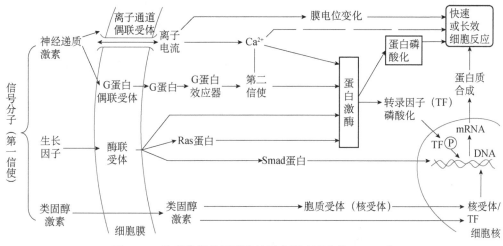

图 2-10　跨膜信号转导通路的示意图（王庭槐，2018）

（二）跨膜信号转导的机制

无论是经过血液长距离运输，还是经过旁分泌短距离扩散；无论是神经递质，还是激素，信号分子到达靶细胞后，需要和细胞膜上（或者胞内）的受体结合，引发受体构象改变而激活，进而建立细胞内信号转导通路，调节靶细胞的代谢或基因表达，使靶细胞出现整体性生物学效应。

受体是一类能够识别和结合某种配体（信号分子、药物、毒素等）的分子。绝大多数受体是糖蛋白，少数受体是糖脂（如霍乱毒素受体和百日咳毒素受体），有的受体是糖蛋白和糖脂的复合物（如促甲状腺激素受体）。受体一般有两个功能域：结合配体的功能域和产生效应的功能域，分别具有结合特异性和效应特异性。受体和配体的结合表现为特异性、饱和性和可逆性，类似跨膜物质转运中载体与底物的结合。

受体特异性结合配体后被激活，通过信号转导途径将胞外信号转换为胞内信号，诱发两种常见的细胞应答反应。①改变细胞内酶类和其他蛋白质的活性或功能，进而影响细胞代谢功能等。②通过修饰细胞内转录因子刺激（或阻遏）特异靶基因的表达，进而改变细胞特异性蛋白的表达量，调节细胞相关功能。一般而言，前一类应答反应较快，称为快反应（短期反应），后一类反应称为慢反应（长期反应）。

根据受体存在于细胞膜或者细胞内，可将受体分为细胞表面受体和细胞内受体，其相应的信号转导称为膜上受体介导的信号转导和胞内受体介导的信号转导。

1. 膜上受体介导的信号转导　细胞表面受体主要识别和结合亲水性信号分子，包括分泌型信号分子（如神经递质、多肽类激素、生长因子）或膜结合型信号分子（细胞表面抗原、细胞表面黏着分子等）。根据受体蛋白类型和信号转导机制的不同，细胞表面受体分为 G 蛋白偶联受体、酶联受体和离子通道偶联受体。

（1）G 蛋白偶联受体介导的信号转导　　G 蛋白偶联受体是细胞表面受体中最大的家族。该受体与 G 蛋白相偶联，与信号分子结合后，激活与其偶联的 G 蛋白，引发一系列级联反应而完成跨膜信号转导。G 蛋白是鸟苷酸结合蛋白的简称，静息时与鸟苷二磷酸（GDP）结合呈失活态。该类受体与信号分子结合后，G 蛋白与鸟苷三磷酸（GTP）结合，表现为激活态。G 蛋白通过与 GDP 或 GTP 的结合，在失活态和激活态之间进行变换，与蛋白激酶/蛋白磷酸酶、钙调蛋白一样，在不同的情况下发挥信号转导的分子开关作用。

G 蛋白激活后，可介导多方面的细胞反应，如激活腺苷酸环化酶或磷脂酶 C，生成第二信使，进而改变其他酶类或蛋白质活性，调控细胞代谢。常见的第二信使有环磷酸腺苷（cAMP）、肌醇三磷酸（IP_3）、二酰甘油（DG）和 Ca^{2+}。除以上作用途径外，激活的 G 蛋白还可激活离子通道，影响膜电位的变化。

1）激活腺苷酸环化酶：信号分子与受体结合→G 蛋白激活→活化腺苷酸环化酶（AC）→促使 ATP 生成 cAMP。cAMP 为此类信号通路的第二信使，可进一步激活蛋白激酶 A（PKA），磷酸化相应蛋白酶，改变蛋白酶的活性、通道的活动状态。例如，肝细胞内 PKA 可激活磷酸化酶激酶，促进肝糖原分解；心肌细胞内 PKA 使钙通道磷酸化而增强心肌收缩。

2）激活磷脂酶 C：信号分子与受体结合→G 蛋白激活→活化磷脂酶 C（PLC）→生成 IP_3 和 DAG。IP_3 和 DAG 为此类信号通路的第二信使。IP_3 是小分子水溶性物质，可与内质网或肌质网膜上钙通道受体结合，引起上述细胞器中 Ca^{2+} 释放到细胞质中，胞中 Ca^{2+} 浓度升高。Ca^{2+} 也是一种第二信使，参与胞内多种信号转导过程。Ca^{2+} 可与多种蛋白质结合，形成复合物，引起肌肉的收缩或者激活蛋白激酶等，进而起到广泛的生物效应。Ca^{2+} 还可与 DAG 等一起，特异地激活胞质中的蛋白激酶 C（PKC），PKC 再进一步磷酸化下游功能蛋白而改变细胞生理功能。

3）激活离子通道：神经递质乙酰胆碱（acetylcholine，ACh）与心肌细胞上 M 型乙酰胆碱受体结合后，激活 G 蛋白，直接诱发心肌细胞膜上钾通道开放，K^+ 外流，导致细胞膜超极化，减缓心肌细胞的收缩频率。

由于对 G 蛋白及其在细胞信号转导中作用的研究成就，Gilman 和 Rodbell 共同获得了 1994 年的诺贝尔生理学或医学奖。

（2）酶联受体介导的信号转导　　酶联受体是指本身具有酶活性或与酶相结合的细胞表面受体，前者胞内结构域具有酶活性，后者本身不具酶活性，但其胞内结构域与酶相联系。信号分子和酶联受体结合后可直接激活或者间接激活相关酶的活性，进而调节细胞的生理活动。

1）酪氨酸激酶受体：胰岛素、表皮生长因子、血小板源生长因子、成纤维细胞生长因子和肝细胞生长因子等作用于靶细胞酪氨酸激酶受体，直接激活胞内侧的酪氨酸激酶，继而磷酸化下游蛋白的酪氨酸残基，产生生物效应。促红细胞生成素、干扰素、白细胞介素、生长激素、催乳素和瘦素能间接激活胞内侧的酪氨酸激酶，产生生物效应。

与 G 蛋白偶联受体相比，酪氨酸激酶受体介导的信号转导通路相对简捷，但产生效应缓慢，因为这类通路要通过胞内多种信号蛋白的级联反应，甚至需要通过对基因表达的调控才能产生生物效应，这些慢效应主要涉及细胞的生长、增殖、代谢、分化和存活等过程。

2）鸟苷酸环化酶受体：心房钠尿肽和脑钠尿肽等信号分子通过作用于细胞膜上的鸟苷酸环化酶受体，激活鸟苷酸环化酶（guanylyl cyclase，GC），使胞质中 GTP 生成环鸟苷酸（cGMP），后者作为第二信使可进一步激活 cGMP 依赖性蛋白激酶，磷酸化蛋白质或者酶类而实现信号转导。

作为气体信号分子的 NO，可以穿过细胞膜，到达细胞内，作用于胞内受体，其受体同为鸟苷酸环化酶受体，通过 cGMP 通路产生生物效应，如引起血管平滑肌的舒张等。

3）丝氨酸/苏氨酸激酶受体：转化生长因子可作用于该受体，磷酸化相应蛋白质的丝氨酸/苏氨酸残基，并转位到细胞核中，调控特定蛋白质基因的表达。

（3）离子通道偶联受体介导的信号转导　　细胞膜上的该类受体既有配体结合位点，又是化学门控离子通道。与配体结合后，细胞膜上特定的离子通道开放，离子出现流动，从而引起细胞膜电位的改变。这种跨膜信号转导无须中间步骤，具有路径简单和速度快的特点。化学突触的突触后膜、骨骼肌运动终板的接头后膜上存在着此类受体。

2. 胞内受体介导的信号转导　　胞内受体位于细胞质基质或核基质中。与胞内受体结合的信号分子是可跨膜进入胞内的、较小的脂溶性信号分子，如甾类激素、甲状腺激素、1,25-二羟维生素 D_3 和视黄酸，以及细胞或病原微生物的代谢产物、结构分子或者核酸物质。糖皮质激素受体、盐皮质激素受体位于细胞基质中，1,25-二羟维生素 D_3 受体、甲状腺激素受体位于核基质中，性激素受体在细胞质基质和核基质均有分布。

胞内受体常为单链多肽，含有激素结合域、DNA 结合域、转录激活结合域等功能区段。激素结合域位于受体的 C 端，由 220～250 个氨基酸残基构成；DNA 结合域由 66～68 个氨基酸残基构成，含有两个被称为"锌指"的特异氨基酸序列片段，介导激素-受体复合物与 DNA 特定部位的结合，决定了调控的特异性；转录激活结合域在 N 端，由 25～603 个氨基酸残基组成，具有转录激活作用。

胞内受体一般处于静止状态。类固醇激素等信号分子进入细胞后，通过胞内受体的激素结合域，形成配体-受体复合物；然后通过 DNA 结合域，以二聚体形式与核内靶基因结合；最后通过转录激活结合域，调节靶基因转录并表达特定的蛋白质产物，改变细胞生理功能。细胞质基质中受体与信号分子结合后，其核转位信号暴露，激素-受体复合物转位至细胞核内，再与核内靶基因结合。

3. 受体的脱敏　　细胞对外界信号做出适度的反应既涉及信号的有效刺激和启动，也依赖于信号的解除与细胞的反应终止，后者对于确保靶细胞对信号的适度反应来说同等重要。解除与终止信号的重要方式是在信号浓度过高或细胞长时间暴露于某一种信号刺激的情况下，细胞会以不同的方式使受体脱敏。这种现象也是细胞适应性的表现，是一种负反馈调控机制。靶细胞对信号分子的脱敏机制有如下 5 种方式。

（1）受体没收　　细胞通过配体依赖性的、受体介导的胞吞作用减少细胞表面可利用受体的数目，以网格蛋白等包被小泡形式摄入细胞，受体被暂时扣留。后期配体进入溶酶体被消化，扣留的受体可返回质膜再利用，如低密度脂蛋白（LDL）受体。这是细胞对多种肽类或其他激素受体发生脱敏反应的一种基本途径。

（2）受体下调　　通过受体介导的胞吞作用，受体-配体复合物转移至胞内溶酶体被消化降解而不能重新利用，细胞通过表面自由受体数目减少和配体的清除使细胞对信号敏感性下调。

（3）受体失活　　G 蛋白偶联受体激酶可使 G 蛋白受体的丝氨酸/苏氨酸残基发生磷酸化，再通过与胞质抑制蛋白拦阻蛋白（arrestin）结合而阻断此类受体与 G 蛋白的偶联作用，这是一种快速使受体脱敏的机制。

（4）信号蛋白失活　　致使细胞对信号反应脱敏的原因不在于受体本身，而在于细胞内信号蛋白发生改变，如去磷酸化或者泛素化并降解，从而使信号级联反应受阻，不能诱导正常的细胞反应。

（5）抑制型蛋白质产生　　受体结合配体而被激活后，在下游反应中（如对基因表达的调控）产生抑制型蛋白质，通过负反馈降低或阻断信号转导途径。

除受体脱敏调整信号转导外，一些代谢产物或者药物也可通过阻断信号分子和受体的结合或影响信号分子的分解代谢等途径干扰信号的转导。

（三）跨膜信号转导的特点

1. 特异性　　受体通过结构互补以共价键方式和配体结合，形成配体-受体复合物，介导特定的细胞反应，表现出信号转导的特异性。

2. 放大效应　　配体与受体结合，导致细胞内某些信号分子浓度的增加或减少，表现出放大效应。例如，肾上腺素与细胞表面受体结合，激活腺苷酸环化酶产生第二信使 cAMP，引发细胞内信号放大的级联反应。常见的级联放大作用是通过蛋白质磷酸化实现的。

3. 整合作用　　每一个细胞都处于网络化的信号环境之中，接受神经递质、激素、生长因子等多种信号分子。这些信号分子相互作用，以不同组合的方式调节细胞行为，构成细胞信号网络。细胞必须整合不同信息，对不同组合的胞外信号分子做出程序性反应，维持生命活动的有序性。

◆ 第四节　细胞的生物电与兴奋性

细胞间除以化学信号作为载体传递信息外，还会以生物电的形式感受内外环境变化和传递信息。生物电是细胞进行生命活动时产生的电现象，由一些带电离子（如 Na^+、K^+、Ca^{2+} 等）跨膜流动而产生，表现为一定的跨膜电位，简称膜电位。细胞的膜电位主要有两种表现形式：安静状态下相对平稳的静息电位和受刺激时迅速发生，并可向远处传播的动作电位。机体所有细胞都具有静息电位，而神经细胞、肌细胞和部分腺细胞还可表现为动作电位。临床上诊断疾病时所测定的心电图、脑电图、肌电图等是在器官水平上记录到的生物电。电鲶、电鳐、电鳗等鱼类可以利用一些电器官进行放电，这些是在细胞生物电活动基础上发生总和的结果。本节主要以神经细胞为例介绍生物电，肌肉细胞、腺细胞的生物电与神经细胞的有所差异。

一、细胞的生物电

（一）静息电位

1. 静息电位概念　　静息状态下细胞膜两侧存在内负外正的电位差，称为静息电位（resting potential，RP）。静息状态下细胞外液为 0 mV 时，所测的膜内电位数值即静息电位数值。由于内负外正，因此各种细胞的静息电位均为负值，范围为 -100～-10 mV，如红细胞约为 -10 mV，平滑肌细胞约为 -55 mV，神经细胞约为 -70 mV，骨骼肌细胞约为 -90 mV。细胞内负值越大，膜两侧的电位差越大。静息电位一般比较稳定，但是某些中枢神经细胞、具有自律性的心肌细胞和平滑肌细胞的静息电位可出现自发性的波动。

静息时细胞膜两侧内负外正的电荷的不平衡状态也称为极化。细胞接受刺激后，如膜电位负值减小（由 -70 mV 变化为 -50 mV），称为去极化；如膜电位负值增大（由 -70 mV 变为 -90 mV），称为超极化；如膜内电位变为正值，膜外为负值，则称为反极化。膜电位变化后，再恢复到静息电位的过程称为复极化。

2. 静息电位的产生机制　　静息电位主要是带电离子的跨膜转运造成的。离子是否能跨膜转运首先取决于膜对离子的通透性，这是跨膜流动的前提；然后取决于膜两侧离子的浓度差和电位差，这两个因素决定了离子流动的方向和程度。

由于主动转运的作用，细胞膜内外两侧离子分布不平衡，浓度差异很大。膜内 K^+ 浓度比膜外高约 30 倍，负离子以大分子蛋白质为主；膜外 Na^+ 浓度比膜内高约 9 倍，负离子以 Cl^- 为主。静息状态下，细胞膜两侧总电荷看似均衡，但由于细胞膜对不同离子的通透性不同，出现了离子流动和极化状态。

细胞膜上存在持续开放的非门控钾通道（如神经细胞膜上的钾漏通道），所以对 K^+ 有很大的通透性，而对 Na^+ 及其他离子通透性很差。在通透性存在的情况下，由于膜内 K^+ 浓度远高于膜外，K^+ 出现外流，膜外正离子增加；同时膜内带负电荷的有机离子聚积在膜的内表面，细胞膜出现了内负外正的电位差。根据同性电荷相互排斥、异性电荷相互吸引的原理，此内负外正电位差对后续 K^+ 外流有阻碍作用。随着持续外流，膜两侧 K^+ 浓度差降低，K^+ 外流动力越来越小，电位差形成的阻力越来越大。当两者数值相等时，K^+ 达到了电化学平衡，不再外流，形成了相对稳定的膜电位，即静息电位。此时膜内 K^+ 浓度还是大于膜外，当膜电位出现去极化或反极化变化时，由于电位差的阻力降低或消失，K^+ 还可以进一步外流。

基于以上分析，大多数细胞的静息电位主要由 K^+ 外流形成，其数值接近 K^+ 平衡电位。如果细胞外 K^+ 浓度升高，静息电位也相应减小。临床高血钾可以强烈抑制心脏的兴奋和收缩功能，其原因就是高血钾引起静息电位减小，膜发生去极化进而使电压门控钠通道失活。

静息时，有些细胞膜对 Na^+ 也有一定的通透性，此时 K^+ 通透性/Na^+ 通透性比值越大，静息电位的负值就越大。例如，骨骼肌细胞两者比值为 20～100，其静息电位为 -90 mV；平滑肌细胞两者比值为 7～10，静息电位约为 -55 mV；未受到光照时，视网膜中的视杆细胞膜上有相当数量的钠通道处于开放状态，静息电位更小，只有 -40～-30 mV。

（二）动作电位

1. 动作电位的概念　　动作电位（action potential，AP）是指细胞接受有效刺激后，膜电位在静息电位基础上发生一次迅速的、可向远处传播的波动。一般而言，刺激（stimulus）是指细胞所处环境如物理、化学和生物等方面的变化，包括外部的信号刺激和内部的信息传递。动作电位不是一个稳态，而是膜电位动态变化的过程，包括由静息时的内负外正到内正外负（去极化和反极化）和复原的过程（复极化）。

以神经细胞为例，当受到一个有效刺激时，其膜电位从 -70 mV 逐渐去极化到达阈电位，此后迅速上升至 $+30$ mV，形成动作电位的升支；随后又迅速下降至接近阈电位水平，形成动作电位的降支。两者共同形成的尖峰状电位变化称为锋电位。锋电位是动作电位的主要部分，被视为动作电位的标志。锋电位之后膜电位的低幅、缓慢波动，称为后电位。后电位包括两个部分，前一部分的膜电位负值仍小于静息电位，称为后去极化电位（负后电位）；后一部分的膜电位负值大于静息电位，称为后超极化电位（正后电位）。哺乳动物 A 类神经纤维的后电位可持续将近 100 ms。后电位结束后膜电位才恢复到正常的静息电位水平（图 2-11）。

2. 动作电位的产生机制　　和静息电位一样，动作电位中一系列的电位变化也是带电离子的流动造成的。在分析离子流动时，同样可从离子的通透性、膜内外浓度差和电位差三个方面考虑。

细胞受到有效刺激时，细胞膜对 Na^+ 通透性增大，而胞外 Na^+ 浓度远大于胞内，所以 Na^+ 在电-化学双重驱动力作用下流入胞内，膜发生去极化。膜去极化达到一定数值（即达到阈电位）时，Na^+ 通透性进一步迅速增大，大量 Na^+ 内流，膜电位急剧上升，形成动作电位升支，进而达到峰值。此后 Na^+ 通透性迅速减小，而 K^+ 通透性增大。由于膜内 K^+ 浓度高于膜外，所以 K^+ 外流，形成动作电位的降支，表现为复极化。如果细胞外液中的 Na^+ 较少或给予钠通道阻断剂河鲀毒素

（TTX），则动作电位幅度将下降或消失。

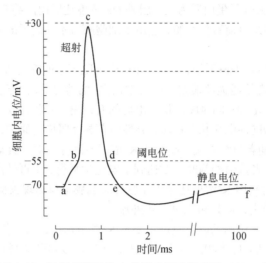

图 2-11 神经纤维动作电位模式图（王庭槐，2018）

ab. 膜电位逐步去极化到达阈电位水平；bc. 动作电位快速去极相；cd. 动作电位快速复极相；bcd. 锋电位；
de. 负后电位；ef. 正后电位

以上叙述的主要是神经和骨骼肌细胞动作电位产生的机制，平滑肌细胞、某些心肌细胞和内分泌细胞的动作电位升支主要是 Ca^{2+} 内流产生的。

3. 动作电位的特点 不同细胞的动作电位具有不同的形态，神经细胞的动作电位时程很短，锋电位持续时间约 1 ms；骨骼肌细胞的动作电位时程略长，可达数毫秒，但波形仍呈尖峰状；心室肌细胞动作电位时程较长，可达 300 ms 左右，主要是复极化时间长（见第四章）。总体来说，动作电位具有以下特点。①"全或无"现象，要使细胞产生动作电位，所给的刺激必须达到一定的强度。当刺激达到一定的强度时，所产生的动作电位不会随刺激强度的增大而升高（全）；若刺激未达到一定强度，动作电位就不会产生（无）。②不衰减性，动作电位产生后，可沿着细胞膜迅速向四周传播，直至传遍整个细胞，其幅度和波形在传播过程中始终保持不变。③脉冲式发放，连续刺激所产生的多个动作电位总有一定间隔而不会融合起来，呈脉冲式一个个独立发放。

（三）阈电位和局部电位

1. 阈电位 如上所述，只有当刺激达到一定强度，膜电位去极化达到一个临界值时，细胞膜钠通道才集中开放，Na^+ 大量内流，快速去极化、反极化，随后复极化，形成动作电位。这个能触发动作电位的膜电位临界值称为阈电位（threshold potential，TP）（图 2-11）。阈电位负值一般比静息电位小 10～20 mV，如神经细胞的静息电位为−70 mV，阈电位为−55 mV 左右。阈电位类似物质燃烧的燃点，而静息电位类似于实际温度。动作电位之所以具有"全或无"特征，其原因是只要刺激强度使膜电位达到阈电位水平，动作电位就会产生，不会随着刺激强度增大而变化。

影响阈电位水平的主要因素是细胞膜中电压门控钠通道的分布密度、功能状态及胞外 Ca^{2+} 水平。钠通道密度较大时，只需较小的去极化即可形成较大的 Na^+ 电流，因此阈电位较低，更接近静息电位。例如，神经元轴突始段膜中的电压门控钠通道分布密度极高，此段阈电位水平明显低于其他部位，兴奋性高。胞外的 Ca^{2+} 水平会影响钠通道的激活，胞外 Ca^{2+} 浓度升高可降低膜对

Na^+的通透性，阈电位上移，细胞兴奋性下降，故 Ca^{2+} 被称为 "稳定剂"；反之，胞外 Ca^{2+} 浓度下降，阈电位下移，细胞兴奋性升高，临床上常见的低钙惊厥就是由此而产生。

2. 局部电位 如果刺激强度较小时，细胞膜上只有部分钠通道开放，形成轻度的去极化，达不到阈电位水平，这种膜电位的变化称为局部电位（local potential）。单个去极化的局部电位虽不能产生动作电位，但可使膜电位更接近阈电位，所以去极化的局部电位使细胞兴奋性有所提高。骨骼肌运动终板接头后膜上的终板电位、兴奋性突触的突触后膜电位和感觉神经末梢上的发生器电位都是去极化的局部电位。

广泛的局部电位概念包括去极化局部电位和超极化局部电位。有些神经递质作用于突触后膜时，引起突触后膜 Cl^- 内流，出现轻度超极化，这种突触后膜电位和感光细胞受到光照刺激后产生的感受器电位都是超极化局部电位。超极化局部电位产生局部抑制，可使细胞的兴奋性有所下降。

局部电位具有以下特征。①等级性电位，其幅度与刺激强度相关，不具有 "全或无" 特点。②衰减性传导，局部电位以电紧张的方式向周围传导，逐步衰减，传导范围一般不超过 1 mm 半径。③总和作用，同时产生的、相距较近的多个局部电位的叠加称为空间总和；先后产生的多个局部电位的叠加称为时间总和。去极化局部电位总和后可使细胞膜达到阈电位，从而引发动作电位和兴奋；超极化局部电位总和后可使细胞抑制。

局部电位不仅发生在可兴奋细胞，也可见于其他不能产生动作电位的细胞，如某些感受器细胞。感受器细胞的去极化或超极化局部电位均无不应期，它们可以通过空间或时间总和、幅度变化等实现信号的编码与整合，这种局部电位和动作电位一样，可参与信息处理和传递。

二、细胞的兴奋性

（一）细胞兴奋性的概念

如绪论所述，兴奋性是生命活动的基本特征之一。生物机体、器官、组织或细胞接受刺激时，可发生相应的反应，如刺激后其功能活动由弱变强或由相对静止转变为比较活跃，称为兴奋，反之称为抑制。

广义上来说，任何细胞都具有兴奋性，对一些刺激能够反应。由于神经细胞、肌细胞和腺细胞膜上具有较多的门控钠（钙）通道，受到有效刺激后能产生动作电位，进而表现为传导、收缩或分泌活动，兴奋反应明显，因此生理学上常将这些能够产生动作电位的细胞称为可兴奋细胞。狭义上来说，细胞的兴奋性定义为细胞接受刺激后产生动作电位的能力。这样，细胞兴奋的本质就是细胞膜上产生了动作电位。不同的细胞产生动作电位后，有不同的表现，如收缩或分泌，就像生活中的不同电器，通电后，有的发光，有的发热，有的发声。

刺激要引起细胞兴奋必须在刺激性质、强度、时间三个方面满足一定的条件。在刺激性质方面，由于细胞功能分工不同，不同的细胞有各自的敏感刺激，这些敏感刺激称为细胞的适宜刺激。同时，刺激还需要一定的强度和时间。能够使细胞去极化达到阈电位，进而产生动作电位的最小刺激强度，称为阈刺激；强度低于阈刺激的称为阈下刺激，高于阈刺激的称为阈上刺激。细胞兴奋性高低可以用阈刺激的数值来衡量：阈值越小，兴奋性就越高；阈值越大，兴奋性则越低。普鲁卡因可阻断神经纤维的电压门控钠通道，升高阈刺激，降低神经纤维兴奋性，临床上常用作浸润麻醉。要使细胞发生反应，除了刺激性质和刺激强度达到要求，还需一定刺激时间。对于电刺激来说，随着刺激强度的增大，所需时间越小，但刺激时间也有最小值，称为时间阈（值）。

（二）细胞兴奋性的变化

细胞的兴奋性不是固定不变的，而是随着自身状态和周围环境的变化而变化。细胞在接受刺激发生兴奋的同时，其兴奋性也有一个周期性变化过程（图2-12），具体如下。

1. 绝对不应期　　兴奋发生的最初一段时间内，细胞兴奋性下降为零。任何刺激都不会引起细胞再次兴奋，此时期称为绝对不应期。此时膜上大部分钠（或钙）通道已处于激活状态（峰电位上升期）或者失活状态（锋电位下降期），不可能再次接受刺激而激活。神经细胞或大部分肌肉细胞的绝对不应期正好对应于锋电位发生的时期（图2-12中ab），所以锋电位不会发生融合，其产生的最高频率取决于绝对不应期的长短。例如，神经细胞和心室肌细胞的绝对不应期分别约为2 ms和200 ms，理论上两者锋电位的最大频率分别不超过每秒500次和5次。

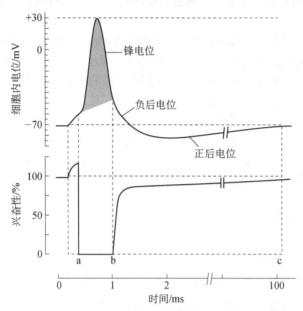

图 2-12　兴奋性变化与动作电位的时间关系示意图

ab. 绝对不应期

2. 相对不应期　　绝对不应期之后，细胞的兴奋性逐渐恢复，再次接受较强刺激后可发生兴奋，此时期称为相对不应期。此时失活的电压门控钠（或钙）通道开始复活，但数量较少，所需刺激阈值较高，只有较强的刺激才能引发动作电位。由于电压门控钙通道复活所需的时间长于钠通道，因而由钙通道激活形成的动作电位，其相对不应期也较长。

（三）细胞兴奋的传导

兴奋时，细胞膜上产生的动作电位会在细胞膜或细胞间进行传导，称为细胞兴奋的传导。

1. 同一细胞上的兴奋传导　　细胞膜某一部分产生的动作电位可沿细胞膜不衰减地传遍整个细胞。动作电位传导的原理可用局部电流学说解释。如图2-13所示，在动作电位的发生部位即兴奋区，膜两侧电位呈内正外负的反极化状态，而相邻的未兴奋区处于内负外正的极化状态。因此，兴奋区与邻近未兴奋区之间出现电位差，产生由正电位区流向负电位区的局部电流：膜内侧表现为兴奋区流向邻近的未兴奋区，膜外侧表现为邻近的未兴奋区流向兴奋区。局部电流使相邻未兴奋区的膜电位降低，产生去极化。由于兴奋区和相邻未兴奋区之间的电位差高达100 mV（即动作电位的幅值），是去极化到阈电位所需幅值（10～20 mV）的数倍，故局部电流的刺激强度远大于细胞兴奋所需的阈值，所以局部电流可使相邻未兴奋区爆发动作电位，成为新的兴奋区（图 2-13）。新的兴奋区又与邻近区域形成新的局部电流，这样依次兴奋，使动作电位由近及远传播。如果细胞各部位质膜对 Na^+ 的通透性及 Na^+ 的电化学驱动力维持不变，动作电位就能不衰减地传导下去。

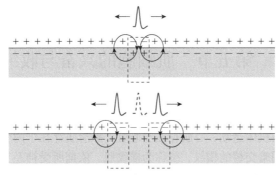

图 2-13　动作电位在神经纤维上的双向传导示意图（王庭槐，2018）

因此，动作电位在同一细胞上传导的实质是细胞膜依次再生动作电位的过程。神经纤维或肌纤维上传导的动作电位又称为冲动，有关神经纤维兴奋传导的特点等见第九章。

2. 细胞之间的兴奋传导　　一般而言，细胞之间电阻很大，无法形成有效的局部电流。大多数情况下，动作电位不能由一个细胞直接传播到另一个细胞。体内某些神经元之间、心肌及某些平滑肌的细胞间存在缝隙连接，动作电位可通过缝隙连接直接传递给周围细胞，使这些细胞快速兴奋（图 2-14）。

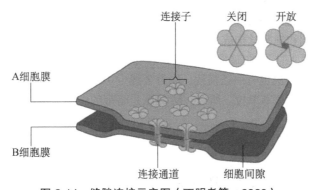

图 2-14　缝隙连接示意图（丁明孝等，2020）

彩图

通过缝隙连接相偶联的两个细胞质膜靠得很近（<3 nm）。如图 2-14 所示，每侧细胞膜上都规则排列着由 6 个连接蛋白单体形成的同六聚体，称为连接子，其中央有一个亲水性孔道。两侧膜上对应的两个连接子相连，亲水性孔道对接，形成连通两个细胞的缝隙连接通道。缝隙连接通道孔径 1.2～2 nm，属于非门控通道，一直处于开放状态，允许分子质量小于 1.0 kDa 的水溶性小分子和离子通过。在以缝隙连接相连的细胞群中，一个细胞产生动作电位，其局部电流就可通过缝隙连接直接传播到另一个细胞，进而传到整个细胞群。缝隙连接使某些功能一致的同类细胞快速发生同步化，如呼吸中枢神经元同步兴奋有利于呼吸活动进行，左右心室肌细胞的同步兴奋和收缩有利于射血，子宫平滑肌的同步兴奋和收缩有利于胎儿分娩等。

当细胞内 Ca^{2+} 水平增高或 pH 降低时，缝隙连接通道可关闭，可防止细胞受到损伤后 Ca^{2+} 超载或酸中毒等伤害的扩散。

如本章第三节中细胞间信息传递的通路所述，神经元之间、神经元和靶细胞之间还存在着不同的接头装置，如神经元之间的化学突触、神经元和骨骼肌之间的运动终板等。兴奋借助这些相应接头传递时，经历了电—化学—电信号的转换，而不是电信号的直接传导，所以传递速度较慢，并且容易受到周围其他物质的影响。有关神经元之间的信息传递见第九章；有关神经-骨骼肌细胞间的信息传递见下节。

◆◆ 第五节　肌细胞的兴奋与收缩

根据结构和收缩特性的不同，肌组织可分为骨骼肌、心肌和平滑肌三类。大部分骨骼肌通过肌腱附着在骨骼上，参与机体运动；心肌存在于心脏，平滑肌存在于内脏及血管壁。光学显微镜下，骨骼肌和心肌显现明暗交替的横纹，统称为横纹肌。依据所受神经支配的差异，骨骼肌称为随意肌，受躯体运动神经的调控；心肌和平滑肌为非随意肌，受自主神经的调控。本节主要介绍骨骼肌的兴奋和收缩，简单介绍心肌和平滑肌的不同之处，有关心肌和平滑肌的生物电和收缩特点等分别在第四章和第六章有详细介绍。

一、骨骼肌的兴奋与收缩

（一）骨骼肌细胞的结构

骨骼肌细胞内含有大量的肌原纤维和高度发达的肌管系统。

1. **肌原纤维**　骨骼肌细胞内含有上千条纵向平行排列的肌原纤维，直径为 $1 \sim 2\ \mu m$，由与其走向平行的粗肌丝和细肌丝构成，两者在细胞内规则排列，光镜下可见明暗交替的横纹，分别称为明带和暗带（图 2-15）。在暗带的中央有一条横向的线，称为 M 线。M 线两侧相对较亮的区域称为 H 带。明带的中央也有一条横线，称为 Z 线（立体称为 Z 盘）。相邻两 Z 线之间的区段称为肌节，是肌肉收缩的基本单位。所以，M 线既是暗带的中央，也是肌节的中央。

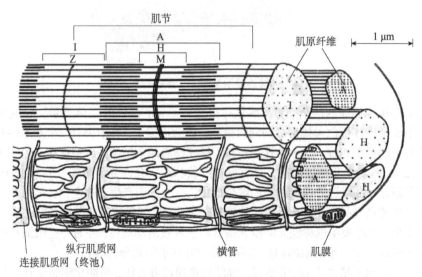

图 2-15　骨骼肌的肌原纤维和肌管系统（王庭槐，2018）

A. 暗带；H. 暗带中的 H 带；I. 明带；M. M 线；Z. Z 线

（1）粗肌丝 粗肌丝长约 1.6 μm，由数百个肌球蛋白分子聚合而成。单个肌球蛋白分子呈豆芽状，有一个杆部和两个球形的头部，由 6 条肽链构成：两条重链形成杆部（粗肌丝的主干），两端各结合两条轻链并向外伸出形成头部，也称为横桥（cross-bridge）（图 2-16）。粗肌丝所有的肌球蛋白杆状部都集合在一起，中间为 M 线。每条粗肌丝上的横桥有 300~400 个，近 M 线端约 0.2 μm 没有横桥。

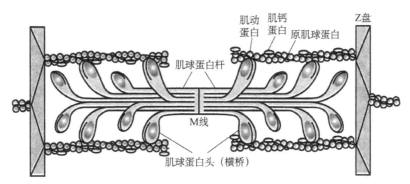

图 2-16 肌丝的分子结构示意图（王庭槐，2018）

（2）细肌丝 细肌丝长约 1.0 μm，主要由肌动蛋白、原肌球蛋白和肌钙蛋白构成。肌动蛋白单体为球形分子，通过聚合形成两条相互缠绕呈螺旋状的分子链，构成了细肌丝的主干。原肌球蛋白分子呈长杆状，单个长度相当于 7 个单体肌动蛋白的长度。多个原肌球蛋白分子首尾相接，同样形成两条双螺旋肽链，沿肌动蛋白双螺旋肽链浅沟伴行。肌钙蛋白由肌钙蛋白 T（TnT）、肌钙蛋白 I（TnI）和肌钙蛋白 C（TnC）3 个亚单位构成，以一定的间距（7 个肌动蛋白单体的长度）散在分布于原肌球蛋白的双螺旋结构上，与其结合。细肌丝中肌动蛋白、原肌球蛋白和肌钙蛋白三者的比例为 7:1:1。细肌丝中肌动蛋白有多个能与粗肌丝肌球蛋白上横桥结合的位点。静息时，肌钙蛋白的 TnT 与 TnI 分别与原肌球蛋白和肌动蛋白紧密相连。由于肌钙蛋白的"双面胶"作用，原肌球蛋白与肌动蛋白紧密结合，并遮蔽了肌动蛋白上横桥的结合位点，通过位阻效应阻止了肌动蛋白与横桥结合，肌肉处于舒张状态。

2. 肌管系统 骨骼肌细胞中有横管和纵管两种肌管系统。横管是与肌原纤维走向垂直的膜性管道，又称 T 管，由骨骼肌细胞膜内陷并向深部延伸而成。纵管是与肌原纤维走向平行的膜性管道，也称 L 管或肌质网（sarcoplasmic reticulum，SR）。围绕在肌原纤维周围、交织成网的称为纵行肌质网（LSR），其膜上有钙泵，可逆浓度梯度将胞质中 Ca^{2+} 转运至肌质网内。肌质网与 T 管膜相接触的末端膨大或呈扁平状，称为终池或连接肌质网（JSR）。终池内的 Ca^{2+} 浓度比胞质中的高近万倍，其膜中嵌有钙释放通道，又称雷诺丁受体（RyR），其分布与 T 管膜或肌膜上 L 型钙通道相对应。骨骼肌内 T 管与其两侧的终池相接触形成三联管结构，这是兴奋-收缩偶联的关键部位。

（二）神经-骨骼肌细胞间的信息传递

骨骼肌受脊髓、延髓、小脑、大脑等中枢神经系统的控制。中枢运动神经元发出神经纤维直接到达骨骼肌，中间没有经过神经节换元。一个运动神经元及其轴突分支所支配的全部骨骼肌纤维构成了一个运动单位。在神经-骨骼肌接头处，经过神经递质（一般为乙酰胆碱）的转换把信息传递给骨骼肌细胞。

1. 神经-骨骼肌接头的结构特征 神经-骨骼肌接头即运动终板，是运动神经元神经纤维末梢与其所支配的骨骼肌细胞之间的特化结构，由接头前膜、接头间隙和接头后膜构成。接头前膜是运动神经元轴突末梢膜的一部分，接头后膜为向内凹陷的骨骼肌细胞膜，又称终板膜。终板膜向内凹陷形成的许多皱褶增大了接触表面积，神经元轴突末梢失去髓鞘，嵌入终板膜浅槽中。接头间隙是接头前膜与接头后膜之间 20～30 nm 的间隔，充满细胞外液。接头前膜内侧含有约 3×10^5 个突触囊泡，每个囊泡内含约一万个乙酰胆碱（ACh）分子，而接头后膜皱褶的开口处含有 N_2 型 ACh 受体（图 2-17）。接头后膜外表面还分布有乙酰胆碱酯酶，将与受体分离后的 ACh 分解为胆碱和乙酸。

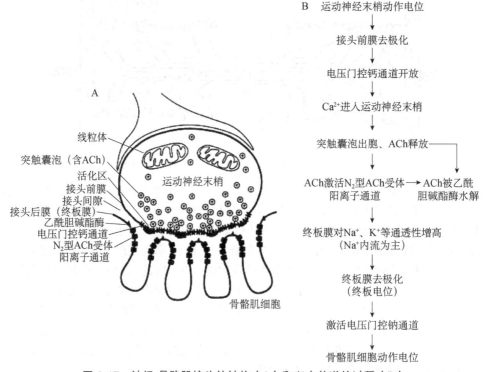

图 2-17　神经-骨骼肌接头的结构（A）和兴奋传递的过程（B）

2. 神经-骨骼肌接头的信息传递过程　神经-骨骼肌接头的信息传递具有电—化学—电传递的特点：运动神经元的兴奋通过神经纤维以动作电位的形式传到轴突末梢，引起接头前膜上电压门控钙通道开放，Ca^{2+} 内流，激发突触囊泡以胞吐形式释放 ACh，扩散至接头间隙，与接头后膜上 N_2 型 ACh 受体结合。此受体为离子通道偶联受体，激活后引起接头后膜上钠通道开放，Na^+ 内流，产生去极化局部膜电位，这称为终板电位。终板电位向周围传导，刺激邻近普通肌膜（非终板膜）的电压门控钠通道开放，进一步引起 Na^+ 内流和去极化；经过总和作用，使普通肌膜去极化达到阈电位水平时，即可爆发动作电位，引起骨骼肌细胞兴奋，完成神经-骨骼肌细胞间的信息传递。很短时间内，终板膜外侧的乙酰胆碱酯酶迅速分解 ACh，使终板膜恢复到安静状态。

筒箭毒碱和 α-银环蛇毒可特异性阻断接头后膜上 N_2 型 ACh 受体与 ACh 的结合而松弛肌肉。如机体产生自身抗体破坏 N_2 型 ACh 受体阳离子通道，也可导致重症肌无力。新斯的明可抑制乙酰胆碱酯酶而改善肌无力患者的症状，而有机磷农药可使胆碱酯酶发生磷酸化并丧失活性，导致体内 ACh 蓄积，进而引起中毒症状等。

（三）骨骼肌细胞的兴奋-收缩偶联

经上述神经-骨骼肌接头的信息传递，骨骼肌细胞在约 -90 mV 的静息电位基础上产生动作电位，其变化过程与神经纤维动作电位相似，呈尖峰样，持续时间稍长（2～4 ms），形成机制也与神经纤维相同。动作电位产生后可传导至整个肌细胞，并引起收缩。肌细胞动作电位引起肌丝滑行收缩的机制，称为兴奋-收缩偶联。骨骼肌细胞兴奋-收缩偶联发生于三联管结构，Ca^{2+}是重要的偶联因子，包括三个过程：Ca^{2+}的产生、Ca^{2+}触发肌丝滑行、Ca^{2+}的回位。

1. **Ca^{2+}的产生**　　Ca^{2+}产生的步骤如下：骨骼肌细胞膜上的动作电位沿 T 管膜传至肌细胞内部，激活肌膜和 T 管膜中的 L 型钙通道，通道发生变构，激活肌质网（终池）膜上钙通道（RyR1），使其开放。肌质网（终池）中的 Ca^{2+}顺浓度差释放到胞质中，胞质内的 Ca^{2+}浓度由静息时的 0.1 μmol/L 水平迅速升高上百倍（图 2-18）。

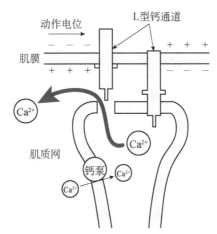

图 2-18　骨骼肌细胞内 Ca^{2+}释放的机制（姚泰等，2010）

2. **Ca^{2+}触发肌丝滑行**　　骨骼肌收缩的机制一般用肌丝滑行理论来解释：骨骼肌收缩时，粗肌丝或细肌丝长度没有改变，两者在肌节内发生相互滑行，肌节内明带和 H 带变窄，暗带宽度不变，肌肉缩短。肌丝滑行的过程是通过横桥周期完成的。横桥周期是肌球蛋白的横桥与肌动蛋白结合、扭动、复位的过程（图 2-19）。①横桥与肌动蛋白结合，静息时，通过肌钙蛋白的"双面胶"作用，原肌球蛋白通过位阻效应阻止了肌动蛋白与横桥结合，肌肉处于舒张状态。上述胞质 Ca^{2+}浓度升高后，与细肌丝中肌钙蛋白 TnC 结合（每分子 TnC 可结合 4 个 Ca^{2+}）。肌钙蛋白结合 Ca^{2+}后构象发生变化，TnI 与肌动蛋白的结合减弱，进而引起原肌球蛋白与肌动蛋白的结合出现松动，原肌球蛋白向肌动蛋白双螺旋沟槽的深部移动，暴露出肌动蛋白上横桥的结合位点，原有的位阻效应解除，肌动蛋白与横桥发生结合，即细肌丝和粗肌丝通过横桥得以结合。②横桥扭动和细肌丝滑行，粗肌丝上的横桥结合肌动蛋白后，转动其头部，向肌节中部 M 线方向扭动 45°，拖动细肌丝向肌节中部滑行，肌节缩短，肌肉发生收缩。此时，横桥与原来结合的二磷酸腺苷（ADP）和无机磷酸发生解离，其储存的势能转变为克服负荷的张力。③横桥与肌动蛋白分离、复位，横桥与 ATP 结合，与肌动蛋白的亲和力降低，两者分离。横桥的 ATP 酶活性分解 ATP，利用其能量使横桥复位，同时与 ADP 和磷酸结合，维持静息时的高势能状态。

一个横桥周期时间为 20～200 ms，其中横桥与肌动蛋白结合的时间约占一半。横桥周期内通过细肌丝向粗肌丝滑行而实现的肌肉收缩，实质上是通过肌动蛋白与肌球蛋白的相互作用，将分解 ATP 获得的化学能转变为机械能的过程。由于肌球蛋白和肌动蛋白直接参与肌肉收缩，故称为收缩蛋白；而原肌球蛋白和肌钙蛋白不直接参与肌肉收缩，但可调控收缩蛋白间的结合，故称为调节蛋白。肌肉收缩所能产生的张力由与肌动蛋白结合的横桥数决定，而肌肉缩短的速度取决于横桥周期的长短。

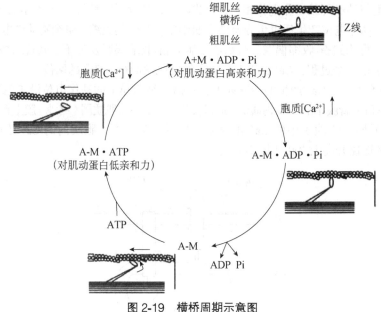

图 2-19 横桥周期示意图

A. 肌动蛋白；M. 肌球蛋白；A-M. 肌动蛋白与肌球蛋白结合物

3. Ca²⁺的回位 骨骼肌胞质内 Ca^{2+} 的回位几乎全部经纵行肌质网膜中的钙泵摄回进肌质网，进而回到终池（连接肌质网）中。胞质中 Ca^{2+} 浓度降低，则肌肉舒张。由于钙泵需要消耗能量，所以肌肉舒张的过程也耗能。

（四）骨骼肌收缩的形式

1. 等长收缩和等张收缩 根据肌肉收缩时期张力及长度是否变化，骨骼肌收缩分为等长收缩和等张收缩。等长收缩表现为肌肉收缩时长度保持不变而只有张力的增加，等张收缩表现为肌肉收缩时张力保持不变而只发生肌肉缩短。横桥与肌动蛋白结合发生扭动的早期，由于横桥头部和杆部之间的桥臂有一定的弹性，横桥的扭动先拉长桥臂，使其产生一定的弹性回缩力，表现为张力增加而肌丝还没有发生滑行，此时为等长收缩。当产生的张力较大，克服阻力进而引起肌丝滑行和肌节缩短，此时为等张收缩。所以骨骼肌收缩时，一般先等长收缩增加张力，再等张收缩而肌肉缩短。

2. 单收缩和连续收缩

（1）单收缩 给予骨骼肌单次刺激，会引起肌肉收缩一次，称为单收缩。从收缩开始到收缩高峰的时期称为收缩期，从收缩高峰恢复到静息状态称为舒张期。骨骼肌兴奋收缩的同时，其兴奋性也会发生相应变化，绝对不应期时间较短，为 2～4 ms，而收缩过程可达几十甚至几百毫秒，所以骨骼肌在收缩期的很长一段时间内兴奋性已恢复，如果及时给予另外一个刺激，可发生收缩的叠加（图 2-20）。

（2）连续收缩 给予骨骼肌多次刺激，骨骼肌可出现不同形式的连续收缩。电刺激骨骼肌时，当刺激频率很低时，下个刺激及其引发的收缩发生在上个舒张期之后，则每次收缩之后都完全舒张，形成类似心肌的节律性收缩和舒张，称为连续单收缩；当刺激频率增加到一定程度，下个刺激及其引发的收缩出现在上个收缩过程的舒张期，则每次收缩之后并未完全舒张就开始了下个收缩，称为不完全强直收缩；当刺激频率增加到很大时，下个刺激出现在上个收缩期的中后段

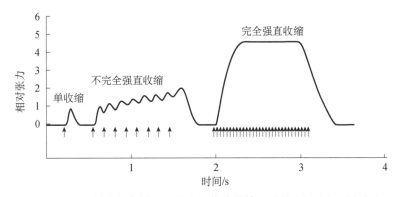

图 2-20 不同刺激频率情况下骨骼肌收缩的情况（纵坐标为相对张力）

（由于骨骼肌绝对不应期时间远小于收缩期时间，此时兴奋性已恢复），则下个收缩发生在上个收缩过程的收缩期，表现为收缩的进一步增强或者维持收缩状态，称为完全强直收缩。生理情况下，骨骼肌的收缩几乎都以完全强直收缩的形式进行，以利于完成各种躯体运动和对外界物体做功。

（五）影响骨骼肌收缩的因素

影响骨骼肌收缩的因素包括前负荷、后负荷、肌细胞的收缩能力及收缩的总和等。

1. 前负荷　　前负荷是指肌肉在收缩前所承受的负荷，即牵拉肌肉的力量。前负荷越大肌肉就被拉得越长，因而前负荷决定了肌肉收缩前的长度，即初长度，所以常用肌肉初长度表示前负荷。在一定的范围内，随着肌肉初长度的增加，肌肉收缩产生的张力也增；但超过一定范围时，张力反而下降。一般情况下，体内骨骼肌的自然长度就是最适初长度，此时骨骼肌承受的前负荷称为最适前负荷。最适初长度下肌肉发生的等长收缩可以产生最大的主动张力；小于或超过最适初长度，肌肉收缩的张力都会下降。

2. 后负荷　　后负荷是指肌肉在收缩后所承受的负荷。在后负荷作用下，肌肉收缩的早期只有张力增加，长度并不缩短，表现为等长收缩。当张力增加到可以克服后负荷时，肌肉开始缩短而张力不变，表现为等张收缩。肌肉的初长度（即前负荷）固定时，后负荷越大，肌肉收缩时产生的张力越大，发生肌肉缩短的时间越晚（即潜伏期越长），肌肉缩短的初速度和缩短的总长度也越小。后负荷过大，虽然能增加肌肉的张力，但肌肉缩短的程度和速度将很小甚至为零；后负荷过小，虽然肌肉缩短程度和速度都增加，但产生的张力将很小甚至为零。因此，后负荷过大或过小都不利于肌肉收缩做功，中等程度负荷情况下肌肉收缩完成的功最大。

3. 肌细胞的收缩能力　　肌肉收缩除受外在因素（如前负荷、后负荷）影响外，还受到内部状态的影响。影响肌肉收缩的内部状态称为肌肉收缩能力，如胞质内 Ca^{2+} 浓度的变化、肌钙蛋白对 Ca^{2+} 的敏感性、横桥 ATP 酶活性、肌细胞能量代谢水平、各种功能蛋白的表达水平及肌原纤维的肥大等都会影响肌肉的收缩。机体缺氧、酸中毒、ATP 的减少也可以通过上述途径影响肌肉收缩能力，同样，神经系统、内分泌系统、一些致病因子和药物也可通过上述途径调节肌肉收缩能力。

4. 收缩的总和　　收缩的总和是指肌细胞收缩的叠加特性，是中枢神经系统调节骨骼肌收缩效能的主要方式。收缩的总和包括时间总和与空间总和。时间总和即频率总和，由上述的不完全强直收缩和强直收缩构成。空间总和即多纤维总和，机体通过增加参与收缩的运动单位数目来调控收缩强度。

二、心肌的兴奋与收缩

（一）心肌细胞的结构

心肌细胞与骨骼肌细胞一样，含有大量平行排列的肌原纤维，其肌节比骨骼肌稍短，含有连接蛋白。连接蛋白是一种大分子蛋白质，有很强的黏弹性，可将肌球蛋白固定在肌节的 Z 盘上，限制肌节的被动拉长。与骨骼肌不同，心肌细胞的肌质网不发达，大多数 T 管只与一侧终池接触形成二联管结构。心肌细胞的线粒体特别发达，占据心肌细胞容量的 1/4～1/3，可以合成和储备足够的 ATP，保证心肌细胞有足够的能量供应，使心脏能持续搏动。

（二）神经-心肌细胞间的信息传递

心肌细胞一方面接受来自心脏内自律细胞的兴奋传导，另一方面接受来自自主神经的信息传递。自主神经的中枢神经元一般不直接作用于心肌，而是发出神经纤维（节前纤维）作用于外周神经节中的神经元，后者再发出神经纤维（节后纤维）调控心肌的活动。信号从中枢神经元到神经节的神经元传递过程中，经过电信号—化学信号—电信号的转换，这为化学突触传递。神经节神经元产生的神经冲动可通过节后纤维传到其末梢，末梢的每个分支上有许多曲张体，神经冲动可引起曲张体释放神经递质乙酰胆碱或去甲肾上腺素，分别抑制和增强心肌的兴奋。有关心肌细胞之间的兴奋传导见血液循环章节内容。

（三）心肌细胞的兴奋-收缩偶联

1. Ca^{2+} 的产生　　心肌细胞的兴奋-收缩偶联发生在二联管结构，Ca^{2+} 同样是重要的偶联因子。心肌细胞肌质网不发达，Ca^{2+} 的储备量较少，心肌的收缩依赖于细胞外液中 Ca^{2+} 的启动。Ca^{2+} 产生的过程如下。①T 管膜钙通道开放，动作电位沿肌膜传到 T 管膜，T 管膜上的电压依赖性 L 型钙通道被激活开放，胞外少量 Ca^{2+} 内流，胞内 Ca^{2+} 增加。细胞外液流入的 Ca^{2+} 量占心肌收缩过程所需总 Ca^{2+} 量的 10%～30%。②终池中 Ca^{2+} 的释放，胞外内流的 Ca^{2+} 激活肌质网（终池）膜上的 Ca^{2+} 释放通道（2 型雷诺丁受体，RyR2），肌质网（终池）中的 Ca^{2+} 顺浓度差释放到胞质中，占总 Ca^{2+} 量的 70%～90%（不同物种间比例差别较大），从而触发心肌细胞收缩。

这种经 T 管膜上 L 型钙通道内流的 Ca^{2+} 触发肌质网释放 Ca^{2+} 的过程被称为钙触发钙释放（图 2-21）。实验表明心肌细胞的收缩对细胞外液的 Ca^{2+} 存在一定的依赖性，细胞外液 Ca^{2+} 浓度在一定范围内降低，心肌收缩减弱。当细胞外液 Ca^{2+} 浓度降至很低，甚至无 Ca^{2+} 时，前期心肌膜虽然仍能兴奋，爆发动作电位，却不能引起心肌细胞收缩，这一现象称为"兴奋-收缩脱偶联"或"电-机械分离"。

2. Ca^{2+} 触发肌丝滑行　　和骨骼肌一样，心肌细胞中的 Ca^{2+} 与肌钙蛋白（TnC）结合后，通过一系列过程引起肌丝滑行和肌肉收缩。不过心肌兴奋时，只有约 1/2 的肌钙蛋白与 Ca^{2+} 结合，所以心肌细胞具有较大的收缩功能储备。

3. Ca^{2+} 的回位　　心肌细胞内 Ca^{2+} 浓度升高的持续时间很短，胞质内的 Ca^{2+} 浓度很快下降到正常水平。心肌胞质内的 Ca^{2+} 大部分经纵行肌质网（LSR）膜中的钙泵回收，10%～20% 的 Ca^{2+} 则通过肌膜中的 Na^+-Ca^{2+} 交换体、钙泵等转运到肌细胞外。胞质中 Ca^{2+} 浓度降低则导致肌肉舒张。有关心肌细胞的生物电特点和收缩特性等详见第四章。

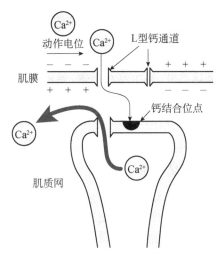

图 2-21 心肌细胞内 Ca^{2+} 释放的机制（姚泰等，2010）

三、平滑肌的兴奋与收缩

平滑肌（smooth muscle）是构成消化道、呼吸道、血管、泌尿生殖器等器官的主要组织成分，这些器官不仅依赖平滑肌的紧张性收缩来对抗重力或外加负荷，保持器官的正常形态，而且借助于平滑肌收缩而实现其运动功能。根据细胞之间的相互关系和功能活动特征，平滑肌分为单个单位平滑肌和多单位平滑肌两类。单个单位平滑肌又称内脏平滑肌，如小血管、消化道、输尿管和子宫等器官的平滑肌。这类平滑肌的肌细胞之间存在大量的缝隙连接，类似于心肌细胞间的闰盘。一个肌细胞的电活动可直接传导到其他肌细胞，所以平滑肌中全部肌细胞可作为一个整体进行舒缩活动，表现为功能合胞体。另外，这类平滑肌中还有少数起搏细胞，它们能自发地产生节律性兴奋和舒缩活动，即具有自律性，引发整块平滑肌的电活动和机械收缩活动。多单位平滑肌主要包括睫状肌、虹膜肌、竖毛肌及呼吸道和大血管的平滑肌等。这类平滑肌的肌细胞之间几乎不含缝隙连接，各自独立，以单个肌细胞为单位进行活动，类似于骨骼肌。这类平滑肌没有自律性，其收缩活动受自主神经的控制，收缩强度取决于被激活的肌纤维数目（空间总和）和神经冲动的频率（时间总和）。

（一）平滑肌细胞的结构

平滑肌在细胞结构和收缩机制等方面与骨骼肌有明显差别。平滑肌细胞呈细长纺锤形，长 $20\sim500\ \mu m$，直径 $1\sim5\ \mu m$，小于骨骼肌细胞（骨骼肌细胞的宽度和长度分别是平滑肌细胞的 20 倍和数千倍）。平滑肌细胞内部没有明显的肌节样结构，所以没有横纹，但同样含有大量的平行排列的粗肌丝和细肌丝。与骨骼肌相比，平滑肌细胞内的细肌丝数量明显多于粗肌丝，两者比值为（$10\sim15$）：1（骨骼肌为 2：1），其细肌丝的长度也大于骨骼肌。

平滑肌细胞内没有细肌丝可附着的 Z 盘，相应的功能结构是胞内的致密体和细胞膜的致密斑，为细肌丝提供附着点并传递张力。致密体和致密斑通过中间丝连接起来，形成细胞的菱形网络构架。相邻细胞通过致密带（相邻两细胞膜致密斑对接的部位）形成机械性偶联，通过缝隙连接形成电偶联。平滑肌细胞的粗肌丝结构也不同于骨骼肌，以相反的方向在不同方位上伸出横桥，一方面可使不同方位的细肌丝相向滑行，另一方面可使粗肌丝和细肌丝之间的滑行范围延伸到细肌丝全长，所以平滑肌具有较大的伸展性和紧张性（平滑肌缩短程度可达 80%，而横纹肌则不足

30%）。平滑肌的粗肌丝也是由肌球蛋白构成，但其横桥的 ATP 酶活性很低，激活过程较复杂。细肌丝中不含肌钙蛋白，但有一种能与 Ca^{2+} 结合的钙调蛋白，调节平滑肌的收缩和舒张。

平滑肌细胞膜没有内陷的 T 管，只有一些纵向走行的袋状小凹，小凹内的细胞外液含有较多的 Ca^{2+}，小凹的膜上有电压门控钙通道。由于没有 T 管，细胞膜上的动作电位不能迅速到达深部，这可能是平滑肌收缩缓慢的原因之一。平滑肌细胞的肌质网（SR）不发达，但 SR 膜上存在两种 Ca^{2+} 释放通道受体：对 Ca^{2+} 敏感的雷诺丁受体（RyR）和对肌醇三磷酸（IP_3）敏感的 IP_3 受体（IP_3R），两者均发挥 Ca^{2+} 释放通道的作用。

（二）神经-平滑肌细胞间的信息传递

平滑肌和心肌一样属于非随意肌。大多数器官的平滑肌受自主神经中交感神经和副交感神经的双重支配，小动脉平滑肌只接受交感神经的支配。其信息传递过程与心肌类似，中枢神经系统中的神经元发出神经纤维（节前纤维）作用于外周神经节中的神经元，后者发出神经纤维（节后纤维）分布于各种平滑肌细胞之间及其表面，调控平滑肌的活动。不过神经末梢释放的乙酰胆碱或去甲肾上腺素分别引起平滑肌的兴奋和抑制，两者作用效果与心肌相反。

对于单个单位平滑肌，自主神经的活动主要是调节其兴奋性和收缩的强度与频率，而对多单位平滑肌，自主神经通常直接控制其收缩活动。平滑肌兴奋的发生不仅可以靠相关神经纤维的信息传递而实现，部分细胞因具有自律性而不受神经支配即可自发兴奋。

（三）平滑肌细胞的兴奋-收缩偶联

1. Ca^{2+} 的产生　　与骨骼肌、心肌相同，平滑肌细胞收缩的偶联因子也是 Ca^{2+}，但其胞质中 Ca^{2+} 浓度的调控存在电-机械偶联和药物-机械偶联两条途径。①电-机械偶联，Ca^{2+} 主要来源于细胞外。当神经递质或牵张刺激诱发平滑肌产生的动作电位传至小凹膜时，激活小凹膜上的电压门控钙通道，胞外 Ca^{2+} 内流，胞内 Ca^{2+} 浓度升高。Ca^{2+} 以类似心肌的钙触发钙释放机制触发肌质网（SR）膜上的雷诺丁受体（RyR），引发 SR 内少量 Ca^{2+} 的释放（图 2-22）。②药物-机械偶联，Ca^{2+} 主要来源于 SR。在不产生动作电位的情况下，某些化学信号（如激素或药物）通过激活 G 蛋白偶联受体-磷脂酶 C（PLC）-IP_3 通路而生成 IP_3，IP_3 再激活 SR 膜中的 IP_3R，介导 SR 内 Ca^{2+} 释放到胞质内，导致胞质内 Ca^{2+} 浓度升高。去甲肾上腺素可能通过这条途径引起血管平滑肌的收缩。

2. Ca^{2+} 触发肌丝滑行　　Ca^{2+} 调控平滑肌收缩的靶点在粗肌丝上。当胞质内 Ca^{2+} 浓度增加时，4 个 Ca^{2+} 与 1 个钙调蛋白结合形成钙-钙调蛋白复合物，激活肌球蛋白轻链激酶（MLCK），然后磷酸化粗肌丝横桥上的一对肌球蛋白调节轻链（MRLC），引起横桥构象改变，增强横桥 ATP 酶活性，从而导致横桥和肌动蛋白的结合，引发肌丝滑行和肌肉收缩。平滑肌 ATP 酶活性低、激活过程复杂，这可能也是平滑肌收缩缓慢的原因之一。

3. Ca^{2+} 的回位　　与心肌类似，平滑肌胞质内 Ca^{2+} 的回位一方面依靠 SR 膜中的钙泵活动将 Ca^{2+} 回摄入 SR，另一方面依靠细胞膜上 Na^+-Ca^{2+} 交换体和钙泵将 Ca^{2+} 转运出细胞，这一过程要比心肌缓慢，这可能是平滑肌舒张相对缓慢的原因之一。当胞质内 Ca^{2+} 浓度下降时，MLCK 失活，肌球蛋白轻链磷酸酶（MLCP）发挥作用，使肌球蛋白调节轻链脱磷酸，横桥 ATP 酶活性降低，与肌动蛋白解离，肌肉舒张。有关平滑肌的收缩特性及影响因素等详见第六章。

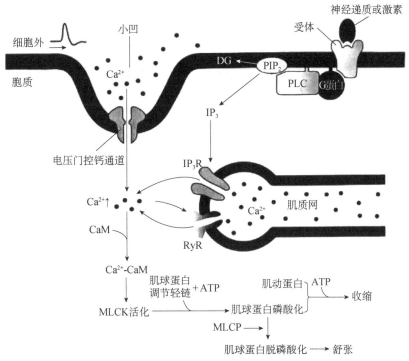

图 2-22 平滑肌细胞质内钙离子的升高与肌细胞的收缩机制（姚泰等，2010）

PIP₂. 磷脂酰肌醇-4,5-二磷酸

? 思考题

1. 举例说明一种物质的跨膜转运方式有几种？只有一种方式可以吗？
2. 细胞膜上的蛋白质都有什么生理功能？
3. 分析和比较骨骼肌、心肌、平滑肌细胞结构之间的差异。
4. 分析和比较骨骼肌、心肌、平滑肌细胞信息传递和兴奋-收缩偶联的差异。

（朱河水　陈宇）

本章思维导图

| 第三章 |
血 液 生 理

━━━━━━━━━ 引 言 ━━━━━━━━━

血液为什么那样红？它又有什么功能？血液既是生命的象征，也是生物体内部各种复杂生理活动的纽带，让我们走进血液的世界，探寻其复杂的组成与功能，领略其在动物体中的重要作用……

━━━━━━━━━ 内容提要 ━━━━━━━━━

血液由血浆和血细胞组成，具有维持内环境稳态、传递信息和机体保护等重要生理功能。血浆晶体渗透压和胶体渗透压分别维持着细胞内、外和血管内、外水的平衡。红细胞具有可塑变形性、悬浮稳定性和渗透脆性，通过血红蛋白运输 O_2 和 CO_2。红细胞的生成除需要蛋白质外，还需要铁、叶酸和维生素 B_{12}，主要受促红细胞生成素的调节。白细胞的主要功能是抵抗微生物入侵和执行免疫功能。生理性止血包括局部血管收缩、血小板激活和血液凝固 3 个连续发生并相互重叠的过程，其中血液凝固是在多种凝血因子作用下，通过内、外源性途径引发的过程。血液中还有抗凝系统和纤溶系统，维护着血液的动态平衡。根据红细胞膜上凝集原种类，可将血液分为不同的血型。

◆ 第一节 概 述

血液（blood）由血浆（plasma）和血细胞（blood cell）组成，对于维持机体生理功能具有重要作用。

一、血液的组成

将新鲜采集的血液经抗凝处理，注入分血管（又称比容管）中离心，压紧后分成两部分，上层为血浆，下层为血细胞；若未经抗凝处理，血液会凝固，析出淡黄色的清亮液体，称为血清（serum）。血清和血浆相似，但缺少纤维蛋白原和其他凝血因子。

（一）血浆

血浆除大量的水分外，溶质占比 8%～10%，其中血浆蛋白占比 5%～8%，其他有机物和电解质占比 2%～3%（图 3-1）。

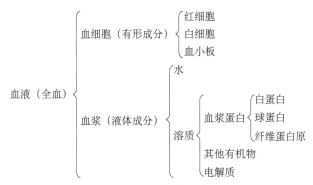

图 3-1 血液的基本组成

1. 血浆蛋白 血浆蛋白是血浆中多种蛋白质的总称。用盐析法可区分为白蛋白、球蛋白和纤维蛋白原 3 类。

（1）白蛋白 白蛋白（albumin）数量很多，其功能主要是维持和调节血液的胶体渗透压，还可作为许多物质包括游离脂肪酸、胆汁酸、胆红素、阳离子、微量元素及许多药物的重要载体。

（2）球蛋白 球蛋白（globulin）可分为 α_1、α_2、β、γ 4 种。γ-球蛋白几乎都是免疫球蛋白（immunoglobulin，Ig），包括 IgM、IgG、IgA、IgD、IgE 5 种。球蛋白主要参与机体免疫反应，也参与血液中脂类物质的运输。

（3）纤维蛋白原 纤维蛋白原（fibrinogen）主要在血液凝固中起作用。

2. 其他物质

（1）电解质 血浆中主要的阳离子有 Na^+、K^+、Ca^{2+}、Mg^{2+}，主要的阴离子有 Cl^-、HCO_3^-、HPO_4^{2-}、SO_4^{2-} 等，它们参与维持血浆晶体渗透压、酸碱平衡及神经肌肉的正常兴奋性。

（2）其他有机物 血浆中除蛋白质以外的含氮化合物统称为非蛋白含氮物（NPN），如尿素、尿酸、肌酐、氨基酸、多肽、胆红素和氨等，为蛋白质或核酸的代谢产物，主要通过肾排出体外。因此测定血浆中 NPN 或尿素氮，有助于了解体内蛋白质的代谢水平和肾的排泄功能。不含氮的化合物有糖类、脂类等，它们与糖代谢和脂类代谢有关。血浆中还有一些微量活性物质，如酶类、激素和维生素，参与物质的代谢和调节。血浆中的酶来源于组织或血细胞，血液中酶的活性可以反映相应组织器官的功能状态。

（二）血细胞

血细胞包括红细胞（red blood cell，RBC）、白细胞（white blood cell，WBC）和血小板（platelet）3 类。压紧的血细胞在全血中所占的容积百分比，称为血细胞比容。白细胞和血小板在血细胞中所占的容积比约为 1%，常被忽略不计，因而通常将血细胞比容称为红细胞比容或红细胞压积（packed cell volume，PCV）。当血浆量或红细胞数发生改变时，均可使红细胞压积发生改变。脱水、窒息或兴奋能促使脾释放红细胞，PCV 高于正常水平。常见动物的血细胞比容见表 3-1。

表 3-1 各种动物的血细胞比容

动物	血细胞比容/%	动物	血细胞比容/%
牛	35（24～46）	马	35（24～44）
猪	42（32～50）	犬	45（37～55）
绵羊	38（24～50）	猫	37（24～45）
山羊	28（19～38）		

二、血液的理化特性

（一）颜色和气味

红细胞内含有橙红色的血红蛋白，使血液呈红色。红色的深浅与血红蛋白含氧量的多少有关。动脉血中血红蛋白含氧量多，呈鲜红色；静脉血中血红蛋白含氧量少，呈暗红色。血液中由于存在挥发性脂肪酸而有腥味，又因其中含有氯化钠而稍带咸味。

（二）相对密度

血液的相对密度一般为 1.040～1.075。红细胞的相对密度为 1.070～1.090，与红细胞内血红蛋白的含量成正比，所以血液中红细胞越多，相对密度越大。血浆的相对密度为 1.024～1.031，其大小主要取决于血浆蛋白的浓度。

（三）黏滞性

液体流动时，由于内部分子间摩擦而产生阻力，以致流动缓慢并表现出黏着的特性，称为黏滞性或黏度（viscosity）。血液的黏度是水的 3.5～5.0 倍，其大小主要取决于红细胞的数量及血浆蛋白的含量。血浆的黏度是水的 0.5～1.5 倍。血液的黏度过高可使血流阻力增加，血压升高，影响血流速度，进而影响器官的血液供应。

（四）渗透压

促使水分子透过半透膜从低浓度溶液向高浓度溶液渗透的力量，称为渗透压（osmotic pressure）。血浆渗透压由晶体渗透压和胶体渗透压两部分组成，其值约为 771.0 kPa。血浆晶体渗透压由血浆中无机离子、尿素和葡萄糖等晶体物质形成，约占血浆渗透压的 99.5%，其中 80% 来自 Na^+ 和 Cl^-。血浆中的晶体物质分子比较小，容易透过毛细血管壁进入组织液，因此血浆与组织液两者的晶体渗透压基本相同。血浆胶体渗透压由血浆中的蛋白质等胶体物质（主要是白蛋白）形成，约占血浆总渗透压的 0.5%。血浆中的胶体物质分子大，不易透过毛细血管壁，因此血浆与组织液两者的胶体渗透压差异较大，是决定水分子在毛细血管内外流动的主要因素。虽然胶体渗透压较低，但对维持血管内外水平衡、保持血容量起重要作用。

临床上将渗透压与血浆渗透压相等的溶液称为等渗溶液，如 0.9% 的氯化钠溶液和 5% 的葡萄糖溶液，通常把 0.9% 的 NaCl 溶液称为生理盐水。渗透压高于血浆渗透压的溶液称为高渗溶液，低于血浆渗透压的溶液称为低渗溶液。

（五）酸碱度

血液 pH 通常稳定在 7.35～7.45，呈弱碱性。静脉血中含 CO_2 多，pH 比动脉血稍低。血液 pH 之所以保持相对稳定，除肺和肾的协助排泄外，主要依赖于血液中的缓冲物质。血浆中主要有 3 个缓冲对：$NaHCO_3/H_2CO_3$、蛋白质钠盐/蛋白质、Na_2HPO_4/NaH_2PO_4；红细胞内有 4 个缓冲对：$KHCO_3/H_2CO_3$、血红蛋白钾盐/血红蛋白、氧合血红蛋白钾盐/氧合血红蛋白、K_2HPO_4/KH_2PO_4。以上缓冲对中，$NaHCO_3/H_2CO_3$ 最为重要，由于 $NaHCO_3$ 在血液中的含量较多，容易测定，所以通常把血液中 $NaHCO_3$ 的含量称为碱储。

如血液 pH 的变动超过机体调节的范围，动物就会出现酸中毒或碱中毒症状。动物细胞能够耐受的 pH 极限为 6.90～7.80，超此限度将直接影响组织细胞的正常兴奋性，并损害代谢活动所需的酶类。

三、血液的主要功能

血液在血管系统内循环流动时，可实现其维持稳态、传递信息及保护机体等生理功能。

（一）维持稳态

血液通过运输、缓冲等方式，在维持机体内环境稳定方面起着重要作用。

1. 运输作用　　血液运送 O_2 和各种营养物质等到全身各部分的组织细胞，并及时将组织细胞活动产生的代谢产物如 CO_2、尿素等运送至肾、肺等排泄器官排出体外。

2. 缓冲作用　　血液中的缓冲对是机体酸碱平衡调节系统的重要组成部分，血液与各组织器官、外环境广泛联系，维持了内环境中渗透压和各离子浓度的动态平衡和相对稳定。

（二）传递信息

内环境中理化性质的微小变化可以通过血液流动传递给中枢或外周的感受器，为神经系统的调节功能反馈信息。激素和其他生物活性物质都需要通过血液传递，以完成对机体生命活动的调节。

（三）保护机体

血液中含有多种免疫物质，能抵抗或消灭外来的病毒和细菌。白细胞对细菌、异物及体内坏死组织等，具有吞噬、分解作用；血浆中的凝血因子、抗凝因子和血小板在机体凝血、抗凝和纤维蛋白溶解中具有重要作用。

◆ 第二节　血细胞生理

各种血细胞均起源于造血干细胞，由造血干细胞分裂、分化而来，血细胞发育和成熟的过程，称为造血。各类成年动物的造血部位主要是在骨髓。骨髓中的多功能干细胞具有自我更新能力，在适宜的刺激下，多功能干细胞能增生和分化为某一种造血系的细胞，如红细胞系、骨髓系、淋巴系和巨核细胞系，从而生成红细胞、粒细胞、单核细胞、B 淋巴细胞和血小板（由巨核细胞产生）。淋巴系干细胞负责生成 T 淋巴细胞，从骨髓移行到胸腺中，在胸腺发育成 T 细胞。在长时间严重贫血的状况下，动物的肝、脾、淋巴结都可以产生红细胞。

红细胞发育过程中，越幼小的红细胞，体积越大；随着发育，体积变小；早期红细胞的细胞核较大，随着发育逐渐缩小，并最终从动物（哺乳类）红细胞中消失。细胞核染色质的 DNA 随着发育过程变得更紧密或密度更高（浓缩），在瑞氏（Wright's）染色下表现为深蓝色；早期红细胞细胞质的 RNA 被染成蓝色，随着细胞的发育，出现血红蛋白时，细胞质呈现淡红色（首先在中幼红细胞出现）。

一、红细胞

（一）红细胞的形态和数量

哺乳动物成熟的红细胞无细胞核和细胞器，呈双面内凹圆盘形（骆驼和鹿为椭圆形）。这种形态使红细胞表面积与体积的比值增大，并具有很强的变形性和可塑性，可较易通过比其直径还小的毛细血管和血窦空隙。此外，这种形态使细胞膜到细胞内的距离缩短，对于 O_2 和 CO_2 的扩散、营养物质和代谢产物的运输，都非常有利（图 3-2）。

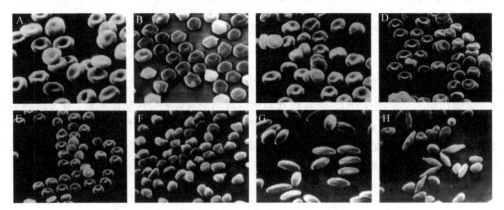

图 3-2　红细胞的扫描电子显微镜照片（Reece，2004）

A. 犬，×2300；B. 猫，×2040；C. 马，×2100；D. 奶牛，×1800；E. 绵羊，×1620；F. 山羊，×2100；
G. 骆驼，×1440；H. 山羊的纺锤形和梭形红细胞，×1890

红细胞是各种血细胞中数量最多的一种，常以每升血液中含有多少 10^{12}（10^{12}/L）表示。不同种类动物的红细胞数量不同，见表 3-2。同种动物红细胞数量也因品种、年龄、性别、生理状态和生活环境等因素而改变。

表 3-2　几种成年动物的红细胞数目

动物	红细胞数目/（×10^{12}/L）	动物	红细胞数目/（×10^{12}/L）
马	7.0～11.0	猪	5.0～8.0
牛	5.0～10.0	犬	5.5～8.5
绵羊	9.0～15.0	猫	5.0～10.0
山羊	8.0～18.0	小鼠	7.5～12.5

（二）红细胞的生理特性

1. 可塑变形性　　正常红细胞在外力作用下具有变形的能力，这种特性称为可塑变形性（plastic deformation）。借此特性，红细胞可挤过口径比它小的毛细血管和血窦空隙（图 3-3）。红细胞表面积与体积的比值越大，变形能力越强，故双凹圆碟形红细胞的变形能力远大于异常情况下可能出现的球形红细胞。

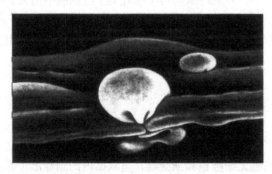

图 3-3　红细胞挤过大鼠脾窦的内皮细胞裂隙（Greger and Windhorst，1996）

2. 悬浮稳定性　　红细胞能较稳定地悬浮于血浆中而不易下沉的特性，称为悬浮稳定性（suspension stability）。红细胞虽有一定的悬浮稳定性，但由于红细胞的相对密度大于血浆，将抗凝血放入血沉管中垂直静置，红细胞还会下沉分层。通常以红细胞在第 1 小时末下沉的距离表示红细胞的沉降速度，称为红细胞沉降率（erythrocyte sedimentation rate，ESR），简称血沉，用此指标来表示红细胞的悬浮稳定性。红细胞血沉越大，表示红细胞的悬浮稳定性越小。

红细胞的悬浮稳定性是由于双凹圆碟形形态下其表面积与体积的比值较大，以致与血浆之间摩擦力也较大，因此下沉缓慢。动物种别不同血沉不同。例如，牛的血沉较小，1 h 红细胞仅沉降 0.5～0.8 mm；而马的血沉相对较大，1 h 可下降 60 mm 左右。动物患某些疾病时，红细胞能较快地彼此以凹面相贴，形成红细胞叠连，使其表面积与容积的比值降低，与血浆的摩擦力减小，于是血沉变大。红细胞叠连形成的快慢主要取决于血浆成分的变化，而不在于红细胞本身。血浆球蛋白、纤维蛋白原和胆固醇增多时，可加速红细胞的叠连、沉降；血浆白蛋白和卵磷脂含量增多时，可抑制红细胞叠连，使沉降减慢。

3. 渗透脆性　　红细胞在低渗溶液中，水分会渗入细胞内，细胞逐渐膨胀成球形，细胞膜最终破裂并释放出血红蛋白，这一现象称为溶血（hemolysis）。红细胞在低渗溶液中发生膨胀破裂的特性称为红细胞渗透脆性（osmotic fragility）。红细胞对低渗溶液具有一定的抵抗力。使部分红细胞开始破裂溶解的 NaCl 溶液浓度，称为红细胞的最小抵抗；使全部红细胞破裂溶解的 NaCl 溶液浓度，称为红细胞的最大抵抗。红细胞对低渗溶液的抵抗力，与其脆性呈负相关：红细胞对低渗溶液的抵抗力小，表示其渗透脆性大；对低渗溶液的抵抗力大，表示其渗透脆性小。几种动物红细胞的最小抵抗和最大抵抗见表 3-3。

表 3-3　几种动物红细胞的最小抵抗和最大抵抗（NaCl 溶液浓度）

动物	牛	猪	绵羊	马	犬	山羊
最小抵抗/%	0.59	0.74	0.60	0.59	0.46	0.62
最大抵抗/%	0.42	0.42	0.45	0.39	0.33	0.48

（三）红细胞的功能

1. 气体运输　　红细胞的主要功能是运输 O_2 和 CO_2，该功能的实现主要依赖于细胞内的血红蛋白（hemoglobin，Hb）。如果红细胞破裂，血红蛋白释放出来，其功能也随之消失。血液中氧分压高时，血红蛋白与氧结合形成氧合血红蛋白（HbO_2）；氧分压低时，又与氧解离，释放出氧，变成还原血红蛋白（HHb）。血红蛋白还能以氨甲酸血红蛋白的形式在血液中运输 CO_2，具体见呼吸章节。血红蛋白占红细胞成分的 30%～35%。血红蛋白的含量，可因动物的年龄、性别、季节和饲养条件等不同而有改变。单位容积内红细胞数量与血红蛋白的含量同时减少，或其中之一明显减少，都可被视为贫血。各种动物血液中血红蛋白的正常含量见表 3-4。

表 3-4　成年动物血红蛋白含量

动物	血红蛋白含量/（g/L）	动物	血红蛋白含量/（g/L）
马	115（80～140）	猪	130（100～160）
牛	110（80～150）	犬	150（120～180）
绵羊	120（80～160）	猫	120（80～150）
山羊	110（80～140）	小鼠	150（100～190）
骆驼	150（100～200）	兔	120（80～150）

2. 酸碱缓冲功能　　还原血红蛋白和氧合血红蛋白在 pH 约为 7.4 的环境下，两种形式的血红蛋白均为弱酸性物质。它们一部分以酸性分子形式存在，一部分与红细胞内的 K^+ 构成血红蛋白钾盐，因而组成 KHb/HHb 和 $KHbO_2/HHbO_2$ 两个缓冲对，与 $KHCO_3/H_2CO_3$、K_2HPO_4/KH_2PO_4 一起共同参与血液酸碱平衡的调节。

3. 免疫功能　　红细胞表面有补体受体 1（CR1），可与抗原-抗体-补体免疫复合物结合，促进巨噬细胞对抗原-抗体-补体免疫复合物的吞噬，以防止其沉积于组织内引起免疫性疾病。

（四）红细胞的生成和破坏

1. 红细胞的生成　　成年动物的骨髓能持续生成红细胞，以一定的速率释放红细胞进入血流，与红细胞的破坏保持平衡，使血液中红细胞的总量没有太大波动。通常原红细胞需要 4～5 d 就能发育生成红细胞。

红细胞生成过程中需要很多的营养物质。维生素 B_{12} 为含有钴原子的维生素，对红细胞的成熟起重要作用，与叶酸一样，它是机体内包括红细胞在内的所有细胞合成 DNA 所必需的。叶酸还是红细胞中 RNA 合成的必需因子。这两种维生素作为辅酶参与合成核苷酸或其组分，即嘌呤和嘧啶碱基。人缺乏维生素 B_{12} 会引起巨红细胞高色素性贫血，动物缺乏维生素 B_{12} 也会导致贫血，但红细胞的大小没有人红细胞那么大的变化。

协助红细胞生成的其他维生素有吡哆醛、核黄素、烟酸、泛酸、硫胺素、生物素和抗坏血酸。这些维生素缺乏时，红细胞的生长和发育受损。缺乏吡哆醛的猪会产生小细胞低色素性贫血。

除维生素外，矿物质、氨基酸及水和能量都是合成血红蛋白所需要的。通常情况下，铁、铜和钴是最需要的矿物质。铁是构成血红蛋白分子的成分，铜是合成血红蛋白的辅酶或催化剂的必需因子。由于游离铁能催化氧分子产生自由基，细胞内的铁可与各种蛋白质结合以减少其毒性。铁以高铁（Fe^{3+}）氧化状态的结合形式在蛋白质中转运和储存。为了跨膜转运，铁元素必须是亚铁（Fe^{2+}）氧化状态。大多数铜在血浆中与一种糖蛋白——血浆铜蓝蛋白结合，血浆铜蓝蛋白有亚铁氧化酶活性，是铁释放至循环中（即铁的跨膜转运）所必需的。缺铜的猪，由于缺乏血浆铜蓝蛋白，表现出功能性缺乏症。胃液中的盐酸可增加食物中铁的吸收，并把高价的铁还原成亚铁离子形式，有利于吸收。当胃酸显著缺乏时，铁吸收减少。高剂量的抗酸剂也能削弱铁的吸收，并影响红细胞的发育。寄生虫感染也会引起贫血。例如，疟疾感染过程中裂殖子侵犯红细胞，在红细胞内无性繁殖，受染红细胞破裂，致明显贫血，加剧了疾病对身体的伤害。

2. 红细胞生成的调节　　红细胞的生成主要受促红细胞生成素（erythropoietin，EPO）的调节，雄激素也起一定作用。促红细胞生成素是一种糖蛋白，主要由肾合成，肝也可少量合成。在机体贫血、组织中氧分压降低时，促进肾合成和分泌促红细胞生成素，刺激骨髓的红系祖细胞增殖和分化，红细胞生成增加，提高血液的运氧能力，满足组织对氧的需要；当红细胞增多时，促红细胞生成素的分泌减少，使红细胞生成减少，这种反馈调节使红细胞数量维持相对恒定。

雄激素可通过促进肾和肾外组织合成促红细胞生成素，使骨髓造血功能增强；也可直接刺激骨髓造血，使红细胞数量增多。这些作用可能是雄性动物红细胞数量多于雌性动物的原因之一。此外，甲状腺激素和生长激素也可促进红细胞生成。

3. 红细胞的破坏　　红细胞主要因自身的衰老而被破坏。红细胞寿命有种间差异。犬红细胞的寿命为 100～130 d，猫的为 70～80 d，马的为 140～150 d。成年反刍动物（牛、绵羊和山羊）红细胞的寿命为 125～150 d。羔羊和犊牛红细胞的寿命较短，为 50～100 d。鸡红细胞的寿命为 20～30 d，鸭的为 30～40 d。鸟类红细胞寿命很短可能与其较高的体温及快速的新陈代谢有关。

衰老的红细胞变形能力减退，脆性增大，容易在血流的冲击下破裂。但是，大部分衰老的红细胞是因为难以通过比它直径小的毛细血管和微小的孔隙，因此容易停滞在脾和骨髓中而被巨噬细胞所吞噬。红细胞在巨噬细胞内被破坏，释放出的血红蛋白被分解成珠蛋白、胆绿素和铁。铁和珠蛋白大部分可被重新代谢利用，胆绿素被还原成胆红素，由肝排入胆汁，最后排出体外。

二、白细胞

（一）白细胞的分类和数量

白细胞内有核，根据细胞质中有无颗粒和染色特点，可分成两大类：一类是有粒白细胞，包括中性粒细胞（neutrophil）、嗜酸性粒细胞（eosinophil）和嗜碱性粒细胞（basophil）；另一类是无粒细胞，包括淋巴细胞（lymphocyte）和单核细胞（monocyte）。图3-4显示血涂片中的红细胞、白细胞和血小板，每一种细胞都有各自的特点。

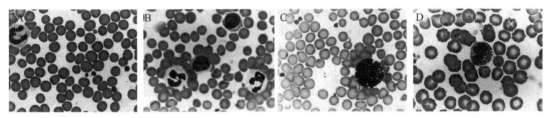

图 3-4　血涂片显示红细胞、白细胞和血小板（Reece，2004）

A. 犬的 5 个血小板和 1 个杆状核细胞（未成熟中性粒细胞）；B. 犬的 2 个大的淋巴细胞和 2 个中性粒细胞；
C. 马的 1 个嗜酸性粒细胞和 5 个血小板；D. 犬的 1 个嗜碱性粒细胞

白细胞数量随动物生理状况而变化，如下午高于早晨，初生动物高于成年动物，剧烈运动高于安静，但是各类白细胞所占的百分比是相对恒定的。在机体失血、剧痛、炎症、组织损伤等情况下，白细胞总数及各类白细胞的百分比可发生明显变化，对于疾病的诊断有一定的参考价值。几种动物白细胞数量及各类白细胞所占的百分比见表 3-5。

表 3-5　几种动物白细胞数量及各类白细胞所占的百分比

动物	白细胞数量（范围）/（×10⁹/L）	各类白细胞所占的百分比/%				
		中性粒细胞	淋巴细胞	单核细胞	嗜酸性粒细胞	嗜碱性粒细胞
猪：第 1 天	10～12	70	20	5～6	2～5	<1
第 1 周	10～12	50	40	5～6	2～5	<1
第 2 周	10～12	40	50	5～6	2～5	<1
第 6 周及以上	15～22	30～35	55～60	5～6	2～5	<1
马	5～12	50～60	30～40	5～6	2～5	<1
奶牛	4～12	25～30	60～65	5	2～5	<1
绵羊	7～10	25～30	60～65	5	2～5	<1
山羊	5～14	35～40	50～55	5	2～5	<1
犬	6～17	65～70	20～25	5	2～5	<1
猫	5～17	55～60	30～35	5	2～5	<1
鸡	20～30	25～30	55～60	10	3～8	1～4

（二）白细胞的功能

多数白细胞仅在血液中稍作停留，随后进入组织中发挥作用。白细胞都能伸出伪足做变形运动，凭借这种运动，白细胞可以从毛细血管内皮细胞的间隙挤出，进入血管周围组织内，这一过程称为白细胞渗出。渗出后的白细胞可借助变形运动在组织内游走，并且具有朝向某些化学物质发生运动的特性，称为趋化性。能吸引白细胞发生定向运动的化学物质称为趋化因子。一些白细胞还具有吞噬功能，可吞入并杀伤或降解病原体及组织碎片。某些白细胞还可分泌白细胞介素、干扰素、肿瘤坏死因子等多种细胞因子，参与对炎症和免疫反应的调控。

1. **中性粒细胞**　　中性粒细胞是血液中主要的吞噬细胞，其变形能力、渗出性、趋化性和吞噬能力都很强。当细菌侵入机体引起局部发生炎症时，中性粒细胞可在炎症区域趋化因子作用下，自毛细血管渗出到达病变部位，吞噬细菌，或者包围细菌，防止细菌在体内扩散。当中性粒细胞吞噬数十个细菌后，本身也分解死亡，释放出各种溶酶体酶，溶解周围组织形成脓液。此外，它还参与吞噬、清除衰老或坏死的红细胞和组织碎片及抗原-抗体复合物等。在临床实践中，白细胞增多和中性粒细胞百分率升高，往往表示机体可能有化脓性细菌感染。

2. **嗜酸性粒细胞**　　嗜酸性粒细胞内含有溶酶体，但缺乏溶菌酶，虽有微弱的吞噬能力，却没有杀菌能力。嗜酸性粒细胞在体内的主要作用如下。①限制嗜碱性粒细胞在速发性过敏反应中的作用。嗜酸性粒细胞可产生前列腺素 E，抑制或吞噬嗜碱性粒细胞合成和释放生物活性物质；使其生物活性物质失活，还能释放组胺酶等酶类，破坏嗜碱性粒细胞所释放的组胺等活性物质。②参与对蠕虫的免疫反应。嗜酸性粒细胞能黏着蠕虫，释放胞内的碱性蛋白和过氧化物酶等物质损伤蠕虫虫体。因此，嗜酸性粒细胞对血吸虫、蛔虫、钩虫等寄生虫有一定的杀伤作用。当机体发生过敏性反应及寄生虫感染时，常伴有嗜酸性粒细胞数目的增多。

3. **嗜碱性粒细胞**　　嗜碱性粒细胞缺乏吞噬能力，主要参与过敏反应。该细胞颗粒内含有组胺、肝素和嗜酸性粒细胞趋化因子等生物活性物质。组胺对局部炎症区域的小血管有舒张作用，可增加毛细血管的通透性，有利于其他白细胞的游走和吞噬活动；肝素具有抗凝血作用，还可作为酯酶的辅基，加快脂肪分解为游离脂肪酸的过程；嗜酸性粒细胞趋化因子可吸引嗜酸性粒细胞，使其聚集于局部，以限制嗜碱性粒细胞在过敏反应中的作用。

4. **单核细胞**　　单核细胞具有吞噬功能，但吞噬能力很弱，在血液中停留 23 d 后穿过毛细血管迁移入组织，继续发育成巨噬细胞。巨噬细胞的体积增大，含有较多的溶酶体和线粒体，吞噬能力极大增强。因此，常将单核细胞和组织中的巨噬细胞合称为单核-巨噬细胞系统。巨噬细胞能吞噬和消灭细菌、病毒、疟原虫等致病物；识别和杀伤肿瘤细胞；清除衰老、受损的细胞及细胞碎片；吞噬逸出的血红蛋白，并参与铁和胆色素的代谢。

5. **淋巴细胞**　　淋巴细胞在机体免疫过程中起重要作用。根据生长发育过程、细胞表面标志和功能的不同，淋巴细胞可分为 T 细胞、B 细胞及其他淋巴细胞。

（1）T 细胞主要执行细胞免疫（cellular immunity）功能　　即通过具有特异性免疫功能的细胞与某种特异性抗原之间的直接相互作用，以实现免疫功能。在抗原信息刺激下，T 细胞转化增殖为具有免疫活性的活化 T 细胞。有些活化 T 细胞能释放细胞毒性物质，特异地破坏和杀伤入侵的细胞，如肿瘤细胞、移植的异体细胞等；有的能释放淋巴因子，促使附近的巨噬细胞和中性粒细胞向抗原聚集，消灭抗原；有的能产生白细胞介素-2（IL-2）等活性物质，刺激 T 细胞的增殖，增强 T 细胞和其他细胞毒性物质的活性，促进 B 细胞活化并产生免疫球蛋白。

（2）B 细胞主要执行体液免疫（humoral immunity）功能　　即依靠免疫细胞生成和分泌特异性抗体，以对抗某一种相应的抗原而实现免疫功能。在抗原的直接或间接刺激下，B 细胞大量繁殖，分化成浆细胞。浆细胞产生和分泌多种特异性抗体，释放入血液，阻止细胞外液中相应抗原、异物的伤害。

此外，血液中还有一类淋巴细胞，细胞表面标志显示其既不属于 B 细胞，也不属于 T 细胞，称为裸细胞，占血液中淋巴细胞总数的 5%～10%。目前受关注的裸细胞有杀伤细胞（killer cell，K 细胞）和自然杀伤细胞（natural killer cell，NK 细胞）。K 细胞的杀伤作用是抗原依赖性的，但其抗原是非特异的；而 NK 细胞的杀伤作用不依赖于抗原和抗体的存在，在杀伤肿瘤细胞过程中有重要作用。干扰素通过活化 NK 细胞，白细胞介素-2 通过刺激 NK 细胞的增殖，两者能增强 NK 细胞的杀伤作用。

（三）白细胞的生成和破坏

1. 白细胞的生成 白细胞和红细胞一样都是由骨髓造血干细胞分化而形成的。造血干细胞分化为髓系干细胞，再逐步分化发育为成熟的单核细胞和粒细胞，淋巴细胞则由淋巴干细胞分化发育而来。白细胞在生成过程中，除需要蛋白质外，还需要叶酸、维生素 B_{12}、维生素 B_6 等。白细胞生成的数量和速度可受致热原性微生物急性感染的影响。放射线物质（如 X 线）照射过多或长期服用某些药物（如氯霉素）可损害造血功能，使白细胞特别是中性粒细胞明显减少。

2. 白细胞生成的调节 白细胞的分化和增殖受到造血生长因子的调节。这些因子由淋巴细胞、单核-巨噬细胞、成纤维细胞和内皮细胞生成和分泌。有些造血生长因子在体外可刺激造血细胞生成集落，称为集落刺激因子（colony stimulating factor，CSF）。此外，乳铁蛋白和转化生长因子-β 等可抑制白细胞的生成，共同调节白细胞的生成。

3. 白细胞的破坏 各类白细胞的寿命相差较大，粒细胞和单核细胞主要在组织中发挥作用，一般来说，中性粒细胞在血液中停留 67 h 即进入组织，45 d 后即衰老死亡。单核细胞在血液中停留 23 h，然后进入组织，继续分化发育为巨噬细胞，在组织中可生存约 3 个月。淋巴细胞往返于血液、组织液和淋巴之间，而且可以增殖分化，B 淋巴细胞仅生存 12 d；T 淋巴细胞寿命可长达 100 d，甚至几年。衰老的白细胞大部分被网状内皮系统所吞噬；一小部分在执行防御功能时，被毒素或细菌破坏；还有一部分可经黏膜上皮细胞渗出，由消化、呼吸、泌尿系统排出体外。

三、血小板

（一）血小板的形态和数量

血小板表面有完整的细胞膜，无细胞核，体积比红细胞小，呈椭圆形、杆形或不规则形。几种动物血液中血小板的数量见表 3-6。

表 3-6　几种动物血液中血小板的数量

动物	血小板数量/（$\times 10^9$/L）	动物	血小板数量/（$\times 10^9$/L）
牛	260～710	马	200～900
猪	130～450	犬	199～577
绵羊	170～980	猫	100～760
山羊	310～1020	兔	125～250

（二）血小板的功能

血小板具有重要的保护功能，参与止血、凝血、纤维蛋白溶解和维持血管壁的完整性等。血小板生理功能的实现，与其具有黏附、聚集、释放、吸附和收缩等生理特性密切相关。

1. **止血功能**　小血管损伤后，血小板在受损部位发生黏附、聚集，堵塞血管破口，并释放缩血管物质（如 5-羟色胺、儿茶酚胺等），促进受伤血管收缩，减少出血。

2. **凝血功能**　血小板含有与凝血有关的血小板因子，其中以血小板磷脂或称血小板第 3 因子（PF3）最为重要。当黏附和聚集的血小板露出单位膜上的磷脂，即可参与血液的凝固。此外，血小板还能吸附纤维蛋白原、凝血酶原等多种凝血因子，所以血小板是凝血过程的重要参与者。血小板收缩蛋白质的收缩，可使血凝块变得坚实，进一步促进止血。

3. **参与纤维蛋白的溶解**　血小板对纤维蛋白的溶解具有促进和抑制两种作用。出血早期，血小板释放血小板第 6 因子（PF6），抑制纤溶酶，使纤维蛋白不发生溶解，有利于血栓的形成。血栓形成以后，随着血小板解体和释放反应增加，一方面释放纤溶酶原及其激活物，促使纤溶酶原转变为纤溶酶，直接参与纤维蛋白溶解；另一方面释放 5-羟色胺、组胺、儿茶酚胺等物质，刺激血管壁释放纤溶酶原激活物，间接地促进纤维蛋白溶解，使血管重新畅通。

4. **维持血管壁的完整性**　血小板可黏附在血管壁上，填补于内皮细胞间隙或脱落处，并可融入内皮细胞，起到修补和加固作用，从而维持血管内皮细胞的完整和降低血管壁的脆性。当血小板减少时，毛细血管壁的脆性增加，产生出血倾向，皮肤与黏膜可出现紫癜，甚至发生自发性出血。

（三）血小板的生成和破坏

1. **血小板的生成**　血小板也是由骨髓造血干细胞分化而来的，由在骨髓中形成的成熟巨核细胞的细胞质脱落而成。促血小板生成素（thrombopoietin，TPO）是造血干细胞的调节因子，它能促进血小板的生成。进入血液的血小板，1/2 以上在外周血液中循环，其余的储存于脾。

2. **血小板的破坏**　血小板进入血液后，平均寿命为 7～14 d，但只在最初的 2 d 具有生理功能。衰老的血小板可在脾、肝和肺组织中被吞噬。血小板也会在发挥生理功能时被消耗。

◆ 第三节　血液中的血凝、抗凝和纤溶系统

血液中有些微量成分，如凝血酶类、抗凝血酶类、纤溶酶类等，构成了血液中的血凝、抗凝、纤溶系统，在维护血液正常流动、血量稳定方面起着重要作用。

一、血凝系统

血液中存在着很多凝血因子，它们共同构成了血凝系统，参与生理性止血（hemostasis），保证血量的稳定和正常供血。生理性止血是指在正常情况下，小血管损伤后的出血会在数分钟内自行停止的现象。这是机体重要的保护性机制之一，其过程包括三步（图 3-5）。①血管收缩：小血管于受伤后立即收缩，若破损不大即可使血管封闭。主要是由损伤刺激引起的局部缩血管反应，持续时间很短。②血小板激活：血管内膜损伤、内膜下组织暴露，激活血小板。由于血管收缩使血流暂停或减缓，激活的血小板黏附于内膜下组织并聚集成团，成为一个松软的止血栓以填塞伤口。③血液凝固：激活血浆中的凝血系统，局部迅速出现血凝块，与血小板一起构成牢固的血栓，有效地止血。

在生理性止血的同时，血浆中也出现了生理的抗凝血活动与纤维蛋白溶解活性，以防止血凝块不断增大和凝血过程蔓延到这一局部以外。

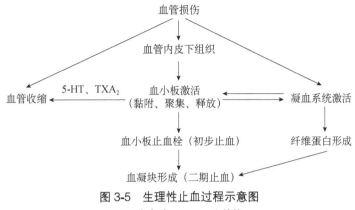

图 3-5　生理性止血过程示意图
5-HT. 5-羟色胺；TXA₂. 血栓烷 A₂

血液凝固（blood coagulation）简称血凝，是血液由流动的液体状态转变为不能流动的凝胶状态的过程。这是由于血浆中的可溶性纤维蛋白原转变为不溶性的纤维蛋白，并网罗各种血细胞而形成血凝块的结果。血液凝固在体内和体外都可以发生，正常情况下体内的血液凝固是生理性止血的关键步骤。

（一）凝血因子

血浆与组织中直接参与凝血的物质，统称为凝血因子（blood clotting factor）。国际上依照发现顺序用罗马数字命名的凝血因子有 12 种（表 3-7）。此外，前激肽释放酶、高分子激肽原及血小板磷脂等都直接参与凝血过程。除 FIV（Ca^{2+}）与血小板磷脂外，其他的凝血因子均为蛋白质。而且 FII、$FVII$、FIX、FX、FXI、$FXII$、$FXIII$ 及前激肽释放酶都是丝氨酸蛋白酶（内切酶），只能对特定的肽链进行有限水解。这些酶都以无活性的酶原形式存在，必须通过其他酶的有限水解，在肽链上暴露或形成活性中心后，才具有酶的活性，这一过程称为凝血因子的激活。习惯上在被激活的凝血因子代号的右下角加一个"a"表示其"活化型"，如 FII 被激活为 $FIIa$。原来认定的 FVI 是血清中活化的 FVa，已不再视为一个独立的凝血因子。少数几种凝血因子不具有酶的作用，但是凝血过程中必需的辅助因子。

表 3-7　凝血因子

因子	同义名	合成部位	合成时是否需要维生素 K	凝血过程中的作用
F I	纤维蛋白原	肝	否	形成纤维蛋白单体
F II	凝血酶原	肝	需要	形成有活性的凝血酶
F III	组织因子	各种组织	否	启动外源性凝血
F IV	Ca^{2+}	非体内合成	否	参与凝血的多个过程
F V	前加速素	血管内皮和血小板	否	调节蛋白
F VII	前转变素	肝	需要	参与外源性凝血
F VIII	抗血友病因子	肝	否	调节蛋白
F IX	血浆凝血激酶	肝	需要	形成有活性的IXa
F X	斯图亚特因子（Stuart-Prower factor）	肝	需要	形成有活性的 X a
F XI	血浆凝血激酶前质	肝	否	形成有活性的XIa
F XII	接触因子	肝	否	启动内源性凝血
F XIII	纤维蛋白稳定因子	肝和血小板	否	形成不溶性纤维蛋白多聚体

（二）凝血过程

血液凝固是凝血因子按一定顺序相继被激活，进而生成凝血酶，最终使纤维蛋白原变为纤维蛋白的过程。凝血过程大致可分为凝血酶原激活物的形成、凝血酶的形成和纤维蛋白的形成三个基本阶段（图 3-6）。

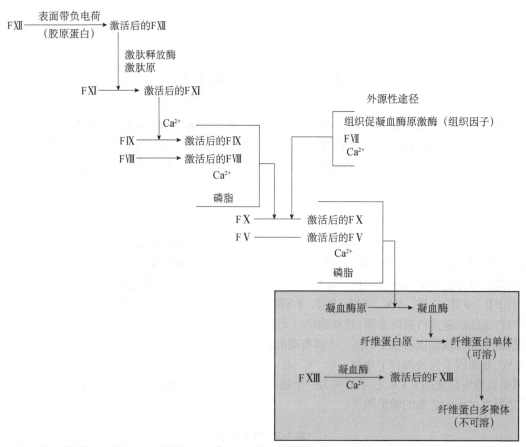

图 3-6 血液凝固过程

1. 凝血酶原激活物的形成　　凝血酶原激活物是由多种凝血因子通过一系列化学反应形成的复合物，根据凝血酶原激活物形成的启动方式和参与的凝血因子不同，分为内源性和外源性两条凝血途径。

（1）内源性凝血途径　　是指参与凝血的因子全部来自血液，FⅫ被激活启动。首先，FⅫ与破损血管内壁的胶原纤维一经接触，即被激活成 FⅫa。形成的 FⅫa 可使前激肽释放酶（PK）生成激肽释放酶（K），K 又能激活 FⅫ，并以正反馈的方式形成大量的 FⅫa。在高分子激肽原（HK）的参与下，FⅫa 可激活 FⅪ成 FⅪa。FⅪa 在 Ca^{2+} 的参与下，激活 FⅨ成 FⅨa。此外，FⅨ还能被 FⅦa 和组织因子复合物激活。FⅨa 在 Ca^{2+} 的作用下与 FⅧa 在 PF_3 表面形成复合物，使 FⅩ激活成 FⅩa。随即 FⅩa 和 Ⅴa 被 Ca^{2+} 联结在 PF_3 表面，形成凝血酶原激活物。

（2）外源性凝血途径　　是指由来自血液之外的组织因子（FⅢ）进入血液而启动的凝血过程。FⅢ是一种磷脂蛋白，当组织损伤时释放 FⅢ，在 Ca^{2+} 协助下，FⅢ与 FⅦ形成复合物，使 FⅩ激活为 FⅩa，后面的反应与内源性凝血途径完全相同。FⅦ和 FⅢ形成的复合物还能激活

FIX成为FIXa。

内源性凝血途径进行较慢，外源性凝血途径较快，两者同时进行，相互联系、相互促进，共同完成凝血过程。

2. 凝血酶的形成　　凝血酶原在凝血酶原激活物的作用下被激活成凝血酶。凝血酶的主要作用是分解纤维蛋白原成为纤维蛋白单体，还能激活FV、FⅧ、FXI，构成凝血过程的正反馈机制；同时激活血小板提供有效的磷脂表面，加速凝血过程。

3. 纤维蛋白的形成　　凝血酶形成后，催化纤维蛋白原成为纤维蛋白单体。在FⅩⅢa和Ca^{2+}作用下，纤维蛋白单体相互聚合，形成不溶于水的纤维蛋白多聚体（纤维蛋白丝），交织成网，网罗血细胞形成不流动的血凝块。

从血液流出血管到出现丝状的纤维蛋白所需要的时间，称为凝血时间（clotting time）。不同动物的凝血时间差异较大，鸟类的凝血时间明显短于哺乳动物。患某些疾病时，可因某些凝血因子缺乏或含量不足，使凝血时间延长。

二、抗凝系统和纤溶系统

正常情况下血液在心血管系统内循环流动，之所以不会发生凝固，除血管内壁光滑、凝血因子不易被激活而发生凝血反应、血小板也不会发生黏附和聚集外，更重要的是由于体内还存在着抗凝和纤溶系统。

（一）抗凝系统

血浆中有多种抗凝物质，构成了抗凝系统。

1. 抗凝血酶Ⅲ　　抗凝血酶Ⅲ（antithrombin Ⅲ）是由肝细胞和血管内皮细胞分泌的一种丝氨酸蛋白酶抑制物，能与FⅦa、FⅨa、FⅩa、FⅪa和FⅫa及凝血酶分子中活性中心的丝氨酸残基结合，使它们失去活性，从而起到抗凝作用。正常情况下，抗凝血酶Ⅲ的抗凝作用非常慢而弱，但它与肝素结合后，抗凝作用可增加上千倍。

2. 肝素　　肝素（heparin）是一种酸性黏多糖，主要由肥大细胞和嗜碱性粒细胞产生。肝素几乎存在于所有组织中，肺、心、肝、肌肉等组织中含量最多。肝素能增强抗凝血酶Ⅲ与凝血酶的亲和力，加速凝血酶的失活，抑制血小板黏附、聚集和释放反应，还能增强蛋白质C的活性，刺激血管内皮细胞释放凝血抑制物和纤溶酶原激活物。由于肝素可作用于凝血过程的多个环节，因此它具有强大的抗凝血作用。

3. 蛋白质C　　蛋白质C（protein C，PC）是由肝合成的维生素K依赖性蛋白，它以酶原的形式存在于血浆，当凝血酶与血管内皮细胞上的凝血酶调节蛋白结合后被激活。激活的蛋白质C能灭活FVa和FⅧa，阻碍FⅩa与血小板上的磷脂结合，削弱FⅩa对凝血酶原的激活作用。此外，蛋白质C还可刺激纤溶酶原激活物的释放，增强纤溶酶活性，促进纤维蛋白降解。

此外，来自小血管内皮细胞的糖蛋白组织因子抑制物，能抑制凝血的发生，也是体内重要的抗凝物质。

（二）纤溶系统

纤维蛋白的溶解简称纤溶，是指血液凝固过程中形成的纤维蛋白被分解、液化的过程。参与纤溶的物质有纤维蛋白溶解酶原（简称纤溶酶原）、纤维蛋白溶解酶（简称纤溶酶）、纤溶酶原激活物与抑制物等，这些统称为纤溶系统。纤溶的基本过程可分为两个阶段，即纤溶酶原的激活、纤维蛋白与纤维蛋白原的降解。

1. 纤溶酶原的激活　　纤溶酶原主要在肝、肾、骨髓和嗜酸性粒细胞等处合成,在纤溶酶原激活物的作用下,纤溶酶原脱下一段肽链成为纤溶酶。根据来源不同,可将纤溶酶原激活物分为三类:一类为血管激活物,在小血管的内皮细胞中合成后释放入血。当血管内出现血凝块时,可使血管内皮细胞释放大量激活物,并吸附于血凝块上。另一类是组织激活物,广泛存在于很多组织中,在组织修复及伤口愈合等情况下,在血管外促进纤溶。肾产生的尿激酶就属于此类激活物,纤溶活性很强。还有一类为血浆激活物,又称为依赖于FⅫ的激活物,如前激肽释放酶被FⅫa激活成激肽释放酶,即可激活纤溶酶原转变成纤溶酶。这类激活物可使凝血与纤溶互相配合并保持平衡。

2. 纤维蛋白与纤维蛋白原的降解　　纤溶酶是血浆中活性最强的蛋白水解酶,但其特异性较差。它可以水解纤维蛋白和纤维蛋白原肽链上的赖氨酸-精氨酸间的肽键,从而将纤维蛋白与纤维蛋白原分解为许多可溶性的小肽,这称为纤维蛋白降解产物。纤维蛋白降解产物一般不再发生凝固,其中一部分还有抗凝血作用。纤溶酶除能水解纤维蛋白和纤维蛋白原外,还能激活血浆中的补体系统,水解FⅡ、FⅤ、FⅧ、FⅩ、FⅫ等凝血因子,促进血小板的聚集和释放 5-羟色胺、ADP 等。

机体内存在许多能够抑制纤溶系统活性的物质,如纤溶酶原激活物抑制物-1,通过与组织型纤溶酶原激活物和尿激酶结合而使其灭活;补体 C_1 抑制物可灭活激肽释放酶和 FⅫa,阻止尿激酶原的活化;α_2-抗纤溶酶能与纤溶酶结合成为复合物使其失去活性;α_2-巨球蛋白既可通过抑制纤溶酶的作用抑制纤溶,又能通过抑制凝血酶、激肽释放酶的作用抑制凝血,对于凝血和纤溶只发生于创伤局部起着重要的作用。

正常生理情况下,血液在体内循环流动,机体既无出血现象,又无血栓形成,这正是凝血、抗凝血、纤溶处于动态平衡的结果(图 3-7)。

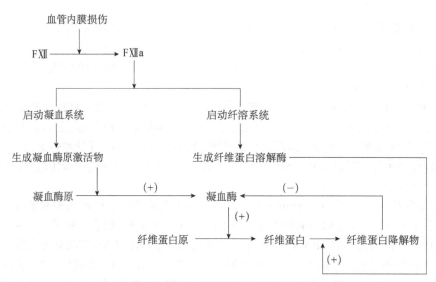

图 3-7　凝血系统与纤溶系统的关系

◆ 第四节　血样的制取方法

在临床血样的采取和保存时,根据制取血清、血浆或者血中某种成分的需要,经常依据血液凝固、抗凝等生理机制,采取一定的加速、延缓或防止血液凝固措施。

一、抗凝或延缓凝血的常用方法

（一）抑制凝血因子的活化

1. **应用肝素** 肝素是天然的抗凝剂，对凝血过程各阶段都有抑制作用，无论在体内或体外都是一种很强的抗凝剂。作为抗凝剂使用的肝素浓度为每毫升血液 0.2 mg（20 单位），1 单位肝素约为 0.01 mg 肝素钠。

2. **血液与光滑面接触** 在盛血容器内壁预先涂一层液体石蜡，避免血液与粗糙面接触，可因 FⅫ 的活化延迟等原因而延缓血凝。

3. **应用双香豆素** 双香豆素能阻碍 FⅡ、FⅦ、FⅨ、FⅩ 等凝血因子在肝内的合成，减缓血液凝固。例如，牛或羊食入过多发霉的苜蓿干草，常可引起皮下和肌肉内广泛血肿，以及胸、腹腔内的出血，这是饲草中的香豆素腐败后转成双香豆素所致。

（二）延缓酶促反应速率

凝血过程是一系列酶促反应。低温可降低相关酶的活性，将盛血容器置于低温环境中，可以延缓凝血过程。

（三）除去纤维蛋白

将采集于容器内的血液用小棒不断搅拌或放入玻璃球摇晃，加速破坏血小板，促进纤维蛋白的形成，并使纤维蛋白丝缠绕于小棒或玻璃球上，这种脱纤维蛋白血不会凝固，但此方法不能保全血细胞。

（四）除钙法

凝血过程的 3 个主要阶段中均需要 Ca^{2+} 参与，除去血浆中的 Ca^{2+} 就能阻止血凝。柠檬酸钠可与血浆中的 Ca^{2+} 结合生成不易解离的可溶性柠檬酸钠钙，使血浆 Ca^{2+} 减少，血液即不再凝固。少量柠檬酸钠对机体无毒害作用，故常用作采血或输血时的抗凝剂，但过多的柠檬酸钠能结合大量 Ca^{2+} 造成低钙血症，干扰神经、骨骼肌和心肌的功能，引起抽搐、低血压和心搏骤停。输血一般不用钾盐，因为容易引起高钾血症而改变心电活动（如 T 波高峰值、心动过缓、前房停顿、心脏传导阻滞或心搏骤停）。

草酸钾和草酸铵也可与 Ca^{2+} 结合成不溶性草酸钙。草酸钙有毒性，不宜输入体内。也可以用乙二胺四乙酸（EDTA）来螯合钙，但定量测定混合物含氮量时，不能用铵盐作抗凝剂，因为其本身含有氮。当计算红细胞指数用于辅助诊断，测定 PCV 时，必须维持细胞的大小与在循环血液中的一致。据此，按血液操作规程的推荐浓度，肝素或 EDTA 能保持红细胞的大小不变。在这两种抗凝剂中，血液形态学、细胞和红细胞指数等定量方法的研究中优先使用 EDTA。

二、促凝的常用方法

（一）促进凝血因子的活化

使血液与粗糙面接触，可促进 FⅫ 的活化，也可促进血小板聚集、解体并释放 PF_3，从而加速血凝。手术中用纱布压迫术部止血，纱布的粗糙面及其带有的负电荷也是促凝的因素。

（二）加快酶促反应速率

适当升高温度可增强酶的活性，加速酶促反应，可使血液凝固过程加快。如手术中用温热生理盐水浸泡的纱布压迫术部止血，可起到良好的凝血效果。

（三）使用凝血因子维生素 K

维生素 K 在肝内参与 FⅡ、FⅦ、FⅨ、FⅩ 等凝血因子的合成过程。补充维生素 K 能促进凝血，反之，缺乏维生素 K 可导致凝血障碍。

◆ 第五节　血型与输血

一、血型与红细胞凝集

血型（blood group）通常指红细胞膜上特异性抗原的类型。狭义的血型定义是指能用抗体加以分类的血细胞抗原型，如牛的 A、B、C 系，猪的 A、B、C 系等血型。这一类血型的许多抗原都是镶嵌于细胞膜上的糖蛋白和糖脂，糖链的组成及其联结顺序决定着血型抗原的特异性。广义的血型定义是指血细胞、血清、脏器及分泌液等，凡是能用一定方法加以分类的型。例如，采用凝胶电泳法，可按血清或血浆中所含的蛋白质划分为 Pr 型（前蛋白型）、Alb 型（蛋白型）、Tf 型（铁传递蛋白型）和 Cp 型（血浆铜蓝蛋白型）等血型。又如，可按所含各种酶的同工酶电泳图谱进行血型分类。

动物之间进行输血时，当同种某个动物的红细胞进入另一动物的血管时，有时输入的红细胞会凝集成簇，以致堵塞受血者的小血管，甚至危及生命，这种现象称为红细胞凝集（agglutination）。红细胞凝集的本质是抗原-抗体反应。红细胞膜上具有的特异性蛋白质、糖蛋白或糖脂，在凝集反应中起着抗原的作用，称为凝集原（agglutinogen），即血型抗原。血清中能与红细胞膜上的凝集原起反应的特异抗体，称为凝集素（agglutinin），即血型抗体。例如，红细胞含有 A 凝集原，遇到血清中抗 A 凝集素时，就发生红细胞凝集现象。

二、红细胞血型

动物血清中抗体（凝集素）比较少，而且免疫效价很低，很少发生像人类 ABO 血型系统的红细胞凝集反应，所以动物首次输血往往没有严重后果。如第一次输血带入抗原（凝集原），受血者产生了抗体（凝集素），再次输血时（如又碰到同样的凝集原）就会产生凝集反应。所以再次输血时，必须做交叉配血试验。动物的血型种类见表 3-8。

表 3-8　动物红细胞的血型

动物	血型
牛	A、B、C、F-V、J、L、M、N、O、S、T、Z
猪	A、B、C、D、E、F、G、H、I、J、K、L、M、N、O
绵羊	A、B、C、D、M、R、Z
马	A、C、D、K、P、Q、U、T
犬	A1、A2、B、C、D、F、Tr、He
猫	A、B、AB

三、血量和输血原则

（一）血量

动物体内的血液总量称为血量（blood volume），占体重的5%~9%。血量可因动物的种类、性别、年龄、体重、营养、妊娠、泌乳、健康状况及所处的外界环境等因素而发生变动。几种成年动物的血量范围见表3-9。

表 3-9　几种成年动物的血量范围

动物	血量/（mL/kg 体重）	动物	血量/（mL/kg 体重）
猫	65~75	绵羊	60~65
犬	85~90	山羊	70~72
牛	52~60	猪	35~45
马（赛马）	100~110	马（役用）	60~70

动物在安静状态下，绝大部分血液（占总血量的80%）在心血管系统内循环流动，称为循环血量；少部分血液滞留于肝、脾、肺和皮下的血窦、毛细血管网和静脉内，流动很慢，称为储备血量。在机体剧烈运动和大量失血等情况下，储备血量可释放出来，以补充循环血量的不足，适应机体的需要。

血量的相对稳定，是维持血压、保证机体组织得到充分血液供应的必要条件。动物一次性失血不超过血量的10%，一般不会影响健康，所失血液中的水分和无机盐可在12 h内由组织液得到补充；血浆蛋白质可由肝加速合成，在12 d内得到恢复；血细胞由造血器官生成，在1个月内得到补充而恢复正常水平。若一次急性失血达到血量的20%时，则明显影响机体正常活动，恢复也较缓慢。一次急性失血超过血量的30%时，则会危及生命，须及时输血。

（二）输血的原则

失血过多时，输血是治疗和抢救生命的重要手段。为了保证输血的安全性，必须遵守相应的原则。输血之前必须鉴定血型，只允许输同型血。在情况紧急下，初次输血时可允许输给动物少量血型未明的同种血液。实际工作中，常用交叉配血试验（cross-match test）确定能否输血（图3-8）。把供血者的红细胞与受血者的血清进行配合试验，称为交叉配血主侧；再将受血者的红细胞与供血者的血清做配合试验，称为交叉配血次侧。如果两个试验都没有发生凝集反应，则为配血相合，可以进行输血；如果主侧发生凝集反应，则为配血不和，不能输血；如果主侧没发生凝集反应，而次侧发生凝集反应，则只能在应急情况下进行缓慢、少量输血，并密切观察，如果发生输血反应，应立即停止输血。如果两个试验都发生凝集反应，绝对不能输血。

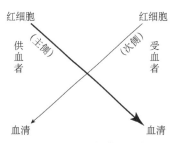

图 3-8　交叉配血试验示意图

? 思考题

1. 简述血浆渗透压的构成及研究血浆渗透压的生理意义。
2. 试述血浆蛋白的生理功能。

3. 试述各种血细胞的生理功能。

4. 试述血液凝固的步骤。

5. 何谓纤维蛋白溶解？纤溶的基本过程如何？

6. 实际工作中有哪些抗凝和促凝措施？

7. 何谓血型？输血的原则是什么？

（宋予震）

第四章

血液循环系统

本章思维导图

引　言

"心想事成""心有灵犀一点通"，心真的会想吗？它是不是关乎我们的心灵感应呢？让我们来了解心脏真正的生理作用吧……

内容提要

基于了解血液生理的基础上，本章主要了解心脏生理、血管生理和机体对心血管的调节。心脏生理包括心脏有何功能？心脏如何实现其功能？心脏怎么调节其功能？心脏为什么具有相应的功能？血管生理主要介绍血管的分类、血液在血管流动中的三大流体力学指标、微循环的三条路径、三大细胞外液的动态交换和平衡。心血管的调节主要介绍机体通过神经、体液、自身等三种调节途径调控心脏和血管，以满足机体不同情况下的需要。

◆ 第一节　心脏的泵血功能

心脏通过周期性的收缩和舒张，伴随相关瓣膜的规律性启闭活动，推动血液向一定的方向流动，即由心室流入动脉，经毛细血管，再由静脉回到心房。心脏这种对血液的驱动作用称为泵血功能（cardiac pumping function）。

一、心脏泵血的过程

（一）心动周期

心脏一次收缩和舒张构成的机械活动周期称为心动周期（cardiac cycle）。一个心动周期内心房和心室都有各自的收缩期和舒张期，心房收缩力弱，其收缩可帮助血液流入心室，起初级泵的作用；心室收缩力强，可将血液射入肺循环和体循环。以心率为 75 次/min 为例，每个心动周期的时间为 0.8 s。对于心房而言，左、右心房同步收缩约 0.1 s，随后舒张约 0.7 s；对于心室而言，左、右心室同步收缩约 0.3 s，随后舒张约 0.5 s。心室舒张的前 0.4 s，心房也处于舒张状态，这一时期称为心脏舒张期（图 4-1）。

可见，心动周期中不论是心房还是心室，舒张期均长于收缩期，这有利于血液的回流和冠状血管的供血，以保证心脏能长期、连续地泵血。

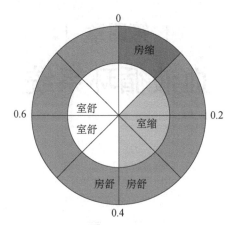

图 4-1　心动周期内心房和心室的活动情况（单位：s）

1. 心房收缩期

心房收缩可将 10%～30% 的回心血量挤入心室，使心室充盈达到最大水平。由于心房壁较薄、收缩力不强，安静状态下，心房收缩对心室充盈起一定的辅助作用，但在心率加快而使心室舒张期缩短，影响心室充盈时，心房的初级泵作用将显著影响心室的射血量。

2. 心室收缩期

（1）等容收缩期　心室开始收缩后，心室内压力迅速升高，当室内压升高到超过房内压时，房室瓣关闭，防止血液倒流入心房。但此时的心室内压仍低于动脉血压，动脉瓣仍处于关闭状态，心室暂时成为一个封闭的心腔。从房室瓣关闭起到动脉瓣开放前，心室处于心室内压力升高最快而容积恒定的状态，称为等容收缩期。

（2）射血期　当心室内压升高至超过动脉血压时，动脉瓣被冲开，血液迅速由心室流入主动脉或肺动脉，这一时期称为射血期。射血期前 1/3 时间内，血液流速很快，称为快速射血期，这一时期，占射血量 2/3 的血液流入大动脉；射血期后 2/3 时间内，由于心肌收缩力量的减弱，心室内血量减少，射血的速度逐渐减慢，称为减慢射血期。

3. 心脏舒张期

（1）等容舒张期　心室射血完成后，开始舒张，当心室内压下降至低于主（肺）动脉内压时，动脉中的血液出现短时间向心脏方向的倒流，推动动脉瓣关闭。此时的心室内压仍高于心房内压，房室瓣仍处于关闭状态。在从动脉瓣关闭到房室瓣开启，心室处于室内压快速下降，而心室容积没改变的密闭状态的时期，称为等容舒张期。

（2）充盈期　随着心室继续舒张，当心室内压低于心房内压时，房室瓣开放，心室开始充盈。在充盈初期，心室继续舒张，使心室内压进一步下降，甚至可形成负压。心房和大静脉内的血液，因心室内低压的"抽吸"作用，快速充盈心室，故称为快速充盈期，这个时程约为舒张期的 1/3，进入心室的血液则可占总充盈量的 2/3 以上。血液的充盈使心室容积增大，心室内压升高，心室与心房、大静脉内的压力梯度减小，血液充盈变慢，此时称为减慢充盈期。充盈期内心房只是血液从静脉返回心室的通道。

充盈期之后进入下一个心动周期，心房收缩将回心血量剩下的部分挤入心室，如此反复进行。

（二）心率

单位时间的心动周期数称为心率（heart rate），常用每分钟心脏跳动次数表示。心率加快时，心动周期中收缩期和舒张期都将缩短，但因舒张期缩短的比例大，所以实际上是心脏舒张的时间缩短，这不利于心脏的充盈、心肌的供血和心脏的持久活动。心率因动物种类、品种、性别、年龄及生理状况的不同而异（表4-1），但一般与代谢率呈正相关。

表4-1　各种成年哺乳动物心率的正常变动范围

动物	心率/（次/min）	动物	心率/（次/min）
猪	70～120	野兔	60～70
马	28～40	家兔	180～350
奶牛	48～84	犬	70～120
公牛	35～60	猫	120～140
山羊、绵羊	70～80	大鼠	250～400
豚鼠	200～300	小鼠	450～750

注：本表根据 Reece 等（2019）更新部分数据

（三）心音

心动周期中，心肌收缩、瓣膜启闭、血液加速度和减速度对心血管壁的加压和减压作用及形成的涡流等因素引起的机械振动，可通过周围组织传递到胸壁。如将听诊器放在胸壁某些部位，就可以听到声音，称为心音。若用换能器将这些机械振动转换成电信号记录下来，便得到了心音图。

心音发生在心动周期的某些特定时期，其音调和持续时间有一定的规律，共有 4 种心音：第一、第二、第三和第四心音。第一心音发生在心缩期，音调低，持续时间相对较长，在心尖搏动处（左第五肋间隙锁骨中线）听得最清楚。心室射血引起大血管扩张及产生的涡流发出低频振动，由于房室瓣突然关闭所引起的振动，是听诊的第一心音的主要组成成分。因此，通常可用第一心音作为心室收缩期开始的标志。第二心音发生在心脏舒张期，音调较高，持续时间较短，主要与主动脉瓣的关闭有关，故可用此标志心室舒张期开始。第三心音发生在快速充盈期末，是一种低频、低振幅的心音。心室快速充盈期末，可能由于充盈血流突然减速，形成一种力使心室壁和瓣膜发生振动而产生。第四心音是与心房收缩有关的一组心室收缩期前的振动，故也称心房音。正常心房收缩，听不到此声音，但在异常有力的心房收缩和左室壁变硬的情况下，心房收缩使心室充盈的血量增加，心室进一步扩张，引起左室肌及二尖瓣和血液的振动，则可产生第四心音。

多数情况下只能听到第一和第二心音，心脏某些异常活动可以产生杂音或其他异常心音。因此，听取心音或记录心音图对于心脏疾病的诊断有一定的意义。

二、心脏泵血的量化

心脏的主要功能是泵血，通常用单位时间内心脏的射血量和心脏的做功量作为评定心脏泵血功能的指标。

（一）每搏输出量与射血分数

一侧心室一次收缩所搏出的血液量称为每搏输出量（stroke volume，SV），简称搏出量。正常情况下，两侧心室的射血量是相等的。每搏输出量与心室舒张末期容积之比称为射血分数（ejection fraction，EF）。心肌收缩能力越强，每搏输出量越多，射血分数越高。心室异常扩大的患畜，其搏出量可能与正常动物相差无几，但射血分数已明显下降。因此，与搏出量相比，射血分数能更准确地反映心脏泵血功能，对临床上早期发现心脏泵血功能异常具有重要意义。

（二）每分输出量与心指数

一分钟内一侧心室收缩所搏出的血量，称为每分输出量（minute volume，MV），其数值等于每搏输出量和心率的乘积。生理学所说的心输出量（cardiac output）通常指每分输出量。个体大小不同的动物具有不同的耗氧量和能量代谢水平，若用心输出量的绝对值对个体大小不同的动物进行比较是不全面的。比较不同种属或者不同个体大小动物之间的心脏泵血功能，常用的指标是心指数（cardiac index，CI），即单位体表面积（m^2）的心输出量。

（三）每搏功与每分功

血液在血管内流动过程中所消耗的能量是心脏做功所供给的。心脏做功所释放的能量转化为压强能和动能，推动血液流动。心室一次收缩所做的功，称为每搏功，简称搏功，即心室完成每搏输出量所做的功。心室收缩所释放的机械能主要表现为压力-容积功，将血液从心室送入大动脉。心室每分钟收缩所做的功，称为每分功，简称分功，即心室完成每分输出量所做的功。每分功=每搏功×心率。

同样的每搏输出量，当动脉血压升高时，心脏必须加强收缩才能完成。由此可见，与心输出量相比，用心脏做功量来评定心脏泵血功能要更为全面，尤其是在动脉血压高低不同的动物品种和个体之间，或在同一个体动脉血压发生改变前后，用做功量来比较心脏泵血功能更为合理和常用。

三、心脏泵血的调节

心输出量（通常指每分输出量）受神经、体液和自身的调节，其大小和机体的代谢水平相适应。心输出量随机体代谢需要而增加或减小的能力，称为心力储备（cardiac reserve）。机体通过调整每搏输出量和心率的大小来调节心输出量，分别称为每搏输出量储备和心率储备。每搏输出量储备包括收缩期储备和舒张期储备，前者通过增强心肌收缩力和提高射血分数来实现，后者则通过增加舒张末期容积获得。机体通过心力储备，可使心输出量提高5~6倍。

（一）每搏输出量储备

在心率不变的条件下，心输出量与搏出量呈正相关。而搏出量的多少受前负荷、后负荷和心肌收缩能力的影响。

1. 前负荷　　前负荷（preload）是心肌收缩前所承受的负荷，相当于心舒末期心室的压力，大小主要受静脉回心血量和射血后心室内剩余血量的影响，两者形成的心室充盈量决定了心肌收缩前的初长度。1914年，欧内斯特·斯塔林（Ernest Starling，1866~1927年）在犬的心肺标本上观察到，在一定范围内增加静脉回心血量，心室收缩力随之增强，总结出心肌收缩初长度越大，收缩产生的能量越大，因此前负荷越大，搏出量越多。这种由心肌初长度的改变引起的心肌收缩强度改变的调节机制称为异长自身调节。异长自身调节的生理意义在于当回心血量发生微小变化时，可立即通过此机制对搏出量进行调节，使心输出量和回心血量达到平衡。

2. 后负荷　　后负荷（afterload）是心肌在收缩时承受的负荷。大动脉血压是心室射血时遇到的后负荷。在其他因素不变的情况下，动脉血压升高将使心室射血的阻力增大，心室等容收缩过程延长，射血期延迟、缩短，射血速度减慢，搏出量减小。动脉血压的变化在影响搏出量的同时，将继发性地引起心脏的一系列适应性改变。动脉血压升高使搏出量减小时，若回心血量不变，舒张末期心室容量将增大，机体可以通过异长自身调节和等长自身调节使心肌收缩增强，增加输出量以维持适当的心输出量，使心脏活动与后负荷改变相适应。以上的适应性改变，使动物在动脉血压升高的一定范围内仍可维持接近正常水平的心输出量。但是心肌收缩的持续加强，心脏做功量的长期增加，将导致心室肥大等病理变化，最终可能导致心脏泵血功能的减退。

3. **心肌收缩能力** 心肌不依赖于前、后负荷的改变，而能改变其力学活动（包括心肌收缩强度和速度）的内在特性称为心肌收缩能力。通过心肌收缩能力的变化来调节搏出量的方式，因其调节机制与心肌初长度无关，故称为等长自身调节。当心肌收缩能力增强时，射血分数增大，心缩末期容积减小，心输出量增加。

（二）心率储备

在一定范围内，加快心率可使心输出量增加。当心率增加到尚未超过一定限度时，虽然充盈的时间有所缩短，但由于回心血量绝大部分是在快速充盈期进入心室的，充盈量不会明显减少，因此心率增加使每分输出量增加。当心率超过一定范围（如 180 次/min）后，心室舒张期明显缩短，充盈量显著减少，因此每搏输出量显著减少，从而导致心输出量下降。如心率过低（低于 40 次/min）时，心室舒张期过长，充盈量的增加不能抵消心率下降的影响，也导致心输出量的下降。

机体一般通过神经、体液、自身调节三个方面来调整每搏输出量和心率的大小，进而调节心脏的泵血功能，满足不同时期的需要。如交感神经兴奋时心率加快，心肌收缩力加强，心输出量增加；迷走神经兴奋时心率减慢，心肌收缩力减弱，心输出量减少。血液中肾上腺素和去甲肾上腺素增加时，心率加快。体温升高时，心率也会加快，体温每升高 1℃，心率就可增加 12～18 次。

◆ 第二节 心脏泵血的细胞机制

心脏的泵血功能与心肌细胞内的离子流动密不可分，正是心肌细胞内的离子流动及生物电活动形成了其自律性、兴奋性和传导性，后三者决定了心肌细胞的收缩性，最后形成了心脏的泵血功能。

一、心肌细胞的种类

根据形态特点、电生理特性及功能特征，心肌细胞分为普通心肌细胞和特殊分化的心肌细胞。①普通心肌细胞，又称为工作细胞，指心房肌细胞和心室肌细胞，它们在接受刺激后能产生兴奋，传导兴奋，发生收缩，执行泵血功能。②特殊分化的心肌细胞，又称为自律细胞，主要包括 P 细胞和浦肯野细胞。P 细胞分布在窦房结、房室结（又称房室交界）；浦肯野细胞分布在房室束（又称希氏束）、左右束支和浦肯野纤维中，它们共同组成心脏内特殊的传导系统（图 4-2）。

二、心肌细胞的生物电特点

不同类型心肌细胞的跨膜电位的形成过程和机制有一定的差异，其生物电活动表现也各不相同。

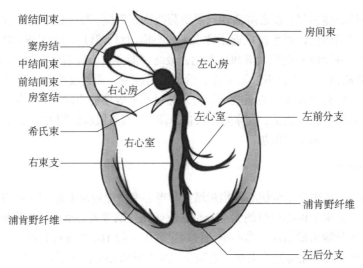

图 4-2　心脏传导系统示意图

（一）普通心肌细胞的跨膜电位及其形成机制

1. 静息电位　哺乳动物心室肌的静息电位约为−90 mV。静息状态下心肌细胞膜对 K^+ 的通透性较高，而对其他离子的通透性很低。因此，心室肌细胞的静息电位主要是由 K^+ 跨膜外流所形成的电化学平衡电位。

2. 动作电位　心室肌的动作电位包括去极化和复极化两个过程，但形成机制明显不同于骨骼肌和神经细胞。其特点是去极化和复极化过程不对称，复极化过程较为复杂，持续时间长。整个动作电位可分为 0、1、2、3、4 五个时期（图 4-3），总时长可达 250～350 ms。

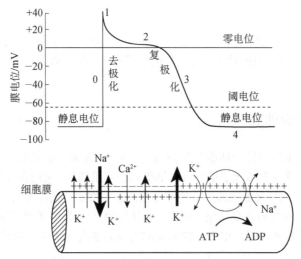

图 4-3　心室肌细胞跨膜电位及离子流示意图（赵茹茜，2020）

（1）去极化过程（0 期）　心室肌细胞动作电位的去极化过程称为 0 期。膜内电位由−90～−80 mV 迅速上升到+30 mV，耗时 1～2 ms。0 期去极化的离子机制是钠通道开放引起的 Na^+ 内向电流（I_{Na}）。去极化开始时，钠通道在局部电流作用下部分开放，少量 Na^+ 内流，当膜电位达到阈电位水平（约−70 mV）时，钠通道通透性突然增大，大量 Na^+ 顺电化学梯度快速内流，膜电位进一步去极化达到 0 电位水平。然后 Na^+ 仍能继续顺浓度差内流，直到接近 Na^+ 平衡电位，此时的膜电位表现为外负内正。所以心室肌细胞的 0 期去极化是由 I_{Na} 引起的，是 Na^+ 的平衡电位。

（2）复极化过程　　心室肌细胞复极化过程缓慢复杂，历时 200~300 ms，历经 1 期、2 期、3 期和 4 期四个过程。

1）1 期（快速复极初期）：膜内电位由 +30 mV 降到 0 mV，耗时约 10 ms。钠通道激活快，失活也快，开放时间短，故称为快通道，当心室肌细胞去极化达峰值时，钠通道已经关闭。在去极化过程中有瞬时性钾通道被激活，出现以 K^+ 为主的瞬时外向电流（I_K），使膜电位由 +30 mV 下降至 0 mV。1 期中还有 Cl^- 内向电流（I_{Cl}）。但在一般条件下，该离子流较小，在 1 期中作用微弱而短暂。0 期去极化的升支和 1 期快速复极的降支共同构成动作电位的锋电位。

2）2 期（平台期）：此期膜电位下降很缓慢，膜内电位稳定在 0 mV 左右，时程 100~150 ms。平台期的形成是此时段外向电流和内向电流处于平衡状态的结果。外向电流是 K^+ 流，内向电流是 L（long-lasting）型 Ca^{2+} 电流（I_{Ca-L}）和少量 Na^+ 电流。在平台期的晚期，Ca^{2+} 内流渐减，而 K^+ 外流加快，使膜内电位下降。平台期是心室肌细胞动作电位持续时间较长的重要原因，与心室肌细胞绝对不应期长、不会产生强直收缩的特性有关，也是心肌细胞动作电位区别于骨骼肌、神经细胞的主要特征。

3）3 期（快速复极末期）：膜内电位由 0 mV 降到 -90 mV，历时 100~150 ms。平台期后，钙通道失活关闭，I_{Ca-L} 停止，而钾通道的通透性增加，K^+ 迅速外流，使膜电位下降。所以 3 期是 K^+ 迅速外流的结果。

4）4 期（恢复期）：又称为静息期。3 期末，膜电位已回到并稳定于静息电位水平，但在去极化和复极化过程中发生了 Ca^{2+}、Na^+ 的内流和 K^+ 的外流，改变了细胞膜内外离子的浓度。所以在 4 期，通过钠-钾泵、Na^+-Ca^{2+} 交换体和钙泵的活动，经逆浓度梯度的主动转运，将细胞内 Ca^{2+}、Na^+ 排出，而将 K^+ 转运至胞内，恢复动作电位前细胞内、外的离子浓度。

（二）自律细胞的跨膜电位及其形成机制

对于普通心肌细胞，没有外来刺激时，不能产生动作电位；在外来刺激作用下，产生一次动作电位。自律细胞在没有外来刺激时，还可不断产生节律性的动作电位。自律细胞 4 期的膜电位并不稳定，会自动去极，达到阈电位后引起兴奋，出现另一个动作电位，周而复始，产生节律性的动作电位，这是自律细胞具有自动节律性的基础。

不同类型的自律细胞 4 期去极速度参差不一，但其去极速度远较 0 期缓慢。4 期的这种自动去极过程，具有随时间而递增的特点，其机制是出现了一种逐渐增强的净内向电流，不同类型的自律细胞构成净内向电流的离子流并不完全相同。

1. 浦肯野细胞　　浦肯野细胞与心房（室）肌细胞都是快反应细胞，去极化的速度较快，动作电位的形态相似，产生的离子机制也基本相同。关于浦肯野细胞 4 期自动去极形成的机制，研究表明随着复极的进行，浦肯野细胞外向 K^+ 电流逐渐衰减，4 期可记录到一种随时间推移而逐渐增强的内向电流（I_f）（图 4-4）。I_f 通道在 3 期电位达 -60 mV 左右开始被激活开放，随着复极的进行、膜内负电性的增加而增加，至 -100 mV 左右就充分激活。因此，内向电流表现出时间依从性，膜的去极程度随时间而增加，一旦达到阈电位水平，便又产生另一次动作电位。这种内向电流在膜去极达 -50 mV 左右因通道失活而终止。可见，复极期膜电位是引起这种内向电流启动和发展的因素，内向电流产生去极化，继而引起另一次动作电位，动作电位反过来终止这种内向电流，自律细胞得以自动地、不断地产生节律性兴奋。

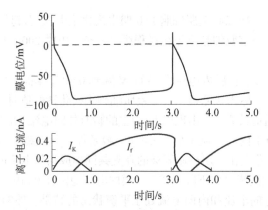

图 4-4　兴奋时浦肯野细胞跨膜电位及离子流示意图（朱文玉，2009）

2. 窦房结细胞　　窦房结含有丰富的自律细胞，4 期同样发生自动去极化，其跨膜电位的特征如下：①窦房结细胞的最大复极电位（-70 mV）和阈电位（-40 mV）均高于浦肯野细胞；②0期去极结束时，膜内电位为 0 mV 左右，不出现明显的极化倒转；③其去极幅度（70 mV）小于浦肯野细胞（120 mV），而 0 期去极时程（7 ms 左右）却又比后者（1~2 ms）长得多。原因是窦房结细胞 0 期去极速度（约 10 V/s）明显慢于浦肯野细胞（200~1000 V/s），因此，动作电位升支远不如后者那么陡峭；④没有明显的复极 1 期和 2 期；⑤4 期自动去极速度（约 0.1 V/s）却比浦肯野细胞（约 0.02 V/s）要快，4 期膜电位变化的斜率大于浦肯野细胞（图 4-5）。

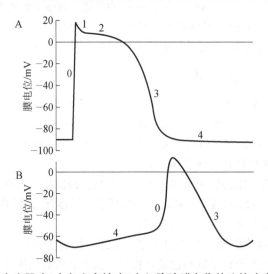

图 4-5　兴奋时心室肌（A）与窦房结（B）细胞跨膜电位的比较（朱文玉，2009）

窦房结细胞的直径很小，进行电生理研究有一定困难，目前尚未能充分阐明它的跨膜电位，尤其是 4 期起搏电流的离子基础。研究表明窦房结细胞 0 期去极不受细胞外 Na^+ 浓度的影响，对河鲀毒素很不敏感；相反，它受细胞外 Ca^{2+} 浓度的明显影响，并可被抑制钙通道的药物和离子（如异搏定、D-600 和 Mn^{2+} 等）所阻断。据此窦房结细胞动作电位的形成过程如下：当膜电位由最大复极电位自动去极达阈电位水平时，激活膜上钙通道，引起 Ca^{2+} 内向电流（I_{Ca}），导致 0 期去极；随后，钙通道逐渐失活，Ca^{2+} 内流相应减少。另外，复极初期有一种钾通道被激活，出现 K^+ 外向电流（I_K）。Ca^{2+} 内流的逐渐减少和 K^+ 外流的逐渐增加，膜便逐渐复极。由"慢"通道所控制、Ca^{2+} 内流所引起的缓慢 0 期去极，是窦房结细胞动作电位的主要特征，称为慢反应细胞和慢反应电位，以区别于快反应细胞（心室肌、心房肌和浦肯野细胞）和快反应电位。这种 Ca^{2+} 内向电流被称为第二内向电流，快反应细胞 0 期的 Na^+ 内流称为第一内向电流。窦房结细胞的 4 期自动去极也由随时间而增长的净内向电流所引起，但其构成成分比较复杂，是几种跨膜离子流的混合。目前已知，在窦房结细胞 4 期可以记录到三种膜电流，包括一种外向电流和两种内向电流，不过它们在窦房结细胞起搏活动中所起作用的大小及起作用的时间有所不同。

三、心肌细胞的生理特性

心肌细胞的生理特性包括自律性、兴奋性、传导性和收缩性。其中，兴奋性、传导性为心肌细胞的共有特性，另外普通心肌细胞具有收缩性，兴奋时可发生收缩；自律细胞具有自律性，能在没有外来刺激的情况下自动产生兴奋，但其肌原纤维很少或缺乏，几乎没有收缩性。心肌细胞的自律性、兴奋性、传导性受上述生物电变化的影响，又称为电生理特性。

（一）心肌细胞的自动节律性

心肌在没有外来刺激的情况下，自动地产生节律性兴奋的能力或特性，称为自动节律性（autorhythmicity），简称自律性。心肌的自律性来源于自律细胞。

1. 心脏的起搏点　哺乳动物以窦房结的自律性最高，如猪窦房结自律性的频率约为 100 次/min，但因受到迷走神经的抑制性调控而表现为 70 次/min。房室结和房室束自律性的频率分别约为 50 次/min 和 40 次/min，浦肯野纤维的自律性最低，频率约为 20 次/min。由于窦房结的自律性最高，其冲动依次激发心房肌、心室肌的兴奋和收缩，因此窦房结是正常心脏活动的起搏点（pacemaker）。以窦房结为起搏点的心脏节律性活动，称为窦性节律（sinus rhythm）。窦房结以外的自律组织虽然也有自律性，但它们的频率没有窦房结高，所以在正常情况下不表现自律性，称为潜在起搏点（latent pacemaker）。在某些病理情况下，如窦房结的兴奋传导发生阻滞，或潜在起搏点的自律性增高，心房和心室可随当时频率最高的某个潜在起搏点的兴奋而活动，此时异常的起搏部位称为异位起搏点（ectopic pacemaker），由异位起搏点引起的心脏活动节律，称为异位节律（ectopic rhythm）。

窦房结对潜在起搏点的控制主要通过两种方式进行。①抢先占领：由于窦房结自律性高，在潜在起搏细胞 4 期自动去极化尚未到达阈电位水平时，由窦房结传来的兴奋已先期到达，受其刺激而产生动作电位，因此潜在起搏点的自律性不再表现出来。②超速驱动压抑：潜在起搏点长期在窦房结抢先占领机制的控制下，被动兴奋的频率超过其自律性的频率。这种长时间被超速驱动的结果使潜在起搏点的自律活动被压抑，这种现象称为超速驱动压抑。因此，当窦房结的驱动作用中断时，心室的潜在起搏点要经过一段时间才能从被压抑的状态中恢复过来，此时心室的收缩将按心室内传导组织的节律进行。发生超速驱动压抑的机制之一，是超速驱动使动作电位产生的频率加快，Na^+ 内流和 K^+ 外流都增加，于是钠-钾泵的活动增强，使细胞膜超极化，因此去极化时不易达到阈电位而表现为驱动压抑现象。

2. 影响心肌细胞自律性的因素　心肌细胞自律性的高低主要受 4 期自动去极化的速度、最大复极电位和阈电位水平的影响。4 期自动去极化的速度加快，从最大复极电位到达阈电位的时间缩短，自律性升高；反之，则自律性降低。如果最大复极电位水平上移，而阈电位水平下移，则最大复极电位与阈电位差距减小，自动去极化到阈电位所需的时间减少，自律性升高。反之，如果最大复极电位的水平下移，而阈电位水平上移，自律性降低。

（二）心肌细胞的传导性

普通心肌细胞和特殊分化的细胞均具有传播兴奋的能力或特性，称为传导性（conductivity）。传导性的高低可用动作电位的传播速度来衡量，动作电位传播速度快表示传导性高，传播速度慢则表示传导性低。

1. 心肌细胞的传导系统和传导特点　　正常情况下，窦房结位于右心房和前腔静脉连接处，主要由 P 细胞组成，是心脏的起搏点。窦房结发出的兴奋在心脏内的传播途径为：窦房结→心房肌→房室结→心室肌。兴奋从窦房结到左右心房，从房室结到左右心室的传导过程中，一方面有很多自律细胞构成的特殊传导组织帮忙（图 4-2），另一方面心肌细胞之间存在低电阻的缝隙连接（闰盘），两者可使兴奋在心肌细胞之间迅速传递。所以心房（或心室）某一处产生的兴奋可以在心肌细胞间迅速传播，引起心房（或心室）的所有心肌细胞同步兴奋和收缩，表现为功能合胞体。

心房与心室的心肌不直接相连，中间由纤维组织隔开，房室结是联系心房和心室间兴奋的唯一通路。房室结是心房与心室之间的特殊传导组织，又称为房室交界。由于房室结处的细胞纤维直径细小，缝隙连接少，且多为分化程度较低的胚胎性细胞，兴奋在房室结的传导速度极慢，为 0.02～0.05 m/s，兴奋在房室结处的传导需要 0.1 s，这一现象称为房室延搁。房室延搁具有十分重要的生理意义，它使心房和心室的收缩不会重叠在一起，保证心房收缩后，心室再收缩。病理状态下，房室结也是传导系统中最易发生传导阻滞的部位。

综上所述，兴奋在心脏不同部位的传导速度不同，具有"快—慢—快"的特点，使左右心房同步收缩，左右心室同步收缩，而两者的收缩前后隔开，保证了血液的持续回流和射血。

2. 影响心肌细胞传导性的因素

（1）心肌细胞结构对传导性的影响　　心肌细胞的大小和细胞间缝隙连接的数量对传导性有一定的影响。心肌细胞的直径越大，纵向电阻越小，传导速度越快；反之，心肌细胞的直径越小，传导速度越慢。心肌细胞之间的缝隙连接数量越多，功能状态越好，传导速度越快；而心肌细胞间的缝隙连接越少，传导速度越慢。

（2）心肌细胞电生理特性对传导性的影响　　心肌细胞动作电位 0 期去极化速度和幅度是影响传导性的主要因素。一般 0 期去极化越快、幅度越大，到达阈电位的时间越短，传导速度越快；反之，传导速度越慢。此外，邻近细胞的兴奋性越高，阈刺激越小，兴奋的产生和传导越快；反之，兴奋的产生和传导越慢。

（三）心肌细胞的兴奋性

心肌细胞在受到刺激时产生兴奋（动作电位）的能力或特性，称为心肌的兴奋性（excitability）。不同时期心肌的兴奋性有所不同，本部分内容主要探讨心肌细胞兴奋性的变化及其特点。

1. 心肌细胞兴奋性的周期性变化　　心肌细胞受刺激，产生动作电位发生兴奋的同时，其兴奋性会发生周期性的变化（图 4-6）。这些变化产生的机制与跨膜电位的变化，即离子通道的状态有关。以心室肌细胞为例，这种规律性的变化表现为以下几个阶段。

（1）有效不应期　　从动作电位的 0 期去极化开始，到膜电位复极化至-55 mV 期间，给予任何强度的刺激都不能引起心肌的兴奋，因为在此期间，Na^+ 快通道处于完全失活状态，称为绝对不应期（absolute refractory period，ARP）。膜电位由-55 mV 复极化到-60 mV 期间，给予阈上刺激，已能引起局部去极化，但还不能产生可传导的动作电位，不足以引起整个心室收缩。因为在此段时间内仅有少量钠通道开始复活，大部分还没有恢复到备用状态。因此将 0 期去极化开始到 3 期膜电位恢复到-60 mV 的这一段不能产生动作电位的时期，统称为有效不应期（effective refractory period，ERP）。心肌的有效不应期比较长。

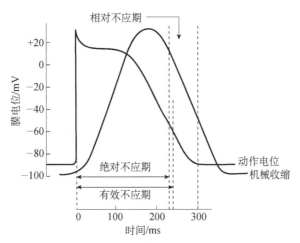

图 4-6　心肌细胞的动作电位、收缩和兴奋性变化（赵茹茜，2020）

（2）相对不应期　　膜电位从 3 期-60 mV 复极到-90 mV 期间，心肌细胞能接受阈上刺激并引发动作电位，故称为相对不应期（relative refractory period，RRP）。相对不应期内，膜上的 Na^+ 通道大部分已复活，兴奋性已逐渐恢复，但仍低于正常，所以要阈上刺激才能引起兴奋。

2. 影响心肌细胞兴奋性的因素　　如上所述，心肌细胞的兴奋性除受钠通道的状态影响外，还受静息电位和阈电位水平变化的影响。如果静息电位的水平下移，而阈电位水平上移，则静息电位与阈电位差距加大，刺激阈值将升高，兴奋性降低。反之，兴奋性升高。

（四）心肌细胞的收缩性

心肌细胞受到外来刺激时能通过兴奋而产生收缩的能力或特性，称为收缩性（contractility）。与骨骼肌、平滑肌类似，心肌的收缩也由动作电位触发，通过兴奋收缩偶联引起肌丝滑行而实现。由于受以上三个电生理特性的影响，心肌收缩具有自身的一些特点。

1. 节律性收缩　　心脏的收缩活动具有节律性，其节律不是来自外源神经或其他组织，而是来自自身的自律细胞，如窦房节的 P 细胞。这些细胞的自动节律性形成了心脏的基本节律，引起心房和心室有序地节律性收缩和舒张，形成了心律。

2. 功能合胞性和顺序性　　如上所述，心肌细胞的传导性具有"快—慢—快"的特点，"快"分别体现在心房内和心室内的兴奋传导，使左右心房同步收缩，左右心室同步收缩，各自表现为功能上的合胞体。从参加收缩活动的心肌细胞数目上看，心室（或心房）的收缩是"全或无"的，即心脏收缩的强弱不是因参加收缩的心肌细胞数目而变化，而是完全取决于功能合胞体心肌收缩强度的变化，如激素或药物（如甲状腺素、儿茶酚胺类激素、Ca^{2+}增敏剂、洋地黄类等）对心肌细胞收缩力的影响就是通过影响功能合胞体心肌收缩强度的变化而调节心脏活动。"慢"体现在从心房跨过房室交界到心室的传导变慢，可使心房和心室先后发生收缩，表现为一定的顺序性，依次完成泵血功能，避免不必要的做功浪费。

3. 不会发生完全强直收缩　　如上所述，心肌兴奋性变化的特点是有效不应期比较长，相当于心肌的整个收缩期和舒张早期，时长约 200 ms，比骨骼肌细胞的不应期（1～2 ms）长很多。正常情况下，由于窦房结两个兴奋之间时间足够长，心脏保持收缩与舒张相互交替的节律性活动，舒张时间大于收缩时间。即使在额外刺激或者连续刺激的情况下，由于有效不应期比较长，每次收缩后必有舒张，心肌不会产生骨骼肌那样的完全强直收缩，但有时会出现期前收缩和代偿间歇。

　　正常的心率是窦房结控制下的窦性节律,如果在心室肌有效不应期之后和下一次窦性兴奋到达之前,受到一次额外刺激,心肌可在正常节律之前,出现一次兴奋和收缩,称为期前收缩或早搏。由于期前收缩也有有效不应期,而随后的窦性兴奋一般会落在其有效不应期内,不会引起兴奋和收缩,只有等到另外一次窦性兴奋到达时,才引起兴奋和收缩,这种在期前收缩后出现的较长时间的心室舒张期,称为代偿间歇(图4-7)。

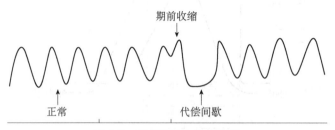

图4-7　期前收缩与代偿间歇

　　4. 对细胞外 Ca^{2+} 的依赖性　　心肌细胞的肌质网没有骨骼肌的发达,Ca^{2+} 储备量较少,因此,心肌细胞的兴奋收缩偶联过程高度依赖于细胞外 Ca^{2+} 的内流。细胞外 Ca^{2+} 浓度在一定范围内升高,可增强心肌收缩力;细胞外 Ca^{2+} 浓度下降,可减弱心肌收缩力。当细胞外 Ca^{2+} 浓度过高时,心肌持续收缩,甚至停止在收缩状态而不能舒张,称为钙僵(calcium rigor);当细胞外 Ca^{2+} 浓度过低时,心肌细胞仍能产生动作电位,但已不能引起收缩,称为兴奋收缩脱偶联。

　　凡是能影响心输出量的因素,如前负荷、后负荷、心肌收缩能力和细胞外 Ca^{2+} 浓度等,都能影响心肌的收缩。

◆ 第三节　血 管 生 理

　　分布于全身的血管系统,其主要功能是将心脏射出的血液输送到全身各处,在组织和细胞间完成物质交换,再返回心脏。此外,血管在推动血流、调节血压、调节器官血流量和生成组织液等方面起着重要的作用。

一、血管的种类和功能

　　血管系统由动脉、毛细血管和静脉三类血管组成。根据所在位置、结构和功能不同,血管可细分为以下几类。

　　1. 弹性储器血管　　指大动脉,包括主动脉、肺动脉及其发出的最大分支。这类血管管壁坚厚,含有丰富的弹性纤维,有很强的可扩张性。心脏收缩射血时可被动扩张,容积增大,将一部分血液暂时储存其中,降低了动脉内的压力;心脏舒张期内,被动扩张的管壁弹性回缩,将储存的血液继续推送向外周,故称为弹性储器血管。大动脉既起到缓冲血压变化的作用,又使心脏的间断性射血变成血管内的持续血流。

　　2. 分配血管　　指介于弹性储器血管和小动脉之间的动脉,由弹性储器血管分支而成,呈并联分布,作用是将血液输送到各器官组织,故称为分配血管。

　　3. 毛细血管前阻力血管　　指小动脉和微动脉。此类血管口径小,管壁富含平滑肌。平滑肌的舒缩可使血管管径发生明显的变化,对血流的阻力及器官血流量影响较大。

4. 交换血管 血液与组织液进行物质交换的场所，管壁仅由单层内皮细胞和一层薄的基膜组成，通透性高，故又称真毛细血管。真毛细血管起始部的环形平滑肌称为毛细血管前括约肌，它们的收缩和舒张控制着真毛细血管的关闭或开放，对单位时间内毛细血管开放的数量起决定作用。

5. 毛细血管后阻力血管 微静脉管径小，其收缩使毛细血管后阻力增加，毛细血管血压升高，组织液生成增多，故称为毛细血管后阻力血管。微静脉口径的改变可影响体液在血管和组织间的分配。

6. 容量血管 与相应的动脉血管相比，静脉血管数量多、管壁薄、口径粗、可扩张性也大，因此较小的压力改变就可引起较大的容积变化，在体内起着血液储存库的作用，因而被称为容量血管。在静息状态下，循环血量中 60%～70%的血液储存在静脉系统。

7. 短路血管 指存在于小动脉和小静脉之间的吻合支，使小动脉血液不经毛细血管，而直接流入小静脉，故称为短路血管。在四肢末端及耳廓的皮肤中有许多短路血管，主要起体温调节的作用。

二、血流动力学

血液在心血管系统中流动的力学称为血流动力学，它是流体力学的一个分支，是研究血流量、血流阻力、血压及其相互关系的科学。由于血液成分和血管结构的复杂性，血流动力学既具有一般流体力学的共性，又具备其自身的特点。

（一）血流量

单位时间内流过血管某一横截面的血量称为血流量，单位为 mL/min 或 L/min。血流量与血管两端的压力差成正比，与血流的阻力成反比，即 $Q=(P_1-P_2)/R$，R 为血流阻力。

（二）血流阻力

血液在血管中流动时所受到的阻力称为血流阻力。血流阻力受多种因素影响，可用下列公式计算得出：$R=8\eta L/(\pi r^4)$，η 为血液的黏滞性，L 为血管长度，r 为血管半径。由于血管长度和血液黏滞性变化不大，血流阻力的大小主要取决于血管半径，当血管半径增大或缩小一半时，血流阻力将减小或增大为原来的 16 倍。当血管半径很小时，血液流速很慢，红细胞有发生聚集的趋势，此时血液黏滞性将明显提高，进一步使血流阻力增高。临床上可通过血液稀释疗法，使血液黏滞性降低，达到改善血流状态的目的。

结合以上两个公式，可推出：$Q=\pi(P_1-P_2)r^4/8\eta L$。由此可知，机体主要通过神经、体液等调节血管的收缩和舒张，以此来调节血流阻力，进而调节血流量，完成血液的再分配。

（三）血压

血管内血液对单位面积血管壁的侧压力称为血压（blood pressure）。血压的国际计量单位是帕（Pa），即牛顿/米^2（N/m^2），常用千帕（kPa）表示，习惯上也用毫米汞柱（mmHg）表示，1 mmHg 等于 0.133 kPa。各段血管的血压并不相同，一般主动脉的血压最高，随着血液向后流动，不断克服血流阻力消耗能量，血压将依次降低。右心房作为体循环的终点，附近静脉的血压最低，接近于零。

1. 动脉血压

（1）动脉血压的正常值 动脉血压随着血液的向后流动，整体呈下降趋势，在流经小动脉、微动脉时，由于血流阻力较大，血压下降较多。由于受心室周期性舒缩活动影响，具体到某段动脉的血压，如肱动脉的血压并不稳定，同样呈周期性变化。心室收缩时动脉血压急剧升高，约在收缩中后期达到最高值，称为收缩压。心室开始舒张后，动脉血压迅速下降，在心舒末期血压降至最低值，称为舒张压。收缩压与舒张压之差称为脉搏压，简称脉压。一个心动周期中动脉血压的平均值称为平均动脉血压。由于每个心动周期中心舒期比心缩期长，所以平均压不是收缩压和舒张压的简单平均数，其数值大约等于 2/3 舒张压加 1/3 收缩压。不同种属的动物，其动脉血压也随年龄、性别及生理状况的变化而变化，各种动物血压常值见表 4-2。

表 4-2　各种成年动物颈动脉或股动脉血压　　　　　　　　　　　（单位：kPa）

动物	收缩压	舒张压	脉搏压	平均动脉血压
马	17.3	12.6	4.7	14.3
牛	18.7	12.6	6.0	14.7
猪	18.7	10.6	8.0	13.3
绵羊	18.7	12.0	6.7	14.3
鸡	23.3	19.3	4.0	20.7
火鸡	33.3	22.6	10.6	25.7
兔	16.0	10.6	5.3	12.4
猫	18.7	12.0	6.7	14.3
犬	16.0	9.3	5.3	11.6
大鼠	13.3	9.3	4.0	11.1
豚鼠	13.3	8.0	5.3	9.7

　　血压的测量方法有直接测量和间接测量两种。在急性生理实验中多用直接测量法，即将导管一端插入实验动物动脉管，另一端与带有 U 形管的水银检压计相连，通过观察 U 形管两侧水银柱高度差值，便可直接读出血压数值。临床上比较准确测定动物血压的方法是用袖带血压计进行测量，并用超声多普勒监测血流信号，小动物（犬、猫、兔等）一般测前肢的正中动脉，大动物（马、牛等）一般测尾动脉。在测量中需要注意的是袖带的宽窄直接影响测定结果，要按动物的千克体重选择相对应宽窄的袖带。

　　（2）影响动脉血压的因素　　动脉血压的大小取决于心输出量和外周阻力二者的相互作用，前者取决于每搏输出量和心率，后者取决于小动脉口径和血液黏滞性。此外，大动脉管壁的弹性、循环血量和血管系统容量之间的相互关系等都能影响血压。

　　1）每搏输出量。心肌收缩释放的能量分为两部分：一部分为动能，用于克服外周阻力使血液外流；另一部分作用于血管壁，使血管扩张，转化为势能，即压强能。当每搏输出量增加时，射入主动脉的血量增多，收缩压升高。由于收缩压升高，血流速度加快，大动脉内增多的血量仍可在心舒期流至外周。在外周阻力和心率变化不大的情况下，舒张末期大动脉内存留的血液不会显著增加，因而舒张压升高不多，但脉压增大。反之，心收缩力减弱，使每搏输出量减少时，则主要使收缩压下降，脉压减小。可见，一般情况下，收缩压的高低主要反映心脏每搏输出量的多少和心收缩力。

　　2）心率。如果心率加快，而每搏输出量和外周阻力都不变，则由于心舒期缩短，在心舒期内流至外周的血液就减少，故心舒期末主动脉内存留的血量增多，舒张期血压就升高，收缩压的升高不如舒张压的升高显著，脉压减小。相反，心率减慢时，舒张压降低的幅度比收缩压降低的幅度大，脉压增大。

　　3）外周阻力。若外周不存在阻力，血液将在射血期内全部流向外周，此时心肌收缩的能量全部转化为血液外流的动能，而不能使血管扩张储藏势能，心缩期血压不会明显升高，而心舒期血压将急剧下降。在心输出量不变而外周阻力加大的情况下，心舒期血液向外周流动的速度减慢，心舒期末存留在主动脉中的血量增多，舒张压升高。收缩压同样升高，但不如舒张压升高明显，脉压相对减小。反之，当外周阻力减小时，舒张压降低比收缩压降低明显，故脉压增大。可见，在一般情况下，舒张压的高低主要反映外周阻力的大小。

4）大动脉管壁的弹性。大动脉管壁的弹性具有重要的缓冲作用。左心室每次射血的血量，只有约 1/3 向后流动，而 2/3 的血液暂时储存在主动脉内，扩张血管。心室射血停止后，被扩张的血管发生弹性收缩，压迫血液继续外流，也使大动脉血压仍维持在较高的水平。主动脉等弹性储器血管的作用，使心室的间断射血变成了动脉内连续的血流，并且缓冲了心动周期中动脉内血压波动的幅度，使收缩压不致过高，而舒张期又不致过低。大动脉管壁的弹性在一般短时间内不会发生明显的变化，但到老年，大动脉管壁由于胶原纤维的增生而弹性下降，收缩压明显升高，舒张压下降，因而脉压增大。可见脉压主要反映大动脉血管的弹性，二者呈负相关。

5）循环血量和血管系统容量的比例。形成血压的前提是血管内要有足够的血液充盈，血液充盈的程度可用循环系统平均充盈压表示，即血液停止流动时的血压，它反映了血量和循环系统容量之间的相对关系。循环血量减少或容量血管扩张，都会使循环系统平均充盈压下降，动脉血压降低。机体在正常情况下，循环血量和血管容量是相适应的，血管系统的充盈程度变化不大。但在失血时，循环血量减少，此时如果血管系统容量改变不大，则体循环平均压必然降低，从而使动脉血压降低。

血液沿着大动脉向后流动的过程中，由于不断消耗能量以克服阻力，因此由主动脉到外周动脉的血压由高到低，逐渐下降，其下降的幅度与血流阻力的大小成正比，在血流阻力最大的小动脉和微动脉，血压下降幅度也最大。

（3）动脉脉搏 每个心动周期中，动脉内周期性的压力变化可引起动脉血管发生搏动，称为动脉脉搏。在手术时暴露动脉，可以直接看到动脉的搏动。用手指也可摸到身体浅表部位的动脉搏动，也可用脉搏描记仪记录浅表动脉脉搏的波形，称为脉搏图。检查各种动物脉搏的部位：牛在尾中动脉、颌外动脉、腋动脉或隐动脉；马在颌外动脉、尾中动脉或面横动脉；猪在桡动脉或股动脉；猫和犬在股动脉或胫前动脉。动脉脉搏的波形可因描记方法和部位的不同而有差别，但一般都包括以下几个组成部分（图 4-8）。

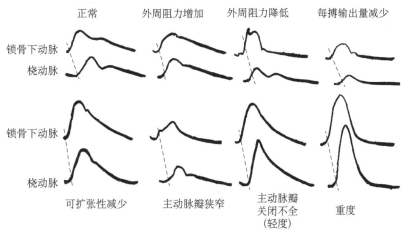

图 4-8 不同情况下锁骨下动脉与桡动脉的脉搏图（朱文玉，2009）

1）上升支。心室快速射血期，动脉血压迅速上升，管壁被扩张，形成脉搏波形中的上升支。

上升支的斜率和幅度受射血速度、心输出量及射血所遇到的阻力的影响。射血遇到的阻力大，射血速度慢，心输出量小，则脉搏波形中上升支的斜率小，幅度也小；反之，则上升支较陡，幅度也较大；大动脉的弹性减小时，缓冲作用减弱，动脉血压的波动幅度增大，脉搏波形中上升支的斜率和幅度也加大。主动脉瓣狭窄时，射血阻力大，脉搏波形中上升支的斜率和幅度都较小。

2）下降支。心室射血的后期，射血速度减慢，进入主动脉的血量少于由主动脉流向外周的血量，扩张的大动脉开始回缩，动脉血压逐渐降低，形成脉搏波形中下降支的前段。随后，心室舒张，动脉血压继续下降，形成下降支的其余部分。在记录主动脉脉搏图时，其下降支上有一个切迹，称为降中峡。降中峡发生在主动脉瓣关闭的瞬间。因为心室舒张时室内压下降，主动脉内的血液向心室方向返流，这一返流使主动脉瓣很快关闭。返流的血液受到闭合的主动脉瓣阻挡，发生一个返折波，使主动脉根部的容积增大，因此在降中峡的后面形成一个短暂、向上的小波，称为降中波。主动脉瓣关闭不全时，心舒期有部分血液倒流入心室，故下降支很陡，降中波不明显或者消失。动脉脉搏波形中下降支的形状可大致反映外周阻力的高低。外周阻力高时，脉搏波降支的下降速率较慢，切迹的位置较高。如果外周阻力较低，则切迹位置较低，切迹以后下降支的坡度小，较为平坦。

2. 静脉血压和静脉回心血量　　静脉在功能上不仅仅作为血液回流入心脏的通道，由于静脉系统容量很大，且静脉血管容易扩张，故其可起到血液储库的作用。静脉血管的舒缩可以有效地调节回心血量和心输出量，使循环功能适应不同生理状态下机体的需要。

（1）静脉血压　　静脉血压受心脏周期性射血的影响较小。微静脉的血压是 $2.00 \sim 2.67$ kPa，小静脉的血压是 $0.93 \sim 1.07$ kPa。由于静脉管壁薄，易扩张，容量大，较小的压力变化就能引起较大的容量改变，因此与动脉相比，在整个静脉系统中血压变化的梯度也很小。右心房作为体循环的终点，血压最低，接近于零。通常把右心房或胸腔内大静脉的血压称为中心静脉压，而把各器官静脉的血压称为外周静脉压。

中心静脉压的高低取决于心脏射血能力和静脉回心血量之间的相互关系。如果心脏功能良好，能及时将回心的血液射入动脉，则中心静脉压较低；反之，心脏射血功能减弱时，回流的血液淤积于右心房和腔静脉中，致使中心静脉压升高。另外，如果回心血量增加或静脉回流速度加快，则会使胸腔大静脉和右心房血液充盈量增加，中心静脉压升高。中心静脉压过低，常表示血量不足或静脉回流受阻。可见，中心静脉压是反映心血管功能的又一指标，测量和分析中心静脉压的变化具有重要的临床意义。在治疗休克时，可通过观察中心静脉压的变化来指导输液：如果中心静脉压低于正常值下限或有下降趋势时，提示循环血量不足，可增加输液量；如果中心静脉压高于正常值上限或有上升趋势时，提示输液过快或心脏射血功能不全，应减慢输液速度和适当使用增强心脏收缩力的药物。

（2）静脉回心血量　　血液在静脉内的流动，主要依赖于静脉与心房之间的压力差。能引起这种压力差发生变化的任何因素都能影响静脉内的血流，从而改变由静脉流回心房的血量，即静脉回心血量。影响静脉回心血量的主要因素有如下几个。

1）心肌收缩力。心肌收缩力越强，心脏射血越多，心舒期末心室内压越低，心房与大静脉血液流回心室的力量就越大。因此，心肌收缩力增强能促进静脉回流。

2）呼吸运动。呼吸运动时胸腔内产生的负压是影响静脉回流的另一个重要因素。由于静脉管壁薄而柔软，吸气时胸腔内的大静脉受到负压牵引而扩张，使静脉容积增大，血压下降，因而对静脉回流起着抽吸作用。同时，吸气时膈肌后移，压迫腹腔内脏血管，使腹腔内静脉血回流加快。

3）骨骼肌的挤压作用。骨骼肌收缩时能挤压附近静脉，使静脉内压力上升，推动血液向心脏方向流动。由于静脉中的瓣膜只能朝着心脏的方向开放，因此骨骼肌舒张时，静脉内的血液不会倒流。这样，骨骼肌的收缩和舒张运动就会像水泵一样，推动静脉内的血液向右心房方向流动。

三、微循环

大部分情况下，血液不断流动循环是为各个组织带去营养物质，带走代谢废物，完成物质交换。除此之外，机体也可以借助血液循环完成体液调节、体温调节等。血液中的物质交换不是发生在动脉和静脉，而是在微循环的迂回通路。微循环是微动脉和微静脉之间的血液循环。

（一）微循环的血流通路

血液流经微循环的通路有三条：迂回通路、直捷通路和动静脉短路。

1. **迂回通路**　是指血液从微动脉经后微动脉、真毛细血管到微静脉的通路，体内分布最广。真毛细血管构成毛细管网，穿行于细胞间隙中，与细胞的距离为 25～50 μm。真毛细血管管壁由单层内皮细胞和基膜所构成，通透性大，此时血流缓慢，是血液和组织液进行物质交换的主要部位，故此通路又称营养通路。

真毛细血管的启闭受后微动脉和毛细血管前括约肌舒缩活动的控制。组织中代谢物积聚时，局部的后微动脉和毛细血管前括约肌舒张，毛细血管开放，代谢物被清除；随后，后微动脉和毛细血管前括约肌收缩，毛细血管关闭，代谢物又积聚，毛细血管又开放，这样毛细血管按每分钟 5～10 次的频率交替启闭，周而复始。如果因某些原因造成真毛细血管大量开放（如中毒性休克出现血管平滑肌麻痹），大量血液滞留在微循环，将会导致循环血量减少，动脉血压下降。安静状态下骨骼肌在同一时间点上只有 20%～35% 的真毛细血管开放，大部分血液则由直捷通路回心。

2. **直捷通路**　是指血液从微动脉经后微动脉、通血毛细血管到微静脉的通路。直捷通路常见于骨骼肌，路径短、血流阻力小，因此血流速度较快。直捷通路经常处于开放状态，其主要功能是使一部分血液能迅速通过微循环进入静脉，促进血液回流，而不是进行物质交换。

3. **动静脉短路**　是指血液从微动脉经动静脉吻合支到微静脉的通路。动静脉短路分布在指、趾、鼻、耳廓等处的皮肤，通常处于关闭状态。当环境温度升高时，动静脉短路大量开放，血流速度快，到达体表的血流量增加，有利于散热，可参与体温调节。

（二）组织液的生成和回流

绝大部分组织液以凝胶形式存在，不能自由流动，只有极小一部分呈液态，可自由流动，因此正常情况下不会因重力作用而流到身体低垂部分。血液和组织液之间进行着频繁的物质交换。根据物质的分子大小和性质不同，血液和组织液之间的物质交换方式有扩散、胞饮和滤过。扩散是血液与组织液之间进行物质交换的主要形式。分子直径小于毛细血管壁孔隙的物质能通过管壁进出毛细血管，脂溶性物质及 O_2、CO_2 等气体可直接通过毛细血管内皮细胞进行扩散。分子直径大于毛细血管壁孔隙的物质可由毛细血管内皮细胞管腔侧的细胞膜以胞饮的方式进入细胞，胞饮发生的概率较小，少量的血浆蛋白可由此方式通过毛细血管。毛细血管内外存在液压和渗透压的差异，水分子可以通过滤过方式从毛细血管内滤出，也可以通过重吸收方式从组织液回流毛细血管。血液与组织液之间通过滤过和重吸收方式进行的物质交换在组织液的生成中起着重要作用。

1. **滤过膜**　迂回通路中的毛细血管壁是血液和组织液之间的滤过膜，其有一定的通透性，可允许体积小于血细胞和血浆蛋白的分子通过，同时血浆蛋白偶尔也会漏出。所以组织液中各种离子成分与血浆相同，也有一些蛋白质，但其浓度明显低于血浆，这是由毛细血管壁的通透性决定的。

2. 有效滤过压　影响毛细血管内外的液压和渗透压的有 4 个因素，其中毛细血管血压、组织液胶体渗透压是促使液体由毛细血管向外滤过的力量；血浆胶体渗透压、组织液静水压则是将液体从血管外重吸收液回毛细血管的力量（图 4-9）。滤过力量与重吸收力量之差，称为有效滤过压（effective filtration pressure，EFP），可用下式表示：

有效滤过压=（毛细血管血压+组织液胶体渗透压）－（血浆胶体渗透压+组织液静水压）

在毛细血管的动脉端，有效滤过压为正值，约为 10 mmHg，血浆中的液体经毛细血管壁滤过到组织间隙，形成组织液。随着血液向后流动，主要由于毛细血管血压的逐渐下降，有效滤过压逐渐下降，中间出现零值，内外流动出现短暂的平衡。随着血液的继续向后流动，有效滤过压出现负值，液体流动的方向出现了翻转，组织液回流到血浆中。在毛细血管的静脉端，有效滤过压约为-8 mmHg。

正常情况下，流经毛细血管的血浆有 0.5%～2%在毛细血管动脉端滤过成为组织液，而 90%的滤过液又在毛细血管静脉端被重吸收回血液，其余的 10%（包括少量白蛋白分子）则进入毛细淋巴管成为淋巴液。由此可知，毛细血管壁的通透性是滤过的前提，有效滤过压的大小决定了滤过的方向。正是血液在流经毛细血管时的扩散、滤过和回流等，才完成了血管内外物质的交换，实现了为组织提供营养和带走代谢废物的功能。

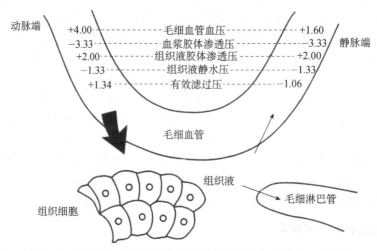

图 4-9　组织液生成与回吸收示意图（柳巨雄和杨焕明，2010）

箭头表示液体流动的方向；数值表示压力（单位为 mmHg）；+表示液体滤出毛细血管的力量；－表示将液体重吸收回毛细血管的力量

（三）影响组织液生成的因素

在正常情况下，组织液生成和回流保持动态平衡，因此血液量和组织液量维持相对稳定。如果这种平衡被打破，组织液生成过多，则形成水肿。能影响有效滤过压、滤过膜、回流的各种因素，都将影响组织液的生成。

1. 有效流体静压　有效流体静压指毛细血管血压与组织液静水压的差值，是促进组织液生成的主要因素。全身或局部的静脉压升高可导致有效流体静压升高，组织液的生成增加。在一些病理状态下，如肉鸡腹水综合征，由于右心衰竭引起静脉回流受阻，可使有效流体静压异常升高，组织液异常增多，导致腹水和水肿。

2. 有效胶体渗透压 有效胶体渗透压指血浆胶体渗透压与组织液胶体渗透压的差值，是抑制组织液生成的主要因素。血浆蛋白生成减少（如慢性、消耗性疾病）或蛋白质排出过多（如肾病）等，导致有效胶体滤过压升高，组织液的生成增加。

3. 毛细血管通透性 毛细血管通透性增大时（如烧伤、过敏反应、局部组织释放组胺等物质），血浆蛋白可进入组织液，血浆胶体渗透压下降，组织液胶体渗透压升高，组织液生成增多，形成组织水肿。

4. 淋巴液回流 淋巴回流受阻（如肿瘤压迫淋巴管）时，组织液在组织间隙内积聚也会导致组织水肿。

（四）淋巴液的生成和回流

淋巴管系统是组织液回流血液的重要辅助系统。毛细淋巴管在组织间隙吻合成网，并逐渐汇合成较大的淋巴管，最后由右淋巴导管和胸导管汇入静脉。

1. 淋巴液的生成和回流 毛细淋巴管的起始端为袋状盲管，管壁由单层内皮细胞构成。相邻内皮细胞间的缝隙较大，边缘相互覆盖呈覆瓦状，形成向管腔内开启的单向活瓣，没有基膜，通透性大于毛细血管壁。组织液中的大分子蛋白质、脂肪滴，甚至细菌都可进入毛细淋巴管，成为淋巴液（lymph fluid）。同时，单向开启的活瓣使淋巴液不能返回组织液（图4-10）。组织液和毛细淋巴管内淋巴液的压力差是组织液进入淋巴管的动力，组织液压力升高能加快淋巴液的生成。毛细淋巴管汇合成集合淋巴管，后者的管壁中有平滑肌，可收缩。淋巴管内也有瓣膜，使淋巴液不会倒流。管壁平滑肌和瓣膜共同构成淋巴管泵，推动淋巴液的流动。淋巴管周围组织的活动，如肌肉收缩、动脉搏动等也都能增加淋巴液的回流量。

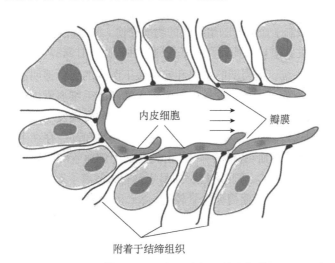

内皮细胞　　瓣膜

附着于结缔组织

图4-10 毛细淋巴管、瓣膜示意图（柳巨雄和杨焕明，2010）

2. 淋巴液回流的生理意义

（1）调节体液平衡 毛细血管滤出的约90%液体在毛细血管的静脉端被重吸收，10%进入毛细淋巴管，再回流入血液。因此，淋巴液是组织液向血液回流的重要辅助系统。

（2）回收组织液中的蛋白质 从毛细血管滤出的血浆蛋白，以及组织细胞分泌或排出的蛋白质分子，只能经淋巴管回收入血。如果这一途径被阻断，这些蛋白质聚积在组织间隙中，使组织液的胶体渗透压上升，引起水肿。

（3）运输肠道吸收的脂肪 小肠吸收脂肪时，80%～90%的脂肪不能进入毛细血管，而是进入小肠绒毛的毛细淋巴管（称为中央乳糜管）间接回流入血，所以小肠的淋巴液呈乳糜状。

（4）防御保护　　组织液中不能被毛细血管重吸收的细菌、红细胞等大分子物质，通过毛细淋巴管进入淋巴循环，在淋巴结内被巨噬细胞吞噬。淋巴结还释放淋巴细胞和单核细胞，参与机体的免疫和防御。

（五）不同组织中迂回通路的差异

血液流经不同器官的真毛细血管时，由于血管内外的物质环境不同、滤过膜的通透性差异等，并不总是表现为简单的血液和组织液的物质交换。

1. 肾毛细血管　　肾有两套毛细血管，一套在肾小球，一套围绕在肾小管周围。肾小球毛细血管壁外面紧贴着肾小囊上皮细胞，其通透性下降，血浆蛋白不能漏出。由于肾小球有效滤过压全程为正值，所以只有滤出，没有回流的情况存在。血液在肾小球毛细血管中流动时，通过滤过作用，血浆中的水分、电解质、葡萄糖等小分子物质被过滤到肾小囊腔中，形成原尿。同时，大分子物质如蛋白质和血细胞则留在血液中。肾小管周围的毛细血管可以重吸收肾小管中的大部分营养物质。血液流经肾之后，其中的部分固体代谢废物得以清除。

2. 肺毛细血管　　肺循环中血液从右心室进入肺动脉，然后通过肺动脉分支到达肺泡毛细血管。肺泡毛细血管是肺循环的重要组成部分，位于肺泡周围。在这里，血液和肺泡腔之间有由毛细血管壁、肺泡壁构成的呼吸膜，只有氧气和二氧化碳才能扩散，实现气体交换，二氧化碳从血液中释放到肺泡中，而氧气则从肺泡进入血液。这个过程使得血液从含氧量低的静脉血转变为富含氧气的动脉血。

3. 血-脑屏障和血-脑脊液屏障　　在脑组织中，毛细血管表面被星状胶质细胞的血管周足包围，构成了血-脑屏障，由毛细血管内皮细胞、基膜和血管周足组成。由于血管周足的存在，血-脑屏障的通透性下降，限制了血液与脑组织间的物质交换。脂溶性物质如 O_2、CO_2、某些药物和乙醇容易通过，而水溶性物质如葡萄糖和氨基酸通透性较高，甘露醇、蔗糖和离子通透性低。

脑脊液存在于脑室系统，脑周围的脑池和蛛网膜下腔内的无色透明液体，主要由脑室脉络丛上皮细胞和室管膜细胞分泌生成，少量由软脑膜血管和脑毛细血管滤过生成。脑脊液的主要功能是在脑、脊髓和颅腔、椎管之间起缓冲作用，防止脑和脊髓发生震荡，具有保护意义，此外还作为脑与血液之间进行物质交换的中介。脑脊液更新率较高，存在生成和吸收入血的循环过程。血液与脑脊液之间存在血-脑脊液屏障，由无孔的毛细血管和脉络丛细胞中运输各种物质的特殊载体系统构成。O_2 和 CO_2 等脂溶性物质易于通过，但离子等大分子物质通透性较低。脑脊液成分与血浆不同，蛋白质和葡萄糖含量较低，Na^+ 和 Mg^{2+} 浓度较高，而 K^+、HCO_3^- 和 Ca^{2+} 浓度较低。

血-脑屏障和血-脑脊液屏障对维持脑内化学环境稳定、防止有害物质侵入具有重要作用。例如，即使血浆中 K^+ 浓度变化脑脊液中 K^+ 浓度也能保持稳定，以保护神经元兴奋性不受血浆 K^+ 浓度变化影响。血-脑屏障的存在也阻止了乙酰胆碱、去甲肾上腺素、多巴胺等物质轻易进入脑内，维持神经元功能稳定。

在脑的表面，脑脊液和脑组织之间为软脑膜所分隔；在脑室系统，脑脊液和脑组织之间为室管膜所分隔。软脑膜和室管膜的通透性都很高，脑脊液中的物质很容易通过它们进入脑组织。临床上可将药物直接注入脑脊液内，使那些不易透过血-脑屏障的药物较快进入脑组织。

4. 消化道毛细血管　　日常活动中，消化道毛细血管负责向胃、肠等消化道细胞提供氧气和营养物质，同时带走代谢废物。在吸收时，消化道内的水分及营养物质可经毛细血管进入到血液中，再经肝门静脉入肝，这个过程使得血液流经消化道特别是小肠时，其中的营养物质得以补充。大部分脂肪的分解产物经过毛细淋巴管吸收，最后汇入血液。

◆ 第四节 心血管功能的调节

在不同的生理状态下，各组织器官的代谢水平不同，对血流量的需要也不同。心血管活动调节的基本生理意义是维持动脉血压相对稳定，并根据不同情况下的需求，对各器官组织之间的血液供应进行调配，以满足各器官组织新陈代谢活动变化的需要。心血管活动的调节可通过神经调节、体液调节和自身调节的方式实现。

一、神经调节

神经系统对心血管活动的调节是通过各种心血管反射活动实现的，其中有关动脉血压短期调节的心血管反射比较常见和典型，现以此为例介绍其反射弧的构成和反射过程。

（一）反射弧的构成

反射弧是反射完成的基础，动脉血压短期调节的反射弧包括感受器、传入神经、反射中枢、传出神经和效应器。

1. **感受器** 心血管系统中，心脏和血管壁内存在许多感觉神经末梢。当管壁受到牵拉或扩张时，这些神经末梢能感受机械牵张的刺激而引起心血管反射，这些神经末梢称为压力感受器，其中最重要的是颈动脉窦和主动脉弓压力感受器（图4-11）。

2. **传入神经** 颈动脉窦压力感受器信号由窦神经汇入舌咽神经后进入延髓，主动脉弓压力感受器信号由主动脉神经（或称减压神经）汇入迷走神经传至延髓孤束核。兔的主动脉神经在颈部自成一束，上传至颅底并入迷走神经干。

3. **反射中枢** 心血管中枢是控制和调节心血管活动有关的神经元集中的部位。心血管中枢的神经元广泛分布于从脊髓到大脑皮层的各个水平，它们具有不同的功能，相互密切联系，使整个心血管系统的活动协调一致，并与机体的活动相适应。

延髓是调控心血管活动最重要的中枢。延髓心血管中枢包括以下4个区域。①缩血管区：位于延髓头端腹外侧部，兴奋时能引起心交感神经和交感缩血管神经的紧张性活动，使血管收缩，血压升高。②舒血管区：位于延髓尾端腹外侧部，兴奋时导致血管扩张，

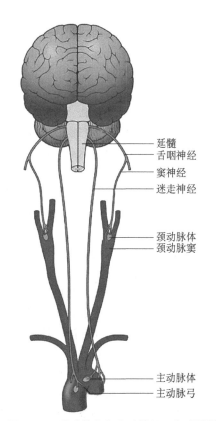

延髓
舌咽神经
窦神经
迷走神经

颈动脉体
颈动脉窦

主动脉体
主动脉弓

图4-11 颈动脉窦和主动脉弓压力感受器
（Hall, 2016）

血压下降。③心抑制区：位于延髓的迷走神经背核和疑核，为心迷走神经元的胞体，是迷走神经紧张性活动的起源部位。④传入神经接替站：即延髓孤束核的神经元，它们接收颈动脉窦、

主动脉弓等传入的信息，整合后通常加强迷走神经活动，而抑制交感神经活动。

延髓以上的脑干部分及下丘脑、小脑和大脑内都有与心血管活动有关的神经元。它们对心血管活动的调节作用较延髓心血管中枢更高级。特别是表现为能根据不同的环境刺激或功能状况对心血管活动和其他功能活动进行复杂的整合，使心血管反应与机体所处状态相互协调，以满足当时机体活动的需要。

4. 传出神经 心肌和血管受自主神经中交感和副交感神经（迷走神经）的双重支配，交感神经兴奋增强心脏的活动，迷走神经兴奋则抑制心脏的活动。

（1）**心脏的神经支配** 心交感神经元位于胸段脊髓，其发出的神经纤维（节前纤维）不直接到达心脏，而是到达颈交感神经节的神经元，后者再发出神经纤维（前后纤维）支配心脏的活动。节前纤维兴奋时其末梢释放乙酰胆碱（ACh），通过化学突触作用于神经节中神经元，使其兴奋产生神经冲动，沿节后纤维传递到末梢，释放去甲肾上腺素，与心肌细胞膜上的 β1 受体结合，通过腺苷酸环化酶（AC）-cAMP 途径激活蛋白激酶 A（PKA），后者可使心肌细胞的许多功能性蛋白磷酸化，从而影响其功能，总体上使心脏活动加强；房室传导速度加快、心率加快、收缩力增加。

心迷走神经的节前神经元位于延髓，节后神经元的胞体位于心内神经节中，节前、节后神经兴奋时，其末梢都释放乙酰胆碱。心迷走神经兴奋时，节后纤维释放的乙酰胆碱与心肌细胞膜上的 M 受体结合，通过 AC-cAMP 途径，降低蛋白激酶 A 的活性，出现与交感神经兴奋相反的效应，总体上使心脏活动减弱：房室传导速度变慢、心率降低、收缩力减弱。

心交感神经和心迷走神经平时都有一定程度的冲动发放，分别称为心交感紧张和心迷走紧张，两者可交互抑制。生理状态下迷走神经对心脏的支配占优势，因此神经系统对心脏的抑制作用较强。

（2）**血管的神经支配** 各类血管壁（除真毛细血管外）都有平滑肌分布，除毛细血管前括约肌的活动受局部代谢产物调控外，其他部位的平滑肌都受自主神经的控制。支配血管平滑肌运动的神经纤维称为血管运动神经纤维，分为缩血管神经纤维和舒血管神经纤维两类。①缩血管神经纤维都是交感神经纤维，因此又称交感缩血管神经纤维，其节后纤维末梢释放的去甲肾上腺素主要与 α 受体结合，引起血管平滑肌收缩。缩血管神经纤维几乎支配所有的血管，但分布的密度不同。一般在皮肤和黏膜的血管分布最密，骨骼肌和内脏的血管次之，心、脑血管上分布最少。在同一器官内，缩血管神经纤维在动脉的分布多于静脉，其中以小动脉和微动脉分布最密。动物体内绝大部分血管只受缩神经纤维的支配，安静状态下缩血管神经纤维有 1~3 Hz 的低频冲动发放，称为交感缩血管紧张。这使血管平滑肌保持一定的收缩状态。②舒血管神经纤维仅分布在机体某些局部的血管，对全身血压的影响较小。骨骼肌的微动脉上，除有交感缩血管神经纤维外，还分布有交感舒血管神经纤维，其末梢释放的乙酰胆碱与 M 受体结合引起血管扩张，使骨骼肌的血流量增多。此类纤维在平时并无紧张性活动，在动物处于应激，准备做剧烈的肌肉运动时才发生兴奋，以适应剧烈运动对血液量的需求。另外，体内少数器官，如脑膜、唾液腺、胃肠道腺体和外生殖器等处的血管平滑肌分布有副交感舒血管神经纤维。其释放的乙酰胆碱与 M 受体结合引起血管扩张。这类舒血管纤维主要调节所支配器官组织的局部血流，而对循环系统总外周阻力的影响很小，因此不参加全身血压的调节。

5. 效应器 心血管反射的效应器为心脏和血管，如上所述，心脏通过搏出量和心率的改变、血管通过收缩和舒张参与调节血压稳定的反射活动。

（二）反射过程和意义

当动脉血压突然升高时，颈动脉窦、主动脉弓压力感受器受到牵拉而兴奋，传入冲动增多，冲动沿传入神经到心血管中枢，最终引起延髓中心抑制区兴奋，迷走神经活动兴奋加强，心交感神经及缩血管神经兴奋减弱，心脏活动减弱，心率减慢，心输出量减少；血管扩张，外周阻力降低，动脉血压下降，趋于正常水平，该反射称为降压反射。反之，当动脉血压突然降低时，通过此反射动脉血压得以回升。这种压力感受性反射是一种负反馈调节机制，它的生理意义在于缓冲血压的急剧变化，维持动脉血压和供血的相对稳定，属于动脉血压的短期调节。

在动脉血压的长期调节中起重要作用的是肾。肾可以通过调节体内细胞外液量对动脉血压进行调节，这种机制称为肾-体液控制机制，它通过监测血压变化来调节肾的排水排钠功能。血压的微小变化就能显著影响肾的排尿量。例如，血压从正常水平升高 1.3 kPa（10 mmHg）时，肾排尿量可能增加数倍，从而降低细胞外液量和血压。在此过程中，血管升压素和肾素-血管紧张素-醛固酮系统等体液调节起着重要的作用。

二、体液调节

体液中某些化学物质可对心脏和血管进行体液调节，有些物质（主要是激素）广泛作用于心血管系统，有些物质则在组织中形成，对局部组织的血管起调节作用。

（一）肾素-血管紧张素-醛固酮系统

肾素-血管紧张素-醛固酮系统（RAAS）是机体重要的体液调节系统。

1. **肾素**　肾素是肾球旁细胞合成、储存和释放的一种蛋白水解酶，可激活血浆中的血管紧张素原。

2. **血管紧张素**　血管紧张素（angiotensin，Ang）是一组肽类物质。由肝合成释放到血液中的血管紧张素原（14 肽）在肾素作用下水解为血管紧张素Ⅰ（Ang Ⅰ，10 肽），Ang Ⅰ可在血管紧张素转换酶的作用下，水解生成血管紧张素Ⅱ（Ang Ⅱ，8 肽），Ang Ⅱ可在氨基肽酶的作用下生成血管紧张素Ⅲ（Ang Ⅲ，7 肽）和血管紧张素Ⅳ（Ang Ⅳ，6 肽）。

血管紧张素中，Ang Ⅱ的作用最强，其作用有：①直接作用于血管平滑肌，使全身微动脉收缩，增加外周阻力；②使动物渴觉增强，饮水增多；③加强交感缩血管神经活动，促进去甲肾上腺素释放；④促进神经垂体释放血管升压素和催产素；⑤增强醛固酮分泌，促进肾对 Na^+ 和水的重吸收，使细胞外液量增多。

3. **醛固酮**　醛固酮由肾上腺皮质合成和释放。醛固酮可促进肾远曲小管和集合管上皮细胞对 Na^+、水的重吸收，增加对 K^+ 的排泄，起"保钠保水排钾"作用。

当体内细胞外液量下降、循环血量不足、动脉血压下降、交感神经兴奋或者血中儿茶酚胺类激素增加时，刺激肾素释放，激活 RAAS 系统，使细胞外液量、循环血量和动脉血压得以恢复正常。

（二）肾上腺素和去甲肾上腺素

肾上腺素（epinephrine，E 或 adrenaline，AD）和去甲肾上腺素（norepinephrine，NE 或 noradrenaline，NA）都属儿茶酚胺类，两者只有一个甲基的差异。血液中肾上腺素占 80%，去甲肾上腺素占 20%。两者主要由肾上腺髓质分泌，少量的去甲肾上腺素由肾上腺素能纤维释放。肾上腺素和去甲肾上腺素对心血管系统的作用相似，但又不完全相同。肾上腺素和去甲肾上腺素都可与心肌细胞膜上的 β 受体结合，产生正性变时、变力和变传导效应，使心脏收缩力量加强，心率加快，心输出量增加。肾上腺素和去甲肾上腺素对不同器官血管平滑肌上的肾上腺素能受体的结合能力不同，两者对血管的效应不同。去甲肾上腺素可使全身血管广泛收缩，外周阻力增加，动脉血压升高；肾上腺素可使皮肤、内脏血管收缩而使肝、骨骼肌血管舒张，在对外周阻力的影响不大的情况下增加心输出量。因此，去甲肾上腺素常用作升压药，而肾上腺素则主要用作强心药。

（三）血管升压素

血管升压素（vasopressin，VP）又称抗利尿激素（antidiuretic hormone，ADH），主要由下丘脑视上核和室旁核的神经元合成，经轴浆运输到神经垂体储存。在血浆渗透压升高、血容量下降（如禁水、失水和失血）时，心房、血管内容量感受器冲动减少，促进血管升压素的释放。生理情况下，血浆中血管升压素的升高，通过增加远曲小管和集合管的通透性，促进水的重吸收，表现为抗利尿作用；只有当血管升压素浓度明显增加时才引起血压升高。但血管升压素可通过对机体细胞外液量、血浆渗透压的调节，参与血压的长期调节。

（四）其他体液因子

1. 血管内皮生成的血管活性物质　包括舒血管物质和缩血管物质，舒血管物质主要有一氧化氮（NO）、前列环素（prostacyclin，PGI_2）和内皮超极化因子等。NO可激活血管平滑肌内的鸟苷酸环化酶，使细胞内cGMP浓度升高，游离Ca^{2+}浓度下降，血管舒张。低氧、5-羟色胺、ATP和乙酰胆碱等均可通过激活相应受体，促进NO的合成和释放，发挥舒血管效应。去甲肾上腺素、血管升压素、血管紧张素Ⅱ等物质也可使内皮释放NO，负反馈抑制这些激素的缩血管效应。PGI_2由内皮细胞内的花生四烯酸经前列环素合成酶催化合成，可引起血管舒张。内皮超极化因子可通过促进Ca^{2+}依赖的钾通道开放，引起血管平滑肌超极化，同样使血管舒张。血管内皮能生成多种缩血管物质，其中的内皮素为21肽，有强大的缩血管作用，对机体几乎所有脏器的血管都有收缩作用，效应持久，可能参与血压的长期调节。

2. 激肽释放酶-激肽系统　激肽释放酶是一类蛋白酶，可使激肽原分解生成激肽。激肽有强烈的舒血管作用，是已知最强的舒血管物质，并使毛细血管的通透性升高。激肽包括缓激肽和赖氨酸缓激肽，后者在氨基肽酶的作用下失去赖氨酸成为缓激肽。

3. 心血管活性多肽　心血管系统中已发现有30多种心血管活性多肽，对心血管活动具有重要的调节作用。①钠尿肽（natriuretic peptide，NP）是一组参与维持机体水盐平衡、血压稳定、心血管及肾等器官功能稳态的多肽物质，心房钠尿肽（atrial natriuretic peptide，ANP）是其中最重要的一种。ANP主要由心房肌合成，可降低血压、利钠、利尿和调节血量。②阿片肽有多种，阿片肽通过血管壁的阿片受体，可使血管平滑肌舒张；也可与交感缩血管神经末梢突触前膜中的阿片受体结合，减少交感缩血管神经递质的释放。脑内的内啡肽可作用于心血管中枢，抑制心交感神经活动，增强心迷走神经活动，降低动脉血压。③尾升压素Ⅱ（urotensin Ⅱ，UⅡ）能持续、高效地收缩血管，尤其是动脉血管，是迄今所知最强的缩血管活性肽。小剂量UⅡ可引起血流阻力轻度降低，心输出量轻度增加；大剂量UⅡ则引起心输出量明显减少。

体液中参与对心肌和平滑肌活动调节的因子还包括免疫细胞因子、脂肪细胞因子、生长因子、胰岛素样生长因子和血管内皮生长因子等。免疫细胞因子如肿瘤坏死因子、白细胞介素、干扰素、趋化因子等，大多以自分泌或旁分泌的方式作用于心血管系统，有扩张血管和增加毛细血管通透性的作用。脂肪细胞因子，如瘦素可剂量依赖地升高血压；脂联素可改善内皮功能，保护心血管系统。生长因子、胰岛素样生长因子可增强心肌收缩力，刺激血管舒张；血管内皮生长因子能促进血管扩张和增加毛细血管的通透性。此外，胰岛素对心脏有直接的正性变力作用，胰高血糖素对心脏有正性变力与变时作用，甲状腺激素能增强心室肌的收缩和舒张功能、加快心率、增加心输出量和心脏做功量等。

由此可见，体液调节与神经调节相互影响、相互辅助，构成复杂的网络调节体系，可对心血管功能进行全身性调节和局部精准调节。

三、自身调节

1. 代谢性自身调节　　指局部组织中由于氧分压下降、代谢产物积聚所引发的对器官或局部血流量的调节。组织代谢活动增强，O_2 消耗增加导致局部缺氧，代谢产物 CO_2、H^+ 等积聚增多，使局部微动脉和毛细血管前括约肌舒张，局部血流量增加，带来 O_2，带走代谢产物。

2. 肌源性自身调节　　许多血管平滑肌自身都保持一定的紧张性收缩的特性，称为肌源性活动。血管平滑肌受牵拉时，肌源性活动会加强。因此，当供应某一器官的血液灌注压突然升高时，平滑肌收缩也加强。血管的收缩使血流量不致因灌注压的升高而增加。相反，当血液灌注压突然下降时，血管平滑肌肌源性活动减弱，血管舒张，使血流量仍保持相对稳定。这种情况在肾血管特别明显。因此，肌源性自身调节的意义在于保证器官血流量的相对稳定。

◆ 第五节　器　官　循　环

一、冠脉循环

心脏自身的血液循环由冠状血管承担，称为冠脉循环（coronary circulation）。心肌的血液供应来自主动脉之上的左、右冠状动脉。冠状动脉的主干行走于心脏表面，其分支常垂直于心脏表面穿入心肌中，并在心内膜下进一步分支成网。这种分支特征使冠状血管在心肌收缩时容易受到挤压。冠脉血流经毛细血管和静脉回流入右心房。

心肌的毛细血管网分布极为丰富，毛细血管与心肌纤维数量相当。在每平方毫米的心肌横截面上就有 2500～3000 根毛细血管（相应的骨骼肌中密度为 300～400 根）。这种特点使心肌和冠脉血流之间的物质交换可迅速完成。当机体活动增强，冠脉达到最大舒张状态时，每 100 g 心肌供血可达 300～400 mL/min。

动脉舒张压（由外周阻力决定）的高低和心舒期的长短（由心率决定，心舒促灌）是影响冠脉血流量的重要因素。对冠脉血流量进行调节的各种因素中，最重要的是心肌本身的代谢水平。心缩能量几乎只靠有氧代谢，每 100 g 心肌耗氧量为 7～9 mL/min。心肌细胞摄氧能力强，动脉血中 65%～75% 的氧气被利用，但从另一个侧面看即摄氧潜力较小，只有靠增大血流量满足其代谢增强的需要。事实上，代谢增强，引起腺苷增多，可使冠脉舒张。

二、肺循环

肺的血液供应有两条，呼吸性小支气管以上的呼吸道由体循环的支气管动脉供血，是支气管和肺的营养血管；呼吸性小支气管以下由肺循环供血，主司气体交换功能。二者之间末梢有吻合支沟通，可有 1%～2% 的静脉血从体循环进入肺静脉和左心房，掺入主动脉血。肺动脉及其分支较粗短，管壁较主动脉及其分支薄（相当于主动脉管壁的 1/3），可扩张性大，肺循环的全部血管都在胸腔内，处于负压环境，因此阻力小、血压低。心脏收缩时，肺动脉压与右心室一致，为 20.46 kPa（154 mmHg）；舒张时，肺动脉压 7.44 kPa（56 mmHg），右心室压为 0～0.93 kPa（0～7 mmHg），肺毛细血管血压为 6.51 kPa（49 mmHg），血浆胶体渗透压为 23.25 kPa（175 mmHg），组织液生成的有效滤过压为负值，因此肺组织比较"干燥"。

肺的血容量约为 450 mL，约占全身血量的 9%，用力呼气时只有 200 mL，深吸气时可达 1000 mL。吸气开始动脉血压下降，吸气的后半期降到最低，然后回升，呼气相后半期达最高点再下降。肺循环可以作为贮血库，机体失血时，可转至体循环。

肺循环血容量的调节：刺激交感神经，直接作用是引起肺部血管收缩，血流阻力增大；但在整体情况下，体循环血管收缩，将使肺循环血量增大。刺激迷走神经，或给予乙酰胆碱，都能使肺部血管舒张。肺泡气氧分压降低，CO_2 升高时，会引起肺部局部微动脉收缩。

三、脑循环

脑的血液供应来自颈内动脉和椎动脉，脑循环的特点如下。

1. 血流量大　　安静状态下，每 100 g 脑组织的血流量为 50～60 mL/min，脑循环总血流量约为 750 mL/min，约占心输出量的 15%；而脑的重量仅约占体重的 2%。脑组织代谢水平高，能量消耗几乎全部来源于糖的有氧氧化，故耗氧量很大。安静时每 100 g 脑组织耗氧 3～3.5 mL/min，脑的总耗氧量约为 50 mL/min，约占全身总耗氧量的 20%。脑组织对缺血和缺氧的耐受性较低，每 100 g 脑组织血流量低于 40 mL/min 时，就会出现脑缺血症状；正常体温条件下，脑血流量完全中断 5～10 s 即可导致意识丧失，中断 5～6 min 或以上将产生不可逆的脑损伤。

2. 血流量变化小　　脑位于容积固定的骨性颅腔内，而充满颅腔的脑、脑血管及血液、脑脊液都是不可压缩的，因而脑血管的舒缩活动受到很大限制，脑血流量的变动范围也较小。动物发生惊厥时，脑中枢强烈兴奋，脑血流量仅增加约 50%，而心肌和骨骼肌活动加强时，血流量可分别增加 4～5 倍和 15～20 倍。脑组织主要依靠提高脑循环的血流速度增加血液供应。

？ 思考题

1. 与神经细胞或骨骼肌细胞相比，普通心肌细胞的动作电位有何特征？产生的离子机制是什么？
2. 浦肯野细胞和窦房结细胞的动作电位有何特征？产生的离子机制是什么？
3. 试分析心肌的生理特性与其生物电特点的相关性。
4. 心脏收缩有何特点？有何生理意义？与其生理特性有何相关性？
5. 微循环的通路有哪几条？有何特点？
6. 组织液是如何形成的？影响组织液的因素有哪些？
7. 简述血压短期调节的压力感受性反射的反射弧构成和反射过程。

（蔡德敏）

引 言

呼和吸，是先有呼，还是先有吸？呼和吸就像心跳那样有着一定的节律，为什么我们不能有意识地控制心跳，但能在一定情况下加大、加深或者屏住呼吸？为什么最近大流行的疾病如严重急性呼吸综合征（SARS）或者新型冠状病毒感染都是和呼吸系统有关？为了找到这些问题的答案，让我们开始本章的学习吧……

内容提要

呼吸是指机体与外界环境之间进行气体交换的过程，包括外呼吸、气体运输和内呼吸三个环节。通过呼吸，机体组织获得氧气，排出二氧化碳，维持新陈代谢活动。外呼吸包括肺通气和肺换气，肺通气就是我们平常所指的呼气和吸气。借助血液循环系统进行的气体运输使外呼吸和内呼吸联系在了一起。呼吸运动分为自主运动和随意运动，两者主要受神经系统的控制，调节呼吸运动的频率和深度，满足机体的需要。

◆ 第一节 概 述

呼吸是指机体与外界环境之间进行气体交换的过程。机体细胞在新陈代谢过程中不断地消耗 O_2 产生 CO_2。呼吸的生理意义是及时排出新陈代谢产生的 CO_2，补给消耗的 O_2，使机体新陈代谢和其他生命活动能够正常进行。

一、呼吸器官及其功能

呼吸器官由呼吸道和肺组成，呼吸道是连通肺与外界环境的通道，肺是气体交换的场所。

（一）呼吸道

呼吸道是气体进出肺的通道，包括鼻腔、咽、喉、气管、支气管、细支气管和终末细支气管。鼻腔、咽、喉等称为上呼吸道，支气管及其在肺内的分支称为下呼吸道。下呼吸道以下的呼吸性细支气管、肺泡管、肺泡囊和肺泡都能进行气体交换，是肺换气的部位。

呼吸道黏膜具有丰富的毛细血管，能够分泌黏液，对吸入的空气有加温、加湿等作用，另外黏膜可黏着吸入的尘粒异物，通过黏膜上的纤毛摆动将异物送至咽喉部，再通过咳出或吞咽排出呼吸道，保证吸入空气的洁净。呼吸道黏膜上有各种感受器，能够感受刺激性或有害气体及异物的刺激，通过咳嗽、打喷嚏等反射保护机体。黏膜分泌物中还有许多免疫球蛋白，可防止细菌的感染和维持黏膜解剖构造的完整性。

气管及其分支的管壁由平滑肌纤维组成，受交感神经和副交感神经（迷走神经）的双重支配。迷走神经节后神经纤维释放的神经递质是乙酰胆碱，它与 M 型胆碱能受体结合，引起平滑肌收缩，增加呼吸道阻力。交感神经节后神经纤维释放的神经递质是去甲肾上腺素，它与 β_2 型肾上腺素能受体结合，引起平滑肌舒张，减少呼吸道阻力。这样，机体通过植物性神经调节气管及其分支的收缩和舒张，进而调节气流阻力和气流量。

（二）肺

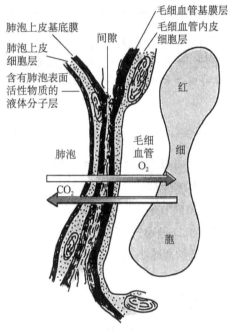

图 5-1　呼吸膜结构示意图

肺是具有丰富弹性组织的气囊，由许多肺泡组成。肺泡是气体交换的主要场所。肺泡上皮中绝大部分是扁平上皮细胞，还有少量分泌上皮细胞，能够合成和分泌表面活性物质，覆盖在肺泡内液体表面。肺泡与肺毛细血管之间的结构称为呼吸膜，由 6 层结构组成，包括含有肺泡表面活性物质的液体分子层、肺泡上皮细胞层、肺泡上皮基底膜、肺泡与毛细血管之间的间隙、毛细血管基膜层和毛细血管内皮细胞层（图 5-1）。呼吸膜的总厚度不足 1 μm，有些地方的厚度仅有 0.2 μm，利于气体交换。

肺泡表面活性物质的主要成分是二棕榈酰卵磷脂，以单层分子垂直排列于肺泡液体层，其分子的一端是非极性疏水的脂肪酸，不溶于水，另一端具有极性，易溶于水。肺泡液体层形成的表面张力和肺的弹性回缩力构成了肺的回缩力。肺泡表面活性物质的作用是调节肺泡表面张力，具体生理意义如下。①维持肺泡容积相对稳定，较小的肺泡中表面活性物质的密度大，其降低表面张力的作用强，肺回缩力小，防止小肺泡塌陷；大肺泡内表面活性物质稀疏，其降低表面张力的作用弱，肺回缩力大，使肺泡不致过度膨胀，这样就保持了大小肺泡的稳定性，有利于气体在肺内较为均匀地分布。②减弱表面张力对肺毛细血管中液体的吸引作用，防止组织液渗入肺泡，避免肺水肿发生。③降低吸气阻力，保持肺的顺应性，减少吸气做功。

二、呼吸的过程

哺乳动物的呼吸过程包括 3 个环节：外呼吸、气体运输和内呼吸。外呼吸又称肺呼吸，是指肺毛细血管血液与外界空气之间的气体交换过程，分为肺通气和肺换气。肺通气是指肺泡气体通过呼吸道与外界空气的气体交换过程，肺换气是指肺泡气体通过呼吸膜与肺毛细血管血液的气体交换过程。气体运输是指通过血液循环，将肺泡摄取的 O_2 运送到全身毛细血管，同时把组织细胞代谢过程中产生的 CO_2 运回到肺毛细血管的过程，牵涉到肺循环和体循环。内呼吸又称组织呼吸或组织换气，指的是组织细胞先通过细胞膜和组织液进行气体交换，然后组织液通过毛细血管壁与血液进行气体交换的过程。

◆ 第二节 肺 通 气

一、肺通气的动力

肺通气是气体通过呼吸道进出肺的过程，即平常所说的呼气和吸气。气体进出肺主要依赖于肺泡与外界环境之间的压力差。由于外界环境的大气压较为稳定，因此两者的压力差主要由肺内压的改变形成。因为肺不具备自主扩张和缩小的能力，所以机体通过呼吸肌的收缩和舒张带动胸廓运动，引起肺的扩大和缩小，降低和升高肺内压，形成肺内压和大气压之间的气体压力差，实现肺通气。

（一）呼吸运动

呼吸运动是指呼吸肌的收缩和舒张引起胸廓节律性的扩大和缩小的过程。胸廓扩大称为吸气运动，胸廓缩小称为呼气运动。呼吸运动主要有两种类型，即平静呼吸和用力呼吸。平静呼吸是指安静状态下的呼吸，主要由肋间外肌和膈肌的收缩和舒张引起，其主要特点是呼吸运动较为均衡。平静呼吸时，一旦吸气结束，就自主转变为呼气。因此，平静呼吸时吸气是主动的，呼气是被动的。用力呼吸时，除肋间外肌和膈肌收缩加强之外，其他辅助吸气肌也参与收缩，使胸廓和肺容积进一步扩大，吸气量增加；同时呼气肌收缩，使胸廓和肺容积尽量缩小，呼气量同样增加。因此，用力呼吸时吸气和呼气都是主动过程。

1. **吸气运动** 平静呼吸时，主要的吸气肌是肋间外肌和膈肌。肋间外肌起始于前一个肋骨的后缘，肌纤维由前上方斜向后下方，止于后一个肋骨的前缘。肋骨的椎骨端与椎骨形成关节，胸骨端由肋软骨与胸骨相连。当肋间外肌收缩时，牵拉后一个肋骨向前移动和向外延展，同时胸骨向下移动，使得胸腔的横径和上下部增大。膈肌位于胸腔和腹腔之间，收缩时膈肌后移，使胸腔的纵向直径增大。由此当肋间外肌和膈肌同时收缩时，胸廓扩大、肺随之扩张，肺容积增大，肺内压小于大气压，空气经呼吸道进入肺内，形成吸气（图 5-2）。

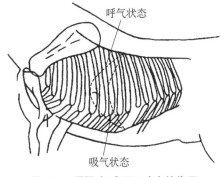

图 5-2 膈肌在呼吸运动中的位置

动物在患某些疾病或紧张、使役时，可引起呼吸困难或呼吸加强，同时，除膈肌和肋间外肌收缩增强外，吸气上锯肌、斜角肌和提肋肌等也发生收缩活动，使吸气动作显著增强。

2. **呼气运动** 平静呼气时，主要是肋间外肌和膈肌舒张，肋骨、胸骨和膈肌恢复原位，返回到吸气开始前的位置，胸廓缩小，肺随之收缩，肺内压升高，当其大于大气压时，肺内气体经呼吸道排出体外，形成呼气。用力呼吸时，主要的呼气肌是肋间内肌和腹壁肌。肋间内肌起始于后一个肋骨的前缘，肌纤维由后上方斜向前下方，止于前一个肋骨的后缘。肋间内肌收缩，使胸腔的横径和上下直径同时都缩小，进而使得胸腔缩小，产生呼气。当腹壁肌收缩时，压迫腹腔内器官，推动膈肌前移，使得胸腔的纵径缩小，导致胸腔进一步缩小，协助呼气。

（二）呼吸类型、频率和呼吸音

呼吸的类型有：①胸式呼吸，指以肋间外肌收缩和舒张为主的呼吸，主要特点是胸部起伏明显。当母畜妊娠后期、反刍动物瘤胃臌气或积食、腹部有痈肿和腹水时，膈肌的活动受到限制，呼吸主要靠肋间外肌的活动来完成。②腹式呼吸，指以膈肌收缩和舒张为主的呼吸运动，主要特点是腹部起伏明显。当动物患胸膜炎或肋骨骨折时，此时肋间外肌的活动受到限制，呼吸主要靠膈肌的活动来完成。③胸腹式呼吸，指肋间外肌和膈肌都参与的呼吸运动，主要特点表现为胸腹部有起伏，是健康家畜的呼吸方式。

动物在安静状态下每分钟的呼吸次数称为呼吸频率。呼吸频率因动物种类、年龄、气温、海拔、新陈代谢强度及疾病等因素的影响而发生变化。例如，幼龄动物的呼吸频率比成年动物的要高；高产奶牛的呼吸频率高于低产奶牛；患有疾病（如肺水肿）动物的呼吸频率比健康动物高 4～5 倍。各种动物正常的呼吸频率见表 5-1。

表 5-1　各种动物的呼吸频率　　　　　　　　　　　　（单位：次/min）

动物	呼吸频率	动物	呼吸频率
牛	10～30	犬	10～30
绵羊	12～24	猫	10～25
山羊	10～20	鸡	15～30
猪	15～24	家兔	50～60
马	8～16	鹿	8～16

支气管肺泡音是肺泡呼吸音和支气管呼吸音混合在一起产生的一种不定性呼吸音。在炎症、肿胀、炎性分泌物渗出、呼吸道狭窄和肺泡破裂等肺部病变时，支气管肺泡音会出现异常变化，进而辅助临床诊断。

（三）肺内压和胸膜腔内压

1. **肺内压**　　呼吸过程中，肺内压随胸腔容积的变化而改变，呈现周期性变化。在平静吸气初始，随着肋间外肌和膈肌收缩，胸腔容积增大，肺内压下降，并且低于大气压，如将大气压规定为生理学的 0 值，此时肺内压为负值，外界空气被吸入肺泡。随着肺内气体的增多，肺内压逐渐升高。在吸气末，肺内压与大气压相等时，气体流动就会停止。在平静呼气初始，随着肋间外肌和膈肌舒张，胸腔容积减小，肺内压升高并超过大气压，此时的肺内压为正值，气体由肺内排出。随着肺内气体的减少，肺内压逐渐降低，在呼气末，肺内压与大气压相等时，气体流动也随之停止，随之是下一个呼吸周期的吸气（图 5-3）。

2. **胸膜腔内压**　　胸膜腔内压通常是指胸膜腔内的压力。在肺与胸廓之间存在一个封闭的胸膜腔，由紧贴于肺表面的胸膜脏层和紧贴于胸廓内壁的胸膜壁层构成。胸膜腔内没有气体，只有一薄层浆液。浆液的主要作用是：①在两层胸膜之间起润滑作用，减小呼吸运动时两层胸膜互相滑动时的摩擦阻力；②浆液分子之间的内聚力可使两层胸膜贴附在一起。因此，呼吸过程中原本不具有主动舒缩能力的肺能够随胸腔容积的变化而舒张和收缩。

胸膜腔内压的检测分为直接法和间接法。直接法是将与检压计相连接的针头刺入胸膜腔内，直接测定胸膜腔内压，其缺点是有刺破胸膜脏层和肺的风险。间接法是以测定胸腔段食管的内压来代替胸内压，由于处于胸腔深处的食管在平时是关闭的，其内压与胸内压接近，因此可用胸腔段食管内压的变化间接反映胸内压的变化。但是反刍动物例外，由于其具有反刍活动的现象，反刍时食管发生强烈的逆蠕动，这时食管内压力很高。

吸气时肋间外肌收缩，牵拉胸壁向外扩张，肺的被动扩张具有滞后性，胸膜腔体积出现增大趋势，所以吸气期间，胸膜腔内压整体呈下降趋势；同理，呼气时肋间外肌舒张，压迫胸壁向内

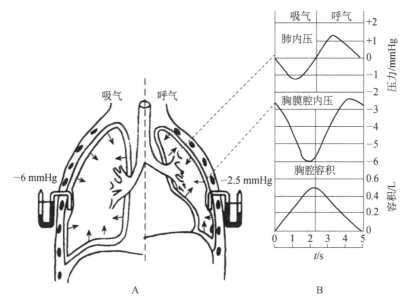

图 5-3 肺内压、胸膜腔内压、胸腔容积的变化图

挤压，胸膜腔体积出现减小趋势，所以呼气期间，胸膜腔内压整体呈上升趋势。但无论是吸气还是呼气过程，胸膜腔内压始终低于大气压，称为胸膜腔负压，通常情况下以负值表示。

3. 胸膜腔负压的生理意义 胸膜腔负压的生理意义有：①使肺处于持续性扩张状态，有利于持续性的气体交换。胸膜腔负压使肺在呼气时不致因肺的回缩力而使肺完全塌陷，只是吸气时肺泡扩张程度增大，呼气时肺扩张程度减小，即肺内总保留一部分气体，虽然呼吸是间断性的，但肺换气是持续性的。②使胸腔的大静脉血管处于持续性扩张状态，可降低中心静脉压，特别是在深吸气时，胸膜腔内压更低，有利于静脉血液回流。③使胸腔的大淋巴管处于持续性扩张状态，有助于淋巴液的回流。④使胸部食管处于持续性扩张状态，有利于反刍时的逆呕，也有利于呕吐反射。

胸膜腔是胸腔内两个相互独立的密闭性腔，这是胸膜腔负压形成的前提。如果胸膜腔与大气相通（如外伤或疾病时），空气将进入胸膜腔，胸膜腔负压随即消失，胸膜的壁层和脏层彼此分开。肺因弹性回缩力而塌陷，尽管呼吸运动仍在进行，但肺却减小或失去了随胸廓运动的能力，从而影响肺通气的功能，形成气胸。严重的气胸不仅影响呼吸功能，还影响到循环功能，使胸腔大静脉血液和淋巴液回流受阻，严重时可危及生命。

二、肺通气的阻力

肺通气的动力需要克服肺通气的阻力才能实现肺通气。肺通气的阻力有两种：弹性阻力（包括肺和胸廓的弹性阻力，约占总阻力的 70%）和非弹性阻力（包括气道阻力、惯性阻力和组织的黏滞阻力，约占总阻力的 30%）。

（一）弹性阻力

弹性组织在外力作用下变形时，产生对抗变形和弹性回位的作用，称为弹性阻力。在同等大小的外力作用下，弹性阻力大者，变形程度小；弹性阻力小者，变形程度大。一般用顺应性来衡量弹性阻力。顺应性是指在外力作用下，弹性组织的可扩张性。容易扩张者，顺应性大，弹性阻力小；不易扩张者，顺应性小，弹性阻力大。

1. **肺的弹性阻力**　　肺的弹性阻力来自肺组织本身的弹性回缩力和肺泡液体层的表面张力产生的回缩力，这两者构成了吸气的弹性阻力。从细支气管到肺泡，管壁固有膜上都有纵行排列的弹性纤维和胶原纤维，因此肺有弹性。当肺扩张吸气时，由牵拉所产生的弹性回缩力，其方向总是与肺扩张方向相反，成为吸气的阻力。吸气时，肺扩张越大，所引起的牵拉程度也越大，弹性回缩力形成的阻力越大，反之则小。分布于肺泡内侧表面的液体层，由于液体分子间的相互吸引，在液-气界面产生表面张力，作用于肺泡壁，驱使肺泡回缩，同样构成吸气时的弹性阻力，但可通过肺表面活性物质调节大小。

2. **胸廓的弹性阻力**　　胸廓的弹性阻力来自胸廓的弹性回缩力。但此阻力并非一直存在，当胸廓处在自然位置时（肺容量约为肺总量的69%），胸廓的弹性组织既未受到牵拉，也未受到挤压，所以不表现弹性回缩力。呼气末时，胸廓的体积小于自然位置，弹性回缩力向外，所以在随后吸气的前半段（吸气到胸廓自然位置的阶段），胸廓的弹性回缩力表现为吸气的动力，而在吸气的后半段（胸廓自然位置到吸气末），胸廓的弹性回缩力向内，表现为吸气的阻力；同理推出，呼气的前半段，胸廓的弹性回缩力表现为动力，呼气的后半段，胸廓的弹性回缩力表现为阻力。

（二）非弹性阻力

非弹性阻力包括气道阻力、惯性阻力和黏滞阻力。气道阻力来自气体流经呼吸道时气体分子与气道壁之间的摩擦，是非弹性阻力的主要组成部分，占80%～90%。气道阻力受气流速度、气流形式和管径大小的影响。大气道（气道直径>2 mm）特别是支气管以上的气道由于总截面积小，气流速度快，阻力大，且弯曲，容易形成湍流，是产生气道阻力的主要部位。惯性阻力是气流在发动、变速、换向时因气流和组织的惯性所产生的阻力。平静呼吸时，呼吸频率低、气流流速慢，惯性阻力小，可忽略不计。黏滞阻力来自呼吸时组织相对位移所发生的摩擦。

三、肺通气功能的评价

肺通气过程受呼吸肌的收缩活动、肺和胸廓的弹性特征及气道阻力等多种因素的影响，当肺出现功能障碍时可导致肺通气不足，可分为阻塞性通气不足和限制性通气不足。前者是气道口径减小或呼吸道阻塞而使肺通气不足，如支气管平滑肌痉挛、气道内异物、气管和支气管等黏膜腺体分泌过多等；后者是肺的扩张受限而使肺通气不足，如呼吸肌麻痹、肺和胸廓的弹性发生变化及气胸等。通过对肺通气功能的测定，可以明确肺通气功能发生障碍的程度，鉴别肺通气功能降低的类型。

（一）肺容积

肺容积是指不同状态下肺容纳的气体量，包括潮气量、补吸气量、补呼气量和余气量等（图5-4）。

1. **潮气量**　　平静呼吸时每次吸入或呼出的气体量为潮气量。马约为6 L；奶牛躺卧时为3.1 L，站立时为3.8 L；山羊为0.3 L；绵羊为0.26 L；猪为0.3～0.5 L。使役或运动时，潮气量增多。潮气量的大小取决于呼吸肌收缩的强度、胸廓和肺的机械特性及机体的代谢水平。

2. **补吸气量**　　平静吸气末，再尽力吸气，所能吸入的气体量为补吸气量或吸气储备量。马约为12 L。潮气量与补吸气量之和称深吸气量，是衡量动物最大通气潜力的一个重要指标。胸廓、胸膜、肺组织和呼吸肌等的病变，可使深吸气量减少而降低最大通气潜力。

3. **补呼气量**　　平静呼气末，再尽力呼气所能呼出的气体量为补呼气量或呼气储备量。马的补呼气量约为12 L。

4. **余气量**　　最大呼气末，尚存留于肺中不能呼出的气体量为余气量或残气量。

（二）肺容量

肺容量是指肺容积中两项或两项以上的联合气体量（图 5-4）。

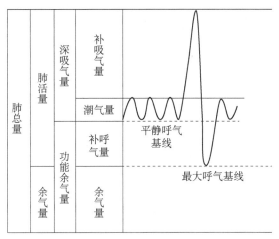

图 5-4 肺容量

1. **深吸气量** 平静呼气末尽力吸气，所能吸入的气体量为深吸气量，为潮气量和补吸气量之和，是衡量最大通气潜力的一个重要指标。胸廓、胸膜、肺和呼吸肌等病变可使深吸气量降低。

2. **功能余气量** 平静呼气末，尚存留于肺内的气体量为功能余气量，是余气量和补呼气量之和。功能余气量的生理意义是缓冲呼吸过程中肺泡氧气和二氧化碳分压（P_{O_2} 和 P_{CO_2}）的过度变化。由于功能余气量的稀释作用，吸气时，肺内 P_{O_2} 不致突然升得太高，或使 P_{CO_2} 降得太低；呼气时，肺内 P_{O_2} 则不会降得太低，P_{CO_2} 不致升得太高。这样，肺内和动脉血液的 P_{O_2} 和 P_{CO_2}，就不会随呼吸而发生大幅度的波动，以利于气体交换。另外，功能余气量能影响平静呼气基线的位置，也反映胸廓与肺组织弹性的平衡关系。如肺气肿时，肺弹性回缩力降低，功能余气量增加，平静呼气基线上移；肺纤维化，功能余气量减少，平静呼气基线下移。

3. **肺活量** 最大吸气后，再尽力呼气，从肺内所能呼出的最大气体量称为肺活量，是潮气量、补吸气量和补呼气量之和。肺活量反映了一次通气的最大能力，在一定程度上可作为肺通气功能的指标。但由于测定肺活量时不限制呼气的时间，因此不能充分反映肺组织的弹性状态和气道的通畅程度，即通气功能的好坏。

4. **肺总量** 肺所能容纳的最大气量为肺总量，是肺活量和余气量之和，也是深吸气量和功能余气量之和，以及 4 个肺容积指标之和。

（三）肺通气量和肺泡通气量

1. **肺通气量** 每分钟吸入肺内或从肺呼出的气体总量，称为肺通气量，即每分通气量，数值为潮气量与呼吸频率的乘积。肺通气量受两个因素影响；一是呼吸的频率；二是呼吸的深度。正常情况下，肺通气量的大小与动物的活动状态密切相关。活动增强时呼吸频率和深度都增加，肺通气量相应增大。例如，安静时马肺通气量为 35～45 L，负重时为 150～200 L，挽拽时为 300～450 L。尽力做深快呼吸时，肺每分钟能吸入或呼出的最大气体量称为肺最大通气量，为单位时间内呼吸器官发挥最大潜力后所能达到的通气量，反映了肺活量的大小、胸廓和肺组织是否健全及呼吸道通畅与否等情况。健康动物的肺最大通气量可比平静呼吸时肺通气量大 10 倍。

2. **肺泡通气量** 每次吸入的新鲜空气并不全部进入肺泡，吸气末段有一部分空气停留在从鼻腔到终末细支气管这一段呼吸道内,吸气转化为呼气时从呼吸道排出,此部分气体不能与血液进行气体交换。从鼻腔到终末细支气管这一段呼吸道称为解剖无效腔或死腔。进入肺泡内的气体,也可能由于血液在肺内分布不均而未能与血液进行气体交换,这部分肺泡容量称肺泡无效腔。解剖无效腔和肺泡无效腔合称生理无效腔。由于无效腔的存在,肺通气量并不代表每分钟肺内气体交换或更新的量,临床上常用肺泡通气量来表示。肺泡通气量为每分钟吸入肺并能与血液进行气体交换的新鲜空气量,即有效通气量,其值等于(潮气量−生理无效腔)×呼吸频率,健康的动物肺泡无效腔接近于0,因此可粗略地按下式计算:

$$肺泡通气量=(潮气量−解剖无效腔气量)×呼吸频率$$

无效腔气体增大(如支气管扩张)或功能余气量增大(如肺气肿)均使肺泡气体更新效率降低。潮气量和呼吸频率的变化对肺通气和肺泡通气量影响不同。在潮气量减半和呼吸频率加倍,或潮气量加倍而呼吸频率减半时,肺通气量保持不变,但是肺泡通气量却发生明显的变化。所以,在一定范围内,深而慢的呼吸可使肺泡通气量增大,肺泡气更新率加大,有利于气体交换(表5-2)。

表5-2 不同呼吸频率和潮气量时的肺通气量和肺泡通气量

呼吸特点	呼吸频率/(次/min)	潮气量/mL	肺通气量/(mL/min)	肺泡通气量/(mL/min)
平静呼吸	16	500	8000	5600
深慢呼吸	8	1000	8000	6800
浅快呼吸	32	250	8000	3200

四、人工呼吸

呼吸运动中,肺内压的周期性交替升降,造成肺内压和大气压之间的压力差,这一压力差成为气体进出肺的直接动力。根据这一原理,一旦呼吸停止,可用人为的方法改变肺内压,建立肺内压和大气压之间的压力差来维持肺通气,这便是人工呼吸的原理。根据产生压力差的方式不同,人工呼吸又可分为正压人工呼吸和负压人工呼吸。通常在呼吸停止时,肺内压等于大气压,正压人工呼吸通过在患者口鼻处施加一个大于肺内压的压力(即正压),使气体压入肺内,随后解除正压,释放出压入气体完成呼吸过程。呼吸机及经典的口对口人工呼吸法都是正压人工呼吸。负压人工呼吸则是通过外力等方式使患者肺内压力降低到大气压以下(即负压)形成压力差,让气体流入肺的人工呼吸方式。由于负压人工呼吸产生的通气量比较小,经典的仰卧压胸人工呼吸、俯卧压背人工呼吸法均是负压人工呼吸。

◆ 第三节 气 体 交 换

气体交换包括肺换气和组织换气,即肺泡与其周围毛细血管之间、血液与组织液之间的气体交换。肺换气和组织换气除发生的部位不同外,气体跨过的半透膜和气体存在的状态也有差异,前者是气相中的气体通过呼吸膜与液相中气体的交换,后者是两侧液相中的气体通过毛细血管壁进行的气体交换。

一、气体交换的原理

气体交换是外在表现,本质是O_2和CO_2各自独立的、不同方向的单纯扩散,两者各自的气体分压差是扩散的动力。通常将单位时间内气体扩散的体积称为气体扩散速率，其值受多种因素的影响，如气体的分压差、相对分子质量、溶解度、扩散面积、扩散距离和温度等。气体分压是指混合气体中某种气体所产生的压力。混合气体的总压力等于各气体分压之和，在温度一定的条件下，某种气体的分压取决于其在混合气体中的浓度，即该气体在混合气体中所占体积的百分比。在大气压已知的情况下，根据某种气体在空气中的体积百分比可计算出其分压。例如，海平面的大气压平均值为 101.325 kPa，氧的体积百分比为 20.71%，所以氧的分压为 20.98 kPa。气体在液体中的溶解度与气体的分压成正比，同时和不同气体、液体的理化性质有关。气体在液体中的溶解度一般以标准气压下（101.325 kPa），38℃时 100 mL 液体中溶解气体的毫升数来表示。在允许气体透过的半透膜两侧，气体分子可从分压高的一侧向低的一侧扩散，直至两侧分压相等，达到动态平衡为止。根据气体扩散规律，气体分子扩散速率与气体分压差、溶解度、温度、扩散面积成正比，而与扩散距离、分子质量平方根成反比。CO_2 在血浆中的溶解度约为 O_2 的 24 倍（表 5-3），CO_2 与 O_2 相对分子质量的平方根之比为 1.17∶1，如两者分压差相等，CO_2 的扩散速率约为 O_2 的 20 倍，而肺泡与静脉血液间的 O_2 分压差约为 CO_2 分压差的 10 倍，故肺换气时 CO_2 的扩散速率大约是 O_2 的 2 倍。

表 5-3　气体在液体中的溶解度　　　　　　　　　　（单位：mL/100 L）

气体	水中溶解度	血浆中溶解度	全血中溶解度
氧气	0.24	0.21	0.24
二氧化碳	5.67	5.15	4.80

二、气体交换的过程

（一）肺换气

1. 肺换气过程　　肺内气体交换的半透膜为呼吸膜。单个肺泡的表面积虽然很小，但肺内有许多肺泡，为气体交换提供了非常大的交换场所。呼吸过程中，吸入气的 P_{O_2} 为 159 mmHg，当其与肺内气体混合后，肺泡气中的 P_{O_2} 变为 102 mmHg，而肺毛细血管血液 P_{O_2} 为 40 mmHg（表 5-4）。O_2 从肺腔到血液扩散，CO_2 则方向相反，两者的扩散都极为迅速，仅需约 0.3 s 即可达到平衡，而通常情况下血液流经肺毛细血管的时间约 0.7 s，所以当血液流经肺毛细血管将近 1/2 时，已基本完成气体交换。通过肺换气，血液中 O_2 不断地从肺泡中得到补充，静脉血变成动脉血。

表 5-4　大气、肺泡气、血液及组织液中各气体分压　　　　（单位：mmHg）

名称	P_{O_2}	P_{CO_2}	P_{N_2}
大气	159	0.3	597
肺泡气	102	40	569
动脉血	100	40	573
静脉血	40	46	573
组织液	30	50	573

2. 影响肺换气的因素

（1）气体性质　　前已述及，气体交换的速率与气体分子质量、溶解度和分压差有关，如果综合以上三方面因素，CO_2 在血液中的扩散速率约为 O_2 的 2 倍。所以在气体交换不足时，通常缺氧显著，而 CO_2 的潴留不明显。

（2）**呼吸膜的面积和通透性**　在肺部，气体扩散速率与呼吸膜厚度成反比，膜越厚，单位时间内交换的气体量就越少。虽然呼吸膜有 6 层结构，但却很薄，气体易于扩散通过。另外，由于肺泡数量多，呼吸膜总的面积大，而肺毛细血管总血量不多，为 60～140 mL，这样少的血液分布于这样大的面积，所以血液层很薄。另外，肺毛细血管平均直径不足 8 μm，因此，红细胞膜通常能接触到毛细血管壁，所以 O_2、CO_2 不必经过大量的血浆层就可到达红细胞或进入肺泡，扩散距离短，交换速率快。但在病理情况下，如患肺炎时呼吸膜增厚，通透性降低；患肺气肿时，肺泡融合使扩散面积减小，均使气体交换出现障碍，造成不同程度上的呼吸困难。

（3）**通气/血流比值**　肺部的气体交换依赖于两个泵的协调工作，一个是气体泵，实现肺泡通气，使肺泡气得以不断更新，提供 O_2 和排出 CO_2；一个是血泵，向肺循环泵入相应的血流量，及时带走摄取的 O_2，带来机体产生的 CO_2。从机体的调节角度来看，在耗 O_2 量和 CO_2 量都增加的情况下，不仅要加大肺泡通气量以吸入更多的 O_2 和排出更多的 CO_2，而且也要相应增加肺的血流量，这样才能提高单位扩散面积的换气效率，以适应机体对气体代谢加强的需要。

每分钟呼吸器官通气量（$\dot{V}_A$）和每分钟血流量（$\dot{Q}$）之间的比值为通气/血流比值（$\dot{V}_A/\dot{Q}$）。正常情况下，$\dot{V}_A/\dot{Q}$ 的值约为 4.2/5=0.84，此时流经肺部的血液能充分地进行气体交换。如果 $\dot{V}_A/\dot{Q}$ 值增大，就意味着通气过剩，血流相对不足，部分肺泡气未能与血液气体充分交换，即增加了生理无效腔；反之，$\dot{V}_A/\dot{Q}$ 值下降，则意味着通气不足，血流相对过多，部分血液流经通气不良的肺泡，血液中的气体没有得到充分更新，犹如发生了功能性动静脉短路（图 5-5）。可见，无论 $\dot{V}_A/\dot{Q}$ 值增大或缩小，都使气体的交换效率降低，导致机体缺 O_2 和 CO_2 潴留，尤其是缺 O_2。

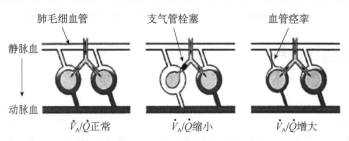

图 5-5　通气/血流比值（$\dot{V}_A/\dot{Q}$）及其变化示意图

（二）组织换气

由于细胞的新陈代谢不断地消耗 O_2 产生 CO_2，因此组织中 P_{O_2} 可低至 30 mmHg 以下，P_{CO_2} 可高达 50 mmHg 以上；而动脉血中 P_{O_2} 为 100 mmHg，P_{CO_2} 为 40 mmHg，O_2 便顺着分压差由血液向组织液扩散，CO_2 则由组织液向血液扩散，使组织不断地从血液中获得 O_2，供代谢需要，同时把代谢产生的 CO_2 由血液运送到肺而呼出。

影响组织换气的因素有组织细胞离毛细血管的距离、组织的血流量和代谢率等。细胞距离毛细血管越远，气体在组织中的扩散距离越大，扩散速率减小。骨骼肌和脑组织中毛细血管半径分别为 200 μm 和 20 μm，因此肌细胞获得的氧气量低于脑细胞。组织水肿时气体扩散的距离加大，另外，组织液的积聚导致组织液静水压增加，压迫小血管而阻碍血流，使组织氧供应减少甚至中断；当组织血流量减少，难以维持毛细血管血液中较高的 P_{O_2} 和较低的 P_{CO_2} 时，气体扩散速率减慢；组织代谢增强时，耗氧量和二氧化碳产量增加，气体分压差增大，组织换气增多。同时，局部温度、P_{CO_2} 和 H^+ 浓度的升高，可使毛细血管开放数目增加，局部血流量增加，并缩短气体扩散距离。

◆ 第四节 气体的运输

气体运输是呼吸的重要环节，气体在血液中以物理溶解和化学结合两种形式进行运输。物理溶解的 O_2 和 CO_2 量很少（表5-5），但很重要，因为物理溶解形式是化学结合形式和最终实现气体交换的必经阶段：进入血液的气体首先溶解于血浆，提高其分压，然后才进一步成为化学结合状态；气体从血液释放时，也是以物理溶解形式先出来，减小分压，之后再使化学结合分离形成物理溶解状态。物理溶解的气体和化学结合的气体两者之间处于动态平衡。

表 5-5　血液中氧气和二氧化碳气体的体积分数 　　（单位：mL/100 mL）

气体	动脉			静脉（混合血）		
	化学结合	物理溶解	合计	化学结合	物理溶解	合计
氧气	20.00	0.30	20.30	15.20	0.12	15.32
二氧化碳	46.40	2.62	49.02	50.00	3.00	53.00

一、氧气的运输

肺换气时肺泡腔 O_2 通过呼吸膜进入肺毛细血管，先通过物理溶解进入血浆，然后进入红细胞，与血红蛋白化学结合，借助血液循环系统运输到各个组织。物理溶解形式约占运输总量的1.5%，化学结合形式约占运输总量的98.5%，本部分主要介绍氧气的化学结合方式运输。

（一）血红蛋白（Hb）与 O_2 的化学结合

1. Hb 与 O_2 化学结合的特点　　Hb 是红细胞内的色素蛋白，其分子结构特征使其成为运输 O_2 的有效工具。另外，Hb 也参与 CO_2 的运输。

（1）氧合而非氧化　　1 个 Hb 分子由 1 个珠蛋白和 4 个血红素组成。每个珠蛋白有 4 条多肽链，每条多肽链与 1 个血红素相连接，构成 Hb 的亚单位。每个血红素由 4 个吡咯基组成 1 个环，中心为 1 个 Fe^{2+}。所以，Hb 是由 4 个亚单位构成的四聚体，亚单位之间和亚单位内部由盐键连接（图5-6）。当 O_2 进入红细胞后，Hb 中的 Fe^{2+} 与 O_2 结合，生成氧合血红蛋白（HbO_2），Fe^{2+} 仍然是二价，没有发生电子的转移。因此，两者结合不是氧化反应，而是氧合。由于每个亚单位中的 Fe^{2+} 能结合一个氧气，故每个 Hb 分子最多可结合 4 个氧气。

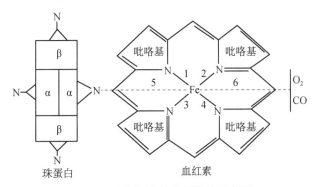

图 5-6　血红蛋白的分子结构示意图

（2）**快速性和可逆性**　　Hb 与 O_2 的结合具有速度快和可逆的特点，不需要酶的催化，主要受 P_{O_2} 的影响。肺换气后，血液中 P_{O_2} 升高，Hb 与 O_2 结合，生成 HbO_2。HbO_2 由肺静脉回到心脏，再经体循环运输到全身毛细血管时，由于组织代谢耗 O_2，组织内 P_{O_2} 低，于是 HbO_2 便迅速解离，释放出 O_2 供组织代谢需要，成为去氧血红蛋白（Hb）（图 5-7）。HbO_2 呈鲜红色，Hb 呈紫蓝色，动脉血中 HbO_2 比静脉血含量大，所以动脉血较静脉血鲜红。当血液中 Hb 含量较高，达到 5 g/100 mL 以上时，皮肤和黏膜呈暗紫色，称为发绀。一般情况下，发绀代表机体缺氧，不过高原红细胞增多症引起的发绀，并不代表缺氧；相反，当严重贫血或一氧化碳中毒时，动物可能出现严重缺氧，却未表现出发绀。

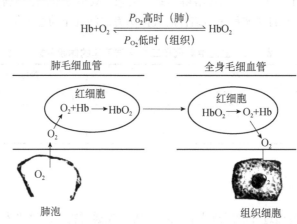

图 5-7　氧以血红蛋白方式运输示意图

2. Hb 与 O_2 化学结合的量化

（1）**血氧容量和血氧含量**　　每 100 mL 血液中，血红蛋白结合 O_2 的最大量，称为血氧容量。血氧容量大小主要受 Hb 浓度的影响。若健康成年动物血液中 Hb 含量为 15 g/100 mL，每克 Hb 可结合 1.34 mL 的 O_2，则血红蛋白血氧容量为 15 × 1.34=20.1 mL。在一定氧分压下，Hb 实际结合 O_2 的量，称为血氧含量。

（2）**血氧饱和度和氧解离曲线**　　血氧含量与血氧容量的百分比称为血氧饱和度。正常情况下，动脉血的血氧饱和度为 97.4%，此时氧含量约为 19.4 mL；静脉血的血氧饱和度约为 75%，氧含量约为 14.4 mL，即每 100 mL 动脉血转变为静脉血时，可释放出 5 mL O_2。

血氧饱和度主要受氧分压的影响，以氧分压为横坐标、血氧饱和度为纵坐标绘制的氧分压对血红蛋白血氧饱和度影响的函数曲线，称为氧解离曲线（图 5-8）。

（二）影响 Hb 与 O_2 化学结合的因素

除血红蛋白和血氧外，还有很多因素影响两者的化学结合，有些影响可通过氧解离曲线的偏移进行量化，如使曲线右移，则 Hb 对氧气的亲和力降低；反之，如使曲线左移，则 Hb 对氧气的亲和力增加。

1. 血红蛋白的影响

（1）**血红蛋白的变构效应**　　由图 5-8 可知，血氧饱和度随 P_{O_2} 的上升而增加。按照每分子 Hb 结合 4 分子氧气的逻辑，氧解离曲线前期应该呈线性关系，类似酶促反应的曲线，但氧解离曲线并非线性相关，而是呈"S"形曲线。

这与 Hb 的变构效应有关。血红蛋白每个亚单位结合一个氧气后其构型发生改变，使其他亚单位更易与氧气结合，表现出变构效应；反之，1 个亚单位释放氧气后，其他亚单位更易释放氧

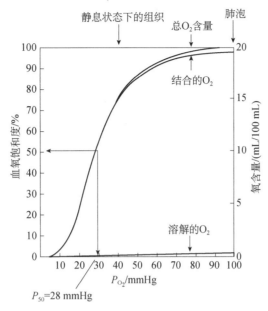

图 5-8　氧解离曲线

气，彼此表现出协同效应，所以氧解离曲线呈"S"形曲线。由于变构引起的协同效应，在肺部，Hb 迅速与氧气结合达到氧饱和；而在组织部位，Hb 迅速释放氧气。

（2）血红蛋白的量和性质的变化　　体内的血红蛋白含量越高，其血氧容量就越大，血液运输氧的能力就越强。反之，血液结合和运输氧的能力就会下降，严重的情况会导致机体缺氧。镰状细胞贫血时，血红蛋白中 β 珠蛋白链第 6 位谷氨酸被缬氨酸替代，与氧的亲和力显著下降；由于亚基的组成不同，胎儿血红蛋白与氧的结合能力强于成年人血红蛋白，可以从母体中摄取氧。血红蛋白在某些药物（如磺胺、乙酰苯胺等）或亚硝酸盐的作用下，其 Fe^{2+} 可被氧化成 Fe^{3+}，生成高铁血红蛋白，失去运输氧的能力，导致机体缺氧。如蔬菜类叶、茎中硝酸盐含量较大，如果加工或储放不当，亚硝酸盐超标，动物采食后可发生食物中毒。

2. P_{O_2} 的影响　　由图 5-8 可知，血液中的 P_{O_2} 在不同水平变化时，对血氧饱和度有显著影响。

（1）P_{O_2} 在 60～100 mmHg 变动时，即氧离曲线上段较为平坦，表明在这段范围内 P_{O_2} 的变化对血氧饱和度影响不大。显示出动物对此范围内氧气含量降低或呼吸型缺氧有很大的耐受能力。例如，在高山或患某些呼吸疾病时，只要 P_{O_2} 不低于 60 mmHg，血氧饱和度仍能保持在 90%以上，这时血液的氧足以供应代谢需要，不至于发生缺氧。

（2）P_{O_2} 在 40～60 mmHg 变动时，即氧解离曲线中段，相当于 HbO_2 释放氧气的部分，曲线走势较陡。安静时静脉血 P_{O_2} 为 40 mmHg，血氧饱和度约为 75%，血氧含量约为 14.4 mL，即每 100 mL 血液流过组织时可释放 5 mL 氧气，能满足安静状态下组织对氧气的需要。

（3）P_{O_2} 在 15～40 mmHg 变动时，即氧解离曲线下段，这是曲线中最为陡峭的部分。说明在此范围内 P_{O_2} 稍有变化，血氧饱和度就会有很大的改变，因此可释放出更多的氧气供组织利用。当组织活动加强时，耗氧量剧增，P_{O_2} 明显下降，甚至可低至 15 mmHg。此时，血氧饱和度可降到 20%以下，血氧含量为 4.4 mL/L，即每 100 mL 血液流经此处可释放 15 mL 氧气。因此该段氧解离曲线的特点反映出机体的氧储备。

3. pH 和 P_{CO_2}　　血液 pH 下降或 P_{CO_2} 上升，曲线右移，Hb 对氧气的亲和力降低，有利于

Hb 释放氧气；反之，血液 pH 升高或 P_{CO_2} 降低，则曲线左移，Hb 对氧气亲和力增加，有利于氧气的结合（图 5-9）。pH 降低时，H^+ 与 Hb 多肽链的某些氨基酸残基的基团结合，促使 Hb 分子构型由 R 型变为 T 型，从而降低 Hb 对氧气的亲和力；相反，Hb 分子构型由 T 型变为 R 型，亲和力增加。P_{CO_2} 的影响，一方面是 P_{CO_2} 变化时，pH 会相应发生变化；另一方面二氧化碳与 Hb 结合可直接降低 Hb 与氧气的亲和力。pH 和 P_{CO_2} 对 Hb 与氧气亲和力的这种影响称为波尔效应，具有重要的生理意义：肺换气时二氧化碳从血液向肺泡扩散，血液 P_{CO_2} 下降，pH 上升，Hb 与氧亲和力增加，血液运氧量增加；反之，血液流经组织时，血液 P_{CO_2} 升高，pH 下降，Hb 对氧气的亲和力降低，促进 HbO_2 释放更多的氧气。

4. 温度的影响　　由图 5-9 可知，温度升高时（如运动中的肌肉），曲线右移，HbO_2 可解离更多氧气供组织利用。反之，当温度下降时曲线左移，HbO_2 不易释放氧气。因此，低温麻醉时要注意防止缺氧。温度对氧解离曲线的影响，可能与温度影响了 H^+ 的活度有关。温度升高，H^+ 活度增加，降低了 Hb 与氧气的亲和力。

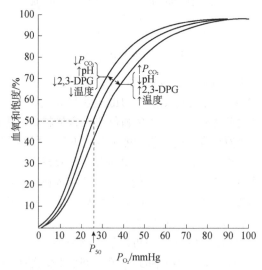

图 5-9　氧解离曲线及其影响因素

2,3-DPG. 2,3-二磷酸甘油酸

5. 2,3-二磷酸甘油酸（2,3-DPG）的影响　　2,3-DPG 是红细胞无氧酵解的代谢产物，它能与脱氧血红蛋白（Hb）相结合，降低 Hb 对氧气的亲和力。当血液中 2,3-DPG 增加时，氧解离曲线右移，HbO_2 可解离释放出更多的氧气。贫血和缺氧可刺激红细胞产生更多的 2,3-DPG。动物由平原地区刚到达高原地区的最初几天，红细胞中 2,3-DPG 含量明显增多，这是机体对高山缺氧的一种适应性反应。

6. CO 的影响　　CO 为无色、无味、无刺激的气体。CO 进入血液后可与 Hb 结合形成一氧化碳血红蛋白（HbCO），呈樱桃红色，其与 Hb 的亲和力约为 O_2 的 250 倍，同时 CO 会阻碍 Hb 和 O_2 解离，使氧解离曲线左移。只要空气中 CO 的浓度达到 0.05%，血液中就有 30%～40% 的血红蛋白与其结合形成 HbCO，使机体运输氧的能力显著降低，严重时可危及生命。

二、二氧化碳的运输

血液中一部分 CO_2 以物理溶解形式运输，大部分 CO_2 进入红细胞，通过生成碳酸氢盐（占

87%）或氨基甲酸血红蛋白（占 7%）的形式进行运输。

（一）碳酸氢盐

从组织扩散入血液的 CO_2 首先溶解于血浆，然后大部分 CO_2 进入红细胞。红细胞内含有较高浓度的碳酸酐酶（carbonic anhydrase，CA），促进 CO_2 迅速与水反应生成 H_2CO_3，进而解离成 HCO_3^- 和 H^+。随着红细胞内 HCO_3^- 浓度不断增加，可扩散进入血浆。为了维持电离平衡，此时血浆中 Cl^- 扩散进入红细胞，这一现象称为 Cl^- 转移。红细胞膜上有特异的 HCO_3^--Cl^- 载体，完成两类离子的跨膜交换。这样，HCO_3^- 不会在红细胞内堆积，有利于反应向右进行和 CO_2 运输。上述反应中产生的 H^+，大部分和 Hb 结合，Hb 是强有力的缓冲剂。

此反应可逆，在肺毛细血管中，反应向相反方向进行，从红细胞和血浆中释放出 CO_2，排入肺泡中。O_2 与 Hb 结合可促进 CO_2 释放，这一现象称为霍尔丹效应。这是由于 O_2 与 Hb 结合后酸性增强，释放更多的 H^+。这些 H^+ 与 HCO_3^- 结合形成碳酸，继而生成 CO_2 和 H_2O。

（二）氨基甲酸血红蛋白

进入红细胞的 CO_2，一部分与 Hb 结合生成氨基甲酸血红蛋白，虽然形成的量较少，但这一反应无须酶的催化、迅速、可逆。当静脉血流经肺部时，由于肺泡中 P_{CO_2} 较低，于是 CO_2 从氨基甲酸血红蛋白释放出来，经肺呼出体外。

（三）血液二氧化碳运输与酸碱平衡

CO_2 在血液中生成 H_2CO_3 和氨基甲酸血红蛋白的同时，可产生许多 H^+，由于血液中缓冲系统的作用，血液 pH 变化并不显著，动脉血 pH 约为 7.4，混合静脉血的 pH 为 7.36。血红蛋白本身是一种两性电解质，具有缓冲酸碱变化的能力。如果没有 Hb 的缓冲作用，静脉血在运输 CO_2 的过程中，其酸度将比动脉血高出 800 倍。血液运输过程中解离出的 HCO_3^- 可分别在红细胞内和血浆中与 K^+ 和 Na^+ 结合形成 $KHCO_3$ 和 $NaHCO_3$，形成了相应的碳酸与碳酸氢盐缓冲对，在维持血液酸碱平衡中同样发挥重要的作用。

◆ 第五节　呼吸的调节

呼吸运动分为自主运动和随意运动，前者是指在低位脑干控制下自发的节律性呼吸，不受大脑皮层的随意控制；后者是在清醒状态下，由大脑皮层控制的随意性呼吸运动。当内、外环境发生变化时，机体可通过不同类型的反射调节呼吸的频率和深度，保持血液中氧气和二氧化碳含量的相对稳定，维持机体的新陈代谢正常进行。

一、呼吸中枢和呼吸节律的形成

（一）呼吸中枢

中枢神经系统内，启动和调节呼吸运动的神经核团称为呼吸中枢。呼吸中枢分布在脊髓、延髓、脑桥、间脑和大脑皮层等部位，在呼吸节律产生和调节中所起的作用不同。

1. **脊髓**　脊髓中有支配呼吸肌的运动神经元，是呼吸运动的初级中枢。在延髓和脊髓间横断脊髓，呼吸就停止。因此，脊髓不是节律性呼吸运动的发生部位，只是联系高位脑和呼吸肌的中继站和整合某些呼吸反射的基本中枢。

2. 延髓和脑桥 横切脑干实验显示，在哺乳动物的中脑和脑桥之间进行横切，呼吸无明显变化（图 5-10，A 平面），所以呼吸节律产生于低位脑干，高位脑对节律性呼吸不是必需的；如果在脑桥的中部之间横切，呼吸将变慢变深（图 5-10，B 平面），如再切断双侧迷走神经，吸气便大大延长，仅偶尔被短暂的呼气所中断，出现长吸式呼吸，说明脑桥上部有抑制吸气的中枢结构。再在脑桥和延髓之间横切，出现喘息式呼吸，呼吸不规则（图 5-10，C 平面）。实验证明，呼吸节律产生于延髓，而脑桥是呼吸的调整中枢。

3. 高位脑 呼吸还受脑桥以上部位，如大脑皮层、边缘系统、下丘脑等的影响。低位脑干的呼吸调节系统是不随意的自主呼吸调节系统，而大脑皮层可以随意控制呼吸，在一定限度内可以随意屏气或加强加快呼吸，使呼吸精确而灵敏地适应环境的变化。例如，犬在高温环境中伸舌喘息以增加机体散热是下丘脑参与调节的结果。动物情绪激动时呼吸增强，则是皮层边缘系统中某些部位兴奋的结果。高级中枢既可直接调节呼吸活动，也可通过控制脑桥和延髓等间接调节呼吸活动。

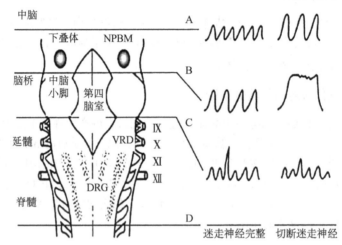

图 5-10　脑干呼吸有关核团（左）和在不同平面横切脑干后呼吸的变化（右）示意图
NPBM. 臂旁内侧核；VRD. 腹侧呼吸组；DRG. 背侧呼吸组

（二）呼吸节律的形成

基本节律性呼吸形成的机制，迄今尚未完全阐明，目前主要流行以下两种学说。

1. 起步神经元学说 该学说认为在延髓中存在具有起步性质的呼吸相关神经元，具有内在的节律性，类似于窦房结细胞自动去极化的起步特征，这种活动影响和决定了其他相关呼吸神经元的活动，形成了呼吸的节律。

2. 呼吸神经元网络学说 该学说认为延髓内呼吸神经元通过相互兴奋和抑制而形成复杂的神经元网络，在此基础上产生呼吸节律。吸气时，在中枢吸气活动发生器作用下，吸气神经元兴奋并传至三个方向：①脊髓吸气肌运动神经元，引起吸气，肺扩张；②脑桥臂旁内侧核，加强其活动；③吸气切断机制相关神经元，使其兴奋。吸气切断机制接受来自吸气神经元、脑桥臂旁内侧核和肺牵张感受器三方面的冲动。随着吸气进行，冲动逐渐增加，达到阈值时，吸气切断机制兴奋，发出冲动到中枢吸气活动发生器，以反馈形式终止其活动，吸气停止，转为呼气（图 5-11）。切断迷走神经或毁损脑桥臂旁内侧核，吸气切断机制达到阈值所需时间延长，吸气因而延长，呼气变慢。因此，凡可影响中枢吸气活动发生器、吸气切断机制的因素，都可影响呼吸过程和节律。

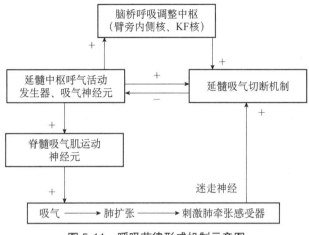

图 5-11 呼吸节律形成机制示意图

二、呼吸的反射性调节

呼吸活动既受中枢神经系统的调控，又受来自呼吸肌、呼吸器官、其他器官感受器的反射性调节。

（一）肺牵张反射

1868 年，Hering 和 Breuer 发现，对麻醉动物肺充气或扩张，可抑制吸气；肺放气或肺缩小，则引起吸气；切断迷走神经，上述反应消失。这种由肺扩张或缩小引起的吸气抑制或兴奋的反射称为肺牵张反射，包括肺扩张反射和肺缩小反射。

1. **肺扩张反射**   是肺充气或扩张时抑制吸气的反射。该反射的感受器位于从气管到细支气管的气道平滑肌中，属于牵张感受器，阈值低、适应慢。肺扩张时，呼吸道随之扩张，感受器受到牵拉而兴奋，冲动经迷走神经传入延髓。延髓通过一定的神经联系使吸气停止，转入呼气。切断迷走神经后吸气延长、加深，呼吸变深变慢。病理情况下，肺顺应性降低，肺扩张时扩张了气道，可引起肺扩张反射，使呼吸变得浅快。

2. **肺缩小反射**   是肺回缩时引起吸气的反射。感受器也位于气道平滑肌内，但其机制尚不十分清楚。该反射在肺较强收缩时才出现，对平静呼吸的调节意义不大，但对呼气过深和肺不张等可能起一定作用。

（二）呼吸肌本体感受性反射

该反射的感受器是肌梭和腱器官，属于肌肉的本体感受器，所引起的反射为呼吸肌本体感受性反射，是呼吸肌的牵张反射。在动物实验中，切断双侧迷走神经，消除肺牵张反射传入的影响；在颈 7 横断脊髓，去除延髓呼吸中枢的传出。此时，牵拉膈肌，膈肌电活动仍然增强；切断胸脊神经背根，呼吸运动减弱，说明呼吸肌本体感受性反射参与正常呼吸运动的调节，在呼吸肌负荷改变时将发挥更大作用。

（三）防御性呼吸反射

呼吸道黏膜内分布有迷走神经末梢，感受机械或化学刺激，引起防御性呼吸反射，以清除异物，避免其进入肺泡。

1. 咳嗽反射　　感受器位于喉、气管和支气管的黏膜。大支气管以上部位的感受器对机械刺激敏感，二级支气管以下部位的感受器对化学刺激敏感。传入冲动经迷走神经传入延髓，引起咳嗽反射。咳嗽时，先是短促的深吸气，接着声门紧闭，呼气肌强烈收缩，肺内压和胸膜腔内压急速上升，声门突然打开，气体以极高的速度从肺内冲出，将呼吸道内异物或分泌物排出。剧烈咳嗽时，因胸膜腔内压显著升高，可阻碍静脉回流，使静脉压和脑脊液压升高。

2. 喷嚏反射　　喷嚏反射和咳嗽反射类似，但喷嚏反射中刺激作用于鼻黏膜感受器，其传入神经为三叉神经，反射效应是腭垂下降，舌压向软腭，声门不关闭，呼出气主要从鼻腔喷出，以清除鼻腔内的刺激物。

（四）化学感受性反射

化学感受性反射是指化学因素刺激化学感受器所引起的反射。调节呼吸的化学因素主要是指动脉血或脑脊液中的 P_{O_2}、P_{CO_2} 和 H^+。

1. 化学感受器　　参与呼吸调节的化学感受器分为中枢化学感受器和外周化学感受器。

（1）中枢化学感受器　　延髓腹外侧浅表部位存在左右对称的头、中、尾三个化学敏感区，称为中枢化学感受器。头端和尾端区具有化学感受性，中间区是头端区和尾端区传入冲动向脑干呼吸中枢投射的中继站。

一般认为，中枢化学感受器的适宜刺激是 H^+，对缺 O_2 不敏感。由于血液中的 H^+ 不易通过血-脑屏障，故血液 pH 的变动对中枢化学感受器的直接作用不大；但是，血液中的 CO_2 很容易透过血-脑屏障，进入脑脊液和脑组织细胞外液后与 H_2O 结合生成 H_2CO_3，再解离出 H^+，从而刺激中枢化学感受器，引起呼吸中枢兴奋。不过，脑脊液中碳酸酐酶含量很少，CO_2 与 H_2O 的水合反应很慢，所以对 CO_2 的此种作用通路有一定的时间延迟。中枢化学感受器除反馈调节呼吸外，还及时反馈调节脑脊液的 H^+，使中枢神经系统有一稳定的 pH 环境。

（2）外周化学感受器　　颈动脉和主动脉中存在对血液 P_{O_2}、P_{CO_2} 和 H^+ 变化敏感的外周化学感受器，分别指颈动脉体和主动脉体（见血液循环章节中的图 4-11）。在缺 O_2、CO_2 过多、H^+ 浓度升高刺激下，可引起呼吸加强及动脉血压升高等化学感受性反射活动。在调节呼吸方面，颈动脉体起主要作用；在调节血压方面，颈动脉体和主动脉体的作用大致相等。

2. CO_2、H^+ 和 O_2 对呼吸的影响

（1）CO_2 对呼吸的影响　　一定浓度的 CO_2 是维持正常呼吸的重要生理性刺激（图 5-12）。吸入气中 CO_2 浓度适当增加或者代谢增加后血中 P_{CO_2} 升高，都可使呼吸加强。吸入气中 CO_2 浓度增加到 4% 时，肺通气量可加倍；增加到 10% 时，肺通气量可达静息时的 8～10 倍，并出现头昏、头痛等症状；增加到 30% 时，引起呼吸中枢麻痹；增加到 40% 时，导致呼吸停止。过度通气后发生的呼吸暂停，是过度通气排出较多的 CO_2，血液中 P_{CO_2} 下降，以致对呼吸中枢的刺激减弱所造成。

CO_2 对呼吸的刺激作用通过两条途径实现：一是刺激中枢化学感受器，进而引起延髓呼吸中枢兴奋，使呼吸加深、加快；二是刺激外周化学感受器，冲动传入延髓，反射性地使呼吸加深、加快，增加肺通气。在这两条途径中，中枢化学感受器的作用是主要的，当切断外周化学感受器的传入神经后，吸入 CO_2 仍能发生呼吸加强反应。当中枢化学感受器受到抑制时，外周化学感受器才起主要作用，如当动脉血 P_{CO_2} 突然大增时，由于中枢化学感受器的反应较慢，此时外周化学感受器可能起主要作用。

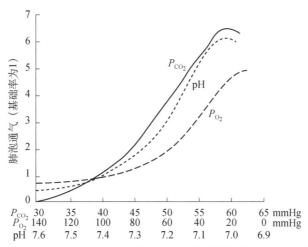

图 5-12 改变动脉血液 P_{CO_2}、P_{O_2} 和 pH 三因素之一而维持另外两个因素正常时的肺泡通气反应

（2）H^+ 对呼吸的影响 动脉血中 H^+ 浓度降低，呼吸受到抑制；H^+ 浓度增加，呼吸加深加快、肺通气增加（图 5-12）。中枢化学感受器对 H^+ 的敏感性约为外周化学感受器的 25 倍。但由于 H^+ 不易透过血-脑屏障，因此血液中 H^+ 对呼吸的影响主要是通过外周化学感受器引发。此外，当血液 H^+ 升高引起呼吸增强时，会造成 CO_2 过多地被排除，以致 P_{CO_2} 降低，降低了其增强效果。因此，血液 H^+ 升高对呼吸的刺激作用不如血液 P_{CO_2} 升高的刺激作用明显。

（3）P_{O_2} 对呼吸的影响 吸入气 P_{O_2} 降低时，肺泡气、动脉血 P_{O_2} 都随之降低，呼吸加深、加快，肺通气增加（图 5-12）。缺氧刺激呼吸完全是通过外周化学感受器，并且主要是通过颈动脉体起作用的。另外，缺氧对呼吸中枢的直接作用是抑制其活动。适度的缺氧，来自外周化学感受器的兴奋作用高于缺氧对中枢的直接抑制作用，呼吸增强；严重缺氧时，对中枢的抑制作用大于外周化学感受器的兴奋作用，因而呼吸减弱，甚至停止。

血液中 P_{O_2} 对正常呼吸的调节作用不大，仅在特殊情况下低 O_2 刺激才有重要意义。如严重肺气肿、肺心病患者，肺换气受到阻碍，导致低 O_2 和 CO_2 潴留。长时间的 CO_2 潴留使中枢化学感受器对 CO_2 刺激作用发生适应，而外周化学感受器对低 O_2 刺激适应很慢，这时低 O_2 对外周化学感受器的刺激成为驱动呼吸的主要刺激。

（4）P_{CO_2}、H^+ 浓度和 P_{O_2} 在调节呼吸中的相互作用 对 P_{CO_2}、H^+ 浓度和 P_{O_2} 三种因素来说，如果保持其他两个因素不变，只改变其中一个因素，观察对通气量的影响：P_{O_2} 下降对呼吸的影响较慢、较弱，在一般动脉血 P_{O_2} 变化范围内作用不大，当 P_{O_2} 低于 10.64 kPa（80 mmHg）时，通气量才逐渐增大。与 P_{O_2} 的作用不同，P_{CO_2} 和 H^+ 只要稍许提高，通气量就明显增大，P_{CO_2} 的作用尤为突出。

然而当一种因素改变，另两种因素不加控制时，会出现以下情况（图 5-13）：当 P_{CO_2} 升高时，H^+ 浓度也随之升高，此时肺沧通气较单独 P_{CO_2} 升高时大；当 H^+ 浓度增加时，肺泡通气增大使二氧化碳排出增加，P_{CO_2} 下降，抵消了一部分 H^+ 浓度的刺激作用并使 H^+ 浓度有所降低，肺泡通气的增加较单独 H^+ 浓度升高时为小；当 P_{O_2} 下降时，肺泡通气量增加，呼出较多的二氧化碳，使 P_{CO_2} 和 H^+ 浓度下降，从而削弱了低氧的刺激作用。总之，三者间相互影响、相互作用，既可因相互加和而加大，也可因相互抵消而减弱。

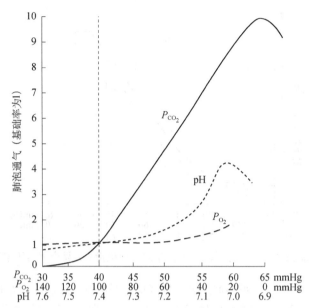

图 5-13 改变动脉血液 P_{CO_2}、P_{O_2} 和 pH 三因素之一而不控制另外两个因素正常时的肺泡通气反应

三、特殊条件下呼吸的调节

高原对呼吸影响的主要因素是低氧，海拔越高，空气越稀薄，P_{O_2} 也越低。海拔 3500～4500 m 高度时大气压降到 66.34～59.70 kPa（498.8～448.9 mmHg），肺泡内 P_{O_2} 仅为 8.63～7.97 kPa（64.9～59.9 mmHg），血液中血氧饱和度降至 85%～80%。

动物从平原进入高原后，短时间内动脉血中 P_{O_2} 下降，反射性引起心率和心排出量增加，呼吸加深加快，可暂时缓解缺 O_2 状况。但由于呼吸加深加快可引起肺通气量过大，排出 CO_2 过多，造成呼吸性碱中毒。脑脊液中 CO_2 含量不足，H^+ 浓度下降致使呼吸中枢抑制，呼吸减弱；另外，动脉血中 pH 升高，氧解离曲线左移，也造成组织缺 O_2。动物体内各器官对缺氧的耐受能力是不同的，脑组织需氧量大，最易受损害，其次是心肌。

经长期逐渐适应后，移入高原的动物将增强缺氧的耐受力，组织缺氧得到缓解。动物对高原低氧的这种适应性变化，称为风土驯化。经风土驯化的动物表现出以下生理特点。①长期保持较大的肺通气量，加强肾对 HCO_3^- 的排出。②呼吸中枢对 CO_2 的敏感性提高。③血液氧容量增大，运输氧能力增强。这可能与缺氧刺激产生促红细胞生成素，血液中红细胞数量和 Hb 含量增加有关。④红细胞内 2,3-二磷酸甘油酸增加，促使 HbO_2 释放 O_2，缓解组织缺氧。

动物从平原进入高原后，有时肺功能会发生一些变化。环境中缺氧会影响肺血管中血液的流通，肺小泡内 P_{O_2} 降低，肺小动脉血管收缩，从而使肺总体积减小。血管收缩使得肺部血压增加，有时会引起肺部水肿或积液。肺部水肿极其危险，它直接影响气体交换。高原肺水肿是动物高原疾病的一种常见形式，所以机体暴露在高海拔环境下极其危险。在返回到低海拔区域后，此症状得到缓解，也可以通过补充氧气进行缓解。

? 思考题

1. 外界空气中的氧气要经过哪些环节才能进入组织细胞？

2. 简述肺通气的动力。

3. 什么是肺表面活性物质？其有何生理作用？

4. 什么是呼吸膜？课外查阅有关体外膜肺氧合的资料。

5. 简述氧解离曲线的特点、影响因素及生理学意义。

6. 试述呼吸的神经性调节。

7. 试述血液 P_{O_2}、P_{CO_2}、H^+变化对呼吸的影响。

8. 初到高原的健康动物通过哪些生理学反应逐步适应高原环境？

（白东英　马彦博）

本章思维导图

| 第六章 |

消 化 系 统

———————————— 引　言 ————————————

　　"唇亡齿寒""肝胆相照"让我们知道了消化系统各部位的密切联系和相互协作；"望梅止渴"让我们了解了唾液分泌的神经调节，有关消化系统可能还有很多成语，有关消化你是否还有其他想了解的内容，让我们开始本章的学习吧……

———————————— 内容提要 ————————————

　　食物在口腔、食道、胃、小肠、大肠等消化道中，经过物理、化学和微生物等消化方式，逐渐分解为可被吸收的小分子物质，通过不同的途径和方式被吸收进入血液和淋巴管，供应机体各种营养和能量。不同的消化器官消化吸收的方式不同，口腔以物理消化为主，将大块食物咀嚼、破碎成细碎颗粒，经食管吞咽入胃进行进一步消化；在胃酸和胃蛋白酶的作用下，蛋白质被分解为蛋白胨和胨，并通过胃排空进入十二指肠；在胰液、胆汁和小肠液的作用下，食物在小肠中充分消化并被吸收。反刍动物对草料的消化主要依靠瘤胃中的微生物进行发酵，产生挥发性脂肪酸，通过瘤胃壁吸收。消化与吸收受神经（内在神经、外来神经）和激素的调节，这些激素主要来源于消化系统，在消化器官间起到传递信息的作用。

◆◆ 第一节　概　　述

　　动物不断从外界摄取营养物质，以提供各种生理活动所需的物质和能量。然而饲料或食物中的大分子有机物，如糖类、脂肪、蛋白质等，必须分解成小分子物质才能被机体吸收利用。饲料在消化道内被分解成为结构简单、可吸收利用的小分子物质的过程，称为消化（digestion）。经消化分解后的小分子物质透过消化道黏膜进入血液或淋巴循环的过程，称为吸收（absorption）。不能被机体消化吸收的食物残渣，最终以粪便的形式排出体外。消化与吸收是两个相辅相成、密切联系的生理过程。

　　高等动物的消化系统由消化道和消化腺组成。消化道主要由口腔、咽、食管、胃、小肠（十二指肠、空肠、回肠）和大肠（盲肠、结肠、直肠）组成；消化腺主要包括唾液腺、肝、胰腺和散在分布于消化道壁内的腺体。

一、消化的方式

（一）物理性消化

物理性消化指饲料在消化道内经过咀嚼和消化道肌肉的舒缩活动被揉搓、研磨而破碎，并与消化液充分混合形成流动的食糜，不断地向消化道后段推移的过程。除了咀嚼等，物理性消化主要是由各消化道的平滑肌来完成。

1. 平滑肌细胞的生物电 平滑肌细胞的电活动和神经细胞、骨骼肌细胞差异较大，消化道平滑肌的生物电活动有以下 3 种形式。

（1）静息电位 消化道平滑肌细胞的静息电位较小，低于骨骼肌，其幅值为 $-60 \sim -50$ mV，且不稳定。静息状态下，平滑肌细胞膜除对 K^+ 有通透性外，对 Na^+ 也有一定的通透性。因此，平滑肌细胞静息电位的形成除主要靠 K^+ 外流外，还受到少量 Na^+ 向膜内扩散的作用。因此平滑肌细胞的静息电位小于 K^+ 平衡电位。

（2）慢波电位 静息时，消化道平滑肌的膜电位并不是稳定在静息电位，而是产生周期性的缓慢去极化和复极化电位波动，因其时程长、频率低，故称为慢波电位。慢波电位的波幅为 $5 \sim 15$ mV，其频率因动物种类、器官不同而异。例如，犬胃的慢波电位电节律为 5 次/min，十二指肠为 18 次/min，回肠为 13 次/min。慢波的发生不依赖于外来的神经支配，但慢波的幅度和频率受到自主神经的调节。

（3）动作电位 外来刺激（神经纤维释放的神经递质和机械刺激）或慢波电位均可使消化道平滑肌细胞产生动作电位。与骨骼肌的动作电位相比，平滑肌动作电位幅度较小（$50 \sim 70$ mV），时程较长（$10 \sim 50$ ms），是骨骼肌的 $5 \sim 10$ 倍。但与慢波相比，它要快得多，因此又称为快波。平滑肌细胞缺乏快钠通道，其锋电位的上升支（去极化相）由一种钙-钠慢通道介导的离子内流引起（主要是 Ca^{2+} 和少量 Na^+ 的内流），下降支（复极化相）主要由 K^+ 外流产生。由于钙通道激活和失活都比较缓慢，故平滑肌细胞的动作电位时程比较长。

慢波、动作电位和肌肉收缩三者关系紧密。慢波虽然偶尔也能引起平滑肌细胞收缩，但幅度很小，且较少出现，但慢波可使膜电位接近阈电位，有利于动作电位的产生，触发平滑肌收缩。在每个慢波基础上产生的动作电位的数目越多（动作电位频率越高），肌肉收缩幅度和张力越大。慢波还决定了平滑肌的收缩节律、传播方向和速度，因此又称为基本电节律。平滑肌细胞有两个临界的膜电位值：机械阈和电阈。当慢波去极化达到或超过机械阈时，细胞内 Ca^{2+} 增加，进而激活细胞收缩，而不一定引起动作电位发生；当去极化达到或超过电阈时，则引发动作电位，使更多的 Ca^{2+} 进入细胞，肌肉收缩进一步加强，慢波上负载的动作电位数目越多，肌肉收缩就越强（图 6-1）。

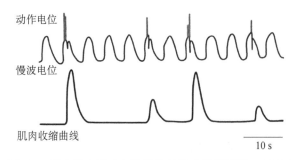

动作电位

慢波电位

肌肉收缩曲线

10 s

图 6-1 猫空肠电活动与收缩的关系（杨秀平等，2016）

2. 消化道平滑肌的生理特性 消化道平滑肌具有肌肉组织的共同特性，如兴奋性、传导性和收缩性，但也有自身的特点。

（1）兴奋性低，收缩缓慢 消化道平滑肌的兴奋性比骨骼肌低，收缩速度缓慢。

（2）较大的伸展性 消化道平滑肌具有很强的伸展性，胃的伸展性尤其明显，便于容纳较多的食物。

（3）紧张性 消化道平滑肌经常处于微弱的持续兴奋收缩状态。紧张性的维持对消化道保持一定形状和位置，以及使消化道管壁保持一定的基础张力具有重要意义。

（4）对化学、温度和牵张刺激较敏感，但对电刺激不敏感 一定范围内温度升高、微量的乙酰胆碱或者牵拉刺激均能引起平滑肌收缩，用单个的电刺激不能引起消化道平滑肌收缩。

（5）一定的自律性 消化道平滑肌具有一定的自律性，但节律较慢，且不规则，收缩较弱。

（二）化学性消化

化学性消化指由消化腺分泌的各种消化酶，将饲料中的糖类、蛋白质、脂肪等营养物质分解成可以被吸收的小分子物质（如单糖、氨基酸、脂肪酸、甘油等）的过程。消化道内散在分布有许多腺体，在消化道附近还有唾液腺、胰、肝等，它们能够以外分泌的方式分泌大量的消化液，如唾液、胃液、胰液、胆汁、小肠液等。消化液主要含水、黏液、无机离子和多种消化酶等成分（表 6-1）。

表 6-1 消化液的主要成分

消化液	主要成分
唾液	水、无机离子、唾液淀粉酶、黏液
胃液	水、无机离子、盐酸、胃蛋白酶、内因子、黏液
胰液	水、无机离子、胰蛋白酶（原）、糜蛋白酶（原）、羧肽酶（原）、胰脂肪酶、胆固醇酯酶、磷脂酶、胰淀粉酶、核糖核酸酶、脱氧核糖核酸酶
胆汁	水、无机离子、胆盐、胆固醇、胆色素
小肠液	水、无机离子、肠激酶、黏液
大肠液	水、无机离子、黏液

（三）微生物消化

动物依靠寄居在消化道内的微生物对饲料中的营养物质进行分解的过程，称为微生物消化。微生物借助其分泌的酶分解饲料中的多糖、纤维素、蛋白质等物质，其本身也利用营养物质进行繁殖和生长。微生物消化是反刍动物的主要消化方式（详见瘤胃内的微生物消化），单胃动物只在大肠内进行微生物消化。

三种消化方式在不同动物、不同消化道中占的比例不一样，不过三者之间相互协调，共同促进物质的消化和吸收。

二、消化的调节

（一）神经调节

消化道神经系统包括内在神经系统和外来神经系统两大类。

1. 内在神经系统 消化道的内在神经系统，称为肠神经系统，存在于胃肠道壁中，起始于食道，直至肛门，大约有 100 万个神经元。内在神经系统主要由两类神经丛组成（图 6-2），一类位于环形肌与纵行肌之间，称为肌间神经丛，主要调节平滑肌的活动；另一类位于环形肌和黏膜肌层之间，称为黏膜下神经丛，主要调节腺细胞和上皮细胞的活动。以上两类神经丛之间存在着纤维联系。神经丛中有感觉神经元、运动神经元和中间神经元，感觉神经元感受消化道内化学、机械和温度等刺激，运动神经元支配消化道平滑肌、腺体和血管等，构成一个相对完整和独立的系统，完成局部反射，调节胃肠道运动、消化液分泌和局部血液供应。内在神经系统中的神经元还受外来神经系统的控制，起到转换站的作用。

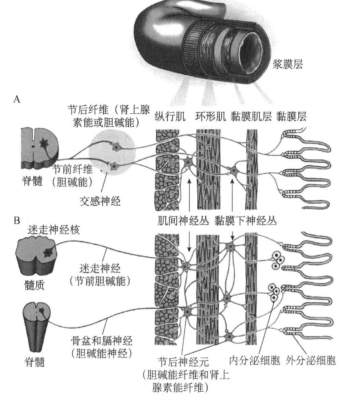

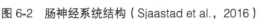

图 6-2　肠神经系统结构（Sjaastad et al.，2016）

彩图

2. 外来神经系统　　消化道除口腔、咽、食道上端的肌肉及肛门外括约肌由躯体神经支配外，主要接受自主神经（副交感神经和交感神经）系统的支配。

（1）副交感神经　　支配胃肠道的副交感神经分为头区和荐区两大部分，除口腔和咽部外，头区副交感神经几乎完全由迷走神经传递信息，其纤维相继进入食道、胃、胰、小肠及大肠前段。荐区副交感神经起源于荐部脊髓第二、三、四节的外侧柱，通过盆神经进入大肠末端。这些神经的节前纤维直接进入胃肠组织，与内在神经元形成突触，发出节后纤维，支配腺细胞、平滑肌细胞等。胃肠道副交感神经节后纤维为胆碱能纤维，兴奋时末梢释放乙酰胆碱，引起消化道运动增强，腺体分泌增加。

（2）交感神经　　进入胃肠道的交感神经从脊髓第 5 胸段至第 2 腰段侧角发出，其节前纤维在腹腔神经节、肠系膜神经节或腹下神经节交换神经元，节后纤维为肾上腺素能纤维，兴奋时末梢释放去甲肾上腺素，引起胃肠运动减弱和消化腺分泌减少等。

在外来神经系统中，除上述的传出纤维外，还存在大量的传入纤维，可将各种信息传到相关神经丛，也可将胃肠感受器信号传入高位中枢，引起反射调节，如迷走-迷走反射，就是信息分别由迷走神经中的传入和传出纤维完成的胃肠反射活动。

（二）体液调节

1. 消化道的内分泌功能　　胃肠道不仅具有外分泌功能，也是体内最大的内分泌器官。散在于胃肠黏膜上皮的内分泌细胞所分泌的生物活性物质，统称为胃肠激素（gastrointestinal hormone），目前已经被鉴定的有40多种。胃肠激素在化学结构上属于肽类，又称为胃肠肽（gastrointestinal peptide），分子质量大约在5000 Da（dalton）以内。胃肠激素之所以种类繁多与消化道内复杂的内分泌细胞有关，它们具有摄取胺或胺的前体物（氨基酸、多巴）、脱去其羧基，进而转变为活性胺（如多巴胺）的能力，这类细胞被称为胺前体摄取和脱羧（amine precursor uptake and decarboxylation，APUD）细胞。

除胃、肠和胰腺的内分泌细胞外，神经系统、甲状腺、肾上腺髓质、垂体的组织中也含有APUD细胞。近年研究发现，存在于胃肠道内的许多生物活性肽类也存在于中枢神经系统内，这类双重分布的激素被称为脑-肠肽（brain-gut peptide），已知的脑-肠肽激素有20多种，如促胃液素、CCK、生长抑素、神经降压素、P物质等。这些双重分布的脑-肠肽对动物有重要意义，如胆囊收缩素（缩胆囊素或促胰酶素）在外周对胰酶分泌和胆汁排放具有调节作用，在中枢对摄食具有抑制作用，因此脑内及肠内的胆囊收缩素在消化和吸收中具有协调作用。

2. 胃肠激素的生理作用　　胃肠激素是消化道功能体液调节的主要因素，它的生理作用包括：①调节消化腺的分泌和消化道的运动；②调节其他激素的分泌，如在消化期从消化道释放的肠抑胃肽对胰岛素的分泌具有很强的刺激作用；③营养性作用，有些胃肠激素可促进消化道组织的代谢和生长，如促胃液素可引起胃的壁细胞增生，胆囊收缩素能促进胰腺、胃分泌部组织的生长。几种主要胃肠激素的生理功能见表6-2。

表6-2　几种胃肠激素的分布、作用

激素名称	分布部位	细胞名称	主要生理作用
促胃液素（gastrin）	胃幽门腺、十二指肠	G细胞	促进胃液分泌，促进胃运动和消化道黏膜生长
促胰液素（secretin）	十二指肠	S细胞	促进胆汁、胰液中的HCO_3^-分泌，加强胆囊收缩引起的胰酶分泌、抑制胃酸分泌
胆囊收缩素（cholecystokinin，CCK）	小肠上部，主要在十二指肠	I细胞	胆囊收缩，胰酶分泌，加强促胰液素引起的HCO_3^-分泌，抑制胃排空，促进胰外分泌部组织生长、小肠平滑肌收缩
抑胃肽（gastric inhibitory polypeptide）	小肠上部	K细胞	引起胰岛素释放，抑制胃酸分泌
胃动素（motilin）	小肠	Mo细胞	引起消化期间的胃肠蠕动
生长抑素（somatostatin，SS）	胰岛、胃、小肠、结肠	D细胞	抑制胃液、胰液分泌，抑制多种胃、肠、胰激素释放

三、消化道的保护功能

消化道两端与外界环境相通，是一个开放的通道，在消化过程中，常有大量致病因子随饲料进入消化道，这些因子有的可直接损害胃肠道本身，有的还可引起全身性疾病。胃肠道本身具有特殊的保护功能，黏膜就是一种屏障，可以防止各种有害因子的侵害。这种屏障的作用涉及两种机制：一种是非特异的物理性屏障，只能起简单的阻隔作用，有相当部分致病因子仍可以自由地通过这个屏障；另一种是特异的免疫性屏障，由淋巴组织构成，通过免疫反应阻止致病因子的入侵。消化道黏膜含有大量淋巴组织，统称为与肠道有关的淋巴组织，是全身淋巴组织的重要组成部分，具有与其他淋巴组织相同的功能，发挥体液免疫和细胞免疫的作用，保护机体。另外一些消化液（如唾液）中也含有一些杀菌物质。

◆ 第二节 摄　食

动物的摄食（feed intake）是指通过采食器官捕获食物，并将食物送入口腔的过程，是动物维持生命活动的基本行为。正常的采食行为是判断动物健康状况的重要依据。

一、摄食方式

每种动物在长期进化过程中形成固定的摄食习性。研究不同条件下动物摄食行为的变化，探索其机制，具有重要的理论意义和生产实践意义。犬、猫靠门齿、犬齿，并配合头转、爪按，将食物送进口中；猪用吻突寻找食物，靠尖形的下唇将食物送进口中，舍饲时用齿、舌和头共同完成采食；牛的舌很长，运动灵活而坚强有力，舌面粗糙，以舌、下颌门齿和上颌齿龈配合将草切断；马、驴的唇感觉敏感、运动灵活，靠门齿切割或靠头扭转扯断草；绵羊、山羊的采食方式和马大致相同，但绵羊上唇有裂隙，便于啃食很短的牧草。

二、摄食调节

动物的摄食过程有着内在的调节机制，并受饲料性状及外界环境的影响。动物的摄食调节一般分为短期调节和长期调节两种方式。动物进食后产生饱感，食欲有所下降的调节过程称为短期调节，该调节过程涉及饲料特性、胃肠道的状况。动物长期保持身体体重和摄食量相对稳定的调节过程称为长期调节，该过程涉及营养物质的贮藏及消耗等。这两种调节方式都是通过神经内分泌系统进行的。

（一）摄食调节中枢

动物的摄食行为由摄食中枢（feeding center）和饱中枢（satiety center）控制，两者有交互抑制作用，合称"食欲中枢"。哺乳动物调节摄食的基本中枢在下丘脑。摄食中枢在下丘脑的外侧区，研究表明，电刺激摄食中枢时，可使刚吃饱的动物恢复采食，破坏该区可导致动物厌食甚至饥饿致死。饱中枢位于下丘脑腹内侧区，饱中枢兴奋，动物停止摄食；破坏则出现过食现象，造成肥胖。除下丘脑外，其他脑区，如杏仁核、黑质纹状体系统、后脑、前脑等也参与摄食调节。

（二）摄食调节的外周信号途径

1. 短期调节的外周信号途径　　动物通过视、听、嗅、味觉等感受器感受食物信号刺激，兴奋或抑制采食中枢的活动。短时采食调节是从摄食后立即开始的，信号来自消化道、肝等部位的机械、化学感受器，一般认为它经 4 条途径传入中枢。①摄食后进入胃和十二指肠前段的营养物质作用于相应的机械和化学感受器或肝门静脉感受器，所产生的信号经迷走神经传入中枢。②一些营养物质，如葡萄糖、酮体，可直接作用于中枢相关神经元调节摄食。③营养物质通过体液途径传递信息。例如，胆囊收缩素（CCK）是最重要的传递因子之一，经肝门静脉到达肝或经体循环直接到达中枢，并作用于特异性 CCK 受体，抑制摄食。④营养物质作用于小肠后段，促进胰高血糖素样肽-1（glucagon like peptide-1，GLP-1）的分泌，GLP-1 抑制胃肠的分泌和运动，抑制胃排空，进而抑制动物摄食。

2. 长期调节的外周信号途径　　摄食的长期调节与能量的消耗和摄入之间的平衡有关。机体内存在某种调定点，使机体内的能量储存维持在一个稳定的水平。摄食的长期调节与年龄、饮食、激素和自主神经系统的活动有关。参与摄食的长期调节和能量平衡的外周信号主要有胰岛素、瘦素、生长激素和甲状腺激素，其中胰岛素和瘦素是调节摄食和能量平衡的最重要的长期信号，两者通过作用于中枢而抑制摄食，并增加能量消耗。

（三）中枢神经递质和脑肽对摄食的调节

与摄食相关的外周调节信号主要从胃肠道、胰和肝传入下丘脑，经过整合后将复杂的信息转变为采食的指令，同时控制采食量。多种肽类和神经递质与中枢相应的受体结合可促进或抑制摄食活动。参与食欲调节的中枢神经递质分为两类：①促进摄食的递质，主要包括去甲肾上腺素、乙酰胆碱、γ-氨基丁酸（GABA）等；②抑制摄食的递质，主要有 5-羟色胺（5-hydroxytryptamine，5-HT）。

◆ 第三节　口 腔 消 化

消化从口腔开始，口腔消化主要包括咀嚼、唾液分泌及吞咽三个过程。口腔内食物与唾液混合，经咀嚼后形成食团，通过吞咽进入食管和胃。

一、口腔的物理性消化

咀嚼是由咀嚼肌有顺序地收缩引起的一种随意运动，是一种反射活动，受口腔感受器和咀嚼肌本体感受器传入冲动的制约。咀嚼的意义在于：①切割和磨碎食物，破坏其纤维膜，增加食物的消化面积，有利于消化。②使食物与唾液充分混合，形成食团便于吞咽。③咀嚼还能反射性引起消化腺分泌和胃肠运动，为食物的进一步消化作准备。咀嚼次数和时间长短与食物性质和干湿等有关。

吞咽（swallowing）是口腔内的食团经咽和食管进入胃的一种复杂的反射活动，基本中枢在延髓。食团进入食管，刺激食管壁上的机械感受器，反射性地使食管下括约肌舒张，引起食团下行入胃。当食团进入胃时，促胃液素等激素的释放使该括约肌收缩，阻止胃内容物逆流。

二、口腔的化学性消化

唾液（saliva）是由唾液腺（腮腺、颌下腺、舌下腺）和口腔黏膜上分布的许多小腺体分泌的混合液（图 6-3）。

（一）唾液的成分及生理作用

唾液是无色透明的黏性液体，呈弱碱性。水分占 99%，有机物主要是黏蛋白、淀粉酶、溶菌酶、免疫球蛋白等。动物如果长期摄取较多的糖类食物，唾液中淀粉酶含量会增多，肉食性动物、牛、羊、马的唾液不含淀粉酶。幼畜、犊牛的唾液中含有消化脂肪的舌脂酶，即使幼畜在胆盐缺乏的情况下，仍可将乳脂水解成游离脂肪酸。无机物主要是钠、钾、钙、氯、磷酸盐、碳酸氢盐等。

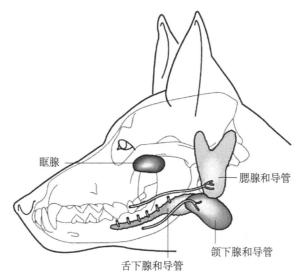

眶腺

腮腺和导管

颌下腺和导管

舌下腺和导管

图 6-3 （犬）唾液腺的分布及唾液的分泌过程（Fails and Magee，2019）

唾液的生理功能主要有以下几个方面。①湿润口腔和饲料，利于咀嚼，其黏液中的黏蛋白有助于食团形成，利于吞咽。②溶解饲料中可溶性物质，刺激舌的味觉感受器，增强食欲，引起各消化腺的分泌。③清洁口腔，帮助清除饲料残渣和异物。含有溶菌酶，冲淡、中和毒素，并有杀菌、消毒作用。④中和胃酸，调节 pH。唾液呈弱碱性，可缓冲胃酸。反刍动物唾液中高浓度的碳酸氢盐和磷酸盐具有强大的缓冲能力，能中和瘤胃内微生物发酵所产生的有机酸，以维持瘤胃内适宜的酸碱度，保证微生物正常活动。⑤分解食物。猪等唾液中有淀粉酶，使淀粉分解为麦芽糖。⑥有利于散热。水牛和犬的汗腺不发达，在高温季节可分泌大量稀薄唾液，其中水分的蒸发有助于散热。⑦参与尿素再循环。反刍动物随唾液分泌大量的尿素进入瘤胃，参与机体的尿素再循环，减少氮的损失。

（二）唾液分泌的调节

唾液的分泌受神经调节，包括非条件反射和条件反射两种。非条件反射指当食物刺激了口腔内的机械、温度、化学等感受器时，神经冲动经传入纤维到达延髓的唾液分泌中枢，信息整合后发出信号经副交感神经和交感神经的传出纤维到唾液腺，引起唾液分泌。条件反射指食物的形状、气味、颜色、进食环境等各种信号通过视、嗅、听神经到达大脑皮层及以下的唾液分泌中枢，经传出神经到达唾液腺使其分泌唾液。唾液分泌的初级中枢在延髓，高级中枢在下丘脑和大脑皮层等部位。

唾液分泌的传出神经以副交感（迷走）神经为主，递质为乙酰胆碱，作用于腺细胞膜上的 M 受体，引起细胞内肌醇三磷酸（IP_3）释放，触发细胞钙库释放 Ca^{2+}，使腺细胞代谢和分泌功能加强，唾液腺的血管扩张，肌性上皮收缩，唾液分泌量增加。交感神经节后纤维释放的递质为去甲肾上腺素，作用于腺细胞膜上的 β 受体，引起细胞内 cAMP 增高，唾液分泌增加。副交感和交感神经兴奋均可引起唾液分泌，但是副交感神经主要支配浆液细胞，兴奋时分泌的唾液量大而稀薄，含有机物少；交感神经主要支配黏液细胞，兴奋时分泌的唾液量少，含有较多的唾液蛋白，二者在中枢的整体调控下有协同作用。

◆ 第四节　单胃消化

胃是消化道的膨大部分，是具有暂时贮存食物、消化、吸收和内分泌功能的器官。饲料在此进行物理性的和化学性的消化。无论肉食还是杂食动物的胃都有大体相似的功能结构。

一、单胃的化学性消化

胃黏膜可分为贲门腺区、胃底腺区和幽门腺区。人和犬胃黏膜的三个腺区分界清楚，而猪则没有严格的界限，它的贲门腺区较大，约占整个黏膜的1/3，胃与食道接口处覆盖有复层鳞状上皮，还有一个无腺体的食管膨大部；马胃也有一个食管膨大部，大部分为复层鳞状上皮所覆盖。

胃黏膜层由上皮层、固有层和黏膜肌层三部分组成：①上皮层主要是单层柱状上皮细胞，分泌黏液。②固有层含有大量腺体，分泌腺中包含多种分泌细胞，可分为外分泌细胞（exocrine cell）和内分泌细胞（endocrine cell）两种，前者的分泌物进入胃腔，后者则进入血液。外分泌细胞包括分泌酸的壁细胞（parietal cell）、分泌酶的主细胞（chief cell）和黏液细胞，胃液的主要成分是这些细胞的分泌物。哺乳期幼畜的主细胞还分泌凝乳酶，肉食动物还分泌少量的脂肪酶。内分泌细胞分泌激素，如胃窦的G细胞可分泌促胃液素。③黏膜肌层由平滑肌组成，分内环形肌和外纵行肌两层，它们的活动有利于分泌物的排出。

（一）胃液的成分及生理功能

纯净的胃液为无色透明的液体，pH为0.5～1.5。胃液由无机物和有机物组成，无机物包括盐酸，Na^+、K^+、HCO_3^-等离子；有机物包括黏蛋白、消化酶和糖蛋白。

1. **盐酸**　盐酸又称胃酸（gastric acid），由壁细胞分泌。盐酸在胃液中有两种存在形式：一种呈解离状态，称为游离酸；另一种与黏液中的蛋白质结合成盐酸蛋白盐，称为结合酸。两者在胃液中的总浓度称为胃液的总酸度。

盐酸的主要生理作用有：①激活胃蛋白酶原，使其成为具有生物活性的胃蛋白酶，并且为胃蛋白酶提供适宜的酸性条件；②使食物蛋白质变性易于消化；③具有一定的抑菌和杀菌作用；④盐酸随食糜进入小肠，能够促进胰液、胆汁、小肠液的分泌和促胰液素的释放；⑤促进小肠对铁、钙的吸收。

2. **胃蛋白酶**　由主细胞分泌的无生物活性的胃蛋白酶原是胃蛋白酶的主要来源，此外，贲门腺和幽门腺的黏液细胞、十二指肠近端的腺体也能分泌少量的胃蛋白酶原。胃蛋白酶原经盐酸或已经被激活的胃蛋白酶的激活，转变为有活性的胃蛋白酶。哺乳动物胃蛋白酶激活的最适pH为2，其活性随着pH的升高而降低，当pH高于6时，酶即发生不可逆的变性。胃蛋白酶为内切酶，能够水解蛋白质产生蛋白䏡、蛋白胨及少量的多肽和氨基酸，除此之外胃蛋白酶还有凝乳的作用。

3. **黏液和 HCO_3^-**　胃的黏液由表面上皮细胞、黏液颈细胞等共同分泌。一种是可溶性黏液，其主要成分为可溶性黏蛋白；另一种是不溶性黏液，其主要成分为糖蛋白，具有很大的黏稠度，为水的30～260倍，呈凝胶状。一般认为黏液的分泌是一种自发的持续性分泌，在胃黏膜表面覆盖着约500 μm厚的黏液层，构成黏液-碳酸氢盐屏障，保护胃黏膜免于强酸和蛋白酶的作用（图6-4）。

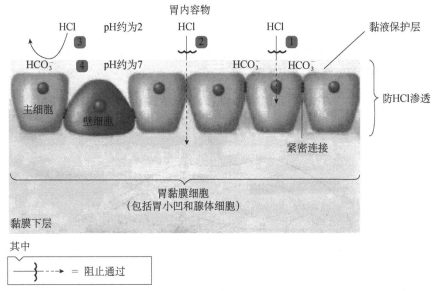

图 6-4 胃黏膜的保护屏障使胃免受酸的损伤（Sherwood et al.，2013）

1. 胃黏膜对 H^+ 的不通透性阻止了 HCl 的渗透；2. 胃黏膜细胞之间的紧密连接阻止了 HCl 的通过；3. 黏液层充当了防止酸渗透的物理屏障；4. 富含 HCO_3^- 的黏液对邻近酸的中和作用形成了保护胃黏膜的化学屏障

胃液中的 HCO_3^- 主要由表面黏液细胞分泌，少量自组织间隙渗入，不断分泌出的 HCO_3^- 从黏液细胞逐渐向胃腔扩散，胃腔内的 H^+ 则进行反向扩散，黏液层中 HCO_3^- 会逐渐中和 H^+，在黏液层里形成 pH 梯度，近胃腔侧呈酸性（pH 约为 2.0），邻近胃壁侧呈中性或偏碱性（pH 约为 7.0）。这种 pH 梯度不仅避免了 H^+ 对胃黏膜的直接侵蚀作用，也使胃蛋白酶原在紧邻胃上皮细胞侧不能被激活。同时，黏液凝胶层的分子结构及其表面以共价结合的脂肪酸链构成了一道有效屏障，可以阻止胃蛋白酶通过黏液层，有效地阻止胃蛋白酶对胃黏膜的直接消化作用。正常情况下，胃蛋白酶能够水解胃腔侧表层黏液的糖蛋白，但是表面黏液细胞分泌黏液的速度与表层黏液被水解的速度相等，使黏液层处于动态平衡，从而保持了黏膜屏障的完整性和连续性。

4. 内因子 壁细胞分泌的一种糖蛋白，可以与胃内的维生素 B_{12} 形成复合物，保护维生素 B_{12} 在小肠内不被破坏，并促进其吸收。内因子减少时，可导致维生素 B_{12} 缺乏，出现恶性贫血。

（二）胃液分泌的调节

胃液的分泌分基础分泌和消化期分泌。空腹 12～24 h 后的胃液分泌为基础分泌，除猪、马以外，其他家畜一般不分泌酸性胃液。基础分泌呈昼夜节律，清晨分泌量最低，夜间分泌量高。生理条件下，食物是引起胃液分泌的自然刺激物，不同性质的食物引起胃液分泌的质和量不尽相同。由进食引起的胃液分泌的增加，称为消化期分泌，是胃液分泌的重要时期，既有促进因素，也有抑制因素。

1. 胃液分泌的促进 按照接受食物刺激部位的先后，将胃液分泌分为头期、胃期和肠期，实际上这三个时期几乎是同时开始、互相重叠的。

（1）头期 头期胃液分泌的机制研究是以动物的假饲实验为基础而进行的研究，即对动物施行手术，安装食管瘘或胃瘘，进食后食物经过瘘管漏出未能到达胃，但是胃液仍大量地分泌（图 6-5）。头期胃液分泌包括条件反射和非条件反射。前者是由食物的形状、气味、声音等刺激了视、嗅、听等感受器引起的，需要大脑皮层的参与。后者是咀嚼和吞咽食物时，刺激口腔和咽部等处的机械和化学感受器而引起的，神经冲动经第Ⅴ、Ⅶ、Ⅸ、Ⅹ对脑神经传至中枢（延髓、下丘脑、边缘叶、大脑皮层），反射性引起胃液分泌，传出神经为迷走神经。迷走神经兴奋不仅直接促进胃腺分泌，而且能够刺激幽门部黏膜的G细胞释放促胃液素，间接促进胃液分泌。所以头期胃液分泌受神经和体液的双重调节。

头期胃液分泌的特点是：潜伏期较长，分泌延续的时间较长，胃液中胃蛋白酶的含量高，消化力强。胃液的分泌量与食欲有关，对于喜爱的食物可以大量分泌；对于厌恶的食物则分泌很少，甚至不分泌。

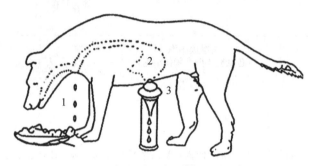

图 6-5　假饲（周定刚等，2022）
1. 食物从食管切口流出；2. 胃；3. 从胃瘘收集胃液

（2）**胃期**　　食物进入胃以后，刺激胃部的机械、化学感受器而引起的胃液分泌，称为胃期胃液分泌。其分泌量约占胃液总分泌量的60%。胃期分泌的主要机制是：①扩张刺激胃底、胃体部感受器，通过壁内神经丛的局部反射；②迷走-迷走长反射直接或通过刺激促胃液素的释放间接引起胃液分泌；③扩张刺激胃幽门部的感受器，通过壁内神经丛促进G细胞分泌促胃液素；④化学物质，尤其是蛋白质的消化产物如多肽、氨基酸直接作用于G细胞，引起促胃液素的释放，继而促进胃液分泌，但是糖和脂肪类食物对促胃液素释放的刺激作用不强。

（3）**肠期**　　食糜进入十二指肠，由于扩张及蛋白质消化产物对于肠壁刺激也能引起胃液分泌。当切断支配胃的外来神经时，食物对小肠的刺激仍可引起胃液分泌，说明肠期的胃液分泌主要受体液调节。当食糜刺激十二指肠的G细胞后，释放促胃液素。食糜还可以刺激十二指肠黏膜，使其释放肠泌酸素，促进胃酸的分泌。此外，小肠吸收氨基酸以后，被吸收的氨基酸也可能参与肠期的胃液分泌。肠期胃液的分泌特点是分泌量很少，约占进食后总分泌量的10%。

综上所述，在进食过程中，胃液分泌的三个时期是相互重叠的，其中头期和胃期的胃液分泌占有重要位置。在胃液分泌调节中，神经和体液调节是密不可分的。

2. 胃液分泌的抑制　　对消化期的胃液分泌，除了存在兴奋性调节之外，还存在抑制性调节。对胃液分泌的抑制因素主要是盐酸、脂肪和高渗溶液。

（1）**盐酸**　　胃液中盐酸分泌量过多，如胃窦部pH降至1.2～1.5时可反过来抑制胃液的分泌，这是一种负反馈的调节作用。由于盐酸直接抑制G细胞，减少促胃液素的释放。盐酸还可刺激胃黏膜中的D细胞，使D细胞释放生长抑素，后者抑制了盐酸和胃蛋白酶的分泌。盐酸还可以刺激十二指肠黏膜的S细胞分泌促胰液素，后者对胃酸的分泌具有显著的抑制作用。

（2）**脂肪**　　脂肪及其消化产物进入小肠对小肠黏膜的刺激，使其产生抑制性物质，抑制胃酸、胃蛋白酶的分泌和胃的运动，该物质被我国生理学家林可胜命名为肠抑胃素，但是该物质至今尚未被提纯，目前认为这是几种具有抑制作用的胃肠激素总称，小肠黏膜中的抑胃肽、神经降压素等多种胃肠激素都具有类似肠抑胃素的特性。

（3）**高渗溶液**　　高渗溶液对小肠壁渗透压感受器的刺激，通过肠-胃反射抑制胃液的分泌；

同时它还能刺激小肠黏膜释放抑制胃液分泌的胃肠激素，但是其机制尚未被阐明。

此外，胃液分泌还受到情绪、精神状态的影响。胃的黏膜和肌层中存在大量的前列腺素，前列腺素能够显著地抑制由摄食、促胃液素所引起的胃液分泌，迷走神经兴奋和促胃液素都能够促进前列腺素的分泌。

二、单胃的物理性消化

胃的运动使胃能够容纳食物，并对食物进行物理性消化，研磨食物，使其与胃液混合，将食糜向十二指肠推送。

（一）胃的运动形式

1. **容受性舒张**　当动物咀嚼和吞咽时，食物对咽、食道等部位感受器的刺激，引起胃壁平滑肌的舒张，使胃的容量增加，能够容纳大量的食物，而胃内压力不会有大幅度的改变，称其为容受性舒张。容受性舒张是一种反射活动，其传入神经和传出神经均是迷走神经，切断双侧迷走神经，反射即消失，故属于迷走-迷走反射。

2. **紧张性收缩**　胃壁平滑肌经常保持一定程度的缓慢而持续的收缩状态，称其为紧张性收缩，使胃能够维持一定的形状，维持和提高胃内压力，促使胃液渗入食糜，有利于化学性消化，当胃内充满食物时，胃壁紧张性收缩又恢复，并且在消化过程中，随着胃内容物的减少，胃紧张性收缩逐渐加强，胃内压也随之升高。

3. **蠕动**　食物进入胃以后 5 min 左右胃开始蠕动，蠕动波自胃大弯开始，有节律地向幽门方向传播。人胃的蠕动频率约为每分钟 3 次，每个蠕动波约需要 1 min 到达幽门，犬胃的蠕动频率为每分钟 5 次。动物进食以后，胃的蠕动波初起时是小波，在传播的过程中逐渐增强，当接近幽门时增强明显，故有幽门泵之称。大多数蠕动波到达幽门，但也有的到达胃窦即行消失，有的甚至可以传播到十二指肠。

蠕动的生理意义首先在于搅拌和研磨食物，使食物与胃液充分混合，形成食糜，有利于胃液进行化学性消化；其次，推进胃内容物，使其向幽门部位移行进入十二指肠。胃的蠕动受胃平滑肌的慢波电位控制，神经和体液因素通过影响慢波及动作电位来影响胃的蠕动。迷走神经兴奋、促胃液素、胃动素和 CCK 可使慢波和动作电位频率增加，从而使胃蠕动的强度和频率提高；交感神经兴奋、促胰液素、胰高血糖素、血管活性肠肽和抑胃肽的作用则相反。

（二）胃的排空

食物由胃排入十二指肠的过程称为胃排空（gastric emptying）。胃的收缩是胃排空的动力，胃幽门部的括约肌控制胃肠通道，静息时，幽门括约肌呈紧张性收缩，幽门处的压力高于胃内，从而限制食物过早地进入十二指肠，保证食物在胃内被充分消化，同时也可以防止十二指肠的内容物向胃逆流。当胃因强烈的收缩使胃内压力高于幽门的压力时，幽门括约肌舒张，食糜进入十二指肠。

胃的排空速度受食物理化特性的影响。一般流体的食物比固体排空快；颗粒小的比大块食物排空快；NaCl、NaHCO₃、尿素、甘油等物质的等渗溶液的排空速度比非等渗溶液的快；葡萄糖、蔗糖、氯化钾溶液的渗透压越高，排空越慢；中性食糜的排空比酸性的快。在三种主要营养物质中，糖类排空最快，蛋白质次之，脂肪排空最慢。排空速度除与食物性质有关外，不同家畜或同一家畜处于不同的生理状态，其排空速度也不相同。一般肉食动物排空较快，采食后 4～6 h 即可排空；猪和马排空速度较慢，通常饲喂后 24 h 胃中还留有食物残渣。正常情况下，动物安静或运动时胃排空较快；惊恐、疲劳时排空则受到抑制。

（三）呕吐

呕吐是将胃内容物从口腔强力驱出的动作。机械的和化学的刺激作用于舌根、咽部、胃、大（小）肠、胆总管、泌尿、生殖器官等处的感受器，都可以引起呕吐。呕吐开始时，先是深吸气，声门紧闭，胃和食管舒张，随着膈肌、腹肌的猛烈收缩，挤压胃内容物通过食管而进入口腔。呕吐时，十二指肠和空肠上段也变得强烈起来，蠕动增快，并可转为痉挛。胃舒张而十二指肠收缩，平时的压力差倒转，使十二指肠内容物倒流入胃，因此呕吐物中常混有胆汁和小肠液。

呕吐的反射中枢在延髓外侧网状结构的背外侧缘，在结构上和功能上与呼吸中"、心血管'枢均有密切联系。

三、胃内食物的消化

食糜进入胃后，在胃液的酸性环境中，唾液淀粉酶的作用停止，淀粉在胃内几乎没有变化；其他的碳水化合物，如纤维、半纤维素等因为没有相应的酶，在胃内也没有被消化。胃内虽含有少量的脂肪酶，但其酸性环境不利于脂肪的乳化，故脂肪在胃内几乎不能被消化。只有刚出生的肉食动物幼畜，因为胃酸少，胃脂肪酶可将乳汁中少量的脂肪分解为甘油和脂肪酸，对乳中脂肪有一定的消化作用。

胃中的食物消化主要表现为蛋白质的消化。在胃内盐酸的作用下蛋白质发生变性，立体的三维结构被分解成单股，肽键暴露；在胃蛋白酶的作用下，蛋白质分子降解为蛋白胨、蛋白胨及少量肽和氨基酸。幼年家畜的胃（羔羊、犊牛的皱胃）中含有凝乳酶，成年动物一般不含此酶。刚分泌出来的凝乳酶原没有活性，在胃酸的作用下被激活为凝乳酶。凝乳酶将乳中的酪蛋白原转变成酪蛋白，酪蛋白与钙离子结合形成不溶性的酪蛋白钙，使乳汁凝固，延长乳汁在胃内的停留时间，促进胃蛋白酶对乳蛋白的消化作用。

◆◆第五节　复 胃 消 化

◆◆ 反刍动物的复胃包括瘤胃、网胃、瓣胃和皱胃四个部分。前三个胃总称为前胃，其黏膜没有胃腺，食物在前胃内受到物理性消化和微生物消化。皱胃的消化与单胃相似，包括物理性消化和化学性消化（图 6-6）。

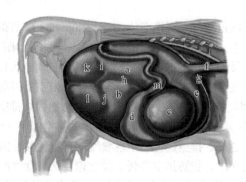

图 6-6　反刍动物（牛）复胃的结构（右侧）（Reece et al., 2019）

a. 瘤胃背囊；b. 腹囊；c. 瓣胃；d. 皱胃；e. 网胃；f. 食管；g. 膈肌；h. 右纵沟；i. 背冠状沟；j. 腹冠状沟；k. 后背盲囊；l. 后腹盲囊；m. 十二指肠

一、复胃的微生物消化

（一）瘤胃内的微生物

反刍动物的瘤胃内存在大量的厌氧微生物，主要有细菌、纤毛虫和真菌，它们的种类及数量与饲料、动物年龄等因素有关。

1. 细菌 细菌是瘤胃内最主要的微生物，每克瘤胃内容物中有 $1.5 \times 10^{10} \sim 2.5 \times 10^{10}$ 个。经过鉴定的细菌有 200 多种，有糖类分解菌、纤维素分解菌、蛋白质分解菌、淀粉分解菌、尿素分解菌、产甲烷菌及合成维生素的细菌（表 6-3）。细菌在分解纤维素和蛋白质的同时，能利用瘤胃内的短链碳水化合物（碳源）和 NH_3（氮源）合成自身的菌体蛋白（microbial protein, MCP）。在蛋白质缺乏的条件下，在粗纤维饲料中适当添加尿素等氮源有利于 MCP 的合成。当细菌随食糜进入皱胃和小肠内被消化时，可被相关酶分解，为宿主提供营养物质。

表 6-3 瘤胃中细菌的种类

分解纤维素的菌属	分解淀粉的菌属	利用酸的菌属
产琥珀酸拟杆菌	嗜淀粉拟杆菌	埃氏巨球菌
黄化瘤胃球菌	牛链球菌	反刍月形单胞菌
白色瘤胃球菌	解淀粉琥珀酸单胞菌	分解蛋白质的菌属
溶纤维丁酸弧菌	栖瘤胃拟杆菌	牛链球菌
分解半纤维素的菌属	分解尿素的菌属	嗜淀粉拟杆菌
栖瘤胃拟杆菌	溶糊精琥珀酸弧菌	反刍动物拟杆菌
瘤胃球菌属	新月单胞菌属	产生氨的菌属
分解果胶的菌属	溴化瘤胃杆菌（*Ruminococcus bromii*）	利用脂肪的菌属
多生柔毛螺旋菌	丁酸弧菌属	溶脂嫌气弧菌
溶糊精琥珀酸弧菌	密螺旋体属	溶纤维丁酸弧菌
牛链球菌	产甲烷的菌属	布氏密螺旋体
布氏密螺旋体（*Treponema bryantii*）	反刍甲烷短杆菌	梭尾菌属（*Fusocillus* sp.）
	运动甲烷小杆菌（*Methanomicrobium mobile*）	微球菌属（*Micrococcus* sp.）
	利用葡萄糖的菌属	
	布氏密螺旋体	
	小牛乳酸杆菌（*Lactobacillus vitulinus*）	

2. 纤毛虫 纤毛虫又称为原虫。每克瘤胃内容物中可达 4×10^6 个，反刍动物瘤胃中的纤毛虫有 60 多种，主要包括头毛虫属、前毛虫属、双毛虫属、密毛虫属、内毛虫属等（表 6-4）。纤毛虫可产生多种分解营养物质的酶类，如分解蛋白质的酶（蛋白酶、脱氨基酶等）、分解糖类的酶（淀粉酶、蔗糖酶、呋喃果聚糖酶等）和分解纤维素的酶（纤维素酶和半纤维素酶）。此外，纤毛虫还具有水解脂类、糖类、蛋白质和吞噬细菌等能力。当纤毛虫进入宿主的皱胃和小肠时，能够被分解、消化吸收。由于纤毛虫虫体蛋白含有丰富的赖氨酸等必需氨基酸，因此其虫体蛋白的生物价高于细菌蛋白，当纤毛虫进入宿主的皱胃和小肠时，能够被分解、消化吸收。瘤胃内纤毛虫的种类和数量与饲料类型有密切关系，如饲料中纤维素水平高，瘤胃内含纤维素酶的纤毛虫则明显增多。有的纤毛虫有吞噬淀粉的作用，如果饲料中淀粉含量丰富，瘤胃内利用淀粉的纤毛虫则增多。饲喂次数也影响瘤胃纤毛虫的数量，饲喂次数多，则其数量也多。

表 6-4 反刍动物瘤胃内纤毛虫的类别及其百分比 （%）

| 动物 | 贫毛虫科 | | | | 全毛虫科 |
	头毛虫属	双毛虫属	内毛虫属	前毛虫属	密毛虫属
水牛	0	31.4	67.8	0.2	0.6
黄牛	0	28.3	68.0	3.3	0.4
骆驼	0.2	13.6	60.7	23.8	1.7
山羊	1.5	22.7	62.8	6.3	6.7
绵羊	2.1	16.6	69.3	6.8	5.2

3. 真菌 瘤胃中已明确的真菌种类约有 14 种。真菌依靠菌丝附着在植物细胞壁上，依靠菌丝分泌的酶，如纤维素酶、木聚糖酶、糖苷酶、半乳糖醛酸酶、蛋白酶等破坏植物细胞壁结构，降低植物纤维的强度，使细菌和纤毛虫得以进入细胞壁内部进行分解，提高了粗纤维的消化率。尽管真菌对饲料的总体消化率不如细菌，但由于真菌分泌的纤维素酶高于细菌，其对粗饲料的发酵分解更加有效。

瘤胃内的微生物不仅与宿主共生，微生物之间也存在着复杂的关系，各种微生物之间相互制约、相互依存。例如，白色瘤胃菌可以消化纤维素，但不能分解蛋白质；反刍动物拟杆菌可以消化蛋白质，但不能分解纤维素。二者在瘤胃内发酵时，前者分解纤维素所产生的己糖为后者提供能量，后者分解蛋白质为前者提供合成 MCP 的原料——氨基酸和 NH_3。又如，纤毛虫和细菌在饲料充足时，它们之间可以协作分解淀粉和纤维，纤毛虫可利用细菌的酶分解营养物质，有的细菌还可以寄生于纤毛虫体上。在食物缺乏时，纤毛虫还可以吞噬细菌，把细菌作为营养源，限制细菌的数量。

（二）瘤胃内微生物的生存条件

反刍动物依赖微生物对植物性食物的发酵获得生长所需的营养物质和能量，反之，动物瘤胃为微生物提供了一个相对恒定的、不断有食物供给的生存环境。瘤胃内的环境有以下特点：①温度稳定。瘤胃内温度一般稳定在 39～41℃。②pH 稳定。瘤胃内饲料发酵产生的酸被不断流入的唾液中的 HCO_3^- 中和，产生的乙酸、丙酸、丁酸等挥发性脂肪酸（volatile fatty acid，VFA）被吸收进入血，pH 通常维持在 5.5～7.5。③瘤胃内渗透压与血浆接近。④高度缺氧。厌氧环境是微生物必需的条件之一，即使随食物进入瘤胃少量氧气，也很快被微生物利用；其背囊中的气体主要是发酵产生、不被吸收的 CO_2、CH_4，以及少量的 N_2、H_2 等气体。⑤均匀稳定的营养。饲料和水相对稳定地进入瘤胃，瘤胃节律性地运动，使未消化的食物与微生物能够均匀混合，为微生物繁殖提供营养物质。因此，瘤胃是一个良好的、适合多种微生物共存和生长的生态体系，相当于一个发酵罐。

二、复胃的物理性消化

复胃运动与单胃运动的主要区别在于前胃，皱胃运动与单胃相似。成年反刍动物的前胃能够自发地产生周期性运动，在神经和体液因素调控下，三个前胃的运动密切相关、相互协调。

（一）前胃运动

前胃运动从网胃收缩开始，一般网胃要连续收缩两次，第一次收缩较弱，并只收缩一半即舒张，其作用是将飘浮在网胃上部的粗饲料重新压回瘤胃。接着产生第二次强烈的收缩，内腔几乎消失，此时若网胃内有铁钉之类的异物，可因网胃收缩而刺破胃壁，损伤膈膜和心包膜，发生创伤性网胃炎和心包炎。在网胃进行第二次收缩尚未达到高峰时，瘤胃的前肉柱开始收缩，阻拦网胃内容物返回瘤胃；同时网瓣孔开放，瓣胃舒张，一部分食物由网胃进入瓣胃，若是液态食糜则直接由瓣胃沟进入皱胃；若是固态食糜即被挤入瓣胃的叶片之间，瓣胃收缩研磨食糜。

动物反刍时，网胃在第一次收缩之前进行一次附加的收缩，使网胃内食物逆呕回口腔。

当网胃第二次收缩至高峰时，瘤胃开始收缩。瘤胃的收缩波开始于瘤胃前庭，再沿着背囊向后经后背盲囊、后腹盲囊传到腹盲囊，终止于瘤胃前部，这是瘤胃的原发性收缩，称为 A 波，它使食物在瘤胃内按照由前向后、再由后向前的顺序和方向移动并混合（图 6-7）。瘤胃在 A 波收缩之后，有时还可能发生一次单独的附加收缩，这是瘤胃的继发性收缩，称为 B 波。B 波开始于瘤胃后腹盲囊或同时开始于后腹盲囊和后背盲囊，然后由后向前，最后到达主腹囊，这种收缩与动物的嗳气有关。

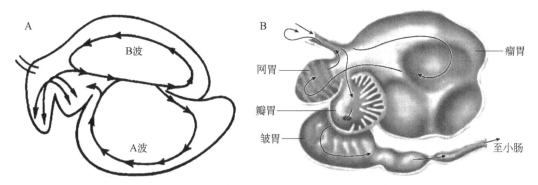

图 6-7　反刍动物瘤胃的运动模式和食糜的移动方向
A. 瘤胃的运动模式；B. 瘤胃食糜的移动方向

瓣胃的运动和瘤胃的运动相协调，在网胃收缩的间隔期，恰好瓣胃沟和瘤胃背囊同步收缩。瓣胃收缩，其内压力升高，网瓣孔关闭，瓣胃内食物不能返回网胃；而瓣皱孔开放，瓣胃中的食糜迅速被推送到皱胃。瓣胃推动食糜的速度受瘤胃、网胃和皱胃内食糜容量的影响，瘤胃内容物增多或皱胃中食糜减少，都可引起瓣胃推移食糜速度加快。有时，瓣胃收缩时，瓣皱孔呈关闭状、网瓣孔开放，因此瓣胃内的部分食糜会被推回到网胃，其功能可能是清除瓣胃中的较大颗粒状食糜。

另外，瓣胃的收缩还有很重要的物理性消化作用，进入瓣胃的食糜大量水分被移去，截留于叶片之间的较大食糜颗粒，通过瓣胃强有力的收缩，被进一步研磨、粉碎，并将食糜送入皱胃。瓣胃内容物 pH 为 5.5 左右，在此酸性环境下，微生物的活动大多被抑制，而吸附在纤维上的纤维素酶（最适 pH 为 5.5）可继续将纤维素分解为糖。瓣胃内约消化 20% 的纤维素。此外，瓣胃具有很强的吸收功能，能吸收 VFA、水分和无机物等。

前胃的运动主要靠神经来调节。咀嚼时饲料刺激口腔黏膜感受器，食物进入前胃时刺激机械和压力感受器，反射性引起前胃运动加强。如刺激网胃感受器，不仅收缩加快，还出现反刍动作。前胃运动调节中枢在延髓，高级中枢在大脑皮层。传出神经为迷走神经和交感神经，迷走神经兴奋，前胃运动加强；交感神经兴奋，前胃运动被抑制。前胃的运动还受后面胃肠活动的影响，如皱胃充满、刺激十二指肠的化学感受器能抑制前胃的运动。

（二）反刍

反刍动物摄食时没有充分咀嚼饲料就吞咽入瘤胃，饲料在瘤胃内经一定时间的浸泡、软化和发酵，休息时胃内容物又被逆呕入口腔进行仔细咀嚼，再次吞咽的特殊消化过程称为反刍（rumination）。反刍包括逆呕、再咀嚼、与唾液再混合及再吞咽四个阶段。逆呕是一个复杂的反射活动，瘤胃内大的饲料颗粒刺激了位于瘤胃前庭及食管沟黏膜上的感受器，由迷走神经传到延髓呕吐中枢，再经传出神经（迷走神经、膈神经和肋间神经）传到网胃、食管、呼吸肌及与咀嚼、吞咽相关的肌群。首先瘤胃的蠕动将饲料推向网胃，网胃的连续收缩起筛选作用，将大颗粒饲料向上推动，小颗粒饲料下沉进入皱胃。上浮的大饲料颗粒对网胃的刺激增加，网胃的收缩增强，使部分胃内容物上升至贲门口，与此同时瘤胃收缩，然后口腔、声门关闭进行吸气，引起胸腔负压加大，食管扩张。在食管负压和网胃收缩力共同作用下，食糜经贲门口进入食管，在食管的逆蠕动作用下食糜进入口腔。此时，动物口腔张开，负压消失，食糜停留在口腔。然后动物将食糜进行再次咀嚼，同时混入唾液，咀嚼后的食团又被再次吞咽，再次吞咽的细碎食糜不在瘤胃停留，进入网胃，经网瓣孔进入瓣胃和皱胃消化。当瘤胃内大颗粒食物减少时，对网胃、瘤胃前庭的刺激减弱，同时因其中较细部分经瓣胃进入皱胃，刺激了瓣胃、皱胃壁的感受器，反射性抑制网胃的收缩，逆呕停止，进入反刍的间歇期。间歇期因瓣胃、皱胃内的食糜消化后被推送到小肠，对瓣胃、皱胃的刺激减弱，解除对瘤胃、网胃的抑制，瘤胃、网胃恢复运动，直至网胃内粗饲料蓄积至一定量时，进行下一轮的反刍。

一定长度粗饲料不仅是刺激反刍所必需的，而且能够延长食糜在瘤胃内的停留时间进行充分发酵，如果动物采食的粗饲料粉碎过细，对瘤胃、网胃的刺激减弱，不仅反刍的时间减少，而且食糜在瘤胃停留的时间短，影响其消化率。

（三）嗳气

瘤胃微生物在发酵过程中不断地产生气体，如成年牛一昼夜可产生 600～1300 L 气体，主要是 CO_2、CH_4，还有少量的氮、氧和硫化氢。气体的组成随饲料种类和饲喂时间不同而有显著差异。犊牛出生后的几个月内瘤胃中以 CH_4 为主，随着日粮中纤维素的增加，CO_2 含量不断增加，6 月龄时达到成年牛的水平。正常瘤胃中 CO_2 含量比 CH_4 多，但饥饿和胀气时 CH_4 量明显超过 CO_2。CO_2 主要由糖发酵和氨基酸脱羧产生，CH_4 是由 CO_2 还原或甲酸分解而产生。瘤胃中的气体约 1/4 通过瘤胃壁吸收，进入血液，经肺排出；小部分被微生物利用，另有小部分随粪便排出，大部分以嗳气的方式排出。

嗳气（eructation）是指瘤胃中气体不能在瘤胃蠕动的作用下由食管排出体外的现象。瘤胃微生物发酵产生的 CO_2、CH_4 等气体在瘤胃背囊蓄积，随着气体量的增加，对瘤胃壁的刺激增强，其收缩运动也加强，继发性的收缩使背盲囊的气体向瘤胃前庭移动，同时贲门舒张，气体进入食管，当食管充满气体时，贲门括约肌收缩，咽食管括约肌舒张，随着食管收缩，气体进入鼻咽腔，然后鼻咽括约肌收缩，大部分气体经口腔逸出，少量气体经声门进入肺被吸收入血液。如果瘤胃内残留的气体不能及时排出，将发生瘤胃臌气。

（四）食管沟反射

食管沟是反刍动物特有的，起自贲门，经网胃，到瓣胃。在没有刺激因素时，呈开放或半开放状态。当幼畜吸吮乳汁或液体食物时，刺激了唇、舌、口腔、咽等部位的黏膜感受器，反射性地引起食管沟两边的唇形肌肉卷缩形成密闭或不完全密闭的管状，使乳汁或其他液体食物沿食管-食管沟-瓣胃管直接流入皱胃，避免进入瘤胃发酵。食管沟反射的传入神经为舌神经、舌下神经和三叉神经的咽支，中枢在延髓，传出神经为迷走神经。食管沟反射与动物的吸吮密切相关，吸吮动作反射性引起食管沟两唇闭合成管状。断奶后，随着食物的变化，食管沟反射因长期得不到刺激便会减弱甚至消失。桶内饮奶的犊牛或羔羊，缺乏吮乳刺激，容易引起食管沟闭合不全，乳汁进入瘤胃、网胃，发生酸败、发酵，引起犊牛腹泻。某些无机盐（含 Cu^{2+} 或 Na^+）溶液可刺激食管沟闭合。如果在服药前先灌服 NaCl 溶液，促使其食管沟反射性闭合，再投喂药，可使药液直接经食管沟进入皱胃。

三、复胃的化学性消化

在瘤胃、网胃、瓣胃和皱胃中，只有皱胃具有分泌胃液的功能，进行化学性消化。胃液的成分及其分泌调节等与单胃动物类似。

四、复胃内食物的消化

复胃消化是典型的微生物消化，同时伴有物理性消化、化学性消化。瘤胃相对容积大，每天消化碳水化合物（淀粉和纤维素、半纤维素等）的量占总采食量的 50%～55%。饲料进入瘤胃后，在微生物作用下，发生一系列复杂的消化和代谢，发酵产生各种代谢产物，供微生物合成和反刍动物利用，对反刍动物具有重要的意义。

（一）碳水化合物的消化与吸收

1. 纤维的消化吸收 前胃是反刍动物消化粗饲料的主要场所，饲料中粗纤维被反刍动物采食后，在口腔中几乎不发生变化。进入瘤胃后，在微生物的作用下进行发酵。瘤胃细菌分泌的纤维素酶将纤维素和半纤维素分解为 VFA、CO_2 和 CH_4。VFA 的种类和比例受日粮结构的影响很大。一般来说，饲料中粗饲料比例较高时，乙酸比例增加，丙酸比例减少；精饲料比例较高时，乙酸比例减少，丙酸比例增加。产生的 VFA 约 75% 经瘤胃壁吸收，约 20% 经皱胃和瓣胃壁吸收，约 5% 经小肠吸收。碳原子含量越多，吸收速度越快，丁酸吸收速度大于丙酸，丙酸大于乙酸。VFA 通过血液循环进入肝等组织参与代谢，通过三羧酸循环形成 ATP，产生热能，以供动物利用。此外，乙酸、丁酸还可用于合成乳脂肪中短链脂肪酸，有提高乳脂率的作用；丙酸是合成葡萄糖的原料，在肝异生成葡萄糖被动物利用，而葡萄糖又是合成乳糖的原料。瘤胃中未分解的纤维性物质，进入盲肠、结肠后进一步消化。

2. 淀粉的消化吸收 反刍动物唾液中淀粉酶含量少、活性低，饲料中的淀粉在口腔中几乎不被消化。进入瘤胃后，淀粉等在细菌的作用下发酵分解为 VFA 和 CO_2，VFA 的吸收代谢与前述相同。瘤胃中的纤毛虫具有吞噬淀粉的作用，将淀粉贮存在体内，一些纤毛虫在分解淀粉的同时还产生 CO_2 和 CH_4。瘤胃中未消化的淀粉（过瘤胃淀粉）与其他食糜转移至小肠消化。

瘤胃微生物在发酵碳水化合物的同时，还能把分解出来的单糖和双糖转化成自身的糖原，贮存于细胞内，当它们随食物经过皱胃和小肠时，随着微生物的解体，其糖原可被宿主利用，成为反刍动物葡萄糖的来源之一。

（二）蛋白质的消化与吸收

由于瘤胃中微生物的作用，对蛋白质和含氮化合物的消化利用与单胃动物有很大的不同。

1. 饲料蛋白质在瘤胃中的降解 饲料蛋白质进入瘤胃后，50%～70% 被微生物分解为多肽和氨基酸，多肽和氨基酸除直接被微生物利用合成 MCP 外，一些还被微生物进一步分解为有机酸和 NH_3，瘤胃中游离的氨基酸很少。微生物还可以利用瘤胃代谢过程中产生的丰富有机酸和 NH_3 合成 MCP。瘤胃中的 NH_3 还可以经瘤胃壁吸收进入血液，经入门静脉进入肝代谢。在肝细胞内通过鸟氨酸循环生成尿素，产生的尿素除一部分（20%左右）通过肾随尿排出外，另一部分（80%左右）经唾液和血液返回瘤胃再次利用，这一过程称为尿素再循环（图 6-8）。尿素再循环对反刍动物蛋白质代谢具有重要意义，它可以提高饲料蛋白质的利用效率，减少食入蛋白质资源的浪费，并可使食入的低质蛋白被细菌充分利用合成优质的 MCP 供宿主动物利用，同时也为开发利用非蛋白质资源提供了条件。在蛋白质饲料匮乏的情况下，尿素再循环就显得尤为重要。例如，给骆驼饲喂低蛋白质含量的饲料时，其代谢产生的尿素几乎全部用于合成 MCP，排出的尿中几乎不含尿素。

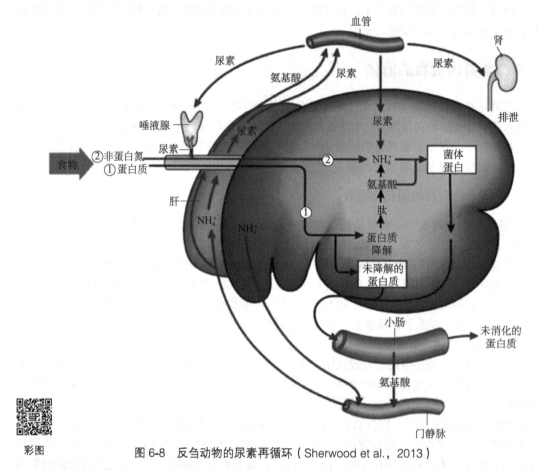

图 6-8　反刍动物的尿素再循环（Sherwood et al.，2013）

2. 蛋白质的合成　　除蛋白质外，饲料中的非蛋白氮（non-protein nitrogen，NPN），如尿素、铵盐、酰胺、氨基酸等也可以被瘤胃微生物分解产生 NH_3 用于合成 MCP。在饲料蛋白质缺乏的情况下，可人为地适量添加 NPN 以增加 MCP 产量。瘤胃合成的 MCP 组成和结构与动物体的蛋白质组成和结构相近，优于大多数的谷物蛋白，与豆饼和苜蓿叶蛋白相当，利用效率较高。通常采取以下几个方面的措施提高 MCP 产量：①合理调整日粮结构，为瘤胃微生物提供充足的碳源和氮源，满足其合成 MCP 的需要；②适当使用 NPN。反刍动物只有在瘤胃降解蛋白（rumen degraded protein，RDP）缺乏的情况下才能有效地利用 NPN，过多或不当地使用 NPN 易引起动物 NH_3 中毒。③碳源和氮源同步释放，使 MCP 合成最大。瘤胃中 NPN 分解的速度很快，而碳水化合物的分解速度较慢，两者释放不同步。常见的措施是控制 NPN 的分解，使其与碳水化合物的分解同步。

瘤胃微生物虽然能将 NPN 转化为优质的 MCP，但也会将饲料中优质的蛋白质降解，这无疑是一种浪费。因此，可对饲料中的优质蛋白进行预处理加以保护，以免被微生物分解，如增加过瘤胃蛋白（rumen undegraded protein，RUP）的量，提高蛋白质的整体利用效率。

（三）脂肪的消化与吸收

瘤胃中的微生物能够水解饲料中的脂肪，生成甘油和各种脂肪酸（包括饱和脂肪酸和不饱和脂肪酸），甘油很快被微生物分解成挥发性脂肪酸。不饱和脂肪酸在瘤胃中经过微生物的加氢作用可转化为饱和脂肪酸，脂肪酸进入小肠后被消化吸收利用，所以反刍动物的体脂中饱和脂肪酸的含量比单胃动物高。细菌还能够合成少量奇数碳的脂肪酸、支链脂肪酸及脂肪酸的各种反式异构体，饲料中脂肪的水平能够影响其脂肪酸合成，脂肪含量越高，脂肪酸的合成量越多；反之，则合成少。

（四）维生素的合成

瘤胃中的微生物能够合成 B 族维生素（如维生素 B_1、生物素、吡哆醇、泛酸、维生素 B_{12}）和维生素 K，因此，成年反刍动物的饲料中即使缺少这类维生素，也不影响其健康。如果饲料中缺乏钴，瘤胃微生物合成维生素 B_{12} 就受到限制，可能会出现维生素 B_{12} 缺乏症。幼龄反刍动物因为瘤胃发育不完善，瘤胃微生物群落尚未完全建立，有可能出现维生素缺乏症。

◆ 第六节 小 肠 消 化

小肠包括十二指肠、空肠和回肠。在小肠内，食糜受到胰液、胆汁和小肠液的化学性消化及小肠运动引起的物理性消化，淀粉、蛋白质和脂肪被分解成可吸收和利用的小分子状态，被小肠吸收。对于很多动物来说，小肠是消化和吸收的主要部位。

一、小肠的化学性消化

（一）胰液

1. 胰液的成分与生理功能　胰液由胰腺外分泌部分泌，经胰管进入十二指肠。胰液是无色、透明、碱性（pH 7.8～8.4）液体，含有水、碳酸氢盐、电解质和有机物，渗透压约与血浆相等。所含有机物主要是由胰腺腺泡细胞分泌的各种消化酶，包括胰淀粉酶、胰脂肪酶、胰蛋白酶原、糜蛋白酶原、核糖核酸酶和脱氧核糖核酸酶等。

（1）碳酸氢盐　主要由胰腺小导管上皮细胞分泌。碳酸氢盐的主要作用是中和进入十二指肠的胃酸，使肠黏膜免受强酸的侵蚀；同时也提供了小肠内多种消化酶活动的适宜 pH 环境。

（2）胰蛋白水解酶　这类酶主要包括胰蛋白酶、糜蛋白酶、弹性蛋白酶和羧基肽酶等。这些酶分泌时为酶原状态，没有活性。胰蛋白酶原在肠液中的肠激酶作用下，转变为有活性的胰蛋白酶。此外，胃酸和胰蛋白酶本身也能使胰蛋白酶原激活，后者称为自身激活。胰蛋白酶还能激活糜蛋白酶原、弹性蛋白酶原和羧基肽酶原，使它们分别转化为相应的酶。胰蛋白酶和糜蛋白酶的作用很相似，都能把蛋白质分解为蛋白䏭和蛋白胨，当两者共同作用于蛋白质时，则可分解蛋白质为小分子多肽和氨基酸，而羧基肽酶则能分解多肽为氨基酸。正常情况下，胰腺腺泡细胞在分泌蛋白水解酶时，还分泌少量胰蛋白酶抑制物。胰蛋白酶抑制物是一种多肽，可和胰蛋白酶结合形成无活性的化合物，从而防止胰蛋白酶原在胰腺内被激活而发生自身消化。

（3）胰淀粉酶　　该酶是一种 α-淀粉酶，能将淀粉分解为糊精、麦芽糖及麦芽寡糖，但不能水解纤维素，其最适 pH 为 6.7～7.0，水解速度快、效率高。唾液淀粉酶只能水解熟淀粉，而胰淀粉酶可水解生、熟两种淀粉。

（4）胰脂肪酶　　可分解甘油三酯为脂肪酸、甘油一酯和甘油，其最适 pH 为 7.5～8.5。胰脂肪酶需与辅脂酶结合才能充分发挥作用，辅脂酶对胆盐微胶粒亲和力较强，三者结合形成脂肪酶-辅脂酶-胆盐络合物，牢固地附着在脂肪颗粒表面发挥作用，防止胆盐把脂肪酶从脂肪表面洗脱下来。胰液中还有胆固醇酯酶和磷脂酶 A_2。前者水解胆固醇酯为胆固醇和脂肪酸；后者在胰脂肪酶的作用下激活后，可水解底物细胞膜中的卵磷脂，生成溶血性卵磷脂。

（5）其他酶类　　胰液中还有核糖核酸酶、脱氧核糖核酸酶，可分别将核糖核酸和脱氧核糖核酸水解为单核苷酸。胰液中还有胶原酶，可水解食物中的胶原纤维。

2. 胰液分泌的调节　　在非消化时期，胰液分泌极少，呈周期性。动物进食以后，胰液分泌开始增加。按接受食物刺激的先后可将胰液的分泌分为头期、胃期、肠期。头期又称为神经期，主要通过迷走神经来调节胰液的分泌。胃期、肠期胰液的分泌受多种因素的调节，其中肠期是胰液分泌活动中最重要的环节，受神经、体液双重调节，但以体液调节为主（图 6-9）。

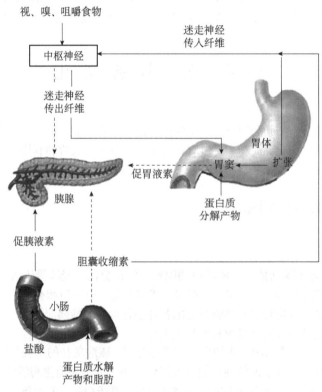

图 6-9　胰液分泌的神经体液调节
实线表示水样分泌；虚线表示酶的分泌

（1）神经调节　　食物刺激可以通过条件反射和非条件反射引起胰液分泌，其传出神经主要是迷走神经，迷走神经兴奋引起胰液分泌，其特点是含有丰富消化酶，水和 HCO_3^- 很少，因此分泌量不大。迷走神经可通过其末梢释放乙酰胆碱直接作用于胰腺腺泡细胞；也可以通过增加促胃液素的分泌，间接地影响胰腺腺泡分泌。

（2）体液调节　　促进胰液分泌的体液因素主要是促胰液素和胆囊收缩素。

1）促胰液素。酸性食糜进入十二指肠后，刺激肠黏膜 S 细胞释放的一种多肽激素，称为促胰液素，其主要作用是促使胰腺小导管上皮细胞分泌大量的水和 HCO_3^-，因此胰液的分泌量大大地增加，但是消化酶的含量却很少。引起促胰液素释放的最强刺激因子是 HCl，其次是蛋白质水解产物和脂肪，糖几乎没有作用。

2）胆囊收缩素（CCK）。在蛋白质水解产物、盐酸和脂肪等物质作用下，小肠黏膜 I 细胞可释放一种肽类激素 CCK，也称为缩胆囊素或促胰酶素。其主要作用是促进胰腺腺泡分泌各种消化酶，同时促进胆囊收缩，排出胆汁。近年来的研究证明，CCK 还可作用于迷走神经传入纤维，通过迷走-迷走反射刺激胰酶分泌。CCK 与促胰液素具有协同作用。

抑制胰液分泌的激素有生长抑素、胰高血糖素、胰多肽、脑啡肽等，其中生长抑素是抑制作用最强的一种。近年来的研究表明，调节胰液分泌的激素之间、激素与神经因素之间存在协同作用。

（二）胆汁

1. 胆汁的成分与生理功能　　胆汁（bile）是由肝细胞合成并持续分泌的一种有色、黏稠、苦味的呈弱碱性（pH 7.1～8.5）液体。胆汁主要由水、胆盐、胆色素、胆汁酸、胆固醇和卵磷脂等组成。胆色素包括胆红素及其氧化产物胆绿素，它们都是血红素的分解产物，不参与消化过程。胆汁的颜色因畜种及其所含的胆色素的种类不同而异，草食动物的胆汁呈暗绿色，肉食动物的胆汁呈红褐色，猪的胆汁呈橙黄色。

由于解剖结构的差异，各种动物胆汁进入十二指肠的途径不尽相同。大部分动物有胆囊，消化间期不断分泌的胆汁由肝管转入胆囊贮存，仅消化期间才从胆囊排入十二指肠，称为胆囊胆汁。胆囊胆汁则因浓缩而颜色变深。消化期间排到小肠的胆汁除了胆囊胆汁外，还有肝实时合成的胆汁，两者汇合称为肝胆汁。有的动物（如马、骆驼等）没有胆囊，贮存胆汁的功能则由粗大的胆管代替。猪和牛的胆管与胰管相距较远；绵羊和山羊的胆总管则直接与胰管连接，因此进入十二指肠的是胆汁和胰液的混合物。

胆汁生理作用：①中和胃酸。碱性的胆汁可以中和食糜中的酸，为胰脂肪酶提供适宜的 pH 环境。②乳化脂肪。食物中的脂肪滴在胆盐的乳化作用下形成溶于水的乳化脂肪。③促进脂肪消化分解。胆盐是胰脂肪酶的辅酶，能增强脂肪酶的活性，当胆盐与脂滴结合后增加胰脂肪酶与脂肪的接触面积，有利于脂肪酶对脂肪的分解。④促进脂肪分解物和脂溶性维生素的吸收。胆盐与脂肪酸、甘油一酯、卵磷脂等结合形成水溶性的混合微粒，促进后者吸收。在混合微粒中，脂溶性维生素 A、维生素 D、维生素 E、维生素 K 也可与脂肪分解物结合在一起被吸收。⑤促进胆汁分泌。胆盐被小肠吸收后，经门静脉返回肝，可以促进胆汁的分泌。

2. 胆汁分泌的调节　　胆汁的分泌受神经、体液和自身因素的调节。进食动作或食物对胃、小肠的刺激可反射性地引起肝胆汁分泌，传出神经为迷走神经。体液因素中，促胰液素、胆囊收缩素和促胃液素均可促进胆汁分泌和排出。生长抑素、P 物质、促甲状腺激素释放激素等脑-肠肽，均对胆汁的分泌有抑制作用。

（1）神经调节　　采食动作或饲料对胃和小肠的刺激，可反射性地引起肝胆汁分泌的少量增加，并使胆囊收缩轻度加强。反射的传出途径是迷走神经，并通过其末梢释放乙酰胆碱直接作用于肝细胞和胆囊平滑肌细胞，也可通过迷走神经-促胃液素途径间接引起肝胆汁的分泌和胆囊收缩。交感神经兴奋可抑制胆汁的排出。

（2）体液调节　　调节胆汁分泌的体液因素有以下几种。①促胰液素：促胰液素的主要作用是刺激胰液分泌，同时还有刺激肝胆汁分泌的作用。它主要作用于胆管系统，引起水和碳酸氢盐含量增加，而胆盐的含量并不增加。②CCK：CCK 可引起胆囊平滑肌的强烈收缩和奥狄（Oddi）括约肌的紧张性降低，引起胆汁的大量排放。CCK 也能刺激胆管上皮细胞，增加胆汁流量和碳酸氢盐的分泌量，但作用较弱。③促胃液素：促胃液素对肝胆汁的分泌和胆囊平滑肌的收缩均有一定的刺激作用。它既可以直接作用于肝细胞和胆囊，也可以通过先引起胃酸分泌，之后由胃酸作用于十二指肠，引起促胰液素的分泌而间接起作用。

（3）自身调节　　经胆汁排出到小肠内的 95% 以上胆盐和胆汁酸被肠黏膜吸收，经门静脉返回肝，经肝细胞加工后再随胆汁排入小肠，称为胆盐的肠肝循环（图 6-10）。回到肝的胆盐可以促进后续胆汁的分泌。

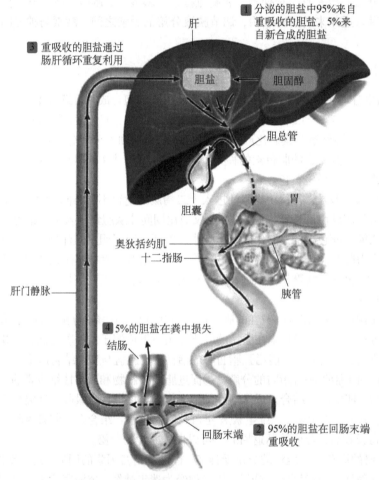

彩图

图 6-10　胆盐的肠肝循环（Reece et al.，2019）

（三）小肠液

小肠内有小肠腺和十二指肠腺，前者分布于小肠的黏膜层，其分泌物构成小肠液的主要成分；后者位于十二指肠黏膜下层，分泌碱性黏液，内含黏蛋白，主要功能是保护十二指肠黏膜不受胃酸侵蚀。

1. 小肠液的成分与生理功能　　小肠液是一种碱性的液体，pH 约为 7.6，其渗透压与血浆相同，含有水、电解质（如 Na^+、K^+、HCO_3^- 和 Cl^-）和蛋白质（包括黏蛋白、IgA 和肠激酶），小肠液中含有脱落的上皮细胞。小肠液的分泌量较大，可以稀释被消化的营养物质，使其渗透压降低并接近血浆，有利于吸收。小肠液还能被绒毛重吸收，这种分泌-吸收的不断进行为小肠内营养物质的吸收提供了有利条件。

小肠腺分泌的肠激酶可以激活胰蛋白酶原。在哺乳动物中，肠黏膜中的蔗糖酶、乳糖酶活性较高，为细胞内酶，当随细胞脱落到肠腔时仍有一定的活性，对于消化母乳中的乳糖有重要意义。小肠液中的肠激酶类（氨基酸肽酶、二肽酶）、分解双糖与多糖的酶类（海藻糖酶、麦芽糖酶、异麦芽糖酶）及肠脂肪酶均为细胞内酶，主要在肠上皮的刷状缘部分，当营养物质被吸收后，可以继续消化，这种细胞内消化的方式，是小肠所特有的。当这些酶随着肠上皮细胞脱落到小肠液时活性显著降低，比胰液中相应酶的活性低得多，它们在肠腔消化中基本上不起作用。另外，还有一些酶如精氨酸酶只参与物质代谢，并不具有消化作用。

2. 小肠液分泌的调节

（1）神经调节　　小肠液的分泌是经常性的，在不同条件下其分泌量有较大的变化。当食糜刺激十二指肠黏膜时，小肠液分泌增加。一般认为肠壁内在神经系统在小肠液分泌调节中很重要。大脑皮层也调控小肠液的分泌，其传出神经为迷走神经，迷走神经兴奋，十二指肠的小肠液分泌增加，小肠液内酶的含量增高。如果切断迷走神经，兴奋反应即消失。交感神经可能抑制小肠液的分泌。

（2）体液调节　　小肠液的分泌同样受胃肠激素的调节。促胰液素和CCK能够刺激小肠液分泌，并使其酶的含量增加，CCK的作用强于促胰液素。血管活性肠肽、胰高血糖素和促胃液素对小肠液分泌均有刺激作用。肾上腺皮质激素对小肠液中酶的分泌也有调节作用，若去除肾上腺，小肠液中的肠激酶、蔗糖酶、碱性磷酸酶含量剧减，但是小肠液分泌的总量不受影响。正常动物若注射肾上腺皮质激素或促肾上腺皮质激素可使小肠液酶的含量明显增加。生长抑素则抑制小肠液分泌，而且还能抑制胰高血糖素的作用。

二、小肠的物理性消化

（一）小肠的运动形式

1. 分节运动　　分节运动是以环形肌为主的节律性收缩和舒张活动。在食糜所在的肠段，环形肌多点同时收缩，将食糜分成许多段，然后原来收缩处舒张，原来舒张处收缩，食糜再次被分割（图6-11）。如此反复进行，食糜与消化液充分混合，有利于化学性消化，同时又能使食糜与肠壁紧密接触，有利于肠黏膜对营养物质的吸收。小肠各段分节运动的频率不同，以十二指肠的频率最高，每分钟11次。频率自小肠的上部向下部递减，回肠末端为每分钟8次，这与其基本电节律的变化相吻合，这种活动梯度有利于肠内容物向小肠下部移行。

2. 蠕动　　蠕动是小肠的环形肌和纵行肌自小肠始端向末端依次进行的推进性收缩。一般小肠蠕动的速度很慢，每个蠕动波也只把食糜推进很短距离后即行消失，其作用是将经过分节运动以后的食糜向前推进，使之到达新肠段再进行分节运动。动物体内还有一种更为常见的速度快、传播远的蠕动称为蠕动冲，它可以将食糜从小肠的始端推送到末端，甚至可以送到大肠。在动物的十二指肠和回肠末端还有一种逆蠕动，其运动的方向与蠕动相反，这样可以防止食糜过早地通过小肠，确保食糜在小肠内充分地混合、消化与吸收。

3. 摆动　　摆动是以纵行肌为主的节律性舒缩活动。当食糜进入小肠，肠一侧的纵行肌收缩，对侧的纵行肌舒张，然后原来舒张的纵行肌收缩，原来收缩的纵行肌舒张，由此使肠产生摆动。这种运动方式使食糜与消化液充分混合，很少向前推进食糜，有利于化学性消化。在草食动物中（如兔的十二指肠起始端）摆动较为明显。

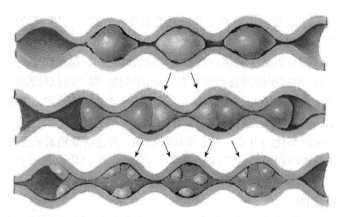

彩图   图 6-11   小肠的分节运动（Akers and Denbow，2016）

（二）小肠运动的调节

1. 神经调节   包括内在神经丛和外来神经的调节作用。

（1）内在神经丛的作用   位于纵行肌和环形肌之间的内在神经丛对小肠运动起主要作用。当机械或化学刺激作用于肠壁感受器时，通过局部反射可引起小肠蠕动。切断外来神经，小肠的蠕动仍可进行。

（2）外来神经的作用   小肠平滑肌受交感神经与迷走神经的双重支配。一般来说，迷走神经兴奋，小肠运动增强；交感神经兴奋，小肠运动受到抑制。但上述效果还以肠肌当时所处的状态而定。如果肠肌的紧张性高，则无论迷走神经还是交感神经兴奋都能抑制小肠运动。

（3）反馈性调节   回肠末端的括约肌显著增厚，称为回盲括约肌。回盲括约肌平时呈轻微收缩状态，可以防止回肠食糜过早进入结肠，延长食糜在小肠内停留的时间，有利于小肠内容物的充分消化和吸收。回盲括约肌活动属反馈性调节，当食物进入胃，胃-回肠反射引起回肠蠕动，蠕动到达回肠末端数厘米时，回盲括约肌便舒张，少量食糜被驱入结肠；当盲肠充胀刺激或食糜对盲肠黏膜产生化学刺激时，可通过肠-肌反射引起括约肌的收缩，阻止回肠内容物向结肠排放。回盲括约肌处还有活瓣样结构，可阻止大肠内容物向回肠倒流，这将保护小肠免受细菌的侵害。

小肠内容物向大肠的排放除与回盲括约肌的活动有关外，还与食糜的流动性和回肠与结肠之间的压力差有关。食糜越稀，越容易通过回盲瓣；小肠腔内压升高，也可迫使食糜通过回肠括约肌。

2. 体液调节   小肠壁内神经丛和平滑肌对各种化学物质比较敏感，许多激素或化学物质可直接作用于平滑肌细胞上的受体或通过神经介导而影响小肠的运动，如乙酰胆碱、5-羟色胺、促胃液素、CCK、胃动素和 P 物质等可促进小肠的运动，其中 P 物质、5-羟色胺等作用更强；而血管活性肠肽、抑胃肽、内啡肽、促胰液素、肾上腺素和胰高血糖素等则有抑制小肠运动的作用。

三、小肠内食物的消化

在小肠中，蛋白胨、蛋白际等大分子物质在胰蛋白酶、糜蛋白酶、弹性蛋白酶、羧基肽酶等的共同作用下，被分解为氨基酸和含 2～3 个氨基酸的小肽。小肽能被吸收入肠黏膜，经二肽酶水解为氨基酸，部分小肽直接被吸收进入血液参加机体代谢。食糜进入小肠后，淀粉在胰淀粉酶的作用下被分解为糊精和麦芽糖，麦芽糖在胰、肠麦芽糖酶的作用下被分解为葡萄糖并被吸收。脂肪在胰脂肪酶、肠脂肪酶和胆盐的作用下，分解为甘油、甘油一酯和脂肪酸，甘油一酯和脂肪酸与胆汁结合形成乳糜微粒被肠壁直接吸收。小肠内少数仍未被消化的营养物质进入大肠消化。

◆ 第七节　大 肠 消 化

大肠的功能与动物的食性有密切关系。单胃草食动物大肠中含有大量的细菌，可对营养物质进行微生物消化。

大肠黏膜中的腺体分泌大肠液，为碱性液体，pH 稳定在 8.3～8.4，富含 HCO_3^-、HPO_4^{2-}、黏液，以及少量的消化酶。黏液可以保护肠黏膜和润滑粪便。大肠液的分泌主要受神经调节，食物残渣对肠壁的机械性刺激可引起大肠液的分泌。迷走神经兴奋，大肠液分泌增加；交感神经兴奋则相反。

一、大肠的微生物消化

大肠液中消化酶的含量很低，在营养物质的消化过程中作用不大。大肠的消化作用主要来自细菌。细菌来源于饲料和外环境，大肠内的温度和 pH 极适宜细菌的繁殖，细菌中含有可以分解蛋白质、脂肪、糖和纤维素的酶，还能利用肠内的简单物质合成 B 族维生素和维生素 K，被大肠吸收。

（一）肉食动物大肠内消化

肉食动物的大肠内容物中，未被消化的蛋白质被腐败菌分解为蛋白胨、蛋白䏡、氨基酸、氨、硫化氢、组胺、吲哚、甲基吲哚、酚等。糖被细菌分解为乳酸、甲酸、乙酸、丁酸、草酸、CO_2、甲烷等。脂肪被分解为脂肪酸、甘油、胆碱等，这些分解产物部分被肠壁吸收，有害物质经过肝解毒后由尿排出，不能被吸收的则由粪便排出。

（二）草食动物大肠内消化

草食动物的大肠消化占有重要的地位。一些非反刍的草食动物，如马、驴和兔子等，大肠（包括盲肠和结肠）的容量大，在细菌和小肠消化酶的共同作用下，在胃和小肠中未消化的营养物质在大肠内发酵分解。大肠消化的营养占整个可消化纤维素的 40%～50%、蛋白质的 39%、糖的 24%。反刍动物，如牛、羊等在瘤胃和小肠未消化吸收的营养物质等在大肠也可进一步发酵分解，其纤维素的消化量占总纤维量的 15%～20%，分解产物 VFA 被大肠黏膜吸收利用；蛋白质被细菌分解产生 VFA 和 NH_3，除部分 NH_3 被细菌利用合成 MCP 外，其余的 NH_3 被大肠吸收，进入血液利用。因此，大肠消化在草食动物中起着重要作用。

二、大肠的运动与排粪

大肠对刺激的反应迟缓，运动少而慢，其运动形式有袋状往返运动、复袋推进运动、蠕动和集团运动。支配大肠运动的副交感神经为迷走神经和盆内脏神经，这两种神经具有胆碱能兴奋作用，使大肠的运动增加。支配大肠的交感神经为腰结肠神经和腹下神经，这两种神经兴奋能够抑制结肠的运动。

　　未被消化的食物残渣经过大肠微生物的再发酵、吸收了大部分水分后形成了粪便。粪便中除了食物残渣之外，还有脱落的肠上皮细胞、细菌、胆盐、胆色素衍生物及回肠壁排出的盐。排粪是一种反射活动，由于肠的集团运动，粪便进入直肠，粪便刺激直肠壁机械感受器，冲动沿盆神经、腹下神经传入排便中枢，产生便意和排粪反射，其基本中枢在脊髓，高级中枢在大脑皮层，中枢传出的信息也经盆神经和腹下神经支配直肠和肛门内括约肌。盆神经兴奋，直肠收缩，肛门内括约肌舒张。肛门外括约肌是横纹肌，大脑皮层通过阴部神经控制其舒缩活动，当阴部神经的传出冲动减少，肛门外括约肌舒张。正常情况下排粪反射由大脑皮层控制，大脑皮层还可以使腹肌、胸肌、呼吸肌等收缩，增加腹内压，有利于粪便的排出。

◆ 第八节　吸　　收

　　食物成分或经过消化之后的产物通过消化道黏膜上皮细胞进入血液或淋巴液的过程，称为吸收（absorption）。

一、吸收的部位和途径

　　消化道不同部位的吸收能力和吸收速率不同。口腔内几乎没有营养物质的吸收，胃因为胃黏膜无绒毛，且上皮细胞之间连接紧密，其吸收能力也很差，仅吸收少量水、高度脂溶性物质（如乙醇）及某些药物（如阿司匹林）等。反刍动物的前胃可以吸收大量的 VFA、NH_3、氨基酸和小肽。小肠是主要的吸收部位，营养物质主要在十二指肠和空肠吸收，回肠能主动吸收胆盐和维生素 B_{12}。大肠也有一定的吸收能力，但不同动物差异很大，肉食动物的大肠吸收能力有限，只在结肠吸收部分水和无机盐；而草食动物的大肠吸收能力则较强，特别是对 VFA 的吸收。

　　小肠有许多适合吸收的条件：①大部分营养物质，如糖类、蛋白质、脂类在小肠内已消化为可吸收的小分子物质。②小肠的吸收面积大。小肠黏膜形成许多环行皱襞，皱襞上有许多绒毛，绒毛的上皮细胞上又有许多微绒毛（又称刷状缘），这样的结构使小肠黏膜表面积增加了 600 倍（图 6-12）。③小肠绒毛的结构特殊，有利于吸收。绒毛内有毛细血管、毛细淋巴管（乳糜管）、平滑肌纤维、神经纤维网等，毛细血管的内皮细胞上有小孔和隔膜，有利于被吸收的物质进入毛细血管；乳糜管有利于脂肪的吸收和转运；平滑肌的收缩可加速血液、淋巴的流动，有助于吸收。④食糜在小肠内停留的时间较长，能被充分吸收。

　　小肠黏膜吸收营养物质的转运方式有被动转运和主动转运两种。小肠转运营养物质有两条途径：一条为跨细胞途径，即通过小肠上皮细胞顶端膜进入细胞内，再通过细胞基底膜到达细胞间液，最后进入血液或淋巴，如葡萄糖和氨基酸的吸收；另一条为旁细胞途径，即肠腔内的物质通过上皮细胞间的紧密连接，进入细胞间隙，然后再转运到血液或淋巴液。

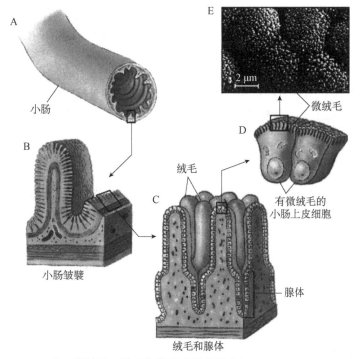

图 6-12 小肠的皱襞、绒毛和微绒毛模式图（Sjaastad et al.，2016）

彩图

二、主要营养物质的吸收

（一）水的吸收

消化道内的水分来自饮水、饲料和消化液，其中绝大部分都能被消化道吸收，随粪便排出的量很少。吸收水分的主要部位在小肠，十二指肠和空肠上部的吸水量很大，但因其消化液的分泌量大，该部位的净吸收量较少。在回肠，吸水量大，消化液分泌量少，因此净吸收量较大，肠内容物大为减少。结肠的吸水能力强，鉴于这时肠内容物中的水分已经很少，所以吸水量也不多。

小肠黏膜对水分的吸收是被动吸收，其动力是渗透压差，这是由于小肠黏膜对水的通透性很高，当上皮细胞主动吸收溶质，尤其是吸收 Na^+、Cl^-时，上皮细胞内的渗透压升高，从而促进了水分顺着渗透压梯度进行转移吸收，因此水的吸收是伴随着溶质吸收而进行的。水吸收有跨细胞和旁细胞两条途径。

（二）糖类的吸收

饲料中的淀粉等必须被分解为单糖后才能被吸收，只有少量的二糖能被吸收。单糖主要是葡萄糖、半乳糖和果糖。糖在胃中几乎不被吸收，在小肠几乎被完全吸收。葡萄糖和半乳糖通过与 Na^+同向转运吸收，为耗能的主动转运过程，其吸收机制见细胞章节内容。果糖通过易化扩散进入肠绒毛上皮细胞，不伴随 Na^+同向转运，因此其吸收速率比葡萄糖、半乳糖低。

（三）氨基酸的吸收

氨基酸的吸收过程与葡萄糖类似，是与 Na^+偶联的主动转运过程。蛋白质除了以氨基酸的形式吸收之外，还以二肽和三肽的形式吸收，且二肽、三肽的吸收率比氨基酸的高。这是由于上皮细胞刷状缘上有一种 H^+、Na^+能量依赖型的同向转运载体，H^+顺着浓度梯度向细胞内转运，同时将二肽和三肽逆着浓度梯度运入细胞，膜内的 H^+ 通过 Na^+-H^+ 交换体的作用运出细胞，进而维持 H^+ 的浓度差，这是一种三级主动转运过程。部分二肽和三肽在细胞内肽酶的作用下分解为氨基酸，胞内氨基酸通过单纯扩散从基底膜排出，进入血液。

对于成年动物，有少量的蛋白质还可以通过胞饮作用吸收入血液，因其吸收的量很少，对动物的营养作用意义不大，但是这有可能作为抗原引起过敏或中毒反应。对于初生动物，肠道可大量吸收初乳中完整的蛋白质，使机体尽快获得营养和免疫球蛋白，对促进机体的生长和保持健康有重要意义。

（四）脂肪的吸收

甘油三酯在肠道内分解为甘油、脂肪酸、甘油一酯等，其吸收主要在小肠完成。由于胆盐的亲水性，脂肪酸和甘油一酯在胆盐作用下形成水溶性的混合微粒，可穿过小肠绒毛表面的非流动水膜吸收，进入上皮细胞。长链脂肪酸在细胞内重新合成甘油三酯，并与载脂蛋白等结合形成大分子的乳糜微粒，然后进入中心乳糜管，随淋巴吸收；中、短链脂肪酸一般经过血液直接吸收（图 6-13）。因此脂肪的吸收有血液和淋巴两条途径，膳食中动、植物油中长链脂肪酸占多数，所以脂肪以淋巴吸收为主。胆盐则留在肠腔，下行到回肠吸收。

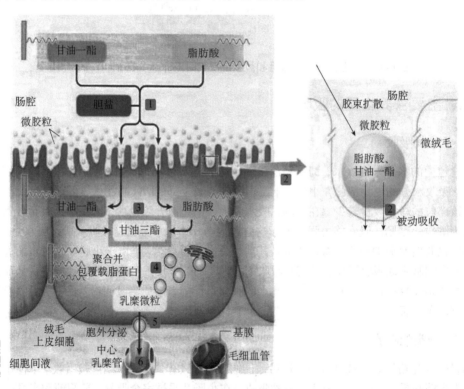

图 6-13 脂肪消化产物吸收过程示意图（刘宗柱，2022）

（五）无机盐的吸收

肠道只吸收溶解状态的无机盐，对不同的盐类吸收也不同，一般单价碱性盐类吸收快，二价及多价碱性盐类吸收慢，若与钙结合形成沉淀的盐类则不吸收。

1. Na^+ 和 Cl^- 的吸收　肠内容物中的钠来自摄入的饲料和分泌的消化液，其中 95%～99% 的钠能够被小肠吸收。小肠主要以主动转运的方式跨细胞途径吸收钠。肠黏膜上皮细胞的顶端面

上存在多种 Na^+ 载体，Na^+ 可通过易化扩散的方式进入细胞内，这类载体往往能与葡萄糖、氨基酸等共用。小肠对 Na^+ 的吸收使得 Cl^- 顺着电化学梯度也被吸收。

2. 钙的吸收　　Ca^{2+} 在小肠和结肠中均可被吸收，但主要在回肠吸收。小肠对 Ca^{2+} 的吸收是跨细胞的主动吸收。进入细胞的 Ca^{2+} 储存在线粒体中，需要时输出。甲状旁腺素和维生素 D 能促进钙的吸收；而降钙素则抑制钙的吸收。

3. 铁的吸收　　铁的吸收主要在十二指肠和空肠。食物中的铁绝大部分为 Fe^{3+}，不易被吸收，需还原为 Fe^{2+} 才能被吸收。维生素 C 能将 Fe^{3+} 还原为 Fe^{2+} 而促进铁吸收。铁在酸性条件下或转铁蛋白的协助下容易吸收。小肠对铁的吸收与机体需要有关，当机体需要铁时，小肠对铁的吸收能力增强。

◆ 第九节　消化功能的整体性

动物对饲料的消化虽然是在各消化器官中分别进行的，但是动物的消化是一个有序的整体性生理过程，在神经和体液的信息传递下，各消化器官相互影响、相互协调、密切合作，共同完成消化吸收的工作。

一、消化系统功能的整体性

消化系统中各消化器官的活动相互联系。例如，动物摄取饲料以后，在口腔开始物理性消化和化学性消化的同时，也引起胃肠道运动相应地增强，消化液分泌相应地增多，为食物进入下一段的消化做好准备。消化液分泌的头期、胃期、肠期几乎同时进行即很好的说明。当食糜进入十二指肠，对肠壁感受器的刺激可以反射性地抑制胃的运动及胃液的分泌，消化道的肠-胃反射即是例证。食糜对小肠黏膜的刺激，引起促胰液素、CCK 的分泌，在明显抑制胃的消化功能的同时，又促进了胰液和胆汁的分泌。当盲肠压力感受器受到刺激时，可抑制小肠的运动。消化道的运动、消化液的分泌与营养物质的吸收等生理过程也是密切配合的，胃的排空、消化液的分泌均具有反馈性调节机制，使消化道以适当的速率和适量的消化酶达到稳定的消化功能，如消化道的运动使食物磨碎、食物与消化液充分混合，为化学性消化提供了有利条件。消化了的食糜又能够刺激消化道影响其运动，消化后的营养物质被小肠吸收后也可以影响消化液的分泌。因此各消化器官的功能活动相互影响、相互制约，体现了消化系统功能的整体性。

二、消化功能与其他功能的相关性

消化器官的功能与其他器官的功能密切相关。各消化器官之间生理功能的协调是通过神经系统和内分泌系统的调控来实现的。动物通过视、听、嗅、味等感受器，感受食物的信号。当食物进入消化道，先后刺激了口腔、食管、胃和肠的消化活动；食物被消化吸收以后，血液中营养物质水平的升高，均会使饱中枢兴奋而终止摄食。因为摄食中枢和饱中枢在功能和结构方面的联系很密切，通常将它们作为一个功能单位，合称为食欲中枢，其调控信息主要通过植物性神经传出，影响胃肠功能。摄食中枢兴奋，迷走神经活动增强，动物食欲增加；饱中枢兴奋，产生饱感，增强交感神经的活动，动物停止摄食。动物还能感受其营养和代谢的状态，如血脂、血糖、血中氨基酸水平等，当感受到食物缺乏、胃肠空虚、血液中营养物质水平降低等刺激时，摄食中枢兴奋，使动物产生食欲激发其摄食行为。

消化道分泌的胃肠激素由血液循环运输到靶细胞发挥其生理功能。胃肠激素不仅调节消化道本身的功能活动，而且对机体其他系统也有调节作用，如血管活性肠肽既能够促进下丘脑释放神经激素，又能作为神经递质传递信息。小肠吸收的营养物质由血液运输到各组织，提供细胞代谢时所需要的营养物质。例如，淀粉被消化吸收以后，血糖水平升高，促进胰岛素的释放，胰岛素可以使血糖转变为肝糖原，避免了进食后因血糖大幅上升而造成的血糖从尿液中排出。因此消化系统的功能可影响其他系统的功能，而其他系统的功能也会影响消化过程。

？ 思考题

1. 试述消化道平滑肌的生理特性。
2. 试述主要胃肠激素的生理功能及其分泌调节。
3. 试述单胃运动的形式及胃排空的调节。
4. 试述胃液成分及其生理功能。
5. 试述胃液分泌的调节。
6. 试述胰液的主要成分、生理功能及分泌调节。
7. 试述胆汁的主要成分、生理功能及分泌调节。
8. 试述复胃消化的特点。
9. 试述瘤胃内蛋白质的消化过程。
10. 何为尿素再循环？
11. 简述微生物消化的特点及其在"草变成牛乳"中的作用。
12. 简述三大营养物质（蛋白质、脂肪、糖）的吸收形式及吸收过程。

（王林枫　郭爽）

引　言

"马毛带雪汗气蒸，五花连钱旋作冰"，大雪纷飞天气下马儿为什么还会出汗？有的动物为什么能轻松度过春夏秋冬，有的动物为什么每年要南来北行，这些都和动物对外界气温的适应有关，让我们来一起了解体温调节系统。

内容提要

吸收的营养物质主要用于新陈代谢，新陈代谢包括物质代谢和能量代谢。物质分解代谢中释放的能量除了为自身活动提供能量外，其他最终都将转化为热能，用以维持动物的体温。本章重点讨论机体新陈代谢与能量的关系、能量的来源和去路、能量代谢的测定原理与方法、基础代谢和静止能量代谢、影响能量代谢的因素、体温的调节及动物对不同环境的适应。

◆ 第一节　能　量　代　谢

新陈代谢（metabolism）是生命活动的基本特征，是维持机体生长、生殖、运动等生命活动过程的生理生化变化的总称。新陈代谢包含物质代谢和能量代谢。机体通过新陈代谢和外界环境进行物质和能量交换，实现自我更新。物质代谢分为合成代谢和分解代谢，其中伴随着能量代谢。合成代谢指机体利用从外界摄取、吸收的物质及体内物质，经过合成反应，构建自身组成成分，并储存能量的过程。分解代谢指机体分解从外界摄取、吸收的物质及体内物质，同时释放能量，为各种生命活动提供能量的过程。因此，机体的物质代谢与能量代谢是同时进行的，二者紧密联系，不可分割，本章主要讲述机体的能量代谢。

一、能量的来源和利用

动物机体所需要的能量来自从外界环境摄取的营养物质，如糖类、脂肪、蛋白质在体内氧化产生的能量。营养物质在体外充分氧化（燃烧）时产生 CO_2 和水，并释放热量，该热量称为饲料（食物）总能（gross energy，GE），又称为粗能。在动物体内，营养物质不能被燃烧，一部分被消化吸收，供机体利用；不能被消化吸收的部分变成粪便排出体外。因此，粗能实际上包括消化能（digestible energy，DE）和粪能（feces energy，FE）。粪能不仅包括饲料中未消化的成分，还包含从体内进入胃肠道而未被吸收的物质所蕴藏的能量。在草食动物，消化能包含胃肠道中因发酵产气而丢失的发酵能（energy in gaseous products of digestion，Eg），以及尿中未被完全氧化的物质所蕴藏的能量——尿能（urinary energy，UE）。动物体可利用的能量称为代谢能（metabolizable energy，ME）。代谢能中一部分能量通过食后增热被消耗，称为热增耗（heat increment，HI），该部分能量又称为特殊动力作用（specific dynamic action），是营养物质在参与代谢时不可避免地以热的形式损失的能量，其余的能量为净能（net energy，NE）。净能是维持动物自身基础代谢、随意运动、体温调节和生产的各种能量。用于维持体温的称为维持净能（net energy for maintenance，NEm），用于生产的称为生产净能（net energy for production，NEp）。各种形式能量的关系和转化见图 7-1。

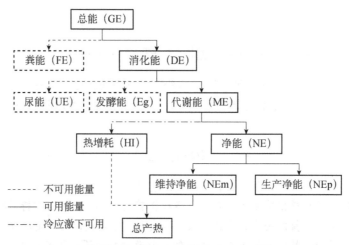

图 7-1　各种形式能量的关系和转化（周定刚等，2022）
实线框表示可转化的能量，虚线框表示消耗的能量

机体一方面从食物中获得能量输入，另一方面通过体内做功（维持体温的热能等）和体外做功（各种生产活动）等进行能量输出，根据能量守恒定律，如果能量输入大于能量输出，则能量就储存于体内，组成机体的物质（如蛋白质、脂肪）增加，体重增加。反之，则体重减少。

虽然机体所需要的能量来自食物，但组织细胞是不能直接利用食物的能量进行各种生理活动的。机体能量的直接提供者是 ATP。ATP 广泛存在于动物细胞内，是在线粒体中合成的一种高能化合物：一分子 ATP 断裂一个高能磷酸键变成二磷酸腺苷（adenosine diphosphate，ADP），可释放 33.47 kJ 的能量。ATP 既是体内重要的储能物质，又是直接供能物质，是机体各种生理活动所需能量的直接来源。在供氧充分的条件下，1 mol 葡萄糖有氧氧化释放的能量可合成 38 mol ATP。动物体内除了 ATP 外，磷酸肌酸（creatine phosphate，CP）等也含有高能磷酸键。CP 主要存在于肌肉组织中，由磷酸和肌酸合成，储存过剩的能量。CP 也可将自身储存的能量转给 ADP 生成 ATP，以补充 ATP 的消耗。这种补充作用比直接由食物氧化释放能量补充得多、来得快，可满足机体在应急生理活动时对能量的需求。因此 CP 可看成 ATP 的储存库。从能量代谢的整个过程来看，ATP 的合成与分解是体内能量转换和利用的关键环节。

二、能量代谢的测定

根据能量守恒定律，食物中的（化学）能量与最终转化成的热能和所做外功消耗的能量是完全相等的。因此测定机体在一定时间内所摄取的食物所含的能量，或测定机体所产生的热量与所做的外功均可推算出机体的能量代谢状况。

（一）能量代谢的有关概念

1. **食物的热价（caloric value）** 1 g 食物在体内氧化（或在体外燃烧）时所释放的热量称为食物的热价。食物的热价分为物理热价和生物热价，前者指食物在体外燃烧时释放的热量，后者指食物经过生物氧化所产生的热量。糖与脂肪的物理热价和生物热价相等；蛋白质的生物热价小于它的物理热价（后述）。根据食物中各种营养成分的含量及其热价，可计算出食物在体内氧化时释放出的总热量及能量的代谢率。三种营养物质的物理热价和生物热价见表 7-1。

表 7-1　三种营养物质氧化时的几种参数

营养物质	产热量/（kJ/g）			耗氧量/（L/g）	CO_2/（L/g）	氧热价/（kJ/L）	呼吸商（RQ）
	物理热价	生物热价	营养学热价				
糖	17.2	17.2	16.7	0.83	0.83	21.0	1.00
蛋白质	23.5	18.0	16.7	0.95	0.76	18.8	0.80
脂肪	39.8	39.8	37.7	2.03	1.43	19.7	0.70

2. **食物的氧热价（thermal equivalent of oxygen）** 通常将某种营养物质氧化时消耗 1 L 氧所产生的热量称为该物质的氧热价。氧热价在能量代谢测定方面有重要意义。根据在一定时间内的耗氧量，参照氧热价可以推算出机体的能量代谢率。三种主要营养物质的氧热价见表 7-1。

3. **呼吸商（respiratory quotient，RQ）** 机体从外界吸入氧气，以满足各种营养物质氧化分解的需要，同时排出 CO_2。一定时间内机体产生 CO_2 的量与消耗 O_2 的量的体积比值称为呼吸商。某种营养物质氧化时产生 CO_2 的量与消耗 O_2 的量的体积比值称为该物质的呼吸商。严格来说，应该以 CO_2 和 O_2 的物质的量（摩尔数）的比值来表示呼吸商，但由于在同一温度和气压条件下，相同摩尔数的不同气体体积相等，所以通常用体积数（mL 或 L）来计算 RQ，即

$$RQ = \frac{产生的CO_2 摩尔数}{消耗的O_2 摩尔数} = \frac{产生的CO_2 体积数}{消耗的O_2 体积数}$$

糖、脂肪和蛋白质化学组成不同，氧化时产生的 CO_2 量与消耗的 O_2 量各不相同，三者的呼吸商也不一样。糖的一般分子式为 $(CH_2O)_n$，氧化时消耗 O_2 的量和产生 CO_2 的量相等，所以糖的呼吸商等于 1。脂肪分子中氧的含量较少，因此脂肪氧化时需要更多的 O_2，其呼吸商为 0.70。蛋白质的呼吸商较难测算。蛋白质在体内不能被完全氧化，只能通过蛋白质分子中的碳和氢被氧化时需要 O_2 量和产生 CO_2 量，间接推算出蛋白质的呼吸商为 0.80。

呼吸商并不能精确地反映动物消耗的营养成分。通常情况下，动物日粮是糖、蛋白质、脂肪的混合物，整体的呼吸商在 0.71～1.00。一般情况下，动物摄取混合饲料时，其呼吸商常在 0.85 左右。长期病理性饥饿情况下，能源主要来自机体本身的蛋白质和脂肪，则呼吸商接近 0.80。

动物剧烈运动或重度使役时会影响呼吸商的测定值。由于肌肉收缩活动增强，氧的供应不足，糖酵解增强，大量乳酸进入血液，与碳酸氢盐作用，产生大量的 CO_2，从呼吸器官排出，此时呼吸商增大，大于 1；运动停止后，乳酸的氧化和补充体内损失的 HCO_3^-，需要消耗较多的氧，此时呼吸商小于 1。

反刍动物瘤胃中，饲料发酵产生大量 CO_2 和甲烷，通过嗳气，由呼吸道呼出，这些气体与中间代谢产生的 CO_2 混合在一起，从而使呼吸商增大，因此需要校正。校正方法是从 CO_2 排出总

量中减去发酵产生的 CO_2 量，得到代谢产生的 CO_2 量，根据体外发酵产生 CO_2 和甲烷之比为 $2.6：1$，测定甲烷产生量就可计算出发酵产生的 CO_2 量。

正常情况下，体内能量主要来源是糖和脂肪的氧化供能。去除蛋白质的代谢量，糖和脂肪氧化时产生 CO_2 的量与消耗 O_2 的量的比值称为非蛋白呼吸商（non-protein respiratory quotient，NPRO）。不同比例的糖和脂肪氧化时的非蛋白呼吸商及其氧热价见表 7-2。若非蛋白呼吸商为 0.70，则这一时间内除蛋白质外，代谢过程消耗的全是脂肪；若非蛋白呼吸商为 1.00，则这一时间内除蛋白质外，代谢过程消耗的全是糖。测得一定时间内的非蛋白耗氧量和 CO_2 产生量，就可计算出非蛋白呼吸商，根据其对应氧热价和已知的耗 O_2 量，就可计算出糖和脂肪氧化的产热量。

表 7-2　非蛋白呼吸商和氧热价

非蛋白呼吸商	氧化百分比 / %		氧热价 / （kJ/L）
	糖	脂肪	
0.70	0.00	100.00	19.62
0.71	1.10	98.90	19.64
0.72	4.75	95.20	19.69
0.73	8.40	91.60	19.74
0.74	12.00	88.00	19.79
0.75	15.60	84.40	19.84
0.76	19.20	80.80	19.89
0.77	22.80	77.20	19.95
0.78	26.30	73.70	19.99
0.79	29.00	70.10	20.05
0.80	33.40	66.60	20.10
0.81	36.90	63.10	20.15
0.82	40.30	59.70	20.2
0.83	43.80	56.20	20.26
0.84	47.20	52.80	20.31
0.85	50.70	49.30	20.36
0.86	54.10	45.90	20.41
0.87	57.50	42.50	20.46
0.88	60.80	39.20	20.51
0.89	64.20	35.80	20.56
0.90	67.50	32.50	20.61
0.91	70.80	29.20	20.67
0.92	74.10	25.90	20.71
0.93	77.40	22.60	20.77
0.94	80.70	19.30	20.82
0.95	84.00	16.00	20.87
0.96	87.20	12.80	20.93
0.97	90.40	9.58	20.98
0.98	93.60	6.37	21.03
0.99	96.80	3.18	21.08
1.00	100.00	0.00	21.13

（二）能量代谢测定的方法和原理

机体的能量代谢水平常用能量代谢率作为评价指标。能量代谢率（energy metabolic rate）是指单位时间内每平方米表面积的能量消耗量，常以 $kJ/(m^2 \cdot h)$ 来表示。测定能量代谢率有两种方法：直接测热法和间接测热法。

1. 直接测热法　直接测定整个机体在一定时间内产生的总热量，即单位时间内所消耗的能量。直接测热法是将动物置于一个专门设计的测热室中，室内温度恒定，并有一定量的空气通过，动物产生和散发的热量用套在测热室外的水室吸收，或用装在室内的充满水的管道系统来吸收，然后根据一定时间内水温的变化、水的用量，以及测热室空气温度的变化，计算出动物的产热量。直接测热法常用于小动物的能量代谢测定，对于大动物和代谢率低的小动物及鱼类等，因其设备复杂、操作烦琐、使用不便等因素，目前很少应用。

2. 间接测热法　除了直接测定产热量外，也可通过测定机体在一定时间内所摄取的食物所含的能量来测定能量代谢。由于很难测定机体实际消耗的各种营养物质的量，故常采用间接的方法推算。在静息、禁食的条件下，动物体内的热量来自糖、脂肪、蛋白质的氧化，同时产生 CO_2、水和含氮废物。由于氧化所产生的水量很难确定，而耗氧量容易测定，所以一般只需测定一定时间的耗氧量、CO_2 产生量与尿氮量，即可间接推算出消耗的各物质量和产生的总热量。

间接测热法的原理是根据物质化学反应的"定比定律"，即在一般化学反应中，反应物与产物的量之间呈一定的比例关系。同一种化学反应，无论经过什么样的中间步骤，也无论反应条件差异多大，这种定比关系都不会改变。机体内营养物质的氧化产能反应也遵循这个定律。例如，氧化 1 mol 葡萄糖，需要 6 mol 氧，同时产生 6 mol 二氧化碳，并释放一定的能量。$C_6H_{12}O_6 + 6O_2 = 6CO_2 + 6H_2O +$ 能量。利用这种定比关系，若测定出一定时间内机体氧化分解糖、脂肪和蛋白质释放的能量，则可计算出该段时间内整个机体生物氧化所释放出来的热量。

（1）间接测热法的步骤

1）测定一定时间内蛋白质的产热量。测定一定时间内的尿氮量，尿氮几乎包含了蛋白质氧化所产生的全部含氮废物。每克蛋白质大约含氮 16%，即 0.16 g，因此每克尿氮相当于 6.25 g 蛋白质。将测出的尿氮量乘以 6.25，就可计算出一定时间内蛋白质的消耗量。根据蛋白质的生物热价（表 7-1），就可计算出蛋白质氧化的产热量。由表 7-1 可知体内每氧化 1 g 蛋白质需消耗 0.95 L O_2，产生 0.76 L CO_2，由此还可计算出蛋白质氧化时耗氧量与 CO_2 产生量。

2）测定一定时间内非蛋白的产热量。测定一定时间内的总耗氧量和 CO_2 产生量，分别减去上述计算出的蛋白质氧化的耗氧量与 CO_2 产生量，得出非蛋白（糖和脂肪）氧化时的耗氧量与 CO_2 产生量，计算出非蛋白呼吸商，根据其对应氧热价和非蛋白耗氧量，就可计算出糖和脂肪氧化的产热量。

3）总产热量。将所得的蛋白质氧化产热量和非白氧化产热量相加，得出机体一定时间内的总产热量，即能量代谢率。

（2）测定耗氧量和二氧化碳产生量的方法

1）闭合式测定法。此方法常用来测定动物的代谢率。如图 7-2 所示，该装置中含有一定量的 O_2，实验动物通过呼吸活瓣不断吸入 O_2。吸气时，容器中 O_2 逐渐减少，气体容器的上盖随吸气而下降，呼气时产生 CO_2，上盖上升。呼气时产生的 CO_2 由吸收容器中的吸收剂吸收。气体容器中气体量的变化曲线由和上盖连接的描记笔记录。在一定时间内，曲线下降的总高度，就是该单位时间内消耗的 O_2 量，根据试验前后 CO_2 吸收剂的质量差，即可计算出单位时间内 CO_2 的产量。

2）开放式测定法。又称为气体分析法，该方法是在动物呼吸空气的条件下，测定其一定时间内呼出的气体量。通过分析呼出的气体中 O_2 和 CO_2 的体积百分比，与吸入的空气中 O_2 和 CO_2

的体积百分比进行对比，计算出该段时间内的耗氧量和 CO_2 产生量，并算出混合呼吸商。

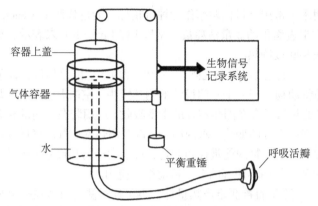

图 7-2 代谢率测定器的结构模式图（赵茹茜，2020）

三、影响能量代谢的主要因素

机体能量代谢受许多因素的影响，这里主要讨论热增耗、肌肉活动、环境温度及精神活动（神经-内分泌）对能量代谢的影响。

（一）热增耗

热增耗也称为食物的特殊动力作用，是由于摄食后机体产生的"额外"能量消耗。从进食后1 h 左右开始一直延续到 7~8 h 的一段时间内，动物虽然处于安静状态下，但产热量比进食前增高，可见这种额外的能量消耗是由进食所引起的。蛋白质的热增耗最为明显，约为蛋白质热量的30%；糖和脂肪仅相当于其热量的 4%~6%；混合食物约为 10%。不同食物的热增耗的维持时间也不相同，蛋白质食物的热增耗可持续 6~7 h，而糖类仅持续 2~3 h。食物热增耗的产生机制尚不清楚，推测可能与肝对营养物质的转化和吸收有关，特别是氨基酸在肝内进行的氧化脱氨基作用有关。

（二）肌肉活动

肌肉活动对能量代谢的影响最明显。据估测，动物在安静时肌肉产生的热量占全身总产热量的 20%，在使役或运动时可高达 90%，人在持续运动或劳动时耗氧量可达到安静时的 10~20 倍。骨骼肌的活动对能量代谢的影响最为显著，因此，在冬季增强肌肉活动对维持体温相对恒定有重要作用。

（三）环境温度

环境温度发生变化时，机体代谢发生相应改变。哺乳动物安静时，其能量代谢在 20~30℃的环境中最稳定，主要是由于骨骼肌保持在松弛状态。当环境温度低于 20℃时，机体反射性地寒战，引起肌肉紧张，代谢率增加；当环境温度低于 10℃时，代谢率增加更为显著。当环境温度升高到 30℃以上时，体内化学反应加速，发汗、循环、呼吸功能加强，引起代谢率增加。

（四）精神活动（神经-内分泌）

人在安静状态下思考问题时，产热量增加一般不超过 4%，但在惊慌、恐惧、愤怒、焦急等精神紧张状况下，骨骼肌紧张性加强，产热增加，能量代谢显著升高。神经紧张时促进代谢的激素分泌也会增多，能量代谢显著升高。此时，交感神经兴奋，肾上腺素分泌增加，机体产热量增加；甲状腺激素也能加快大部分组织细胞的氧化过程，使机体耗氧量和产热量明显增加。若切除甲状腺，机体完全缺乏甲状腺激素，能量代谢降低40%。脑组织是机体代谢水平较高的组织。在安静状态下，脑组织的耗氧量是相同质量肌肉组织的20倍。有研究表明，在睡眠时和在精神活跃状态下，脑组织中葡萄糖的代谢率几乎没有差异。

四、基础代谢和静止能量代谢

（一）基础代谢

基础代谢（basal metabolism）是指机体处于基础状态下的能量代谢。基础状态是指在室温20~25℃、清晨、空腹（受试动物至少12 h未进食）、静卧（至少半小时）、清醒且安静的状态，即排除了肌肉活动、食物特殊动力效应、精神紧张和环境温度等因素的影响。在基础状态下，动物所消耗的能量来源于体内储存的物质，仅用于维持心脏、肝、肾、脑等内脏器官的活动。将这种状态下，单位时间内的能量代谢率称为基础代谢率（basal metabolism rate，BMR）。基础代谢率有两种表示方法：一种是绝对数值，通常以千焦/（平方米·小时）[kJ/（m²·h）]表示；另一种是相对数值，用超出或低于正常值的百分数来表示。一般临床上多采用后一种方法表示。

影响基础代谢率的因素除前面提到的4个主要因素外，还有年龄、性别、体表面积、生长、妊娠、哺乳、疾病、体温、长期禁食、激素水平、睡眠等因素。

（二）静止能量代谢

对动物而言，确切的基础状态很难达到，所以一般用静止能量代谢（resting energy metabolism）代替基础代谢。一般情况下，测定静止能量代谢要求动物禁食、处在静止状态（通常是伏卧状态），环境安静，温度适中，尽量控制影响代谢率的因素。在这种条件下测定出的代谢率和基础代谢率有差异，因为它包含特殊动力效应的能量（草食动物即使饥饿3 d，胃肠中仍存留有不少食物，消化道并非处于空虚和吸收后的状态），以及用于生产和可能用于调节体温的能量。但静止能量代谢和基础代谢的实际测定结果差异并不大，即静止能量代谢与基础代谢水平接近。

◆ 第二节　体温及其调节

按照调节体温的能力可将动物分为变温动物和恒温动物。变温动物又称为冷血动物，是指在一个狭小的温度范围内，体温随环境温度的变化而改变的一类动物。当环境温度过高时，变温动物就到阴凉的地方；当气温过低时就到日光下取暖或钻入洞穴内进行冬眠。恒温动物又称为温血动物，包括鸟类和哺乳动物，它们通过调节体内生理过程来维持相对稳定的体温，能在较大的气温变化范围内保持相对恒定的体温（35~42℃）。本节主要介绍恒温动物的体温及其调节。

一、动物的体温

（一）体表温度和体核温度

1. 体表温度（shell temperature） 　体表温度是指机体表层，包括皮肤、皮下组织和肌肉等的温度，又称为表层温度。体表温度易受环境影响，由表及里有明显的温度梯度，体表各部分温度差异也大。

2. 体核温度（core temperature） 体核温度是指机体深部，包括心脏、肺、脑和腹部器官的温度，又称为深部温度。体核温度比体表温度高，且比较稳定，由于体内各器官的代谢水平不同，其温度略有差别，但变化不超过 0.5℃。一般所说的体温是指深部体温的平均温度。体温表示的方法一般有三种：直肠温度、腋下温度和口腔温度。

体表温度因其散热快而低于深部温度。动物的体表温度因各部位的血液供应、皮毛厚度和散热程度不同而存在明显差异，通常头面部的体表温度较高，胸腹部次之，四肢末端最低（图 7-3）。机体深部温度也因各器官代谢水平不同而有差异，其中以肝最高。将温度计插入小型动物直肠 6 cm 以上，测得的温度值就接近体核温度，且比较稳定，所以动物的体温通常用直肠温度来代表，健康动物的直肠温度见表 7-3。

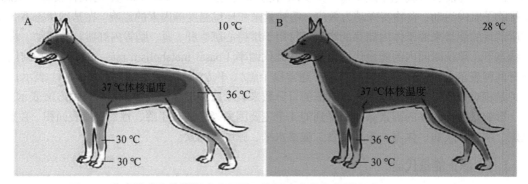

图 7-3 体表温度和体核温度在不同环境温度中的变化情况（Reece，2004）
体表温度随着环境温度的变化而变化，在低温环境中，体表温度变化最大。A. 低温环境（10℃）；B. 温暖环境（28℃）

表 7-3 健康动物的直肠温度

动物	体温 / ℃	动物	体温 / ℃
马	37.5～38.6	绵羊	38.5～40.5
骡	38.0～39.0	山羊	37.6～40.0
驴	37.0～38.0	猪	38.0～40.0
黄牛	37.5～39.0	犬	37.0～39.0
水牛	37.5～39.5	兔	38.5～39.5
奶牛	38.0～39.3	猫	38.0～39.5
肉牛	36.7～39.1	豚鼠	37.8～39.5
牦牛	38.5～39.5	大白鼠	38.5～39.5
牦牛	37.0～39.7	小白鼠	37.0～39.0

（二）动物体温的生理波动

在生理状况下，机体的温度受昼夜、性别、年龄、肌肉活动、机体代谢等因素的影响，在一定范围内变动，称为体温的生理波动。

1. 昼夜波动 体温常在一昼夜间有规律地周期性波动。昼行性动物，其体温在清晨最低，午后最高，一天内温差可达 1℃左右。体温的这种昼夜周期性波动称为昼夜节律。这种波动实际上与动物的睡眠与觉醒有关，也是自然界光线、温度等因素周期性变化对机体代谢影响的结果。人的体温在清晨 2～6 时最低，午后 1～6 时最高。目前认为，体温的生物节律主要受下丘脑视交又上核控制。

2. 年龄　新生动物代谢旺盛，体温比成年动物高。动物在出生后的一段时间内因其体温调节机制尚不完善，体温调节的能力弱，易受外界温度变化的影响而发生波动。因此，对新生动物要加强体温护理工作。老龄动物因基础代谢率低，循环功能差，其体温略低于成年动物。

3. 性别　性别差异在性成熟时开始出现。雌性动物体温高于雄性动物。雌性动物发情时体温升高，排卵时体温下降。有实验表明，兔静脉注射孕酮后，其体温上升。因此，雌性动物的体温随性周期变化的现象可能与性激素的周期性分泌有关，其中孕激素或其代谢产物可能是导致体温上升的因素。

4. 肌肉活动　肌肉活动时代谢增强，产热量明显增加，体温上升。例如，马在奔跑时，体温可升高到 $40\sim41℃$，肌肉活动停止后逐步恢复到正常水平。此外，地理气候、精神紧张、采食和环境温度变化、麻醉等因素也对体温产生影响。在测定体温时，对以上因素应予以考虑。

二、机体的产热和散热

温度是热能的量化，体温的相对恒定就是体内热能的相对恒定。机体在新陈代谢过程中，不断产生热量；同时，体内的热量又由血液循环带到体表，通过辐射、传导、对流和蒸发等方式不断地向外界散发。恒温动物通过适时调节产热过程与散热过程，使两者达到动态平衡，保持了体温的相对恒定。

（一）产热过程

1. 动物的产热方式　机体的热量来自各组织器官内物质氧化分解释放的热量。由于各器官的代谢水平不同和机体所处的功能状态不同，其产热量也不同。安静状态时，主要产热器官是内脏器官，产热量约占机体总产热量的 56%，其中肝产热量最大，肌肉占 20%，脑占 10%。动物运动或使役时产热的主要器官是骨骼肌，其产热量可达机体总产热量的 90%。由于微生物的发酵作用，草食家畜消化道中产生的大量热量是这类动物体热的重要来源。在寒冷的环境中，动物需要增加产热量来维持体温的恒定，此时的产热方式有战栗产热和非战栗产热两种。

（1）战栗产热　战栗产热又称为寒战产热，是机体产热效率最高的方式。战栗产热是指在寒冷的刺激下，骨骼肌发生不随意的节律性收缩而产生的热量，其节律为 $9\sim11$ 次/min。战栗的特点是屈肌和伸肌同时收缩，基本上不做功，但产热量很高，是平时产热量的 $4\sim5$ 倍。寒冷时体内肾上腺素、去甲肾上腺素、甲状腺激素分泌也增多，促进机体（特别是肝）产热，产热量增加。战栗时全身脂肪代谢的酶系统被激活，导致脂肪被分解、氧化，所以产生热量很高。

（2）非战栗产热　非战栗产热又称为代谢性产热。在哺乳动物的啮齿目、灵长目等 5 目中发现一种褐色脂肪组织，是另一种有效的热源。褐色脂肪组织分布在颈部、两肩及胸腔内一些器官，周围有丰富的血管。褐色脂肪细胞内含有大量的脂滴和线粒体，与细胞内氧化产热有关。在低温时，交感神经兴奋，褐色脂肪的代谢率比平时增加一倍。从体内的分布情况来看，褐色脂肪可以给一些重要组织（包括神经组织）迅速提供充分的热量，保证正常的生命活动。因这种产热与肌肉收缩无关，称为非战栗产热。成年人体内褐色脂肪含量少，新生儿褐色脂肪含量较多。新生儿体温调节功能尚不健全，不能发生战栗，在寒冷状态下主要通过非战栗产热维持体温。

2. 激素对产热的影响　最主要和最直接参与体温调节的激素是甲状腺激素和肾上腺素。

（1）甲状腺激素　甲状腺分泌的甲状腺激素能促进糖和脂肪的分解，加速细胞内的氧化过程，使产热量增加。当动物长时间处在寒冷环境中时，散热量增加，此时机体通过神经体液调节，促进甲状腺激素分泌，提高代谢率，加强产热来维持体温恒定，以适应低温环境。

（2）肾上腺素　肾上腺素是肾上腺髓质分泌的胺类激素，其主要作用是促进糖和脂肪的分解代谢，促进产热。动物突然进入冷环境或受到寒冷刺激时，交感神经兴奋，肾上腺素分泌增加，细胞产热增加。这种反应迅速，但作用持续时间短，主要在环境温度发生急剧变化时，使动物保持体温恒定。

3. 外界温度对动物产热的影响

（1）等热区　机体代谢强度（产热水平）随环境温度改变而变化（图7-4）。当环境温度低时，机体代谢加强，随着外界温度升高，机体代谢强度在一定程度上降低；当外界环境温度继续升高时，机体代谢强度又升高。在适当的环境温度范围内，动物机体的代谢强度和产热量可保持在生理最低水平，而体温仍能维持恒定，这种环境温度称为动物的等热区（zone of thermal neutrality）或代谢稳定区。等热区一般比体温低。不同种属、品种、年龄及饲养管理条件的动物，等热区有差异。从动物生产上看，外界温度在等热区时，饲养动物最为适宜，经济上也最有利。气温过低时，机体需通过提高代谢强度与增加产热量来维持体温，增加饲料消耗；反之，则会因散热耗能而降低动物的生产性能。各种家畜的等热区如表7-4所示。

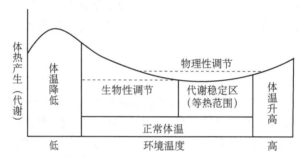

图7-4　环境温度与机体产热的关系（杨秀平等，2016）

表7-4　各种动物的等热区

动物	等热区/℃	动物	等热区/℃
牛	10～16	豚鼠	20～25
猪	20～23	大鼠	29～31
羊	10～20	兔	15～25
犬	15～25	鸡	16～26

（2）临界温度　等热区的低限温度又称为临界温度。临界温度与动物的种类、年龄、生理状态、饲养管理条件等因素有关。耐寒的家畜，如牛、羊的临界温度较低；被毛密集或皮下脂肪厚实的动物，其临界温度也较低。从年龄来看，幼畜的临界温度高于成年家畜，这不仅与幼畜的体表与体重比值较大、较易散热有关，还与幼畜以哺乳为主，产热较少有关。环境温度升高，超过等热区的上限时，机体代谢开始升高，这时的外界气温称为过高温度。在炎热的环境中，机体的代谢率并不降低，因为机体需要通过增加皮肤血流量和发汗量增强散热。

（二）散热过程

皮肤是机体散热的主要器官，其散热量占全部散热量的75%～85%，少部分热量由呼吸道加温空气和蒸发水分散发，另有少部分随排尿和排粪散失。当体表温度高于外界温度时，机体通过皮肤以辐射、传导、对流、蒸发等物理方式散热。

1. 散热的方式及其机制

（1）辐射散热　　由温度较高的物体表面（一般为皮肤）发射红外线，温度较低的物体接收热量的散热方式称为辐射散热（thermal radiation）（图 7-5）。辐射散热是机体散热的主要方式，动物经该途径散发的热量占总散热量的 70%～85%。当皮肤与环境温差增大及辐射面积扩大时，辐射散热增加，反之减少。当周围环境温度高于体表温度时，机体不能通过辐射散热，反而要吸收周围环境的辐射热。因此，在寒冷环境中，动物接受阳光照射或靠近红外线灯及其他热源，有利于保温；而在炎热季节，烈日照射可使体温升高，易发生日射病。

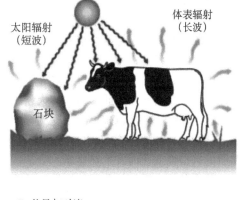

（2）传导散热　　将体热直接传给与机体相接触的较冷物体的方式称为传导散热（thermal conduction）。传导散热量除了与物体接触面积、温差大小有关外，还与物体的导热性能密切相关。空气是不良导热体。在空气中，动物裸露的皮肤只有与良导体接触才能发生有效的传导散热，如长时间躺卧在湿冷的地面上、浸泡在凉水中，或保定在金属手术台上。哺乳动物和鸟类的皮肤上有毛发、羽毛，其中含有空气，在寒冷的环境中，可引起竖毛肌反射性收缩，使毛发或羽毛竖起，增加隔热层的厚度，减少散热量。在温热的环境中，竖毛肌舒张，隔热层厚度减薄，散热量增加。动物体脂肪也是热的不良导体，因此，肥胖者传导散热较少，不怕冷。新生动物皮下脂肪薄，体热容易散失，应注意保暖。水的导热能力较强，将水浇在中暑动物的体表，可达到降温的目的。临床上常利用冰帽、冰袋等给高热的患者实施降温。

图 7-5 动物的散热方式

（3）对流散热　　由于辐射散热，紧贴身体的空气温度升高，体积膨胀而上升，冷空气过来补充，体表又与新过来的冷空气进行热量交换，不断带走热量，这种散热方式称为对流散热（thermal convection）。当周围温度与体温相近时，不发生对流。对流散热受风速影响极大，风速越大，对流散热量越多。因此在实际生产中，冬季应减少畜舍内空气的对流，夏天则应加强通风。

（4）蒸发散热　　蒸发散热（thermal evaporation）是指机体的水分在皮肤和黏膜（主要是呼吸道黏膜）表面由液态转化为气态，同时带走大量热量的一种散热方式。每蒸发 1 g 水可带走 2.44 kJ 热量，因此蒸发是非常有效的散热方式。蒸发可分为不显汗蒸发和显汗蒸发两种。不显汗蒸发又称为不感蒸发，是指体液中少量水分直接从皮肤和呼吸道黏膜等表面渗出，在未聚集成明显汗滴之前即被蒸发的一种持续性的散热形式。这种散热方式与汗腺活动无关，一般不易察觉。幼年动物较成年不感蒸发的速率高，因此在缺水情况下幼年动物更易发生脱水。显汗蒸发是指通过汗液蒸发散热，可以感觉到，又称为可感蒸发。汗液的蒸发可有效地带走热量。汗的调节中枢在下丘脑，接收来自皮肤的温度感受器和血液温度的信息。当环境温度达到29℃时开始出汗，当气温高于体温时，出汗是机体唯一的散热方式。蒸发散热还与空气的相对湿度有关，当相对湿度为100%时就不会发生蒸发散热。

汗腺细胞受交感神经纤维支配。皮肤汗腺有两种类型：一种为局部分泌型汗腺，马属动物皮肤这种汗腺很发达；另一种为顶浆分泌型汗腺，牛、山羊、绵羊、犬和猫等动物皮肤大量分布这种汗腺。刚分泌出来的汗液与血浆等渗，流经汗腺管腔时，在醛固酮的作用下，Na^+和Cl^-被重吸收而变为低渗溶液。因此，当机体大量出汗时，可导致血浆晶体渗透压升高，造成高渗性脱水。当快速出汗时，Na^+和Cl^-重吸收受到影响而被排出体外。因此，人在短时间大量出汗后，在补充水分的同时，还要补充NaCl，否则会引起水和电解质的平衡紊乱，严重时会导致神经系统和骨骼肌的兴奋性变化而发生热痉挛。

蒸发散热有明显的种属特异性。马属动物能大量出汗；牛出汗能力中等；绵羊可以出汗，但主要以热喘呼吸方式散热；犬虽有汗腺结构，但在高温环境中不分泌汗液，通过热喘呼吸方式加强蒸发散热。在炎热环境中，热喘呼吸是不发汗动物蒸发散热的重要形式。热喘呼吸时，动物的呼吸频率升高到200～400次/min，呈张口呼吸，此时呼吸深度减小，潮气量减少，气体在无效腔中快速流动，唾液分泌量明显增加，动物不会因通气过度而发生呼吸性碱中毒。啮齿动物既不进行热喘呼吸，也不出汗，而是通过向被毛涂抹唾液或水来蒸发散热。

上述由温热刺激引起的出汗参与体温调节，称为温热性出汗；精神紧张或情绪激动引起的出汗由大脑皮层调节，与气温和体温无关，称为精神性出汗；辛辣食物刺激引起的出汗称为味觉性出汗。

2. 散热的调节

（1）环境温度对动物散热的影响　　动物体通过调节散热的方式以保持体内的热平衡（图7-6）。环境温度在某种程度上决定着动物的散热方式。当环境温度接近或高于皮肤温度时，机体以蒸发的方式散热，如羊在外界温度达到32℃，或直肠温度达41℃时，开始喘气。当外界湿度低于65%时，羊可在高达43℃的环境中待上几小时，此时主要以出汗和喘气的方式散热。牛若长期暴露在低温环境（10℃以下）中，其皮肤温度下降，代谢率升高，毛生长加快，被毛加厚，此时主要以对流和辐射的方式散热；而当外界温度高于20℃时，皮肤温度开始上升，皮肤蒸发散热增加；当气温高于25℃时发生喘气，此时皮肤蒸发散热高于辐射散热和传导散热。机体散热过多或散热困难都将影响体温恒定。

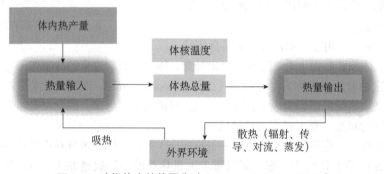

图7-6　动物体内的热平衡（Sherwood et al., 2013）

（2）循环系统在散热中的作用　　动物通过辐射、对流、传导、蒸发等方式散发热量的多少取决于皮肤和环境之间的温差，而皮肤的温度又与皮肤血流量有关。因此，机体通过改变皮肤血管的功能状态来调节机体的散热。动物皮肤和皮下组织有丰富的毛细血管网，以及大量的动静脉吻合支。机体通过交感神经调控皮下血管的口径来调节血流量，使机体散热量符合当时条件下体热平衡的要求，保持体温恒定。

在炎热的环境中，交感神经兴奋降低，皮肤小动脉舒张，动静脉吻合支开放，皮肤血流量增加，将体核热量带到体表，皮肤温度升高，通过辐射、对流、蒸发的方式散发热量。如果上述方式不能使体温降到正常水平，动物还可以通过排汗方式增加散热，从而达到体热平衡。

在寒冷的环境中，交感神经兴奋，皮肤血管收缩，血流量明显减少，皮肤温度降低，散热大大减少。此外，四肢深部的静脉和动脉平行相伴，且深静脉呈网状包裹着动脉。静脉的温度低，动脉的温度高，动脉和静脉之间进行逆流热交换，动脉的一部分热量被静脉带回到机体深部，减少热量的散失。

在热应激条件下，深静脉收缩，浅静脉扩张，皮下静脉血流量加大，有利于散热；在冷应激条件下，深静脉扩张，浅静脉收缩，通过热交换将更多的热量带回体深部，减少热量的散失。

（3）被毛和皮下脂肪在散热中的作用　绝大多数动物都有被毛，被毛和皮下脂肪对散热有明显的调节作用。随着季节的变化，动物被毛的密度和厚度也在发生改变。在冬季来临之前，动物的毛发快速生长，长度和密度增加。绒毛的导热性能极低，有很好的保温作用。同时，大多数动物皮下脂肪增厚，可阻止热量的散失（图7-7）。在夏季，动物通过脱绒、换毛等形式长出短的被毛，被毛变得稀疏，增加散热。皮下脂肪也变薄，有利于散热。

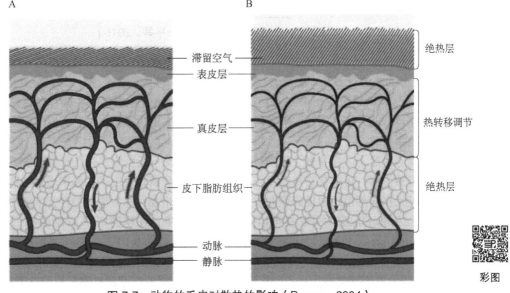

图7-7　动物的毛皮对散热的影响（Reece，2004）

高温环境下（A），皮肤血流量加大，毛被稀疏，增加散热；低温环境下（B），皮肤血流量减小，毛被厚密，减少热量散失

三、体温调节

恒温动物机体内存在调节体温的控制系统，能够在环境温度变化的情况下维持体温相对恒定。机体的体温调节机制分为自主性体温调节和行为性体温调节。前者是后者的基础，两者不可分开。

（一）自主性体温调节

自主性体温调节是通过自身体温调节系统来实现的（图7-8）。在下丘脑中存在体温调定点

（set-point），是体温调节中枢。体温调节是一个负反馈调节过程。当内外环境因素（如气温、湿度、风速或代谢等）发生变化时，温度感受器（皮肤及深部温度感受器）将这些变化信息反馈到体温调节中枢，经过下丘脑调定点的整合，调节机体的产热器官和散热器官的活动，建立当时条件下的体热平衡，维持体温的恒定。

1. 温度感受器　　根据温度感受器存在的部位不同，可将其分为外周温度感受器和中枢温度感受器。

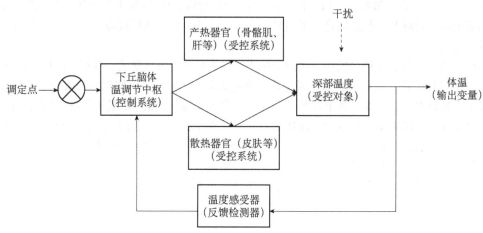

图 7-8　体温调节自动控制示意图（仿杨秀平等，2016）

（1）外周温度感受器　　存在于皮肤、黏膜和内脏中的温度感受器，由对温度变化敏感的游离神经末梢构成，分为热感受器和冷感受器，各自对一定范围的温度敏感。例如，冷感受器在 25℃ 时发放冲动频率最高，热感受器在 43℃ 时达高峰，当温度偏离上述温度时，两种温度感受器发放冲动的频率均下降。此外，外周温度感受器对温度变化速率更为敏感，它们的反应强度与皮肤温度的变化速率有关。

（2）中枢温度感受器　　在脊髓、延髓、脑干网状结构及下丘脑中，存在对温度敏感的神经元，称为中枢温度感受器。其中有些神经元在局部组织温度升高时发放冲动频率增加，称为热敏神经元；有些神经元在局部组织温度降低时发放冲动的频率增加，称为冷敏神经元。动物实验表明，在脑干网状结构和下丘脑的弓状核中以冷敏神经元居多；在视前区-下丘脑前部（preoptic anterior hypothalamus area，PO/AH）热敏神经元较多。温度变动 0.1℃ 时，这两种温度敏感神经元的放电频率就有显著变化，而且不出现适应现象。PO/AH 中某些温度敏感神经元还对中脑、延髓、脊髓、皮肤等的温度变化发生反应，说明来自中枢和外周的温度信息都汇聚于这类神经元。此外，这类神经元能直接对致热原或 5-羟色胺、去甲肾上腺素及多种肽类物质反应，并导致体温改变，进一步说明 PO/AH 是体温调节中枢整合机构的中心部位。

2. 体温调节中枢　　下丘脑是体温调节的基本中枢。对多种恒温动物进行脑分段切除实验发现，切除大脑皮层及部分皮层下结构后，只要保持下丘脑以下神经结构的完整性，动物在行为方面出现一些失调，但仍具有维持体温恒定的能力。如果破坏下丘脑，则不再维持相对恒定的体温。

来自各方面的温度变化信息在下丘脑整合后，经下列三个途径调节体温：①通过交感神经调节皮肤血管舒缩反应（见前述散热调节——循环系统在散热中的作用）和汗腺分泌（见前述散热的方式及其机制——蒸发散热）影响散热过程；②通过躯体运动神经改变骨骼肌活动（如肌紧张、寒战）影响产热过程；③通过甲状腺和肾上腺皮质分泌活动的改变来调节（代谢性）产热过程（见前述激素对产热的影响）。

3. 体温调节过程——调定点学说　　目前关于体温调节机制，已被多数学者接受的解释是调定点学说（set-point theory），其详细的分子机制目前还不清楚。该学说认为，恒温动物下丘脑中存在冷敏和热敏神经元，它们的活动随着温度的改变呈"钟形"反应曲线（图7-9），两"钟形"曲线交叉点所在的温度，就是体温的调定点。例如，人的体温调定点为37℃，当中枢的温度超过37℃时，热敏神经元活动加强，使散热过程加强；冷敏神经元活动减弱，产热减少。当中枢温度低于37℃时，则发生相反变化。外周皮肤温度感受器的传入信息也能影响调定点的功能活动，当皮肤受到热刺激时，冲动传入中枢使调定点下移。这时中枢温度37℃也能使热敏神经元兴奋，增加散热，出现出汗等散热活动。

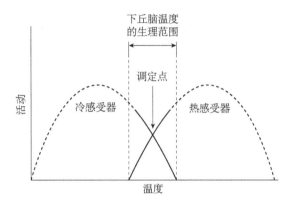

图 7-9　温度敏感神经元的活动与温度的关系（杨秀平等，2016）

病理情况下，某些因素如细菌、毒素等能使调定点上调（如达到39℃）。这时，机体主观上感觉好像是处于低温情况下，而出现寒战、竖毛、皮肤血管收缩，提高产热，降低散热，直至体温升高到新的超正常水平（39℃）。如果致热因素不能消除，产热和散热就在此新的体温水平上保持平衡。也就是说，发热时体温调节功能并无减退，只是由于调定点上移，体温才升高到发热的水平。目前认为，下丘脑内局部合成和释放前列腺素是调定点重置的直接原因，阿司匹林通过抑制这种反应来退烧。研究表明体温升高会刺激人体防御反应，但发热对防御反应的激活只限于轻度发热，极高热对机体有害，特别是对中枢神经系统的伤害，此时必须想办法降温。

中暑引起的体温升高，是由于机体散热能力不足或吸热过多导致体温调节中枢紊乱而引起的，是一个正反馈的调节过程，如果不及时处理，会导致代谢系统崩溃、癫痫发作或长时间的无意识等，严重时危及生命。

当外界温度过低，超过人或动物的调节能力时，造成机体温度降低，并产生寒战、心肺功能衰竭等症状，甚至最终造成死亡的情况，称为失温。

（二）行为性体温调节

当环境温度变化时，动物常通过行为变化来调节其产热和散热。在炎热的夏季，动物寻找阴凉场所，减少太阳辐射热的吸收，以此来降低体温；或伸展肢体，增大散热面积；或伏卧不动，减少肌肉产热。在寒冷的环境中则采取蜷缩姿势，减少散热面积，或相互拥挤或挤堆，减少暴露的体表面积，以减少热量散失。冬天时，有的动物通过寻找背风向阳的地方取暖，以减少热量损失，提高体温。

总之，动物的体温调节是一个自动而复杂的、多方面参与的生理调节过程。当外界环境温度轻微偏离临界温度时，动物可以通过调整自己的行为调节体温；当外界环境温度严重偏离临界温度时，动物在改变行为的同时，皮肤血液循环、呼吸等均发生相应变化，有的动物还可通过出汗或寒战调节体温。此外，动物机体还可通过相关激素的分泌，调整自身的氧化代谢水平，改变产热或散热的速率来进行体温调节。

四、动物对环境温度的适应性

由于动物生存的环境差异很大（相差将近100℃），经过长期的自然选择或人工选择，各类动物都有独特的适应环境变化的能力。不同种类动物适应高温或低温等环境的能力有很大差异。

（一）恒温动物对环境温度的适应性

恒温动物体内有一套完善的体温调节系统，以适应外界环境的变化。动物对寒冷环境的适应能力强于对高温的适应能力。恒温动物对高温、低温环境的生理性适应分为四类。

1. **习服**　动物短期（通常2～3周）生存在极端温度环境中所发生的生理性调节反应称为习服。例如，在寒冷环境中战栗常常是增加产热和维持体温的主要方式。冷习服的主要变化是，由战栗产热转变为非战栗产热，即肾上腺素、去甲肾上腺素和甲状腺素分泌增强，糖代谢率提高、褐色脂肪储存增多。动物经冷习服后，可以延长在严寒中的存活时间。冷习服动物的代谢率可持续增强，但启动产热调节的临界温度并不明显降低。

2. **风土驯化**　随着季节变化，机体的生理性调节逐渐发生改变，称为风土驯化。例如，由夏季经秋季到冬季，气温逐渐下降，动物常出现冷驯化。像冷习服那样长期依靠增加产热量来维持体温，需要消耗大量能源储备，对动物来说是极为不利的。冷驯化动物主要通过增厚身体的隔热层减少散热来维持体温。这时，动物的羽毛和皮下脂肪层都发生明显的增厚，汗腺萎缩退化，表皮增厚，以加强体热的储存。冷驯化的特点是动物的代谢并没有增高，有的甚至降低，主要是提高和调整了机体保温能力，同时也显著降低了启动产热调节的临界温度。

3. **气候适应**　经过几代自然选择或人工选择，动物遗传性发生变化，对气候逐渐适应。对气候的适应并没有改变动物的体温，寒带和热带动物都有大致相等的直肠温度。寒带动物体温调节的特点是：皮肤具有最有效的绝热层，皮肤深部血管有良好的逆流热交换能力，不到极冷的温度，动物的代谢水平不升高，以节约能量。在寒冷的冬季，食物来源奇缺，为适应极度严寒的环境，动物还可以通过降低临界温度的方式增强其适应环境的能力。例如，北极狐的临界温度可低至-30℃。牦牛、绒山羊等也可以通过降低临界温度适应-40℃的低温，当环境温度升高或食物资源丰富时，动物的代谢水平随之升高，其被毛结构也发生变化，通过脱绒、换毛等形式适应外界环境温度的变化（图7-10）。

图7-10　牦牛对环境温度的适应

A. 在寒季到来之前，牦牛在长的被毛中长出浓密的细绒毛，增强御寒能力；在寒冷的冬天，牦牛通过降低临界温度减少能量消耗，适应低温环境；B. 在气温升高时，牦牛脱去绒毛，长出短的被毛，增加散热，适应高温环境

动物对环境温度的适应能力，受品种、营养状态等因素的影响。寒带地区生长的动物，对低

温的适应能力较强，对高温则难以适应。反之，热带地区生长的动物，对高温的适应能力强而对低温的适应能力差。在动物生产中，冬季应加强饲养管理，提高动物对低温的抵抗力。加强对寒冷的适应训练，如动物（特别是幼畜）适应一定温度的冷环境后，再移到更冷的环境中，可以提高动物体温的调节能力，增强对寒冷的适应能力。

4. 迁徙 迁徙是指动物有规律地进行一定距离移动（迁居）的习性。例如，鸟类的迁徙、鱼类的洄游、高山兽类的垂直移动等，这种移动往往是和动物栖居地的环境条件变化，如温度变化、缺水等引起的食物短缺及动物的生理状态如激素分泌引起的生理功能变化有关。其中，鸟类的迁徙最引人注目，《吕氏春秋》中就有"孟春之月鸿雁北，孟秋之月鸿雁来"之说。

鸟类的迁徙是漫长而艰辛的旅程，需要消耗大量的能量，迁徙前储备大量脂肪是迁徙进行的保证。另外，脂肪在氧化过程中所产生的代谢水可以维持鸟类对水的需要。雀形目鸟类的体脂含量不超过体重的 5%，迁徙前脂肪积累达到体重的 25%，甚至 70%；长刺歌雀迁徙前脂肪积累达到体重的 50%。鸟类脂肪积累量与迁徙距离有关。大型鸟类能够储存较多的脂肪，持续迁徙的能力强，小型鸟类有时则会因为脂肪耗尽而死在迁徙途中。

脂肪代谢产生的能量较多（表 7-5），但在迁徙过程中，鸟类的体重变化不仅来自脂肪含量的变化，非脂肪（包括蛋白质）含量在迁徙过程中也发生明显的变化。由于脂肪代谢能够产生两倍于同体积蛋白质或碳水化合物代谢所产生的能量，身体脂肪和蛋白质的比例将直接影响着鸟类携带能量的多少。

表 7-5 迁徙能量的来源（郑光美等，2012）

能源	产能 / kJ	代谢水 / g
脂肪	38.9	1.07
碳水化合物	17.6	0.55
蛋白质	17.2	0.41

一般来说，小型雀形目鸟类在迁徙前期，73%～82%体重的增加都是脂肪含量的增加，其他主要为蛋白质。鸟类蛋白质含量的变化反映了在迁徙过程中内部器官和肌肉组织也发生了一定程度的变化。在迁徙飞行的最后阶段，当鸟类携带的脂肪所产生的能量不足时，肌肉中的蛋白质可通过分解释放能量，以保证鸟类飞行过程中对能量的需要。

（二）变温动物对环境温度的适应性

休眠是动物在不良环境下维持生存的一种独特的生理适应性反应。休眠有非季节性休眠（日常休眠）和季节性休眠。日常休眠是指动物在一天的某段时间内不活动，呈现低体温的休眠。季节性休眠持续时间较长，且有季节性限制，它又分为冬眠（hibernation）和夏眠（estivation）。在温带和高纬度地区，随着冬季的到来，无脊椎动物、某些鱼类、两栖类、爬行类、若干种鸟类和哺乳动物都要进入冬眠状态。在热带地区则有一些动物进入夏眠。

在休眠状态下，动物机体内的一切生理活动都降至最低限度。由于不能摄食，休眠过程中的生命维持主要依靠休眠前体内储存的营养物质。休眠动物最明显的生理变化是体温降低、基础代谢下降、呼吸频率和心率减慢，以节省能量，度过环境不良期，当条件适宜时再苏醒过来。

1. 冬眠 冬眠的特征是动物较长期地昏睡，体温降到同环境温度相近的水平，呼吸和心率极度减慢，代谢（耗氧量）降到最低限度。冬眠期间，各种组织对低温和缺氧具有极强的适应能力，不会因低温和缺氧而造成损伤。当环境温度适宜时，又可自动苏醒，称为出眠。苏醒时，冬眠动物的产热活动和散热活动也迅速恢复，心搏加速，呼吸频率增加，肌肉阵发性收缩。苏醒的热量一部分来自肌肉收缩，也有一部分来自褐色脂肪组织的氧化，通过血液循环把热量迅速送到最重要组织，如神经组织（包括脑和内脏神经节）和心脏，使其快速升温到正常水平，身体其他部分也开始升温，直至恢复到体核温度。由此可见，冬眠主要是下丘脑调定点变化的结果。苏醒是一个高度协调的过程，神经系统起到主要作用。

　　在寒冷的季节，陆生的无脊椎动物，如软体动物、甲壳动物、蜘蛛和昆虫等，以及变温的脊椎动物都进入一种休眠状态，这种状态也称为冬眠。许多水生无脊椎动物，在寒冷的冬天藏到池塘、湖泊和河底的淤泥中进行冬眠。脊椎动物中的鱼类、两栖类、爬行类在寒冷的冬天都有冬眠。这些变温动物一般没有调节体温的能力，通过降低消耗来度过困难的冬天。鸟类中的蜂鸟、哺乳动物中的刺猬、蝙蝠、黑熊和许多啮齿动物（如山鼠、跳鼠、仓鼠、黄鼠、旱獭）也要进行冬眠。某些较大型的肉食性哺乳动物中，如熊、獾、猩猩等也有类似冬眠的现象，但这些动物的冬眠程度较浅，不能进行持续性的深眠，因此有学者将其称为假冬眠。棕熊在冬眠期其体温变化并不随环境温度的下降而下降，甚至孕熊可在冬眠期内产仔。

　　2. 夏眠　　夏眠（又称为蛰伏）主要是指动物在高温和干旱时期的休眠现象。夏眠动物种类较少，大多数是生活在热带和赤道地区的动物。夏眠和冬眠动物的特征基本相似，在进入休眠之前，其体内也积累了一些营养物质，特别是积累了一些脂肪。另外，动物失水可能也是引起夏眠的主要原因，此时动物明显地出现"渴"的现象。例如，肺鱼在干旱条件下可引起夏眠。

？ 思考题

1. 简述机体能量的来源和去路，ATP 在体内的代谢过程和生理意义。
2. 叙述间接测热法的基本原理。
3. 简述影响能量代谢的因素。
4. 测定基础代谢率应注意哪些条件？
5. 简述散热的几种基本方式和循环系统在散热过程中的作用。
6. 试述在寒冷和炎热的环境中体温保持恒定的机制。
7. 简述体温的体液调节。
8. 感染时发烧和中暑时体温升高有何区别？
9. 试述冬眠的机制和生物学意义。

（苏兰利）

第八章

泌尿系统

本章思维导图

引 言

　　与"柴米油盐酱醋茶"相对应的不一定都是"书画琴棋诗酒花"，还有吃喝拉撒……新陈代谢是生命的基本特征，有新陈代谢就有排泄。排泄系统不能决定哪些东西来，但能决定哪些去，从而维持代谢的进行和身体的健康，让我们来了解以泌尿为代表的排泄吧……

内容提要

　　肾是机体重要的排泄器官。血液流经肾时，经过肾小球的滤过作用形成原尿，再通过肾小管和集合管的重吸收、分泌及排泄作用形成终尿并排出体外。机体通过尿的生成与排出，可将体内的代谢产物、多余的水分和电解质及进入体内的异物排出体外，从而调节水、电解质和酸碱平衡，维持机体内环境的稳态。尿的生成过程受多种因素影响，除受自身调节外，还受神经和抗利尿激素、肾素-血管紧张素-醛固酮系统等体液因素的调节。

◆ 第一节 概 述

　　内环境的相对稳定是保证机体新陈代谢正常进行和生存的必要条件。机体在代谢过程中产生的代谢产物、摄入过多或不需要的物质（包括进入体内的异物和药物代谢产物）需要及时排出体外，否则，在体内积累过多会引起中毒，甚至危及生命。生理学上将上述物质经血液循环运输到某一排泄器官而排出体外的过程称为排泄（excretion）。

　　动物机体的排泄途径有：①呼吸系统排泄，通过呼吸将代谢产生的 CO_2、少量水分以气体的形式排出；②消化系统排泄，通过消化道将胆色素及肠道分泌的无机盐等随粪便排出；③皮肤排泄，通过汗腺将代谢产物的一部分水、盐类、氨、尿素等以汗液的形式由皮肤排泄；④泌尿系统排泄，由含氮化合物代谢所产生、比较难扩散的终产物，如尿酸、肌酸、肌酐等，脂肪代谢产生的非挥发性酸的盐（硫酸盐、磷酸盐、硝酸盐）及部分摄入过量的和代谢产生的水、电解质等均以尿的形式经肾排泄，由泌尿系统完成。

　　哺乳动物的泌尿系统由肾（肾小球、肾小管和集合管等部分）、输尿管、膀胱和尿道组成。不同动物的泌尿系统存在着一些差异：①肾的类型和结构，根据肾叶愈合的程度，肾可以分为复肾（大熊猫）、有沟多乳头肾（牛）、平滑多乳头肾（猪）和平滑单乳头肾（羊、马）四种类型，不同类型的肾在形态、结构和功能上都有所区别；②输尿管的分支方式，输尿管在肾内的分支方式也因动物种类的不同而有所差异；③膀胱的存在与否，哺乳动物有膀胱，用于暂时储存尿液，鸟类则没有膀胱，它们的尿液经输尿管直接输送到泄殖腔与粪便混合而排出体外；④尿道的结构，母畜尿道比较宽短，公畜的尿道为细长管道，除有排尿功能外，还有排精功能，故又称为尿生殖道。

肾是机体重要的排泄器官，通过尿的生成和排出，排出机体过剩的物质和异物，调节水、电解质和酸碱平衡等，维持机体内环境的稳态。肾也是一个内分泌器官：①合成和释放肾素，参与动脉血压的调节；②合成和释放促红细胞生成素，促进红细胞的生成；③肾中的 1-α 羟化酶可使 25-羟维生素 D_3 转化为 1,25-二羟维生素 D_3，调节钙的吸收和钙的平衡；④肾还能生成激肽和前列腺素，参与局部或全身血管活动的调节。此外，肾还是糖异生的场所之一。

一、肾的结构

肾是实质性器官，形似蚕豆，左右各一个。肾的内侧缘上有一凹陷，称为肾门。肾门深入肾实质所围成的腔隙称为肾窦，内有肾动脉的分支、肾静脉的属支、肾盂、肾大盏、肾小盏、神经、淋巴管和脂肪组织。肾实质分为外部的肾皮质和内部的肾髓质。肾皮质由肾小体和部分肾小管组成，肾皮质深入肾髓质内的部分称为肾柱。肾髓质位于肾皮质的深部，血管少，主要由肾小管组成。肾髓质内有多个肾锥体，锥体尖端突入肾小盏内，称为肾乳头（图 8-1）。肾产生的尿液经肾乳头孔开口于肾小盏，2～3 个肾小盏合成一个肾大盏，2～3 个肾大盏再汇合成一个前后扁平约呈漏斗状的肾盂。肾盂出肾门后，直接与输尿管相通，尿液由此流至膀胱，经尿道排出体外。

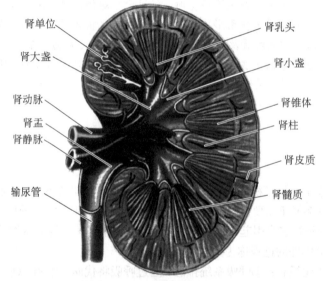

图 8-1　肾解剖结构示意图（周定刚等，2022）

（一）肾单位

肾单位（nephron）是肾最基本的结构和功能单位，与集合管共同完成泌尿功能。肾单位由肾小体和肾小管组成。肾小体则由肾小球和肾小囊构成，前者是由入球小动脉反复分支形成的一团毛细血管网，由它再汇合形成出球小动脉。肾小球外侧被肾小囊所包裹，肾小囊分为脏层和壁层，两者之间的间隙和肾小管相通。肾小管包括近曲小管、髓袢和远曲小管，远曲小管经连接小管与集合管相连接（图 8-2）。髓袢按其行走方向，又分为降支和升支，前者包括髓袢降支粗段和髓袢降支细段；后者包括髓袢升支细段和髓袢升支粗段。近曲小管和髓袢降支粗段，合称为近端小管；髓袢升支粗段和远曲小管，合称为远端小管。

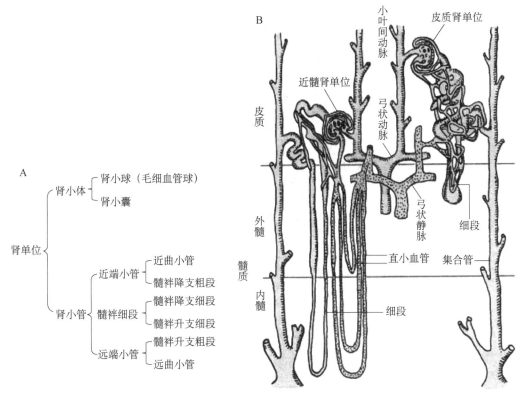

图 8-2 肾单位示意图（王庭槐，2018）

大部分肾单位的肾小体位于外皮质层和中皮质层，称为皮质肾单位，占全部肾单位的 85%～90%，其肾小体相对较小，髓袢较短，只达外髓质层，有的还不到外髓质层；其肾小球入球小动脉的口径比出球小动脉大，两者的比例约为 2∶1，出球小动脉分支形成另外一套毛细血管，包绕在肾小管的外面，有利于肾小管的重吸收。少数肾单位的肾小体位于靠近髓质的内皮质层，称为近髓肾单位，其肾小球较大，髓袢长，可深入内髓顶层，有的还可达肾乳头；入球小动脉和出球小动脉口径无明显差异，但出球小动脉进一步分支形成两种血管，一种为网状毛细血管，缠绕在邻近的近曲小管和远曲小管周围，有利于肾小管的重吸收；另一种为细而长的 U 形直小血管，与髓袢和集合管伴行深入髓质，利于肾髓质高渗透梯度的维持。

（二）集合管

集合管不属于肾单位，但功能上与肾小管的远端小管有许多相同之处，它们在尿液的浓缩过程中起着重要作用。多条远曲小管汇合成一条集合管，许多集合管又汇入乳头管，开口于肾乳头。

（三）球旁器

由球旁细胞、致密斑和球外系膜细胞组成（图 8-3）。球旁细胞又称为颗粒细胞，是入球小动脉和出球小动脉管壁中一些特殊分化的平滑肌细胞，细胞内含分泌颗粒，能合成、储存和释放肾素。致密斑位于穿过入球小动脉和出球小动脉之间的远曲小管起始部，该处小管的上皮细胞呈高柱状，使管腔内局部呈现斑状突起，故称为致密斑。致密斑能感受小管液中 NaCl 含量的变化，并将信息传递给邻近的球旁细胞，以调节肾素的分泌和肾小球滤过率。球外系膜细胞是入球小动脉、出球小动脉和致密斑之间的一群细胞，细胞聚集成一锥形体，其底面朝向致密斑。这些细胞具有吞噬和收缩等功能。

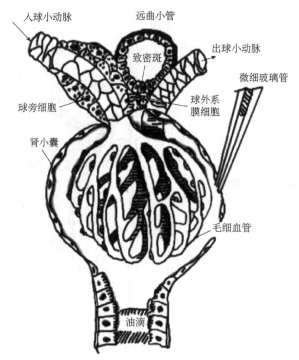

图 8-3 球旁器示意图（杨秀平等，2016）

二、肾的血液供应

肾的血液供应来自腹主动脉直接分支出来的肾动脉，肾动脉进入肾门后在肾内依次分支成为叶间动脉、弓形动脉、小叶间动脉、入球小动脉。入球小动脉分支形成肾小球毛细血管网，每个肾小球毛细血管网的远端又汇合成为出球小动脉。出球小动脉分支形成肾小管周围的毛细血管网或 U 形直小血管，然后汇入小叶间静脉至弓形静脉，再至叶间静脉，最后汇入肾静脉，从肾门出肾，汇入后腔静脉返回心脏。所以肾单位内有两套毛细血管网，两者间以出球小动脉连接。第一套是肾小球毛细血管网，前端的入球小动脉血压较高（皮质肾单位更明显），为主动脉平均压的 40%～60%，有利于血浆滤过生成原尿；第二套位于出球小动脉之后，缠绕在肾小管周围形成，其血压较低，血浆胶体渗透压高，利于肾小管内物质的重吸收。

肾动脉由腹主动脉直接分出，管短径粗，血流量大。肾仅占体重的 0.5%，而肾血流量占心输出量的 1/5～1/4，可见肾是机体血液供应量最丰富的器官。皮质部的血流量较大，占肾血流量的 94% 左右，外髓部占 5% 左右，内髓部占 1% 左右，这对尿的生成和浓缩具有重要作用。

◆ 第二节　尿生成的过程

尿生成的过程包括肾小球滤过、肾小管和集合管的重吸收、肾小管和集合管的分泌和排泄。

一、肾小球滤过

肾小球滤过（glomerular filtration）是指血液流经肾小球时，血浆中的部分水分子和溶质从肾小球毛细血管滤出到肾小囊的过程。滤过的液体称为原尿（initial urine），除不含血细胞和血浆蛋白外，其余成分均与血浆接近，渗透压、酸碱度也与血浆大体相似。

单位时间内两侧肾生成的原尿量称为肾小球滤过率（glomerular filtration rate，GFR）。肾小球滤过率与肾血浆流量的比值称为滤过分数（filtration fraction，FF）。如果肾小球滤过率为100 mL/min，肾血浆流量约为500 mL/min，则肾小球滤过分数约为20%，说明流经肾的血浆约有1/5由肾小球滤入肾小囊，形成原尿。肾小球滤过率和滤过分数可作为衡量肾功能的重要指标。

（一）滤过膜

肾小球毛细血管内的血浆经滤过作用进入肾小囊，其滤过膜包括三层结构：肾小球毛细血管内皮细胞层、基膜层和肾小囊脏层（图8-4）。毛细血管内皮细胞层有孔径70～90 nm的小孔，称为窗孔（fenestra）。水、小分子溶质（如各种离子、尿素、葡萄糖等）可自由通过；但内皮细胞表面有带负电荷的糖蛋白，可阻止带负电荷的血浆蛋白滤过。毛细血管基膜层为非细胞性结构，由基质和一些带负电荷的蛋白质构成，膜上有孔径2～8 nm的多角形网孔。肾小囊脏层的上皮细胞具有较多足状突起（又称为足细胞），足状突起相互交错对插，其间有1层滤过裂隙膜，含有4～11 nm的小孔，这是滤过的最后一道屏障。上述的三层滤过膜总厚度一般不超过1 μm，既有良好的通透性，又有一定的屏蔽性。如上所述，血液中的血细胞和血浆蛋白，由于分子比较大，不能发生滤过，而其余成分均可滤过。

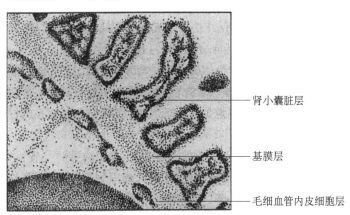

图8-4　滤过膜示意图（王庭槐，2018）

（图中标注：肾小囊脏层；基膜层；毛细血管内皮细胞层）

（二）有效滤过压

肾小球滤过的动力是肾小球的有效滤过压。与组织液的生成类似，肾小球有效滤过压是促使滤过的动力与阻止滤过的阻力之间的差值，由三部分压力组成（图8-5）：肾小球毛细血管血压（促进滤液生成的力量）、肾小球血浆胶体渗透压（对抗滤液生成的力量）和囊内压（对抗滤液生成的力量）。有效滤过压=肾小球毛细血管血压-肾小球血浆胶体渗透压-囊内压。正常情况下，由于滤过膜不允许血浆蛋白滤过，肾小囊内的蛋白质浓度极低，可以忽略不计，所以上述因素中没有肾小囊胶体渗透压。

当血液从入球小动脉端流向出球小动脉端时，肾小球毛细血管血压逐渐降低，同时由于不断滤出水分，血浆中蛋白质浓度不断升高，血浆胶体渗透压得以逐渐升高，在以上两方面的作用下，肾小球有效滤过压逐渐减小，在接近出球小动脉时，有效滤过压下降为零，滤过停止，血液进入出球小动脉。

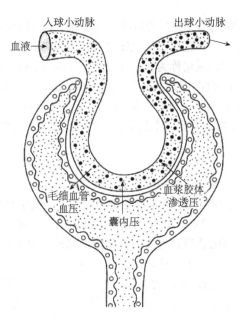

图 8-5　有效滤过压示意图（王庭槐，2018）

（三）肾小球滤过和其他组织滤过的异同

与血液循环中组织液生成的滤过相比，肾小球滤过中的滤过膜多了肾小囊脏层，通透性低，血浆蛋白不能通过，而在组织液生成过程中有少量血浆蛋白可漏出。与滤过膜的通透性相对应，肾小球有效滤过压的构成里面，缺少了肾小囊的胶体渗透压。随着血液向后流动，肾小球有效滤过压的数值虽与组织液有效滤过压类似，呈下降趋势，但只有正值而没有负值，所以肾小球滤过是单方向朝肾小囊滤过，而没有像组织液那样出现回流，因为肾小球滤过的目的在于分离、分开物质；组织液生成时毛细血管内外两侧的液体是双向流动，目的是物质交换。

二、肾小管和集合管的重吸收

原尿进入肾小管后称为小管液。肾小管和集合管的重吸收是指小管液中的成分，被肾小管上皮细胞转运回血液的过程。小管液流过肾小管和集合管的过程中，无论是质（成分）或量都发生了很大变化。例如，牛 1 昼夜平均有 1400 L 原尿滤出，而每天的尿量只 6～20 L，说明 99%的水分和其他物质被肾小管和集合管的上皮细胞所吸收。各种物质的重吸收可大致分为三类：第一类如葡萄糖，能够全部重吸收；第二类如电解质和水分，可大部分重吸收；第三类如尿素、肌酐等代谢终产物，仅小部分被重吸收或完全不被重吸收。这种有选择性的重吸收是肾小管、集合管重吸收功能的一个重要特征。

（一）肾小管和集合管中物质转运的方式

如细胞章节所述，肾小管和集合管的上皮细胞在跨膜转运物质的过程中，不同的物质有不同的转运方式：①被动转运，是指不需要能量，物质顺电化学梯度通过上皮细胞的过程。被动转运包括单纯扩散、易化扩散和渗透等过程。当水分子在渗透压作用下被重吸收时，有些溶质可随水分子的重吸收而被一起转运，这种转运方式称为溶剂拖曳（solvent drag）。②主动转运，是指消耗能量、使物质逆电化学梯度的跨膜物质转运过程，包括原发性主动转运和继发性主动转运。另外，肾小管上皮细胞还可通过胞吞方式（耗能）重吸收少量小管液中的小分子蛋白质。

（二）几种重要物质的重吸收

1. Na^+、Cl^-的重吸收　哺乳动物各段肾小管和集合管对 Na^+ 的重吸收率不同，其机制也不一样。肾小球每天滤过的 Na^+ 约有 500 g，而每天从尿中排出的 Na^+ 仅 3～5 g，表明滤过的 Na^+ 中约 99% 被肾小管和集合管重吸收。小管液中 65%～70% 的 Na^+、Cl^- 和水在近端小管被重吸收，约 20% 的 NaCl 和约 15% 的水在髓袢被重吸收，约 12% 的 Na^+ 和 Cl^- 及不等量的水则在远曲小管和集合管被重吸收。

近端小管是 Na^+、Cl^- 和水重吸收的主要部位，其中约有 2/3 经跨细胞途径在近端小管的前半段被重吸收；约 1/3 经细胞旁途径在近端小管的后半段被重吸收。上皮细胞基底膜中钠泵的作用，造成细胞内低 Na^+，小管液中的 Na^+ 和细胞内的 H^+ 由顶端膜的 Na^+-H^+ 交换体进行逆向转运，H^+ 被分泌到小管液中，小管液中的 Na^+ 则顺浓度梯度进入上皮细胞内。此外，小管液中的 Na^+ 还可由细胞顶端膜中的 Na^+-葡萄糖同向转运体和 Na^+-氨基酸同向转运体与葡萄糖、氨基酸同向转运，在 Na^+ 顺电化学梯度进入细胞的同时，也将葡萄糖、氨基酸逆浓度转运入细胞内。进入细胞内的 Na^+ 经细胞基底膜中的钠泵泵出细胞，进入组织间液，继而重吸收入血。进入细胞内的葡萄糖和氨基酸经载体以易化扩散的方式通过基底膜离开上皮细胞，进入组织液进而被重吸收（图 8-6A）。

在近端小管后段，上皮细胞顶端膜中有 Na^+-H^+ 交换体和 Cl^--HCO_3^- 交换体，其转运结果使 Na^+ 和 Cl^- 进入细胞内，H^+ 和 HCO_3^- 进入小管液。HCO_3^- 可再以 CO_2 的形式进入细胞。由于近端小管后段小管液中 Cl^- 浓度高于细胞间隙中的 Cl^- 浓度 20%～40%，Cl^- 则顺浓度梯度经过细胞旁途径进入细胞间液而被重吸收。Cl^- 被动扩散进入组织间液后，小管液中正离子相对增多，管腔内带正电荷所造成的电位差，驱使小管液内的部分 Na^+ 顺电位梯度经细胞旁途径被动重吸收（图 8-6B）。

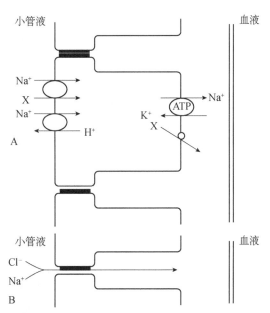

图 8-6　近端小管重吸收 NaCl 的示意图（周定刚等，2022）

A. 近端小管前段；B. 近端小管后段。X 为葡萄糖、氨基酸、氯离子和磷酸

髓袢降支细段的钠泵活性很低，Na^+ 不容易通透，但对水通透性较高。髓袢升支细段对水不

通透，对 Na^+ 和 Cl^- 易通透，NaCl 便不断通过易化扩散方式进入组织间液。

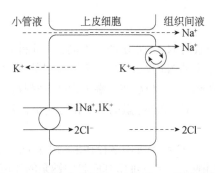

图 8-7　髓袢升支粗段对 Na^+ 和 Cl^- 的重吸收
机制示意图（杨秀平等，2016）
Na^+-K^+-$2Cl^-$ 同向协同转运

髓袢升支粗段是 NaCl 在髓袢重吸收的主要部位，髓袢升支粗段的顶端膜中有电中性的 Na^+-K^+-$2Cl^-$ 同向转运体，该转运体使小管液中 1 个 Na^+、1 个 K^+ 和 2 个 Cl^- 同向转运入上皮细胞内（图 8-7）。其中 Na^+ 是顺电化学梯度进入细胞，同时将 2 个 Cl^- 和 1 个 K^+ 一起同向转运入细胞内。进入细胞内的 Na^+ 通过基底膜中的钠泵泵至细胞间液，Cl^- 顺浓度梯度经管周膜中的氯通道进入组织间液，而 K^+ 则顺浓度梯度经顶端膜返回小管中，并使小管液呈正电位。由于 K^+ 返回小管内造成小管液正电位，这一电位差又使小管液中的 Na^+、K^+ 和 Ca^{2+} 等正离子经细胞旁途径而被重吸收。

髓袢升支粗段对水不通透，故小管液在沿升支粗段流动时，渗透压逐渐降低，而管外渗透压却逐渐升高，这种水盐重吸收分离的现象是尿稀释和浓缩的基础。

在远曲小管始段，上皮细胞对水仍不通透，但仍能主动重吸收 NaCl。Na^+ 在远曲小管和集合管是逆电化学梯度吸收，属主动转运。远曲小管始段的顶端膜上存在 Na^+-Cl^- 同向转运体，小管液中的 Na^+ 和 Cl^- 经 Na^+-Cl^- 同向转运体进入细胞内，细胞内的 Na^+ 由基底膜钠泵泵出至组织间液。噻嗪类利尿剂可抑制此处的 Na^+-Cl^- 同向转运体而产生利尿作用。

远曲小管和集合管上皮有主细胞和闰细胞两类细胞。主细胞基底膜中的钠泵活动可造成和维持细胞内低 Na^+，并成为 Na^+ 经顶端膜钠通道进入细胞的动力来源。而 Na^+ 的重吸收又造成小管液呈负电位，可驱使小管液中的 Cl^- 经细胞旁途径而被重吸收，也成为 K^+ 从细胞内分泌入小管液的动力。闰细胞的功能与 H^+ 分泌有关。远曲小管和集合管对 Na^+、Cl^- 和水的重吸收，可根据机体水和盐平衡的状况进行调节。Na^+ 的重吸收主要受醛固酮调节，水的重吸收则主要受抗利尿激素调节。

2. HCO_3^- 的重吸收　从肾小球滤过的 HCO_3^-，约有 85% 在近端小管被重吸收。血浆中的 HCO_3^- 以 $NaHCO_3$ 的形式存在，滤入肾小囊后，$NaHCO_3$ 又解离为 Na^+ 和 HCO_3^-。前已述及，近端小管上皮细胞通过 Na^+-H^+ 交换分泌 H^+，进入小管液的 H^+ 与 HCO_3^- 结合为 H_2CO_3，又很快解离成 CO_2 和水，这一反应由上皮细胞顶端膜上的碳酸酐酶催化。CO_2 是脂溶性物质，很快以单纯扩散的方式进入上皮细胞，在细胞内 CO_2 和水在碳酸酐酶催化下形成 H_2CO_3，后者又很快解离为 H^+ 和 HCO_3^-。H^+ 通过顶端膜中的 Na^+-H^+ 交换体进入小管液，再次与 HCO_3^- 结合（图 8-8）。HCO_3^- 是水溶性物质，在近端小管腔中不易透过管腔膜，大部分 HCO_3^- 与 Na^+ 等以同向转运的方式进入组织间液；小部分则通过 Cl^--HCO_3^- 交换的方式进入组织间液而被重吸收（见上文“Na^+、Cl^- 的重吸收”）。可见，近端小管中的 HCO_3^- 是以 CO_2 的形式被重吸收的。

3. K^+ 的重吸收　肾小球滤过的 K^+ 有 65%~70% 被近端小管重吸收，25%~30% 在髓袢被重吸收，这些部位对 K^+ 重吸收比例是比较固定的，但目前对 K^+ 重吸收的机制未完全了解。有人认为，位于上皮细胞顶端膜中的氢-钾泵，每分泌 1 个 H^+ 进入小管液中，便交换 1 个 K^+ 进入上皮细胞，进入上皮细胞的 K^+ 再扩散（重吸收）入血。这一交换过程仅当细胞外液中 K^+ 浓度较低时才发挥作用，正常情况下作用不大。

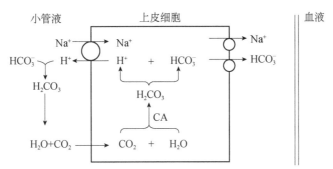

图 8-8　近端小管重吸收 HCO_3^- 示意图（周定刚等，2022）

CA. 碳酸酐酶

4. Ca^{2+} 的重吸收　　血浆中的 Ca^{2+} 约 50% 呈游离状态，其余部分则与血浆蛋白结合。经肾小球滤过的 Ca^{2+}，约 70% 在近端小管中被重吸收，20% 在髓袢、9% 在远端小管和集合管被重吸收，小于 1% 的 Ca^{2+} 随尿排出。近端小管对钙的重吸收约 80% 由溶剂拖曳的方式经细胞旁路途径进入细胞间液，约 20% 经跨细胞途径重吸收。上皮细胞内的 Ca^{2+} 浓度远低于小管液中 Ca^{2+} 的浓度，而且细胞内电位相对小管液为负，此电化学梯度驱使 Ca^{2+} 从小管液扩散进入上皮细胞内，细胞内的 Ca^{2+} 则由基底膜中的钙泵和 Na^+-Ca^{2+} 交换体逆电化学梯度转运出细胞。

5. 葡萄糖、氨基酸的重吸收　　原尿中葡萄糖浓度与血浆相等，但正常情况下终尿中几乎不含葡萄糖，表明葡萄糖全部被重吸收。微穿刺实验证明，葡萄糖均在近端小管，特别是在其前半段被重吸收。如前所述，小管液中的葡萄糖是通过上皮细胞顶端膜中的 Na^+-葡萄糖同向转运体，以继发性主动转运的方式进入细胞的。进入细胞内的葡萄糖则由基底膜中的葡萄糖转运体以易化扩散的方式转运入细胞间液。肾小管对葡萄糖的重吸收有一定限度，当血糖浓度达到 160～180 mg/100 mL 时，尿中可出现葡萄糖。尿中刚出现葡萄糖时的血糖浓度值称为肾糖阈。如果血糖继续升高，尿糖也随之增高。

血浆中各种氨基酸在肾小球滤出后，也和葡萄糖一样，主要在近端小管的前段被重吸收。其重吸收方式也是继发性主动转运，转运体为 Na^+-氨基酸同向转运体。氨基酸的最大转运率较高，所以在正常生理情况下尿液中几乎没有氨基酸。

6. 水的重吸收　　水可经跨细胞（通过水通道蛋白）和细胞旁路两条途径被重吸收，常与 Na^+、HCO_3^-、Cl^- 等溶质的重吸收相关联，在渗透压差的作用下重吸收。小管液中的水 99% 被重吸收，只有 1% 随终尿排出。肾小管各段和集合管均能重吸收水，但由于它们对水的通透性不同，因而重吸收水的比例也不相同。一般近端小管占 65%～70%、髓袢占 10%、远曲小管占 10%、集合管占 10%～20%（不同动物其所占比例不尽相同）。

肾小管和集合管对水重吸收的微小变化，都会明显影响终尿的生成量。如果水的重吸收减少 1%，尿量便可增加一倍。近端小管对水的通透性大，吸收面积大，水在该段多伴随溶质的重吸收而被重吸收，与机体是否缺水无关。如果近端小管液中的溶质（如葡萄糖、NaCl 等）浓度升高，渗透压增大，可导致近端小管对水的重吸收减少，尿量增多，这种现象称为渗透性利尿。糖尿病患者由于血糖浓度升高超过肾糖阈，近端小管内葡萄糖浓度升高，水重吸收减少，尿量增多。临床上利用渗透性利尿这一原理，注射不易被肾小管吸收的药物，如静脉注射 20% 甘露醇溶液等，以增加近端小管液溶质的浓度及渗透压，使尿量增加，达到利尿消肿的作用。

远曲小管和集合管对水的通透性很小，受抗利尿激素调节。当机体缺水时抗利尿激素分泌增加，使远曲小管和集合管对水的通透性升高，从而促进水的重吸收，以致尿量减少。

三、肾小管和集合管的分泌与排泄

肾小管和集合管的分泌是指两者上皮细胞将所产生的代谢物质分泌到小管液中的过程,如分泌 H^+、K^+、NH_3 等。肾小管和集合管的排泄是指两者上皮细胞将来自血液中的某些物质排出到小管液中的过程。

(一)H^+的分泌

近端小管是分泌 H^+ 的主要部位,并以 Na^+-H^+ 交换的方式为主。小管上皮细胞基底膜上钠泵的作用,造成细胞内低 Na^+,小管液中的 Na^+ 和细胞内的 H^+ 由顶端膜的 Na^+-H^+ 交换体进行逆向转运,H^+ 被分泌到小管液中,而小管液中的 Na^+ 则顺浓度梯度进入上皮细胞内。进入小管液中的 H^+ 与 HCO_3^- 结合为 H_2CO_3,又很快解离为 CO_2 和 H_2O,这一反应由上皮细胞顶端膜表面的碳酸酐酶催化。H^+ 分泌量与小管液的酸碱度有关,小管液的 pH 降低时,H^+ 的分泌减少,当小管液的 pH 降低至 4.5 时 H^+ 的分泌停止。

(二)K^+的分泌

远端小管和集合管主细胞可分泌 K^+,其分泌活动受机体 K^+ 的水平和相关激素的调节。在血流量增加或应用利尿剂等的情况下,远曲小管液流量增大,分泌入小管液中的 K^+ 可被迅速带走,有利于 K^+ 分泌入小管液。此外,K^+ 的分泌还与肾小管分泌 H^+ 有关。在近端小管除有 Na^+-H^+ 交换外,还有 Na^+-K^+ 交换,两者之间存在竞争性抑制关系。当发生酸中毒时,小管液中的 H^+ 浓度增高,Na^+-H^+ 交换加强,而 Na^+-K^+ 交换则受抑制,K^+ 分泌受阻,可造成血 K^+ 浓度升高。相反,碱中毒时上皮细胞内 H^+ 生成减少,Na^+-H^+ 交换减弱,Na^+-K^+ 交换加强,可使血 K^+ 浓度降低。

(三)NH_3的分泌

近端小管、髓袢升支粗段和远端小管上皮细胞内的谷氨酰胺,在谷氨酰胺酶的作用下脱氨基生成谷氨酸和 NH_4^+。NH_4^+ 可以替代 H^+ 由上皮细胞顶端膜上的 Na^+-H^+ 逆向转运体转运入小管液。NH_3 是脂溶性分子,可以通过细胞膜自由扩散入小管腔,也可以通过基底膜进入细胞间隙。在小管液内 NH_3 与 H^+ 生成 NH_4^+。1 分子谷氨酰胺代谢时,可生成 2 个 NH_4^+ 进入小管液。

(四)其他一些物质的排泄

肌酐可通过肾小球滤过,也可被肾小管和集合管分泌和少量重吸收。青霉素、酚红和一些利尿剂可与血浆蛋白结合,不能被肾小球滤过,但可在近端小管被主动分泌入小管液而被排出。进入体内的酚红,94%由近端小管主动分泌入小管液并随尿排出。因此,检测尿中酚红排出量,可粗略判断近端小管的排泄功能。

◆ 第三节　尿生成的调节

不同情况下,机体可通过神经调节、体液调节、自身调节来调节尿量和成分的变化,维持机体内的水平衡、盐平衡、酸碱平衡等,实现机体内环境的稳态。具体调节中,机体可通过影响肾小球的滤过作用、肾小管和集合管的重吸收、分泌与排泄来调节尿的生成。

一、影响肾小球的滤过

（一）影响肾小球滤过膜

滤过膜在原尿生成过程中起着机械、电学屏障作用。正常情况下，肾小球滤过面积及其通透性是相对稳定的，只有在病理情况下才有变化。例如，发生急性肾小球肾炎时，肾小球毛细血管管腔变窄或阻塞，有滤过功能的肾小球数量减少，肾小球滤过率降低，可出现少尿或无尿；机体缺氧或中毒时，滤过膜的通透性增大，原来不能滤过的血细胞和蛋白质此时也可透过，造成肾小球滤过率增加，尿量增多，甚至出现蛋白尿和血尿。当滤过膜上带负电荷的糖蛋白减少或消失时，也有可能导致带负电荷的血浆蛋白非正常滤过，从而出现蛋白尿。

（二）影响有效滤过压

肾小球滤过作用的动力是有效滤过压。如前所述，有效滤过压=肾小球毛细血管血压−（血浆胶体渗透压+囊内压）。凡影响肾小球毛细血管血压、血浆胶体渗透压和囊内压的因素都会引起有效滤过压的改变，进而影响尿量。

1. **影响肾小球毛细血管血压**　　在循环血量减少、剧烈运动和受到伤害刺激等情况下，交感神经活动加强，引起入球小动脉强烈收缩，可使肾血流量减少，肾毛细血管血压下降，造成肾小球滤过率降低，尿量减少。

2. **影响肾小球囊内压**　　正常情况下囊内压比较稳定，当肾盂或输尿管结石、肿瘤压迫或其他原因引起输尿管阻塞时，小管液或终尿不能排出，可引起逆行性压力升高，最终导致囊内压升高，使有效滤过压和肾小球滤过率降低。

3. **影响血浆胶体渗透压**　　肝功能受损、长期饥饿、肾小球毛细血管通透性增大时，均会使血浆蛋白减少，血浆胶体渗透压降低，有效滤过压升高，原尿量增加，如肝、肾疾病引起低蛋白血症的病畜常出现腹水或组织水肿的现象。

（三）肾血流量

肾血流量对肾小球滤过率有很大影响，主要是通过改变滤过平衡点而非有效滤过压实现的。例如，肾血流量增大时，肾小球毛细血管内血浆胶体渗透压的上升速度减慢，滤过平衡点就靠近出球小动脉端，即有效滤过面积增大，肾小球滤过率将随之增加。反之，当肾血流量减少时，血浆胶体渗透压的上升速度加快，滤过平衡点就靠近入球小动脉端，即有效滤过面积减小，肾小球滤过率将减少。在剧烈运动、失血、缺氧和中毒性休克情况下，由于肾交感神经兴奋，末梢释放去甲肾上腺素，可与肾血管平滑肌 α 受体结合，入球小动脉收缩，肾血流量明显减少，肾小球滤过率显著降低，尿量减少。

正常条件下，当动脉血压在一定的范围内变动时，肾通过内在反馈调节机制仍然可以保持肾血流量稳定的现象，称为肾血流量的自身调节。肾血流量的自身调节包括如下两个方面：①肌源性自身调节。当血压在一定范围内升高时，肾入球小动脉受到牵张刺激，紧张性升高，使血管平滑肌收缩，血管口径缩小，血流阻力增大。反之，血管平滑肌舒张，以维持肾血流量的稳定。当动脉血压低于 70 mmHg 时，血管平滑肌达到舒张极限；而当动脉血压高于 180 mmHg 时，血管平滑肌达到收缩极限，故此时肾血流量随血压改变而改变。用罂粟碱、水合氯醛或氰化钠等药物抑制血管平滑肌后，自身调节即消失。②肾小管-肾小球反馈，简称管-球反馈。当肾血流量和肾小球滤过率增加时，肾小管液的流量增加，该处 Na^+、K^+、Cl^- 的转运速率也随即增加，远端小管的致密斑可将这些信息反馈至肾小球，使肾小球的入球和出球小动脉收缩，使肾血流量和肾小球滤过率降低并恢复正常。反之亦然。

二、影响肾小管和集合管的重吸收、分泌及排泄

（一）神经调节

肾交感神经除通过引起肾血管收缩、减少肾血流量，调节尿液生成外，还通过释放的去甲肾上腺素作用于球旁细胞释放肾素，导致血液中血管紧张素Ⅱ和醛固酮浓度增加，促进肾小管对水和 NaCl 的重吸收，使尿量减少。

（二）体液调节

肾小管和集合管的物质转运功能主要受多种体液因素的调节，而且各种体液因素相互联系、相互配合。

1. 抗利尿激素（ADH）　　抗利尿激素主要由下丘脑视上核和室旁核的神经内分泌细胞合成。ADH 主要作用于远曲小管和集合管，提高其对水的通透性，水的重吸收增加，尿量减少。ADH 的分泌受多种因素调节，其中最重要的是血浆晶体渗透压和循环血量。

（1）血浆晶体渗透压　　大量出汗、严重呕吐或腹泻，可引起机体失水多于溶质丢失，血浆晶体渗透压升高，可刺激下丘脑渗透压感受器，引起 ADH 分泌增加，使尿量减少，尿液浓缩；相反，大量饮用清水后，体液被稀释，血浆晶体渗透压降低，对渗透压感受器刺激减弱，ADH 分泌减少或停止，肾小管和集合管对水的重吸收减少，尿量增加，尿液被稀释。这种因饮用大量清水引起尿量增多的现象称为水利尿。

（2）循环血量　　当循环血量减少时，静脉回心血量减少，对心肺压力感受器刺激减弱，经迷走神经传入下丘脑的冲动减少，对 ADH 释放的抑制作用减弱或消失，故 ADH 释放增加；反之，当循环血量增加时，静脉回心血量增加，可刺激心肺感受器，抑制 ADH 释放。动脉血压的改变也可通过压力感受性反射对 ADH 的释放进行调节。

2. 肾素-血管紧张素-醛固酮系统　　如血液循环系统所述，机体存在肾素-血管紧张素-醛固酮系统，通过对尿液生成的调节来调节血压和体液量。醛固酮可促进远曲小管和集合管上皮细胞对 Na^+、水的重吸收，增加对 K^+ 的排泄，起"保钠保水排钾"作用。

3. 甲状旁腺素　　促进远曲小管和集合管对 Ca^{2+} 的重吸收，使尿钙减少；抑制近端小管对磷酸盐的重吸收，促进磷的排出，起到"保钙排磷"作用。

4. 降钙素　　抑制肾小管对钙和磷的重吸收，促进钙、磷的排出。

5. 心房钠尿肽　　促进肾排钠、排水。

（三）自身调节

近端小管对溶质（特别是 Na^+）和水的重吸收量，随肾小球滤过率的变动而变化，即肾小球滤过率增大，近端小管对 Na^+ 和水的重吸收率也增大；反之亦然。实验表明，无论肾小球滤过率增加还是减少，近端小管中 Na^+ 和水的重吸收率总是占滤过率的 65%～70%，称为近端小管的定比重吸收，这种定比重吸收的现象称为球-管平衡。球-管平衡的生理意义在于使尿液中排出的溶质和水不致因肾小球滤过率的增减而出现大幅度的变动，从而保持尿量和尿钠排出量的相对稳定。

三、尿的浓缩和稀释

根据体内水、盐的多少，动物在神经、体液、自身调节的基础上，特别通过调控与水重吸收相关的激素，对尿液进行浓缩和稀释，控制水、盐排放量，维持体内的液体平衡和渗透压的稳定。因此，尿液的渗透压可随机体的代谢状况而出现大幅度的变动。当体内缺水时，排出的水量减少，尿液被浓缩，渗透压升高，高于血浆渗透压的尿称为高渗尿；当体内水分过多时，排出的水量增加，尿液被稀释，渗透压降低，低于血浆渗透压的尿称为低渗尿。所以，根据尿的渗透浓度可以了解肾浓缩和稀释尿液的能力。

◆ 第四节　排　　尿

尿在肾中连续不断地生成，经输尿管送入膀胱储存。当膀胱储尿达到一定量时，将引起排尿。排尿是间歇性的，并受到神经反射性调节。

一、膀胱与尿道的神经支配

膀胱壁由肌肉层、黏膜下层和黏膜层组成。膀胱肌肉层由多层平滑肌构成，称为逼尿肌。在膀胱与尿道连接处有两道括约肌，与膀胱口紧密相邻的为内括约肌（又称为膀胱括约肌），是平滑肌组织；接近尿道口的为外括约肌（又称为尿道括约肌），是横纹肌组织。膀胱逼尿肌和内括约肌受副交感神经和交感神经双重支配，前者为盆神经，起始于荐部脊髓，兴奋时可使逼尿肌收缩、膀胱内括约肌松弛，促进排尿；后者来自腰部脊髓发出的腹下神经，兴奋时使逼尿肌松弛、内括约肌收缩，抑制排尿。尿道括约肌（外括约肌）除受自主神经支配外，还受阴部神经支配。阴部神经由荐髓发出，为躯体运动神经，其活动受意识的控制。阴部神经兴奋时，外括约肌收缩，阻止排尿（如憋尿）。

盆神经和腹下神经均含有感觉传入神经纤维，盆神经负责传入膀胱的牵拉膨胀感觉，腹下神经负责传入膀胱的痛觉。阴部神经中也有传导尿道感觉的传入纤维。

二、排尿反射

排尿过程是一种反射活动。排尿的初级中枢在脊髓，并受脑干和大脑皮层的调控。当膀胱内尿液充盈到一定程度时，膀胱壁的牵张感受器受到刺激而兴奋。冲动沿盆神经传入脊髓，进而上传到脑干和大脑皮层，产生尿意。如果此时条件不适于排尿，低级排尿中枢可被大脑皮层抑制，使膀胱壁松弛，继续储存尿液；如果适于排尿或膀胱内压过高时，大脑皮层解除对低级排尿中枢的抑制，脊髓排尿中枢兴奋，冲动沿盆神经传出增加，使膀胱逼尿肌收缩，膀胱内括约肌舒张，于是尿液进入尿道；尿液刺激尿道感受器，冲动沿阴部神经传入纤维传到脊髓排尿中枢，使外括约肌舒张，于是尿液被排出。

同时，尿液对尿道的刺激可进一步反射性地加强排尿中枢活动，是一种正反馈过程，它使排尿反射不断加强，直至膀胱内的尿液排完为止。排尿受大脑皮层的控制，容易建立条件反射。因此，通过对动物进行合理的调教，可以养成定时、定点排尿的习惯，从而有利于畜舍内卫生。

排尿或储尿发生障碍，均会发生排尿异常。临床上常见的有尿频、尿潴留和尿失禁。排尿次数过多称为尿频，多见于膀胱炎或膀胱结石。膀胱中尿液充盈过多而不能排出称为尿潴留，多见于尿道阻塞或腰荐部脊髓受损。当脊髓受损，以致初级中枢与大脑皮层失去功能联系时，排尿不受意识控制，可出现尿失禁。

◆ 第五节 尿样的分析和临床应用

一、尿液的理化性质

尿的化学成分常随动物饲料的变化而改变。在正常情况下，尿中的水分占 96%～97%，固形物占 3%～4%。固形物包括无机物（钾、钠、钙、铵、氯、硫酸盐、磷酸盐、碳酸盐等）和有机物（尿素、尿酸、肌酸、肌酸酐、马尿酸、草酸、尿胆素、葡萄糖醛酸酯、某些激素和酶等），其中多数为机体内的代谢终产物。

健康动物尿液的理化性质，常随动物摄入的食物性质和机体代谢状态不同而有所变化（表 8-1）。

表 8-1　几种动物尿液的理化性质

动物	尿量/［mL/（kg·d）］	相对密度	渗透压/（mOsm/L）	pH	颜色	透明度
马	3.0～8.0	1.025～1.055	800～2000	7.80～8.30	黄白色	混浊
牛	17.0～45.0	1.025～1.055	1000～1800	7.60～8.40	草黄色	稀薄透明
山羊	7.0～40.0	1.015～1.070	600～2480	7.50～8.80	草黄色	稀薄透明
绵羊	10.0～40.0	1.025～1.070	600～1800	7.50～8.80	草黄色	稀薄透明
猪	5.0～30.0	1.018～1.050	400～2000	6.25～7.55	淡黄色	稀薄透明
犬	20.0～100.0	1.025～1.050	600～2000	6.00～7.00	黄色	稀薄透明

注：1 mOsm/L ≈ 0.009 81 kPa

家畜的尿液颜色变化很大，有无色、淡黄色和暗褐色等，这主要取决于尿中所含水分和杂质的浓度、食物和药物的影响，以及机体健康状况和营养状况等因素。一般情况下，草食动物的尿多为淡黄色。尿的透明度随动物种类不同而异，一般家畜的尿液在刚排出时都是透明无沉淀的清亮液体，但马属动物的尿液因含有较多碳酸钙、不溶性磷酸盐和黏液，静置片刻则呈黏性混浊液。

尿液的相对密度取决于尿量及有关成分，并直接、间接受多种因素影响。例如，摄入饲料的性质、数量，饮水的多少，以及汗腺、胃肠道、呼吸道和肾的功能状态等对尿的相对密度都有一定影响。尿液的 pH 与饲料的性质有关。肉食动物的尿多呈酸性，草食动物的尿一般呈碱性。杂食动物因兼食植物性和动物性饲料，所以尿有时呈碱性或酸性。

二、尿样的分析

尿液作为机体代谢过程中的主要排泄产物，能够反映机体的生理和病理状况。通过尿样分析，可以对泌尿系统疾病、其他系统疾病及机体健康状况进行全面评估。

（一）尿样分析的常见方法

1. 尿液分析仪法　　尿液分析仪法是一种快速、简便的尿样分析方法。它的操作流程主要包括收集尿液标本、将尿液滴入试纸条、将试纸条放入尿液分析仪进行测试。这种方法可以在短时间内得到尿液中的各种成分的量是否在正常范围内，如尿液中的蛋白质、糖、红细胞、白细胞等。

2. 尿沉渣镜检法 尿沉渣镜检法是一种传统的尿样分析方法，它需要通过显微镜对尿液中的沉渣进行观察和计数。这种方法可以详细观察尿液中的各种细胞和物质，如红细胞、白细胞、管型、结晶等。尿沉渣镜检法通常与尿液分析仪法结合使用，以提高尿样分析的准确性和可靠性。

3. LC/MS 法 LC/MS 法是一种高度敏感和精确的尿样分析方法，它结合了液相色谱（LC）和质谱（MS）技术。这种方法可以同时分析尿液中的多种成分，包括有机物和无机物，以及小分子和大分子。此方法常用于药物代谢物、激素和蛋白质等的测定。

4. 微流控技术 微流控技术是一种新兴的尿样分析方法，它利用微尺度的液体操控技术来实现尿液中特定成分的分离、捕获和检测。其优点包括高灵敏度、高选择性、高通量和自动化操作。它在尿蛋白分析中的进展尤为显著，通过优化微流控芯片的几何形状、尺寸和表面功能，以及集成多个样品处理、分离和检测功能到单个芯片上，来提高蛋白捕获和检测的灵敏度及选择性。

以上尿样分析的方法各有优缺点，适用于不同的临床场景和研究需求。

（二）尿样分析的检测参数

尿样分析是临床诊断中常用的一种非侵入性检测方法，可提供关于机体健康状况和疾病诊断的重要信息。一般情况下，对尿样进行分析时主要涉及以下几个方面的检测参数。

1. 尿液的理化性质 包括尿液的颜色、透明度、相对密度、酸碱度等。例如，混浊的尿液可能暗示存在蛋白质、细菌或白细胞等异常成分。

2. 尿液中的沉淀物 通过显微镜观察尿液沉渣，可以发现红细胞、白细胞、结晶体等。

3. 尿液化学成分的检测 尿样中可以检测到葡萄糖、蛋白质、酮体、胆红素、胆固醇等化学成分的含量，这有助于诊断糖尿病、肾病、胆道疾病等。

4. 尿液微生物学检测 检测尿液中的细菌、真菌等微生物，这有助于诊断尿路感染性疾病。

三、尿样分析的临床应用

尿样分析在临床上有着广泛的应用，它不仅可以作为疾病的诊断工具，还可以用于疾病的预防和健康管理。

（一）诊断疾病

尿液中的成分与机体代谢密切相关。因此，任何系统疾病的病变影响血液成分改变时，都会引起尿液成分的变化。通过尿样分析可协助临床诊断。例如，尿相对密度增高可能见于急性肾炎、糖尿病、高热、呕吐、腹泻及心力衰竭等疾病；尿蛋白的检测可以帮助诊断各种急慢性肾小球肾炎、急性肾盂肾炎、多发性骨髓瘤、肾移植术后等情况。此外，尿液分析还可以检测尿糖、尿酮体等成分，帮助诊断糖尿病、甲状腺功能亢进、垂体前叶功能亢进、嗜铬细胞瘤、胰腺炎、胰腺癌、严重肾功能不全等疾病。

（二）疾病预防和健康监测

尿液分析不仅可以用于疾病的诊断，还可以用于疾病的预防和评估健康状况。例如，泌尿系统的炎症、结石、肿瘤、血管病变及肾移植术后发生排异反应时，尿液成分会发生变化。尿样分析可以帮助监测病情，了解肾功能的变化、观察疗效。对于一般体检，尿样分析可以用于评估机体的健康状况。

（三）药物筛查

尿样检测也可用于药物滥用和禁药检查。例如，尿液中的毒品代谢产物的检测；在赛马比赛中，对赛马的尿样进行兴奋剂检测，保证比赛的公平性和马匹的健康。此外，某些药物如庆大霉素、卡那霉素、多黏菌素 B 与磺胺类药等常可引起肾损害。因此，在用药前及用药过程中需观察尿液的变化，以确保药物安全。

总之，尿样分析作为一种简便快捷的临床检查方法，在临床上具有广泛的应用价值。随着科技进步和实验室自动化水平的提高，尿样分析将在临床应用中扮演更加重要的角色。

❓ 思考题

1. 简述尿液生成的基本过程。
2. 简述尿液生成的调节途径和方法。
3. 肾小球的滤过和组织液生成时的滤过有何异同？
4. 给家兔静脉注射高渗葡萄糖溶液后，其尿量有何变化？为什么？
5. 动物饮用大量清水或快速静脉注射大量生理盐水后，尿量有何变化？两者的机制有何不同？

（斯日古楞）

第九章

神 经 系 统

本章思维导图

引 言

人和动物的本质区别可能在于脑，人和人的最大区别也可能在于脑，与脑相关的神经系统是我们的指挥中心，让我们动动脑来了解一下与脑相关的神经系统吧……

内容提要

神经元作为神经系统结构和功能的基本单位，与神经胶质细胞构成了神经系统。神经元主要由树突、胞体和轴突构成，分别行使接受、整合、传递信息的功能；两个神经元之间主要通过化学突触完成信息传递，借助神经递质和受体完成电—化学—电信号的转换；多个神经元之间形成了复杂的网络联系，构成了反射弧，形成了神经系统活动的基础结构。反射弧的前半部分使机体感受视觉、听觉、味觉和本体感觉等多种形式的刺激，形成感觉，感知体内外的各种变化；反射弧的后半部分使机体一方面通过躯体运动神经调节骨骼肌的紧张性和兴奋性，另一方面通过自主神经调节内脏和血管的活动，保持内环境的稳态，应对各种变化。

◆ 第一节　神经系统的细胞组成

构成神经系统的细胞主要是神经元和神经胶质细胞。

一、神经元

神经元（neuron）是神经系统结构和功能的基本单位。神经元是一种高度特化的细胞，能感受细胞内外各种刺激，具有电化学活性，其主要的功能是接收、整合、传递信息，还有一些神经元具有内分泌功能，可合成和分泌激素作用于靶细胞。

（一）神经元的分类

神经元的种类繁多，其大小、形态也有很大的差异，根据神经元的功能，可分为如下几种。

1. 感觉神经元　感觉神经元又称为传入神经元，一般位于外周的感觉神经节内，能够感受到体内外环境变化的刺激，并将从外周接收的各种信息向中枢神经系统传递，如脊神经节、中枢神经感觉核的神经元等。

2. 运动神经元　运动神经元又称为传出神经元，一般位于脑、脊髓的运动核内或周围的植物神经节内，将兴奋从中枢部位传至外周，从而支配肌肉、腺体等效应器的活动。

3. 联络神经元　　联络神经元又称为中间神经元，广泛存在于中枢神经系统中，形成神经网络。联络神经元位于传入神经元和传出神经元中间，起连接、整合等作用，如脊髓中的闰绍细胞、丘脑后角的一些中间神经元等。

根据神经元的电生理特性，可分为兴奋性神经元和抑制性神经元两类；根据神经元所含的递质种类不同，可将神经元分为胆碱能神经元、肾上腺素能神经元和其他递质的神经元。

（二）神经元的基本结构

神经元的形态、功能多样，但其结构类似，主要由胞体、树突和轴突三部分构成（图 9-1）。胞体是细胞代谢和整合信息的重要部位，主要集中在大脑和小脑皮质、脑干和脊髓灰质及外周神经节中。树突是胞体的延伸部分，主要功能是接受信息，并将信息传递给胞体。各类神经元树突的数目不等、形态各异，分支多，如树冠样丛集在胞体周围，有利于扩大神经元接受信息的面积。轴突是由胞体发出的直径均匀的细长突起，一般只有一根轴突，主要功能是传递信息。轴突与胞体相连接的圆锥状膨大部分是轴丘，其顶部起始的一段（50～100 μm）裸露部分称为轴丘始段，是兴奋（神经冲动）发生的主要部位。有些轴突外面由神经胶质细胞膜缠绕形成多层膜结构的髓鞘。中枢神经系统中髓鞘由少突胶质细胞构成，外周神经系统中由施万细胞构成。轴突上相邻两段髓鞘之间的狭窄部分称为郎飞结。轴突末端失去髓鞘形成许多细小的分支，即神经末梢，其末端膨大呈球状，称为突触小体，内含有丰富的神经递质。

轴突和感觉神经元的长树突称为神经纤维（nerve fiber）。根据有无髓鞘，可分为有髓神经纤维和无髓神经纤维；根据传导冲动的方向，可分为传入（感觉）神经纤维和传出（运动）神经纤维。神经纤维的主要功能是传导兴奋（神经冲动）和轴浆运输。

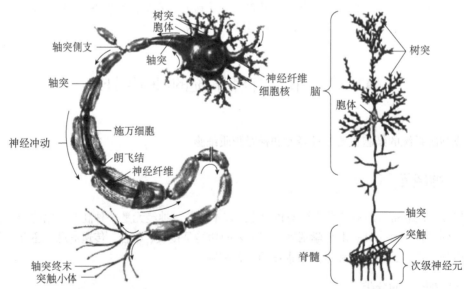

图 9-1　神经元的解剖结构（Tortora and Derrickson，2012）

（三）神经纤维的传导兴奋功能

1. 神经纤维传导兴奋的特征

（1）完整性　　神经纤维结构和功能的完整性是传导兴奋的必要条件，如果神经纤维损伤、被切断或麻醉，均可使兴奋传导受阻。

（2）绝缘性　　一条神经纤维传导的兴奋仅在其自身内传导，而不会波及同一神经干内相邻的神经纤维；多个神经纤维同时传导兴奋时，也不会产生干扰。神经纤维的绝缘性保证了神经传导的精确性。

（3）双向性　　神经纤维的某一点受到刺激，产生的神经冲动可同时向两端传导，表现为传导的双向性；也可向分支传导，直至神经纤维的终点或受阻部分。

（4）不衰减性　　神经纤维受到刺激产生的神经冲动以局部电流的方式进行传导，其强度、频率不会因刺激的强度和传播的距离而变化。

（5）相对不疲劳性　　在长时间连续的电刺激条件下神经纤维仍可保持传导能力，这说明神经纤维具有兴奋性传导的相对不疲劳性。

2. 影响神经纤维传导速度的因素

（1）神经纤维的直径　　神经纤维的直径越大，内阻越小，局部电流的强度和空间跨度越大，传递速度越快。

（2）髓鞘　　根据神经纤维传导兴奋的速度及有无髓鞘等，神经纤维分为 A、B、C 三类（表 9-1）。无髓神经纤维以局部电流的形式传递兴奋，而有髓神经纤维由于轴突的外面包裹着高电阻的髓鞘，兴奋只能在郎飞结之间跳跃式传递，速度很快。有髓神经纤维的传导速度与直径（轴索和髓鞘的总直径）成正比，因此髓鞘厚度也影响神经纤维的传导速度。

表 9-1　神经纤维的分类（杨秀平等，2016）

分类	来源	纤维直径	传导速度 /（m/s）	髓鞘
A	有髓的躯体传入和传出纤维	1～20 μm 或以上	6～120	有
B	有髓的植物性神经的节前纤维	3 μm 以下	3～15	有
C	无髓的躯体传入纤维（drC）和植物性神经节后纤维（sC）	2 μm 以下	0.6～2	无

（3）温度　　在一定范围内，神经纤维传导速度与温度呈正相关。温度升高，传导速度加快；反之，温度降低，传导速度减慢。临床上可以利用低温进行局部麻醉。

（四）神经纤维的轴浆运输功能

除了传导兴奋功能外，神经纤维还具有轴浆运输功能。轴浆是指轴突内的细胞质，含有线粒体、微丝、微管等细胞器。轴浆可以在胞体和轴突之间双向流动，称为轴浆流。轴突内的物质随着轴浆的流动而运输的现象称为轴浆运输。神经元的胞体和轴突是一个整体，通过轴浆运输从而实现它们之间的物质运输和交换（图 9-2）。胞体内合成的蛋白质、酶、神经分泌物等通过顺向轴浆运输到达轴突末梢，以满足轴突的生长发育、代谢更新、传递信息的需要。逆向轴浆运输是指物质由轴突末梢向胞体的转运。

与顺向轴浆运输和逆向轴浆运输相对应，神经和其支配的靶组织之间存在相互的支持和营养作用。

1. 神经的营养性作用　　神经对其所支配的组织既有功能性作用，又有营养性作用。当神经纤维传递冲动，在兴奋抵达末梢时突触前膜释放递质，作用于突触后膜以改变所支配组织的功能活动，称为功能性作用。营养性作用是指神经末梢经常释放某些营养因子，持续地调控所支配组织的内在代谢活动，影响其生理功能。正常情况下，神经的营养性作用不易察觉，只有在组织失去神经支配时才可明显地观察到。例如，实验性切断运动神经，神经所支配的肌肉内糖原合成减慢，蛋白质分解速度加快，导致肌肉逐渐萎缩；神经再生修复后，肌肉会逐渐恢复正常。

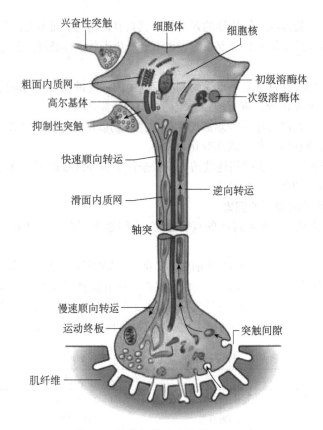

图 9-2 轴浆运输（李安然，2018）

2. 神经营养因子 神经所支配的组织和星形胶质细胞也能持续产生某些对神经元具有支持和营养作用的神经营养因子（neurotrophic factor，NF）。神经营养因子是多肽类物质，可促进神经的生长发育，维持神经系统的正常功能。目前已发现多种神经营养因子，其中神经生长因子（nerve growth factor，NGF）是最早发现的因子之一，分子量为 13 200，结构与胰岛素类似。组织产生的 NGF 被神经末梢摄取后，通过逆向轴浆流运输到胞体，对交感神经和背根神经节神经元的生长发育发挥重要的作用。

二、神经胶质细胞

神经胶质细胞（neuroglia cell）分布于神经元之间，是神经系统的间质细胞或支持细胞。神经胶质细胞的胞体一般较小，虽然也有突起，但无树突、轴突之分，细胞之间不形成化学突触传递，但存在缝隙连接。中枢神经系统内的胶质细胞包括星形胶质细胞、少突胶质细胞、小胶质细胞及室管膜细胞等，而在外周神经系统，主要为构成髓鞘的施万细胞和脊神经节中的卫星细胞。神经胶质细胞的主要功能如下。

1. 支持作用 中枢神经系统内结缔组织很少，神经胶质细胞与神经元紧密相邻，将其胶合在一起，为神经元提供支持作用。例如，星形胶质细胞伸出许多突起填充在神经元胞体和突起之间，起支持和隔离作用。

2. 修复和再生作用 神经胶质细胞具有很强的分裂增殖能力。在脑和脊髓受到损伤时，小胶质细胞可转变为巨噬细胞，吞噬凋亡或损伤的神经元；星形胶质细胞大量增生，填充缺损，形成疤痕，起到修复和再生作用。

3. **物质代谢和营养作用**　　星形胶质细胞能够进行物质的转运，有利于神经元与毛细血管之间的物质交换。此外，星形胶质细胞还能分泌一些神经营养因子，对神经元具有重要的营养作用。

4. **绝缘和屏障作用**　　中枢和外周神经纤维的髓鞘分别由施万细胞和少突胶质细胞形成。髓鞘可防止神经传导时电流扩散，保证传导的绝缘性，使神经纤维在传导兴奋时互不干扰。有些星形胶质细胞有助于形成血-脑屏障等。

5. **稳定细胞外的 K^+ 浓度**　　神经元活动时，随着 K^+ 的释放，细胞外液中 K^+ 浓度升高，会干扰神经元的正常活动。星形胶质细胞可以通过钠-钾泵的活动，将细胞外液中的 K^+ 泵入细胞内，维持神经元的正常活动。

除了上述功能以外，神经胶质细胞参与某些递质的物质代谢、增强突触形成与强化突触传递等。

◆ 第二节　神经元之间的信息传递

神经元之间存在着广泛的信息传递，其传递信息的方式主要通过突触（synapse）进行。

一、突触传递

1897 年英国生理学家 Sherrington 首先提出了突触的概念。突触是两个神经元之间相接触借以传递信息的结构，包括突触前膜、突触间隙和突触后膜三个部分。根据突触传递的机制可分为电突触和化学突触。

（一）电突触

电突触为神经元间的缝隙连接（gap junction），间隙小（约 3 nm），突触前、后膜可通过孔道使前后神经元胞质相通，离子电流可以从前神经元直接流入后神经元内，信息传递可直接以动作电位传导的方式进行，不需要化学递质的参与（图 9-3）。

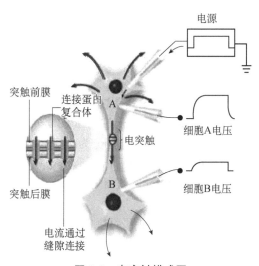

图 9-3　电突触模式图

电突触传递信息的特点：①冲动传导无方向性，可以双向传递；②前、后膜的电位变化之间无突触延搁，可以使动物对刺激快速做出反应；③对缺氧、离子或化学环境变化不敏感，很难受到干扰。

（二）化学突触

化学突触在神经系统内较为常见。突触前神经元的轴突末梢失去髓鞘并形成球状的突触小体，与另外一个神经元胞体或突起构成突触。突触小体的末梢膜称为突触前膜，与之相对的其他神经元的胞体膜或突起膜，称为突触后膜。突触前膜和后膜之间的缝隙为突触间隙，宽20～30 nm。突触小体内含有大量的线粒体和突触囊泡。不同类型神经元的囊泡形态及所含神经递质不同，有些是兴奋性递质，有些是抑制性递质。突触后膜上形成富含受体的致密带，同时还存在能分解递质并使其失活的酶（图9-4）。

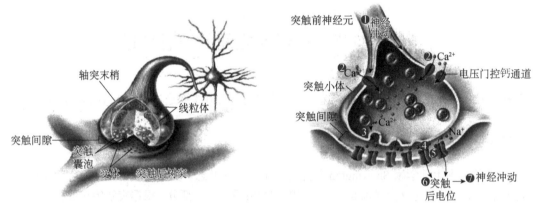

图 9-4　化学突触结构模式图（左）和信息传递过程（右）（Gerard，2012）

1. 化学突触传递的机制　　化学突触传递中，神经冲动首先传导到轴突末梢，引起突触前膜去极化，激活电压门控钙通道。Ca^{2+}由胞外进入突触前膜，激发突触囊泡向前膜移动并与其融合，经胞吐形式将神经递质释放到突触间隙。神经递质经突触间隙扩散到突触后膜，并与突触后膜上的特异性受体结合，进而引起相应离子通道的开放，引发跨膜的离子流动，导致突触后膜的膜电位变化，改变了突触后神经元兴奋性，这一电位变化称为突触后电位。突触后电位属于局部电位，其幅度与突触前膜释放的神经递质的数量相关。

如果突触前膜释放的是兴奋性神经递质，与突触后膜的受体结合后，激活突触后膜钠通道、钾通道（较少），Na^+内流引起突触后膜去极化而兴奋性有所升高，产生兴奋性突触后电位（excitatory postsynaptic potential，EPSP）；如果突触前膜释放抑制性神经递质，与突触后膜的受体结合后，激活突触后膜钾通道、氯通道，尤其是氯通道，Cl^-内流导致突触后膜超极化，产生抑制性突触后电位（inhibitory postsynaptic potential，IPSP）（图9-5）。作为局部电位，EPSP 和 IPSP 需要总和才能使突触后神经元兴奋或抑制。总和作用分为时间总和和空间总和，前者是一个突触多次传递，后者是多个突触同时作用于一个突触后神经元。

神经递质发挥作用后，迅速被相应分解酶降解而失活，或被突触前膜摄取终止其作用，从而保证了突触传递的时效性。

2. 化学突触传递的特征　　不同于前面神经纤维传导神经冲动，在跨过化学突触传递信息时，有如下特征。

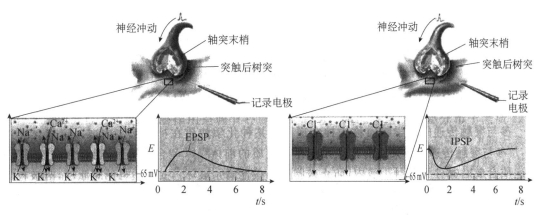

图 9-5　EPSP 和 IPSP 的产生机制（Tortora and Derrickson，2012）

（1）单向传递　　兴奋只能沿特定的方向进行单向传导，即兴奋由突触前神经元向突触后神经元方向传导，这是由于突触前膜合成释放神经递质，突触后膜存在受体。

（2）突触延搁　　兴奋通过化学突触传递时缓慢，称为突触延搁。突触前膜递质的释放、扩散、与突触后膜受体结合等多个环节耗费的时间比较多。兴奋通过一个突触的时间为 0.3 ～ 0.5 ms，因此，在反射活动中参与的突触数量越多，则反射时间就越长。

（3）总和　　在化学突触中，单个的 EPSP 不能引起突触后神经元兴奋。要使神经元或者神经中枢兴奋，需要多个 EPSP 的总和，包括空间总和和时间总和（图 9-6）。

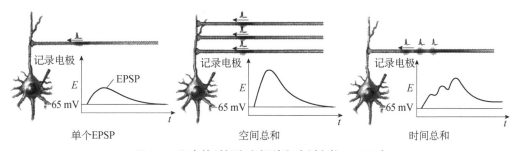

图 9-6　兴奋的时间和空间总和（刘宗柱，2022）

（4）易疲劳性和对内环境变化的敏感性　　神经递质跨过突触间隙传递信息时，一方面会消耗突触小体内的递质，从而产生疲劳现象；另一方面，由于突触间隙与细胞外液相通，缺氧、CO_2 过多、麻醉剂、某些药物等内环境因素均可影响递质的合成与释放，改变突触的传递能力。

（5）兴奋节律的改变　　兴奋在神经中枢经过传入神经元、中间神经元与传出神经元相继传导后，传出神经的冲动频率往往不同于传入神经元，即兴奋的节律发生改变。传出神经元的兴奋节律由传入冲动的节律、中间神经元与传出神经元的联系方式及它们自身的功能状态共同决定。

二、神经递质和受体

神经递质是指由神经元合成并在突触小体储存、释放，作用于突触后神经元或效应细胞而产生效应的信息物质。某种化学物质被确定是化学递质，应符合以下条件：①突触前神经元内存在合成该递质的前体物质和酶；②递质合成后储存于突触小体内，受到刺激后能被释放到突触间隙中；③递质通过突触间隙扩散，作用于突触后膜上的特异性受体，发挥生理功能；④存在能使该递质失活的酶或摄取、回收等相关灭活机制；⑤有特异的受体激动剂或拮抗剂，能加强或阻断该递质的突触传递作用。

神经递质的受体一般为膜受体，有的受体分为很多亚型。如前所述，神经递质和受体的结合受很多物质的影响和干扰。能与受体发生特异性结合，并产生生理效应的化学物质称为激动剂；只与受体特异结合而不产生生理效应的物质称为拮抗剂或阻断剂。当神经递质不足时，受体数量逐渐增加，亲和力也逐渐升高，称为受体的上调，反之称为受体的下调。

（一）乙酰胆碱及其受体

乙酰胆碱（ACh）是分布最为广泛的一类神经递质。凡是能合成和释放 ACh 的神经元均称为胆碱能神经元，其神经纤维称为胆碱能纤维。中枢系统内，脊髓前角的运动神经元、脑干网状结构上行激活系统和丘脑、纹状体等脑区神经元都为胆碱能神经元，合成的 ACh 绝大多数起到兴奋性作用，参与感觉、运动、内脏活动、学习、情绪等多方面生理功能的调节。在外周神经系统中，躯体运动神经纤维、副交感神经的节前纤维和大多数节后纤维（少数释放肽类或嘌呤类神经递质）、交感神经的节前纤维和少数节后纤维（支配汗腺、骨骼肌血管的舒血管纤维）都属于胆碱能纤维。

胆碱能受体根据其药理特性，分为毒蕈碱受体（M 型）和烟碱型受体（N 型）。其中 M 型受体又分为 $M_1 \sim M_5$ 多种亚型，主要存在于副交感神经节后纤维支配的效应细胞、交感神经节后纤维支配的汗腺和骨骼肌血管上。当 ACh 与 M 型受体结合后，可产生一系列副交感神经兴奋的效应，包括心脏活动的抑制、支气管平滑肌收缩、胃肠平滑肌运动加强、膀胱逼尿肌收缩、消化腺分泌增加，还有部分交感神经兴奋效应，如汗腺和骨骼肌血管舒张等，这些效应与毒蕈碱的药理作用相同，阿托品是其阻断剂。N 型受体分为 N_1 和 N_2 两种亚型，前者分布于中枢神经系统和自主神经节后神经元，又称为神经元型烟碱受体，后者主要分布在神经骨骼肌接头的终板膜上，又称为肌肉型烟碱受体。当乙酰胆碱与 N 型受体结合后，可产生兴奋节后神经元或者引起骨骼肌兴奋和收缩，此效应称为烟碱样作用，筒箭毒碱是 N 型受体的阻断剂。

临床上，毛果芸香碱作为激动剂对 M_3 受体有选择性，能缩小瞳孔，可用于治疗青光眼；而溴化泰乌托品作为拮抗剂对 M_3 受体有选择性，能放松气道平滑肌，其雾化吸入剂被用作强效、持久型平喘药。在 N 型受体拮抗剂中，六烃季铵和美加明对 N_1 受体有一定的选择性，作为神经节阻断剂类降压药，可用于控制严重高血压；而十烃季铵和戈拉碘铵对 N_2 受体有选择性，常被用作肌松药。

（二）单胺类递质和受体

单胺类递质包括去甲肾上腺素（NE 或 NA）、肾上腺素（E）、多巴胺（dopamine，DA）、5-羟色胺（5-hydroxytryptamin，5-HT）和组胺等，它们的共同特点是神经元在中枢分布相对集中。

在中枢神经系统内，绝大多数去甲肾上腺素能纤维主要分布于低位脑干，尤其是中脑的网状结构、脑桥的蓝斑、延髓网状结构的腹外侧部分；肾上腺素能神经元大部分位于延髓和下丘脑。能与肾上腺素或去甲肾上腺素结合的受体称为肾上腺素能受体，分为 α 和 β 两种类型，广泛分布于中枢和外周神经系统内。在中枢部位，去甲肾上腺素能神经元与受体结合后，主要参与心血管活动、体温、摄食、情绪等功能的调节；而肾上腺素能神经元的主要作用是调节心血管的活动。在外周神经系统中，大部分交感神经节后纤维末梢释放去甲肾上腺素，其受体位于交感神经节后纤维所支配的效应器上，有的效应器只有 α 受体，有的只有 β 受体，有的则两种受体都存在，其生理效应表现为交感神经兴奋的效应。

多巴胺能神经元主要分布于黑质-纹状体、中脑边缘结构和结节漏斗部，在运动控制、动机、唤醒、认知、奖励等功能上具有重要作用。5-羟色胺又称为血清素（serotonin），是参与中枢神经系统和胃肠道活动的神经递质，调节痛觉、情绪、睡眠、体温、性行为等活动。组胺是一种具有广泛生理作用的活性物质。在变态反应过程中，可引起血管舒张、毛细血管通透性增加和平滑肌收缩；作为中枢神经递质，具有调节觉醒、饮水摄食、体温、内分泌和学习记忆等功能。

（三）其他递质和受体

在体内还存在着氨基酸类递质和受体、神经肽递质和受体、嘌呤类递质和受体、气体分子类神经递质和受体等。兴奋性氨基酸递质包括谷氨酸和天冬氨酸，抑制性氨基酸递质主要是甘氨酸和 γ-氨基丁酸（GABA）；神经肽包括速激肽、阿片肽、脑-肠肽和心房钠尿肽等；嘌呤类递质有腺苷和 ATP；气体分子类神经递质包括 NO、CO 和硫化氢。这些递质都有相应的受体，两者结合后起到相应的调控作用。

三、神经调质

神经调质（neuromodulator）由神经元产生，不直接传递信息，但可影响神经递质的信息传递。实际上，递质和调质并无明确的界限，很多活性物质既可以作为神经递质传递信息，又可以作为神经调质对其他传递过程进行调制。神经递质和调质通过协同、拮抗等作用，共同调节突触传递的活动，协调机体的功能。

长期以来，人们认为一个神经元内只存在和释放一种神经递质，后来研究表明，许多神经元同时含有并释放两种或两种以上递质（包括调质），这种现象称为递质共存，其意义在于协调某些生理功能活动。例如，猫唾液腺受副交感神经和交感神经的双重支配。副交感神经突触小体内含乙酰胆碱和血管活性肠肽，前者能引起唾液分泌，后者则可舒张血管，增加唾液腺的血供，并增强唾液腺上胆碱能受体的亲和力，两者共同作用使唾液腺分泌大量稀薄的唾液。交感神经突触小体内含 NE 和神经肽 Y，前者有促进唾液分泌和减少血供的作用，后者主要收缩血管进而减少血供，两者共同作用使唾液腺分泌少量黏稠的唾液。

四、非突触性化学传递和特征

肾上腺素能神经元轴突末梢的分支上分布着许多呈串珠状的膨大结构，称为曲张体，内含线粒体和大量装有神经递质的囊泡。曲张体不与效应细胞形成经典的突触联系，而是位于效应细胞附近，释放的递质以扩散方式到达多个效应细胞，与受体结合后，使效应细胞发生反应。由于这种化学传递不是通过突触进行的，称为非突触性化学传递（图9-7）。中枢神经系统内也存在着此种非突触性化学传递。例如，大脑皮层内有些直径很细的无髓去甲肾上腺素纤维、黑质中的多巴胺能纤维、5-羟色胺能纤维也能进行非突触性化学传递。

非突触性化学传递与化学突触传递相比，有下列几个特点：①不存在突触前膜与后膜的特化结构；②不存在一对一的支配关系，一个曲张体能支配较多的神经元或效应细胞；③曲张体与其他神经元或效应细胞之间的距离较远，一般在 20 nm 以上，甚

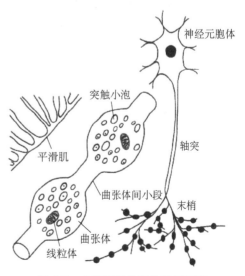

图 9-7　非突触性化学传递示意图
（姚泰等，2010）

至可达到数十微米；④递质弥散的距离远，因此传递所需的时间长，甚至可大于1 s；⑤递质弥散到效应细胞时，能否发生生理效应取决于效应细胞膜上有无相应的受体。

◆ 第三节 神经元之间的联系和反射

一、中枢神经元之间的联系方式

神经系统内存在着数量巨大的神经元（10^{11}个），绝大部分位于中枢，少量位于外周神经节。每个神经元与其他神经元形成了数百个至数十万个突触，形成了复杂的网络联系，其中基本的联系方式有如下几种。

（一）单线式联系

一个神经元仅与一个突触后神经元发生突触联系，比较少见。例如，视网膜中央凹处的一个视锥细胞通常只与一个双极细胞形成突触联系，后者也只与一个神经节细胞形成单线式联系，使视锥系统具有较高的分辨能力。

（二）辐散式和聚合式联系

辐散式联系为一个神经元通过其轴突末梢分支与多个神经元形成突触联系，影响多个神经元的活动，从而扩大影响范围，这种联系方式在传入通路中较多见。例如，脊髓内的传入神经元进入中枢后，轴突的分支不但与本段脊髓的中间神经元及传出神经元发生联系，还有分支与其他节段脊髓的中间神经元形成突触联系。聚合式联系为许多神经元的轴突末梢共同与一个神经元建立突触联系，在传出通路中较为多见；一个神经元可接受不同来源神经元传来的冲动，发生整合，产生兴奋或抑制。

（三）链锁式和环式联系

在中间神经元间的联系方式中，若辐散式与聚合式联系同时存在，形成更复杂的链锁式和环式联系。当兴奋传来时，通过链锁式联系可在空间上加强或扩大作用范围。一个神经元通过其轴突分支与多个神经元建立突触联系，又通过一个分支与前一级神经元建立突触联系，形成一个闭合环路，称为环式联系。通过环式联系可对上一级神经元进行正反馈或负反馈调节，产生后放效应或使相关活动减弱甚至及时终止（图9-8）。

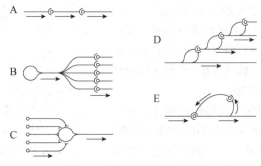

图9-8 神经元的联系方式

A. 单线式联系；B. 辐散式联系；C. 聚合式联系；D. 链锁式联系；E. 环式联系

二、中枢兴奋和中枢抑制

（一）中枢兴奋

不同的联系方式引起不同的兴奋效果，基于辐散式联系可以使兴奋扩散，基于聚合式联系可以使兴奋集中。在一个反射活动中，刺激停止后，传出通路仍能在一定时间内发放冲动的现象称为后放。后放与环式联系有关，属于兴奋的正反馈，使兴奋得到增强和时间上的延续。此外，当效应器发生反应时，其中的感受器（如骨骼肌的肌梭）受到刺激产生的冲动又经传入神经传到神经中枢，这些继发性传入冲动的信息可以纠正和维持原来的反射活动，这也是后放形成的原因。

有时信息传递时，并不能使后一级神经元发生兴奋，但可以使其兴奋性升高，易于后期信息传递，这一现象称为中枢兴奋的易化作用。例如，延髓网状结构外侧的某些神经元对脊髓腹角运动神经元就有很强的易化作用。

（二）中枢抑制

根据神经递质的不同，中枢神经元信息传递时有的产生兴奋效果，有的生成抑制效果。中枢抑制包括突触后抑制和突触前抑制，前者分为侧支抑制和回返性抑制（图9-9）。

1. **侧支抑制** 侧支抑制多见于进入中枢后的感觉神经纤维，也称传入侧支抑制或交互抑制。神经冲动沿感觉传入纤维进入中枢后，在兴奋中枢内某一神经元的同时，还发出侧支兴奋一个抑制性中间神经元，使另一个中枢神经元的活动受到抑制，这种现象称为侧支抑制。例如，屈肌反射中，神经冲动沿肌梭传入纤维进入中枢，不仅直接兴奋脊髓内支配屈肌的运动神经元，还发出侧支兴奋一个抑制性中间神经元，间接抑制同侧伸肌的运动神经元，引起屈肌收缩和伸肌舒张，完成肢体回屈。这种抑制与辐散式联系有关，可以协调两个相互拮抗的活动。

2. **回返性抑制** 某一中枢的神经元兴奋时，其传出冲动沿轴突末梢传导时，经侧支兴奋一个抑制性中间神经元。抑制性中间神经元反过来抑制该出发侧支的神经元或同一中枢的其他神经元。例如，支配骨骼肌的脊髓前角运动神经元兴奋，引起骨骼肌收缩的同时，其轴突分支兴奋一种闰绍细胞（中间性抑制神经元），返回抑制脊髓前角运动神经元和其他神经元的活动。回返性抑制与环式联系有关，是一种负反馈，意义在于及时终止神经元的活动，或使同一中枢内许多神经元的活动同步化。破伤风发作或士的宁中毒时都会发生惊厥，前者是破伤风毒素阻断了闰绍细胞释放其抑制性递质甘氨酸，后者是士的宁阻断了甘氨酸的受体。

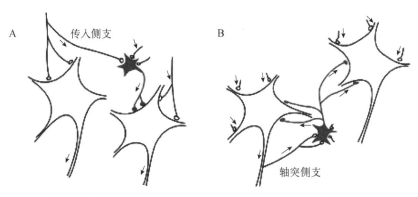

图 9-9 侧支抑制（A）和回返性抑制（B）（姚泰等，2010）

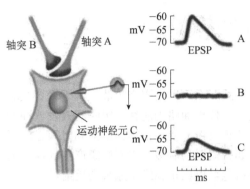

图 9-10　突触前抑制

3. 突触前抑制　一个神经元通过突触传递信息到第二个神经元时，另外一个抑制性神经元的轴突末梢和上述突触前神经元的轴突末梢形成了轴-轴突触。突触前神经元受到该抑制性神经元的作用，轴突末梢兴奋性递质的释放减少，使突触后神经元不易或不能兴奋，呈现抑制效应，称为突触前抑制（图 9-10）。突触前抑制在中枢神经系统内广泛存在，尤其在脊髓背角的感觉传入系统比较常见，对调节感觉传入活动有重要作用。此外，大脑皮层、脑干、小脑等发出的下行束也可以对感觉传入的冲动产生突触前抑制，有利于机体产生精确、清晰的感觉。

三、反射

中枢神经元通过多种联系方式，完成多级神经元之间的信息传递，表现为兴奋或抑制，构成了反射弧，在此基础上形成了反射，最终实现神经系统的感觉、调节功能及更复杂的活动。感受器感受各种刺激后发生兴奋，以神经冲动的形式经传入神经传递到神经中枢，通过分析与整合，中枢产生的兴奋再经过传出神经作用于效应器，使效应器产生相应的反应。信息的传入、整合和传出都离不开神经元之间的联系和信息传递，特别是神经中枢在整合信息的过程中，本质上是基于中枢神经元多种联系方式上的兴奋或抑制传递。

在最简单的反射弧中，传入神经元和传出神经元在中枢内直接接触，仅有一个突触，称为单突触反射弧，由此形成的反射称为单突触反射，如膝跳反射（图 9-11）。大多数反射的信息在神经中枢内要经过多级次突触的整合，称为多突触反射。有些反射中，神经中枢的兴奋可以通过内分泌间接作用于效应器，构成神经-内分泌途径，产生缓慢、广泛而持久的效应。例如，强烈的痛刺激可以反射性地通过交感神经引起肾上腺髓质激素分泌增多。

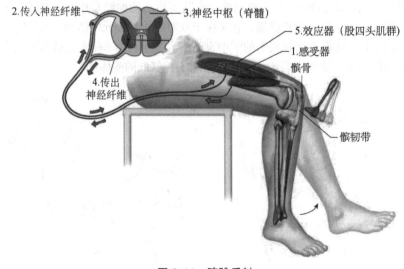

图 9-11　膝跳反射

彩图

◆ 第四节　神经系统的感觉功能

在神经系统调节骨骼肌或者内脏各器官活动之前，机体首先需要感知体内或体外的状态，这就需要神经系统的感觉功能。感觉是机体通过反射弧的前半部分（感受器、传入神经、神经中枢）来完成的活动，当机体内各类感受器或感觉器官受到刺激后，将各种形式的刺激转换为神经冲动，通过一定的神经传导通路传向中枢神经系统，再经过中枢的分析和综合，最后在大脑皮层产生各种各样的感觉。

一、感受器

感受器是动物体表或组织内部的一种特殊换能装置，当受到内、外环境变化的刺激时，能将各种形式的能量转化为神经冲动，并沿一定的传导通路传向神经中枢。不同的感受器结构有很大的差异，有些是感觉神经末梢，如与痛觉有关的神经末梢；有些是高度分化的感觉细胞，如视网膜中的视锥细胞、耳蜗内的毛细胞；还有一些感受器是裸露的神经末梢及周围包绕的一些细胞或结缔组织共同形成的特殊结构，如与触压觉有关的环层小体和触觉小体等。

（一）感受器的分类

根据分布部位和特点可分为内感受器和外感受器，内感受器常分布在内脏和躯体深部，感受机体内部的环境变化，一般不引起意识感觉或意识感觉不清晰；外感受器分布于体表，能感受外界环境的变化，接受刺激后能引起清晰的意识感觉。根据适宜刺激不同可分为温度感受器、机械感受器、化学感受器等。

（二）感受器的一般生理特性

1. **适宜刺激**　　感受器存在着适宜刺激和刺激阈。例如，一定频率的机械振动是耳蜗毛细胞的适宜刺激；一定波长的电磁波是视网膜感官细胞的适宜刺激。感受器对其他能量形式的刺激敏感性很低或不发生反应，这是动物长期进化和分工协作的结果，有利于高效地形成精确的感觉。

2. **换能作用**　　各种感受器都能把相应能量形式的刺激转换为传入纤维上的动作电位，这就是感受器的换能作用。因此，感受器可以看作换能器。

3. **编码作用**　　感受器在把刺激转变为动作电位时，不仅是能量形式的转换，还把不同的刺激信息编码成相应的动作电位幅度、频率和序列，即编码作用，以区分和形成不同的感觉。感受器的编码过程十分复杂，还会发生上述的兴奋节律的改变。

4. **适应现象**　　感受器的适应是指当恒定强度的刺激连续作用于感受器时，其感觉神经纤维上产生的动作电位频率逐渐降低，引起的感觉逐渐减弱或消失的现象。嗅觉、触觉感受器属于快适应感受器，有利于适应外部的变化。肌梭、颈动脉窦压力感受器属于慢适应感受器，可以长期保持兴奋性，持续监测机体的某些功能状态（如姿势、血压），有利于随时调整，维持内环境稳定。

5. **对比现象和后作用**　　在接受某种刺激之前或同时，受到另一种性质相反的刺激，感受器的敏感性会提高，称为对比现象。例如，在黑暗的背景上看到白色物体，会产生黑白分明的感觉。感觉有明显的后作用，当引起感觉的刺激消失后，感觉一般会持续存在一段时间，然后才逐渐消失；刺激越强，感觉的后作用也越长。

二、感觉传导通路

（一）脊髓的感觉传导通路

来自各个感受器的神经冲动，除通过脑神经传入中枢以外，大部分经脊神经背根进入脊髓，然后经各自的上行传导路径传至丘脑，再经换元抵达大脑皮层感觉区。脊髓的感觉传导通路分为浅感觉传导通路和深感觉传导通路。

1. 浅感觉传导通路　　浅感觉是指分布在浅表部位的感受器所引起的感觉，如痛觉、温觉和轻触觉，这些感觉由背根的外侧部进入脊髓，在脊髓后角换元后，发出纤维在中央管下交叉到对侧，分别沿脊髓丘脑侧束（痛觉、温觉）和脊髓丘脑前束（轻触觉）上行到达丘脑，在丘脑更换第三级神经元后，再投射到大脑皮层的躯体感觉区（图9-12）。

2. 深感觉传导通路　　深感觉是指本体感觉和精细触觉，如肌肉、肌腱、关节等的本体感觉和深部压觉的冲动。这些感觉经脊神经传入脊髓后角，沿同侧后索上行至延髓的薄束核和楔束核，换元后再发出纤维交叉到对侧，再由内侧丘系至丘脑更换第三级神经元，最后投射到大脑皮层的躯体感觉区。

这两类感觉传导系统上行过程都发生一次交叉，浅感觉传入神经进入脊髓后先交叉到对侧再上行；深感觉传入神经先上行至延髓再交叉到对侧。因此，当脊髓半离断后，浅感觉的障碍发生在离断的对侧，而深感觉的障碍发生在离断的同侧。

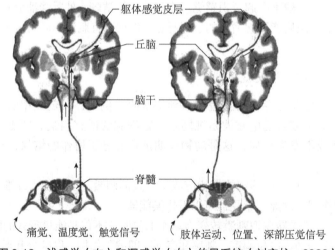

图9-12　浅感觉（左）和深感觉（右）传导系统（刘宗柱，2022）

（二）丘脑及其感觉投射系统

丘脑位于第三脑室的两侧，是间脑中最大的卵圆形灰质核团。丘脑的神经核团在功能上大致分为三种类型：感觉接替核、联络核和髓板内核群。大脑皮层不发达的动物，丘脑是最高级感觉中枢；大脑皮层发达的动物，丘脑是最重要的感觉传导接替站，可进行感觉的粗略分析与综合。各种感觉（除嗅觉外）神经纤维均在丘脑内换元后再投射到大脑皮层，丘脑的感觉投射系统分为特异性投射系统和非特异性投射系统。

1. 特异性投射系统（specific projection system）　　丘脑感觉接替核发出的纤维，点对点地投射到大脑皮层特定区域的感觉投射系统。丘脑的大部分联络核与大脑皮层有特定的透射关系，也归属于这一系统。特异性投射系统的主要功能是向大脑皮层传递精确的信息，从而引起特定的感觉。

2. **非特异性投射系统**（unspecific projection system） 由丘脑的髓板内核群弥散地投射到大脑皮层广泛区域的系统，是各种感觉共同的通路。来自身体各部分的感觉纤维进入脑干网状结构后，上行至丘脑，最后弥散地投射到大脑皮层的广泛区域。非特异性投射系统的主要功能是提高大脑皮层兴奋状态，维持机体的醒觉。

特异性投射系统和非特异性投射系统是形成特定感觉所必需的，二者在功能上相互依赖。通过非特异性投射系统可使大脑皮层保持一定的兴奋性，进而使特异性投射系统传导的冲动在大脑皮层各感觉区形成特定的感觉。

三、大脑皮层的感觉分析功能

各种感觉传入冲动最后到达大脑皮层，通过精细的分析、综合而产生相应的感觉。因此，大脑皮层是感觉的最高中枢。不同类型的感觉在大脑皮层内有不同的感觉区，各感觉区之间密切联系，协同产生复杂的感觉（图 9-13）。

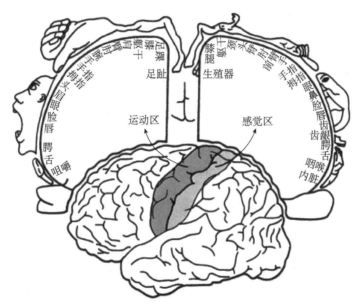

图 9-13 大脑皮层躯体感觉区和躯体运动区分布示意图

（一）感觉区

1. **躯体感觉区** 不同动物大脑皮层躯体感觉区的确切定位存在差异。躯体感觉区位于大脑皮层顶叶，表现以下特征：①左右交叉，躯体、四肢部分的感觉呈左右交叉性投射，即一侧感觉冲动投射到对侧大脑皮层的相应区域，但头面部的感觉投射是双侧性的。②前后倒置，投射区总体上呈倒置的空间排布，下肢代表区在大脑皮层顶部，上肢代表区在中间部，头面部代表区在底部。③投射区面积大小与感觉分辨精细度有关，感觉功能越精细，投射区所占的范围也越大。

2. 躯体运动区　　低等动物的躯体运动区与躯体感觉区有重叠现象，动物越高等，躯体运动区与躯体感觉区分离越明显。灵长类动物的躯体运动区在额叶中央前回，该区域还是体表感觉和肌肉本体感觉的代表区。躯体运动区有一些与躯体感觉区相似的投射规律。

3. 视觉区　　位于皮层枕叶的距状裂，来自视网膜的传入冲动通过特定的纤维投射到视觉区的一定部位。视网膜上半部投射到距状裂的上缘，下半部投射到下缘；视网膜中央的黄斑区投射到距状裂的后部，周边区投射到前部。

4. 听觉区　　位于皮层颞叶，听觉投射是双侧性的，即一侧皮层的代表区可接受双侧耳蜗的传入投射，但与对侧的联系较强。

5. 嗅觉区和味觉区　　嗅觉区随动物的进化而缩小，高等动物的嗅觉区位于边缘皮层的前底部，包括梨状区皮层的前部、杏仁核的一部分等。味觉区位于中央后回头面部感觉投射区的下侧。

6. 内脏感觉区　　内脏感觉区在大脑皮层的投射范围较弥散，来自内脏的传入冲动可投射到第一和第二感觉区，此外，边缘系统的某些区域也是内脏感觉的投射区。

（二）部分感觉

1. 嗅觉　　嗅觉为由化学气体刺激嗅觉感受器所引起的感觉。脊椎动物的嗅觉感受器位于鼻腔后上部嗅上皮（嗅黏膜），其中的嗅细胞发出多嗅毛，接受有气味物质的刺激，传导至大脑皮层的嗅觉中枢，形成嗅觉。

2. 味觉　　味觉是指食物在口腔内，对味觉器官化学感受器的刺激所产生的一种感觉，从生理角度分为酸、甜、苦、咸四种基本味觉。味觉的感受器是味蕾，主要分布于舌头表面的乳状突起中。

3. 痛觉　　痛觉是机体受到伤害性刺激所产生的感觉，能引起防御性反应，具有保护作用，但强烈的疼痛会引起机体生理功能的紊乱，甚至休克。

（1）体表痛　　体表痛可分为快痛和慢痛。快痛的特点是产生和消失均迅速，感觉清楚，定位明确，常引起快速的防卫反射；慢痛是一种定位不明确、持续时间长、强烈而难以忍受的疼痛，表现为痛觉形成缓慢，呈烧灼感。

（2）内脏痛　　内脏痛是伤害性刺激作用于内脏器官引起的疼痛，常由机械性牵拉、痉挛、缺血和炎症等刺激引起。内脏痛发生缓慢，持续时间较长，主要表现为慢痛，常呈渐进性增强，但有时也可迅速转为剧烈疼痛。

（3）牵涉痛　　某些内脏疾病往往可引起体表一定部位发生疼痛或痛觉过敏，这种现象称为牵涉痛。例如，心绞痛时胸前区及左臂内侧皮肤常感到疼痛；患胃溃疡和胰腺炎时，疼痛会出现在左上腹和肩胛间。

4. 皮肤感觉　　皮肤是身体最大的感觉器官，其感觉主要有触觉、温度觉（冷觉和温觉）、痛觉（即上述体表痛）。皮肤中的神经十分敏感，信息可以迅速地传送到大脑，从而做出一定的反应，起到保护机体等作用。

（1）触-压觉　　微弱的机械刺激使皮肤触觉感受器兴奋引起的感觉称为触觉；较强的机械刺激使深部组织变形而引起的感觉称为压觉。由于触觉和压觉性质类似，可合称为触-压觉。触觉的适应性快，刺激阈值低，比较敏感。

（2）温度觉　　温度刺激冷、热感受器引起机体的冷觉和热觉合称为温度觉。一般认为，游离神经末梢是温度觉的感受器。冷感受器和热感受器分布于全身，但各处密度不同，冷点比热点多。

◆ 第五节 神经系统对躯体运动的调节

运动是动物对外界环境变化产生应答的主要方式，是各种复杂行为的基础。任何形式的躯体运动、姿势和位置的调整都是以骨骼肌的活动为基础的。神经系统对躯体运动有调控作用，使骨骼肌的不同肌群之间相互协调和配合，共同完成各种躯体活动。

一、脊髓对躯体运动的调节

（一）脊髓运动神经元

脊髓腹角灰质中存在大量的神经元，它们的轴突离开脊髓后直达所支配的骨骼肌，包括 α、β 和 γ 运动神经元。

1. α 运动神经元　α 运动神经元数量最多，既接受皮肤、肌肉和关节等外周传入的信息，也接受脑干、大脑皮层等高位中枢传出的信息，整合产生神经冲动，支配肌肉的活动。因此，α 运动神经元可视作脊髓反射的最后公路。

2. β 运动神经元　β 运动神经元胞体较大，其传出纤维可支配骨骼肌的梭内肌与梭外肌，但功能尚不清楚。

3. γ 运动神经元　γ 运动神经元胞体较小，分散在 α 运动神经元之间，发出 γ 传出纤维分布于肌梭两端，支配骨骼肌的梭内肌纤维。γ 运动神经元的兴奋性较高，常以较高的频率持续放电，调节肌梭感受器的敏感性，与肌紧张的产生有关。一般 α 运动神经元活动增加时，γ 运动神经元也相应增加，它们都以乙酰胆碱作为递质。

（二）脊髓对姿势反射的调节

中枢神经系统不断地调节骨骼肌的肌紧张或产生相应动作，以保持或调整身体姿势，避免发生倾倒，这类反射称为姿势反射。脊髓是躯体运动的最基本反射中枢，主导牵张反射和屈肌反射等姿势反射的调节。

1. 牵张反射（stretch reflex）　当骨骼肌受外力牵拉伸长时，引起被牵拉的肌肉发生收缩的反射，称为牵张反射（图 9-14）。牵张反射的反射弧比较简单，受高位神经中枢的控制。

肌梭是牵张反射的主要感受器。肌梭是一种感受机械牵拉刺激或肌肉长度变化的特殊感受装置，属于本体感受器，呈梭形。肌梭主要分布在抗重力肌上，通过感受肌纤维的长度变化或牵拉刺激，调节骨骼肌的活动，调整相应的姿势。当肌肉受牵拉时，肌梭内的初级末梢受到牵拉刺激而产生神经冲动，经由背根传入脊髓，兴奋支配同一肌肉的 α 运动神经元，引起梭外肌收缩，形成 1 次牵张反射。同时，肌梭传入的冲动也激活脊髓内的一些抑制性中间神经元，从而抑制同侧拮抗肌运动神经元的兴奋，导致拮抗肌舒张，产生交互抑制现象。

腱器官是分布于肌腱胶原纤维之间、感受肌肉变化的张力感受器（肌梭为长度感受器），其传入冲动对同一肌肉的 α 运动神经元有抑制作用。当肌肉受到牵拉时，肌梭先兴奋，使被牵拉的肌肉收缩；当牵拉力量增强，肌肉收缩达到一定程度时，腱器官兴奋，从而抑制牵张反射，防止肌肉过度的收缩受到损伤。

（1）**腱反射（tendon reflex）**　腱反射是快速牵拉肌腱时引起的牵张反射，如敲击股四头肌腱引起股四头肌收缩、膝关节伸直的膝跳反射，敲击跟腱引起小腿腓肠肌收缩、跗关节伸直的跟腱反射。腱反射主要发生在快肌纤维上，潜伏期很短（约 0.7 ms），感受器为肌梭，属于单突触反射。

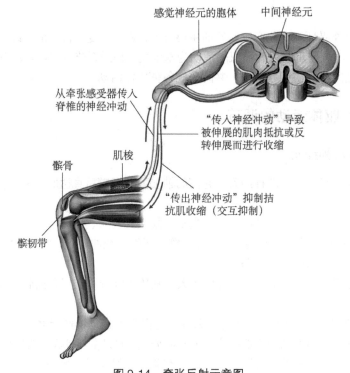

图 9-14　牵张反射示意图

彩图

（2）肌紧张（muscle tension）　　肌紧张是缓慢持续地牵拉肌腱时所引起的牵张反射，表现为被牵拉的肌肉发生紧张性收缩。肌紧张是同一肌肉不同运动单位的交替性收缩，所以不易发生疲劳，能持久地进行。肌紧张主要用于保持身体平衡和维持身体姿势，是姿势反射的基础。动物站立时，由于重力作用的影响，支持体重的关节趋于弯曲，使伸肌肌腱受到持续的牵拉，反射性引起该肌群的肌紧张加强，以对抗关节的弯曲，从而维持站立的姿势。肌紧张是多突触反射，效应器主要是收缩较慢的慢肌纤维。

2. 屈肌反射（flexor reflex）和对侧伸肌反射（crossed-extensor reflex）　　当动物的一侧肢体受电击、灼热等伤害性刺激时，引起受刺激侧肢体的屈肌收缩，伸肌舒张，使肢体屈曲的现象称为屈肌反射。屈肌反射是一种多突触反射，与侧支抑制有关，其反射弧的传出部分可支配多个关节的肌肉活动，其目的在于避开有害刺激，对机体有保护意义。若刺激加大达到一定强度，还可同时引起另一侧肢体伸直的对侧伸肌反射（图 9-15）。该反射是一种姿势反射，当一侧肢体屈曲造成身体平衡失调时，对侧肢体伸直以支持体重，从而维持身体的平衡。

为了研究脊髓本身的功能，常在第 5 颈髓水平以下切断脊髓，这种脊髓与高位中枢离断的动物称为脊髓动物（spinal animal），简称脊动物。动物的脊髓与高位中枢离断后，暂时丧失了反射活动能力，表现为无反应状态，这种现象称为脊髓休克（spinal shock），简称脊休克。脊休克发生时，骨骼肌的紧张性降低甚至消失，血管舒张、血压降低，发汗反射及排尿、排便反射消失。脊休克之后，一些脊髓主导的反射活动逐渐恢复：简单、原始的反射先恢复，如屈肌反射、腱反射等；较复杂的反射后恢复，如对侧伸肌反射、搔爬反射等。随后，血压也逐渐恢复到一定水平，排尿和排便反射也有所恢复。脊休克的产生与恢复，说明脊髓具有完成某些简单反射的能力，但这些反射平时受高位中枢的控制而不易表现出来，如脊休克恢复后，通常是伸肌反射减弱而屈肌反射增强，说明高位中枢平时具有易化伸肌反射和抑制屈肌反射的作用。

二、脑干对躯体运动的调节

脑干包括延髓、脑桥和中脑。脑干除了有神经核团及与神经核团相联系的前行和后行神经传导束外，在脑干中轴部位，许多形状和大小各异的神经元与各类走向不同的神经纤维交织在一起形成脑干网状结构。脑干网状结构的上行神经传导通路构成上行激动系统；下行系统控制脊髓反射，同时接受大脑皮层、小脑和丘脑等部位的调节。因此，脑干网状结构是中枢神经系统内重要的皮质下整合调节中心。

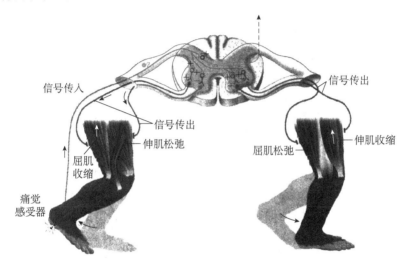

图 9-15　屈肌反射与对侧伸肌反射（Tortora and Derrickson，2012）

（一）脑干对肌紧张的调节

脑干网状结构存在加强肌紧张和肌肉运动的易化区，包括延髓网状结构背外侧部分、脑桥被盖、中脑中央灰质及被盖等。易化区的范围大，在肌紧张的平衡调节中占优势。脑干网状结构还有抑制肌紧张和肌肉运动的抑制区，该区范围较小，只存在于延髓网状结构的腹内侧部（图 9-16）。二者经常保持动态平衡，使全身肌肉保持适当的紧张性收缩，从而使躯体运动得以正常进行。

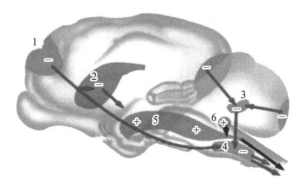

图 9-16　猫脑干网状结构后行抑制（－）和易化（＋）系统示意图（周定刚等，2022）
1. 大脑皮层运动区；2. 纹状体；3. 小脑；4. 网状结构抑制区；5. 网状结构易化区；6. 延髓前庭核

在中脑上、下丘之间切断脑干，动物会出现全身肌紧张，特别是伸肌紧张，表现为四肢强直、头尾昂起、脊柱反张后挺的现象，称为去大脑强直（decerebrate rigidity）。去大脑强直是以伸肌为主的肌紧张现象，是一种增强的牵张反射。去大脑强直形成的原因有两个方面：①在中脑水平切断脑干后，来自红核以上部位的下行抑制性影响被阻断，脑干网状结构的抑制系统活动降低；②前庭核和脑干网状结构易化系统的活动加强。这两方面的效应结合起来，易化系统的作用占优势，导致四肢伸肌和所有抗重力肌肉群的强烈性收缩，出现强直。

（二）脑干对姿势反射的调节

由脑干整合完成的姿势反射有状态反射（attitudinal reflex）、翻正反射（righting reflex）等。

1. 状态反射 状态反射是指因动物头部与躯干的相对位置或者头部的空间位置发生变化，反射性地引起躯体肌肉紧张性改变的反射活动。前者为颈紧张反射，后者为迷路紧张反射。正常状态下，状态反射常受到高级中枢的抑制不易表现出来，一般常见于去大脑动物。

（1）迷路紧张反射 由于头在空间的位置改变时，耳石膜受重力影响发生变化，内耳迷路耳石器官的传入冲动增加，从而对躯体伸肌紧张性进行反射性调节，反射中枢主要是前庭核。不同的头部位置对耳石器官的刺激不同，所以造成伸肌紧张性也不相同。例如，去大脑动物仰卧时伸肌紧张性最高，俯卧时伸肌紧张性最低。

（2）颈紧张反射 颈紧张反射是头部扭曲刺激颈部肌肉、颈上部椎关节韧带和肌肉本体感受器，反射性引起四肢肌肉紧张的反射。去大脑动物实验表明当头向一侧扭转时，下颏所指一侧的伸肌紧张性加强；当头后仰时，前肢伸肌紧张性加强，后肢伸肌紧张性降低；当头前俯时，前肢伸肌紧张性降低，后肢伸肌紧张性加强。

2. 翻正反射 当动物四足朝天从空中下落时，首先头颈扭转，然后前肢和躯干扭转，最后后肢也扭转过来，落地时四足着地，称为翻正反射（图9-17）。这一系列的反射活动是由于头部位置不正常，视觉与内耳迷路受到刺激，从而引起头部位置的翻正，头部复正后，造成头与躯干的位置关系不正常，刺激颈部关节韧带及肌肉本体感受

图9-17 动物的翻正反射

器，继而导致躯干位置的翻正，使动物恢复站立姿势。

三、小脑和基底神经节对躯体运动的调节

小脑位于大脑半球后方，覆盖在脑桥和延髓上，分为前庭小脑、脊髓小脑和皮层小脑，它们分别与前庭、脊髓和大脑皮层形成丰富的纤维联系。小脑是躯体运动调节的重要中枢，具有维持身体平衡、调节肌紧张、协调随意运动的作用。

基底神经节是位于大脑半球底部的一群神经核团，与大脑皮层、丘脑和脑干相连，包括尾状核、豆状核、丘脑底核、黑质和红核等，其中尾状核和豆状核合称为纹状体，是基底神经节主要的组成部分。基底神经节的损伤可导致多种运动和认知障碍，临床上主要表现为两大类：①肌紧张、随意运动过少的强直综合征，如帕金森病；②肌紧张减退、运动过多的低张力综合征，如舞蹈病和手足徐动症。

四、大脑皮层对躯体运动的调节

大脑皮层是中枢神经系统控制和调节躯体运动的最高级中枢,其运动传导通路包括锥体系统和锥体外系统,基于这两个传导通路调控机体的随意运动。

(一)大脑皮层的运动区

大脑皮层中与躯体运动密切相关的区域称为皮层运动区,具有下列功能特征。

1. **精细的功能定位** 机体每个运动活动都有相应的定位,构成各自的运动区。运动简单、粗糙的肌群(如躯干、四肢)所占的运动区较小;而运动精细、复杂的肌群(如头部)所占的运动区较大。

2. **交叉支配** 一侧皮层运动区主要控制对侧躯体的肌肉运动,呈交叉支配的关系;但头面部的肌肉大部分是双侧性支配(面神经支配的下部面肌、舌下神经支配的舌肌主要受对侧皮层运动区的控制)。

3. **倒置分布** 运动区的上下分布呈身体的倒影,下肢肌肉运动区位于皮层顶部,膝关节以下肌肉运动区在皮层内侧面;上肢肌肉运动区在中间部;头面部运动区在底部(头面部运动区内部为正立安排)。运动区的前后分布同样呈倒置关系,躯干和肢体近端肌肉的运动区位于前部;肢体远端肌肉的运动区位于后部;手指、足趾、唇和舌肌肉的运动区位于中央沟前缘。

(二)运动传导通路

1. **锥体系统(pyramidal system)** 锥体系统是大脑皮层下行控制躯体运动的最直接通路,经锥体系统下传的神经冲动可兴奋脊髓前角 α 运动神经元(发动肌肉运动)和 γ 运动神经元(调整肌梭的敏感性),两者协同作用控制肌肉的收缩和维持肌肉张力,从而完成随意运动,特别是迅速且精确的运动。锥体系统还能起到神经营养作用,保持肌肉正常的代谢。此外,锥体系统下行纤维与脊髓中间神经元也有突触联系,使肢体运动更加协调。

2. **锥体外系统(extrapyramidal system)** 锥体外系统泛指锥体系统以外的所有调节躯体运动的后行传导通路,主要功能是调节肌紧张、协调肌群的运动、维持正常的姿势等,确保锥体系统进行精细的随意运动。当锥体外系统损伤后,由于肌紧张的改变,随意运动缓慢,出现异常动作。在锥体外系统保持肢体稳定、适宜的肌张力和姿势协调的情况下,锥体系统执行精细的运动。

◆ 第六节 神经系统对内脏活动的调节

在机体外周神经系统中,除了躯体运动神经外,还有负责调节内脏活动的自主神经系统,又称为植物性神经系统。自主神经系统的活动一般不受意识的控制,具有较强的独立性,但它也受到大脑皮层的调控。自主神经系统包括传入神经、神经中枢和传出神经,但通常所说的自主神经系统仅指支配内脏和血管的传出神经,包括交感神经(sympathetic nerve)和副交感神经(parasympathetic nerve)(图 9-18),副交感神经有时称为迷走神经。

一、自主神经系统的结构特点

自主神经系统由节前神经元和节后神经元组成。节前神经元胞体位于脊髓、脑干等神经中枢，其发出的神经纤维（又称为节前纤维），一般通过化学突触作用于节后神经元（除肾上腺髓质的交感神经）。节后神经元胞体位于神经节中，其发出的神经纤维（又称为节后纤维）到达所支配的效应器，起直接调节作用。节前纤维是有髓鞘 B 类神经纤维，传导速度较快；节后纤维是无髓鞘 C 类神经纤维，传导速度较慢。中枢兴奋通过自主神经系统传递到效应器时，经过了电—化学—电—化学信号的转换。

交感神经起源简单，源于脊髓胸腰段（自胸段第 1 节至腰段第 2 或第 3 节）灰质侧角，随脊髓腹角传出后进入交感神经节。交感神经节离效应器较远，节前纤维短，而且每根节前纤维一般和多个节后神经元发生突触联系，反应比较弥散；节后纤维比较长，同样发出多个分支支配许多的效应器细胞。交感神经分布广泛，全身绝大多数内脏器官都受它的支配。在胃和小肠中，大多数的交感神经节后纤维支配消化道神经丛细胞，还有少量的交感神经节后纤维支配心脏和膀胱壁内神经节细胞。大多数交感神经节后纤维释放的递质是去甲肾上腺素，少量节后纤维和全部的节前纤维释放的递质是乙酰胆碱。

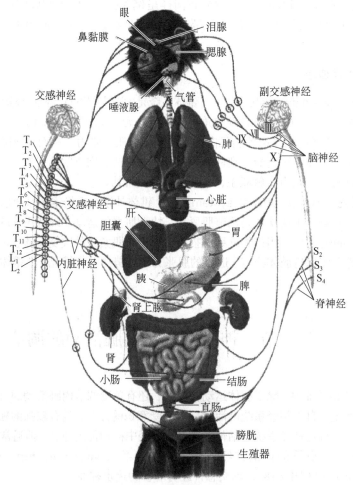

图 9-18　哺乳动物自主神经分布示意图（Sherwood et al., 2013）

T 表示胸椎；L 表示腰椎；S 表示骶椎

副交感神经的起源比较复杂，一部分来自脑干有关的副交感神经核团，如中脑缩瞳核、延髓上唾液核和下唾液核、延髓迷走背核和疑核等；另一部分起自脊髓骶部中间外侧核。副交感神经节常常分散在效应器附近，还有些结构复杂的神经节分布在效应器壁内。因此，副交感神经的节前纤维长而节后纤维短，节前纤维与节后神经元联系的突触分支较少，所以反应比较局限。例如，猫颈上神经节内的交感神经节前与节后纤维之比为 1：（11～17），而睫状神经节内的副交感神经节前与节后纤维之比为 1：2。副交感神经的分布比较局限，能调控头、胸和腹腔器官的活动，但某些器官或组织（如皮肤和肌肉的血管、肾上腺髓质、一般的汗腺、竖毛肌等）不受副交感神经的支配。副交感神经节前纤维和节后纤维释放的递质都是乙酰胆碱。

二、自主神经系统的功能特点

（一）双重支配和对立统一

除少数器官外，大多数器官受交感和副交感神经的双重支配，由于节后纤维所释放神经递质的差异，二者的作用往往相互拮抗和对立统一，从而使机体更好地调控器官的活动（表9-2）。例如，迷走神经对心脏是抑制作用，而交感神经则是兴奋作用；迷走神经使胃肠运动增强，而交感神经则使其减弱。交感和副交感神经的活动并不都是对立的，在一些效应器上，二者表现协调作用。例如，交感神经和副交感神经都能促进唾液的分泌，前者促进黏稠唾液的分泌，而后者促进稀薄唾液的分泌。

表 9-2　自主神经的主要功能

器官和系统	交感神经	副交感神经
循环系统	心跳加快加强；腹腔内脏血管、皮肤血管、唾液腺血管、外生殖器官血管均收缩；脾包囊收缩；肌肉血管可收缩（肾上腺素能）或舒张（胆碱能）	心跳减慢；心房收缩减弱；部分血管（如软脑膜动脉、外生殖器的血管等）舒张
呼吸系统	支气管平滑肌舒张	支气管平滑肌收缩；促进黏膜腺分泌
消化系统	分泌黏稠唾液；抑制胃肠运动；促进括约肌收缩；抑制胆囊活动	分泌稀薄唾液；促进胃液、胰液分泌；促进胃肠运动和使括约肌舒张；促进胆囊收缩
泌尿、生殖器官	促进肾小管的重吸收；逼尿肌舒张和括约肌收缩；有孕子宫收缩，无孕子宫舒张	逼尿肌收缩；括约肌舒张
眼	虹膜辐射肌收缩，瞳孔扩大；睫状体辐射状肌收缩，睫状体增大；上眼睑平滑肌收缩	虹膜环形肌收缩，瞳孔缩小；眼下状体环形肌收缩，睫状体环形小；促进泪腺分泌
皮肤	竖毛肌收缩；汗腺分泌	
代谢系统	促进糖原分解；促进肾上腺髓质分泌	促进胰岛素分泌

（二）紧张性作用

静息状态下，自主神经常发放低频的神经冲动，对效应器有轻微的刺激作用，这种作用称为紧张性作用。交感和副交感神经经常处于持续性紧张状态，双重支配某一器官。例如，切断支配心脏的交感神经时，心率减慢，说明交感神经对心脏具有紧张性作用；相反，切断心迷走神经后，心率加快。

（三）受效应器所处功能状态的影响

自主神经的效应与效应器本身的功能状态有关。例如，刺激交感神经可抑制无孕动物的子宫平滑肌，兴奋有孕动物的子宫平滑肌；刺激迷走神经可使处于收缩状态的胃幽门舒张，而使处于舒张状态的胃幽门收缩。

（四）对整体生理功能的调节

一般交感神经系统的活动比较广泛，经常以一个完整的系统来参与反应，主要功能是在应急情况下，动员机体多个器官的潜能，增强动物对环境的适应性。例如，动物处于剧烈运动、寒冷、窒息、失血等状态时，交感神经系统兴奋，肾上腺髓质激素分泌增加，启动交感-肾上腺髓质系统，机体出现心血管功能亢进（心脏收缩加强、心率加快、内脏血管收缩、血压升高、心输出量增加等）、胃肠活动抑制、支气管扩张、血糖升高等现象，称为应急反应。

与交感神经系统相比，副交感神经系统活动比较局限，主要具有保护机体、休整恢复、促进消化、储藏能量、加强排泄和生殖等方面的功能。例如，动物在安静状态下，副交感神经系统功能增强，此时，心脏活动受到抑制、瞳孔缩小、消化道活动加强等。迷走神经兴奋时常伴随胰岛素分泌增加，因此称为迷走-胰岛素系统。

三、中枢对内脏活动的调节

（一）脊髓

脊髓是内脏反射活动的初级神经中枢，能完成一些最基本的内脏反射，如排粪反射、排尿反射、勃起反射、血管张力反射、出汗和竖毛反射等。这些反射的反射弧较简单，在失去高位中枢调节的情况下，并不能适应正常生理功能的需要。例如，在脊髓高位横断的情况下，基本的排尿反射、排便反射虽能进行，但往往不能排空，更不能有意识地控制。可见在正常生理状态下，脊髓的自主性神经功能是在高级中枢的调控下完成的。

（二）脑干

脑干位于大脑下部，能够完成较复杂的反射活动，具有维持个体生命的重要生理功能。延髓中存在心血管活动、呼吸、消化功能等重要的反射中枢，负责咳嗽、喷嚏、吞咽、唾液分泌、吸吮、呕吐等反射，被称为"生命中枢"。脑桥中有呼吸调整中枢、角膜反射中枢；中脑有瞳孔对光反射中枢。

（三）下丘脑

下丘脑中存在许多重要的神经核团，与脑干网状结构、大脑皮层有紧密的形态和功能联系，是内脏活动的较高级中枢。下丘脑具有复杂的整合功能，可将内脏活动与其他生理活动协调起来，调节体温、摄食、水平衡和内分泌、情绪反应、生物节律等生理过程。

（四）大脑皮层

大脑皮层是指端脑表面覆盖的灰质，是神经系统的最高级中枢，对内脏活动的初级中枢具有调控作用。刺激大脑边缘系统的不同部位，可以引起复杂的内脏活动反应，如血压升高或降低、呼吸加强或抑制、胃肠运动增强或减弱、瞳孔扩大或缩小等。边缘系统是重要的内脏活动高级中枢，通过调控其他各级中枢的活动，完成更复杂的生理功能反应。例如，杏仁核能影响下丘脑摄食中枢的活动，破坏杏仁核的动物，由于摄食过多而肥胖。

除了下丘脑和中脑，大脑边缘系统对情绪反应也具有调控作用。研究发现，正常动物下丘脑的防御反应区受杏仁核控制，行为比较温顺；若失去杏仁核的控制，动物易表现防御反应，出现一系列交感神经系统兴奋亢进的现象，并且呈现攻击性行为。

总之，神经系统首先基于感觉系统感知内外环境的变化，然后基于躯体运动系统适时调整骨骼肌活动，或者基于自主神经系统调整内脏器官和血管状态，应对和适应各种变化。除了以上功能外，大脑皮层作为神经系统的最高级中枢，具有复杂的高级神经活动，形成了脑的高级功能，如形成条件反射、学习和记忆、睡眠和觉醒等，这些高级神经活动使机体适应复杂多变的生活环境，具有重大的理论和实践意义。

❓ 思考题

1. 简述神经元的结构与功能的关系。
2. 化学突触传递是怎么启动的？其主要过程是什么？
3. 兴奋在神经纤维上传导和通过化学突触传导有何区别？
4. 感受器是如何进行分类的，具有哪些生理特性？
5. 试述中枢抑制的分类、发生机制及生理意义。
6. 比较交感神经和副交感神经的异同。
7. 特异性投射系统和非特异性投射系统有何不同？
8. 高位中枢对脊髓反射的调控是如何实现的？

（韩立强　杨彦宾）

本章思维导图

| 第十章 |

内分泌系统

—————————————— 引　言 ——————————————

在机体内有一种物质，量小作用大；有一种调节，默默地进行着，关乎生长发育、新陈代谢、内环境的稳态，让我们一起来探索，它为什么这么神通广大……

—————————————— 内容提要 ——————————————

内分泌系统由下丘脑、垂体、肾上腺、甲状腺、性腺及胰岛等内分泌腺（组织）构成，这些内分泌腺（组织）相互作用，通过激素实现机体的体液调节。激素作为信号分子和神经递质类似，发挥作用时需要与受体结合启动跨膜信号转导，从而实现调控细胞的新陈代谢，调节机体生长、发育、生殖及衰老的过程。内分泌系统还与神经系统、免疫系统相互联系、相互协调，构成神经-内分泌-免疫调节网络，共同调节机体的各种生理活动，维持内环境的相对稳定。

◆ 第一节　概　　述

一、内分泌

分泌是腺上皮组织的基本功能，包括内分泌和外分泌两种方式。外分泌（exocrine）是指腺泡细胞产生的物质通过导管分泌到体内管腔或体外的分泌形式。外分泌腺包括消化腺、汗腺、泪腺、乳腺等，隶属于不同的系统，行使不同的功能。经典的内分泌（endocrine）是指内分泌腺或内分泌细胞将其产生的生物活性物质（即激素）分泌到血液中，通过血液循环运输到靶组织或靶细胞，并调节其生理效应的一种分泌形式。经典的内分泌也称为远距分泌或血分泌。现代研究表明，除了经典内分泌外，激素还可以通过多种方式传递信息，如神经内分泌、内在分泌、自分泌和旁分泌等（图10-1）。内分泌细胞相对集中于机体的某一部位，形成内分泌组织或腺体。与外分泌不同，内分泌腺没有固定的导管结构，因此也称为无管腺。

机体所有的内分泌腺和组织等共同构成了内分泌系统（endocrine system）。内分泌系统可通过激素进行体液调节。

机体内的主要内分泌腺包括下丘脑、垂体、甲状腺、甲状旁腺、肾上腺、胰岛、性腺、松果体等；散在的内分泌细胞广泛分布于体内组织和器官中，如消化道、心脏、肾、肺、胎盘等部位；在皮肤、脂肪、肌肉等组织也有大量的内分泌细胞。

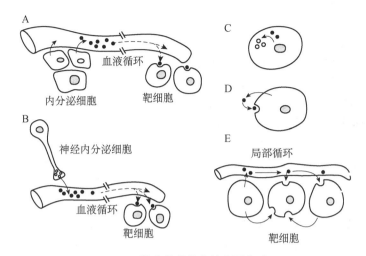

图 10-1 激素传递信息的主要方式

A. 内分泌（远距分泌）；B. 神经内分泌；C. 内在分泌；D. 自分泌；E. 旁分泌

二、激素

激素（hormone）是指由内分泌腺或组织分泌的高效生物活性物质，大部分经血液或组织液到达靶细胞后，调节靶细胞的活动。与神经递质类似，激素可兴奋或抑制靶细胞的活动。

（一）激素的分类

激素来源复杂，种类繁多，按其化学结构可分为三类，即胺类激素、肽类激素和脂类激素。

1. 胺类激素 胺类激素多为氨基酸的衍生物，主要是酪氨酸的衍生物，包括儿茶酚胺类激素（肾上腺素和去甲肾上腺素等）、甲状腺激素和褪黑素等。儿茶酚胺类激素由酪氨酸加工而成，水溶性强，在血液中以游离形式运输，可与靶细胞膜上受体结合发挥作用；甲状腺激素是含碘的酪氨酸缩合物，脂溶性强，与胞内受体结合发挥作用；褪黑素的合成原料为色氨酸。

2. 肽类激素 该类激素均含有氨基酸残基构成的多肽结构，包括从三肽分子到近 200 个氨基酸残基组成的多肽链。主要包括下丘脑调节肽、腺垂体激素、胰岛素、甲状旁腺激素、降钙素及胃肠激素等。这类激素都是亲水性的，多与靶细胞膜上受体结合，再通过细胞内信号转导系统发挥调节效应。

3. 脂类激素 脂类激素是以脂类为原料合成的激素，包括类固醇激素、固醇激素和脂肪酸衍生的廿烷酸类激素。这类激素脂溶性强，可透过细胞膜与胞内受体结合发挥调节作用。

（1）类固醇激素 类固醇激素是具有环戊烷多氢菲母核的一类物质，合成的前体是胆固醇。主要包括肾上腺皮质激素和性激素，如皮质醇、醛固酮、雌二醇、孕酮、睾酮等。

（2）固醇激素 固醇激素主要是由皮肤、肝、肾等器官相继活化的胆固醇衍生物，即 1,25-二羟胆钙化醇。

（3）廿烷酸类激素 结构上是都含有 20 个碳原子的不饱和脂肪酸衍生物，主要包括花生四烯酸转化的前列腺素（prostaglandin，PG）、血栓烷类和白细胞三烯类等。体内几乎所有的细胞都产生这类物质，一般作为局部激素参与细胞活动的调节。

（二）激素的作用

体内的激素有很多种，它们共同构成了机体的体液调节，激素的生理功能主要体现在以下几个方面。

1. 维持机体稳态　　激素参与机体的水盐代谢、酸碱平衡、体温恒定、血压稳定、应激反应等调节过程，全面整合机体生理机能，维持内环境的相对稳态。

2. 调节新陈代谢　　很多激素如甲状腺素、肾上腺素和去甲肾上腺素等参与了机体的物质代谢和能量代谢的调节，维持机体的营养和能量平衡，为机体的各种生命活动奠定基础。

3. 促进机体的生长、发育　　参与机体组织细胞生长、增殖、分化、发育和凋亡的调控过程，维持各系统器官的正常生长发育和功能活动，如生长激素。

4. 调控生殖过程　　促进机体生殖器官正常发育和成熟，调节生殖活动，保证个体生命的延续和种群的繁衍。例如，生殖细胞的生成、成熟、排卵、射精、妊娠和泌乳等过程都受生殖激素的调控。

内分泌系统还与神经系统和免疫系统相互联系，构成神经-内分泌-免疫调节网络，三个系统相互协调，共同调节机体的各种生理活动，维持内环境稳态，确保机体生命活动正常运行。

（三）激素的作用机制

激素的作用过程包括受体识别、信号转导、细胞反应和效应终止四个环节。激素作为信号分子，其作用机制实质上是细胞间的跨膜信号转导。肽类激素、胺类激素中的儿茶酚胺类激素属于亲水性激素，主要通过作用于膜上 G 蛋白偶联受体，生成第二信使进行跨膜信号转导（详见细胞章节的膜上受体介导的信号转导内容），称为"第二信使学说"；脂类激素、胺类激素中的甲状腺激素等通过作用于胞内受体而实现的（详见细胞章节的胞内受体介导的信号转导内容），称为"基因表达学说"。随着细胞生物学和分子生物学的发展，激素作用机制的学说和理论不断得到修正。

（四）激素的作用特征

不同的激素对靶细胞的作用和作用机制虽不尽相同，但在作用的过程中表现出以下共同特征。

1. 信使作用　　激素作为信号分子，将内分泌细胞的调节信息传递给靶细胞，增强或减弱靶细胞原有的生理生化反应，起到了传递信息的作用。

2. 特异作用　　大多数激素只作用于某些器官、组织、细胞或腺体，特异性和相应受体结合，引起某种生理效应称为激素作用的特异性。有些激素特异性很强，只作用于某一靶腺；有些激素没有特定的靶腺，如生长激素、甲状腺激素等，作用于机体大多数组织细胞；有些受体可结合分子结构相似的两种激素。

3. 高效作用　　生理状态下，激素在血液中的浓度很低，常以 pg/mL 或 ng/mL 计量，但作用强大，具有高效性。激素与受体结合后，通过引发细胞内信号转导通路，逐级放大，产生效能极高的生物放大效应。

4. 相互作用　　很多激素在发挥作用时，相互影响、彼此关联。激素间相互作用的形式包括以下几种。

（1）协同作用　　协同作用是指多种激素对某一生理效应进行调节时，联合效应大于单一效应的总和。例如，生长激素、肾上腺素、糖皮质激素和胰高血糖素升高血糖作用，具有协同效应。

（2）拮抗作用　　拮抗作用是指不同激素对同一生理效应产生相反的调节作用。例如，胰岛素降低血糖，与生长激素、肾上腺素、糖皮质激素及胰高血糖素的升高血糖效应具有拮抗作用。

（3）允许作用　　允许作用是指激素本身不能对靶细胞直接发挥作用，但它的存在是其他激素发挥作用的前提或必要条件。例如，糖皮质激素不能直接对心肌和血管平滑肌产生收缩的效应，但只有它存在时，儿茶酚胺类激素才能充分发挥对心血管活动的调节作用，这就是糖皮质激素对儿茶酚胺类激素的允许作用。

（五）激素的分泌调控

作为高效生物活性物质，激素水平的相对稳定对机体实现精细调节、保证内环境稳态等起着重要作用。除少量激素具有节律性分泌的特征，表现为日间节律、昼夜节律和超昼夜节律外，大部分激素的分泌受到机体的神经调节和体液调节，机体可根据体内外状况适时、适量调节激素分泌，及时启动和终止。

1. 神经调节　　下丘脑是神经系统与内分泌系统联系的重要枢纽。一方面，下丘脑与中枢神经系统具有广泛而复杂的联系；另一方面，下丘脑可通过下丘脑-腺垂体-靶腺轴影响和调节甲状腺、肾上腺、性腺激素的分泌，这种调节称为神经-体液调节。体内一些内分泌腺有直接的神经支配，如交感和副交感神经纤维，植物性神经系统得以直接调节这些内分泌腺的活动。例如，在应激状态下，交感神经活动增强，会刺激肾上腺髓质分泌肾上腺素和去甲肾上腺素。

2. 体液调节

（1）**轴系反馈调节**　　下丘脑-腺垂体-靶腺轴在内分泌调控网络中具有重要作用，牵涉到很多激素和机体多种生理活动。这是一个三级水平的调节轴，下丘脑通过分泌相关激素促进腺垂体的分泌，腺垂体又分泌促激素促进靶腺的分泌活动，表现为依次的正向调节作用。同时，靶腺分泌的激素对下丘脑和垂体的分泌活动进行反馈，称为长反馈；腺垂体分泌的激素对下丘脑分泌活动的反馈称为短反馈；下丘脑肽能神经元对自己分泌活动的反馈，称为超短反馈（属于自分泌）。这些反馈的效果一般是负反馈，和上述正向调节共同形成了闭合的激素之间相互作用（图 10-2）。

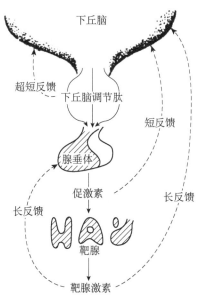

图 10-2　下丘脑-腺垂体-靶腺轴示意图
实线表示促进；虚线表示抑制

（2）**代谢物反馈调节**　　许多激素参与机体内物质代谢过程的调节，而代谢产物又反过来影响相应激素的分泌，形成直接的反馈调节。例如，胰岛素具有降低血糖的功能，而血糖水平的高低可反馈调节胰岛素的分泌，当血糖水平升高时，可直接刺激胰岛素的分泌。

（六）激素的运输与代谢

内分泌腺没有导管，激素分泌后要通过血液、组织液或者淋巴液等转运到靶细胞发挥作用。水溶性的激素（如胰岛素、抗利尿激素）在血液中以游离形式运输；脂溶性激素则需与转运蛋白结合，半衰期较长，在血液中浓度更高。激素从释放出来到失活并被消除的过程，称为激素代谢，通常用半衰期表示。激素在组织发挥作用后，经过靶细胞、肝、肾等降解而灭活，随胆汁经粪或尿排出体外，也有极少量激素可不经降解，直接排出体外。

◆ 第二节　下丘脑-垂体

下丘脑与垂体位于间脑的腹侧部，两者无论在结构上还是在功能上都密不可分，可视作下丘脑-垂体功能单位。根据两者的联系方式，可分为下丘脑-神经垂体系统和下丘脑-腺垂体系统（图 10-3）。下丘脑视上核、室旁核和促垂体区核团内的神经元具有内分泌功能，可分泌肽类激素，故称为肽能神经元。下丘脑-神经垂体系统中两者通过神经纤维联系，视上核、室旁核分泌的激素通过神经纤维运到垂体（轴浆运输）；下丘脑-腺垂体系统中两者通过血管联系，促垂体区核团分泌的激素通过垂体门脉系统中的血管运到腺垂体。

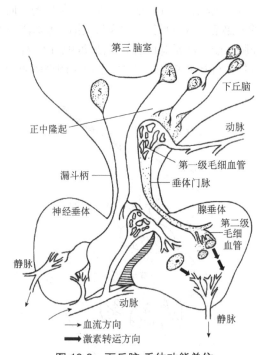

图 10-3　下丘脑-垂体功能单位

1，2，3 为小细胞神经元；4，5 为大细胞神经元

一、下丘脑-神经垂体系统

（一）下丘脑与神经垂体的结构与功能联系

下丘脑视上核和室旁核的神经内分泌细胞，轴突较长，下行延伸到神经垂体，形成下丘脑-

垂体束。神经垂体不含腺细胞，不能合成激素。下丘脑视上核、室旁核产生的激素经轴突（神经纤维）运输到神经垂体暂时储存。在适宜的刺激下由神经垂体释放入血液，发挥生理作用，主要包括抗利尿激素（ADH）或称血管升压素（VP）和催产素（oxytocin，OXT）。

（二）神经垂体激素

抗利尿激素（ADH）和催产素（OXT）结构相似，都是由一个六肽环和三肽侧链组成的九肽，两者之间只是第 3 位与第 8 位的氨基酸残基有所不同。

1. 抗利尿激素（ADH）

（1）生理作用 如血液循环系统和泌尿系统中所述，在机体缺水或失血情况下，ADH 释放增多，主要促进肾远曲小管和集合管对水的重吸收，使尿量减少，起到抗利尿作用；另外也有一定的升高血压作用。在生理状态下，ADH 的抗利尿作用较为明显，升压作用较弱。

（2）分泌的调节 引起 ADH 释放的有效刺激主要是血浆晶体渗透压的升高和血容量减少，且前者作用较强。

1）晶体渗透压的调节。在下丘脑的视上核及其周围区域有渗透压感受器，对血浆晶体渗透压的改变非常敏感。当血浆晶体渗透压升高 1% 时，就能通过中枢渗透压感受器刺激 ADH 分泌。机体失水过多（如出汗、呕吐、腹泻），血浆晶体渗透压升高，可使抗利尿激素释放量增多，促进远曲小管和集合管对水的通透性和重吸收，尿量减少，从而保留体内水分，有利于血浆晶体渗透压的恢复。反之，大量饮水后，因血液被稀释，血浆晶体渗透压下降，对中枢渗透压感受器的刺激减弱，ADH 合成、释放量减少，远曲小管和集合管对水的重吸收减少，尿液稀释，尿量增多。

2）循环血量的调节。机体循环血量改变时，能通过心房（特别是左心房）内膜下和胸腔大静脉处存在的容量感受器（牵张感受器）反射性地影响 ADH 的释放。当血量增加时，容量感受器受到刺激而兴奋，反射性抑制 ADH 的释放，从而引起利尿，排出过剩的水分，使血量恢复正常。反之，ADH 释放量增多，使尿量减少，有利于血量恢复。

2. 催产素（OXT） OXT 的化学结构与 ADH 相似，生理作用也有一定交叉。

（1）生理作用 OXT 的主要生理作用是促进子宫收缩和排乳效应。①收缩子宫：交配或分娩时刺激子宫收缩，前者有利于精子在雌性生殖道内运行，后者利于分娩时胎儿娩出。孕激素能降低子宫平滑肌对 OXT 的敏感性，而雌激素对 OXT 有允许作用，增加子宫平滑肌对 OXT 的敏感性。所以 OXT 的作用与子宫的功能状态有关，OXT 对非孕子宫的作用较弱，而对分娩前子宫的作用则较强。②排乳效应：哺乳期内 OXT 可使乳腺腺泡周围的肌上皮细胞收缩，促进腺泡和乳导管中乳汁排出。此外，OXT 对神经内分泌、学习记忆、痛觉、体温调节等生理功能也有一定的影响。

（2）分泌的调节 OXT 分泌属于神经-内分泌调节。吮乳刺激、交配或分娩时，乳头、子宫颈和阴道受到的机械性刺激均可反射性引起 OXT 分泌。

二、下丘脑-腺垂体系统

（一）下丘脑与腺垂体的结构与功能联系

下丘脑与腺垂体之间没有直接的神经联系，两者之间存在一种独特的血管联系，即垂体门脉系统。垂体前动脉进入下丘脑的正中隆起，形成初级毛细血管网，然后汇合成数条门微静脉进入腺垂体，再次分成次级毛细血管网，最后汇合成输出静脉离开腺垂体。下丘脑分泌的激素可通过此系统运至腺垂体，调控腺垂体激素的合成和分泌。

（二）下丘脑促垂体区分泌的激素

下丘脑促垂体区的肽能神经元分泌的肽类激素统称为下丘脑调节肽，其主要作用是调控腺垂体的分泌活动。已知的下丘脑调节肽有 9 种，其种类和作用如表 10-1 所示。

表 10-1　下丘脑调节肽的化学性质及主要作用

下丘脑调节肽	缩写	化学性质	主要作用
促甲状腺激素释放激素	TRH	3 肽	增强促甲状腺激素（TSH）分泌
促肾上腺皮质激素释放激素	CRH	41 肽	增强促肾上腺皮质激素（ACTH）分泌
促性腺激素释放激素	GnRH	10 肽	增强促卵泡素（FSH）和促黄体素（LH）分泌
生长激素释放激素	GHRH	44 肽	增强生长激素（GH）分泌
生长抑素	GHIH（或 SS）	14 肽	抑制 GH 分泌
催乳素释放因子	PRF	肽	增强催乳素（PRL）分泌
催乳素释放抑制因子	PIF	多巴胺（可能）	抑制 PRL 分泌
促黑（素细胞）激素释放因子	MRF	肽	增强促黑激素（MSH）分泌
促黑（素细胞）激素抑制因子	MIF	肽	抑制 MSH 分泌

下丘脑调节肽可分为两类，一类如 TRH、CRH、GnRH 激素，分别对应着下丘脑-腺垂体-甲状腺轴、下丘脑-腺垂体-肾上腺轴和下丘脑-腺垂体-性腺轴，促进腺垂体内相关促激素的释放；一类调控腺垂体分泌的生长激素、催乳素或促黑激素，针对每个靶激素双重调控，可促进或抑制相关靶激素的分泌。

下丘脑调节肽的分泌活动受神经调节和激素的反馈调节。下丘脑与许多脑区有纤维联系，各种传入刺激可通过神经系统的活动将信息传输到下丘脑，影响下丘脑调节肽的分泌。因此，机体可以根据内外环境的变化，通过神经系统而有序地调节下丘脑激素的分泌。在下丘脑-腺垂体-靶腺轴中，下丘脑调节肽的分泌活动还受到超短反馈、短反馈和长反馈的调节，多呈负反馈效果。

（三）腺垂体激素

腺垂体能分泌激素，是体内十分重要的内分泌腺，包括远侧部、中间部和结节部三部分。远侧部是腺垂体的主要部分，有许多具有内分泌功能的腺细胞和丰富的毛细血管网。腺垂体分泌的激素也可分为两类，一类如 TSH、ACTH、FSH 和 LH，统称为促激素，分别对应着下丘脑-腺垂体-甲状腺轴、下丘脑-腺垂体-肾上腺轴和下丘脑-腺垂体-性腺轴，促进对应靶腺激素的合成和释放，间接调控相关生理活动；另一类是生长激素、催乳素和促黑激素，直接调控相关生理活动（表 10-2）。这里主要介绍起直接作用的相关激素。

表 10-2　腺垂体激素的化学性质及主要生理作用

腺垂体激素	缩写	化学性质	主要生理作用
促甲状腺激素	TSH	糖蛋白	维持甲状腺的生长，促进甲状腺激素合成与释放
促肾上腺皮质激素	ACTH	39 肽	促进肾上腺皮质的生长发育及糖皮质激素合成与分泌
促卵泡素（卵泡刺激素）	FSH	糖蛋白	维持卵泡生长，睾丸生精过程
促黄体素（黄体生成素）	LH	糖蛋白	促进排卵；促进黄体生成；刺激睾丸间质细胞分泌睾酮
生长激素	GH	蛋白质	促进生长发育、刺激生长因子 IGF-1 分泌调节物质代谢
催乳素	PRL	蛋白质	促进乳腺成熟，发动和维持泌乳
促黑（素细胞）激素	MSH	13 肽	刺激黑色素细胞合成黑色素

1. 生长激素（GH） GH 是约为 190 个氨基酸组成的单链肽类激素。不同种属动物的生长激素化学结构差别较大，血液中 GH 的半衰期为 6～20 min，肝和肾是 GH 降解的主要部位。

（1）生理作用 GH 的作用较为广泛，几乎对机体所有器官和组织都有作用。

1）促进生长：GH 对骨骼、肌肉和内脏器官的促生长作用最为显著，为长时效应，主要表现在促进骨、软骨、肌肉和其他组织细胞的分裂增殖及促进细胞中蛋白质合成，加速骨骼、肌肉等生长发育。幼年动物摘除垂体后，生长停滞；若及时补充 GH，可恢复生长发育。人幼年时期 GH 分泌不足，会出现生长停滞、身材矮小，称为侏儒症；GH 过多则会患巨人症。成年期若 GH 分泌过多，表现为手足粗大、鼻大唇厚、下颌突出和内脏器官如肝肾增大等症状，称为肢端肥大症。

2）调节代谢：GH 对物质代谢具有广泛的调节作用。相对于对生长的调节，GH 对肝、肌肉和脂肪等组织新陈代谢的作用在数分钟内即可实现，表现为即时效应。GH 对蛋白质代谢的总效应是合成大于分解，其促进蛋白质合成效应与促生长作用是相互协调的。通过加速软骨、骨、肌肉、肝、肾、肠、脑及皮肤等器官、组织的蛋白质合成来促进生长。

GH 可激活对胰岛素敏感的脂肪酶，促进脂肪分解，提供能量，使机体的能量来源由糖代谢向脂肪代谢转移。GH 对糖代谢影响多继发于对脂肪的动员，血中游离脂肪酸可抑制外周组织摄取和利用葡萄糖，减少葡萄糖的消耗，升高血糖水平；也可降低外周组织对胰岛素的敏感性而升血糖。GH 分泌过多时，可造成垂体性糖尿病。

此外，GH 还参与机体的应激反应，是机体重要的应激激素之一，GH 提高应激能力主要表现为升高血糖，为机体抵御应激提供能量支持；GH 也可促进胸腺基质细胞分泌胸腺素，参与机体免疫系统功能调节；GH 还具有抗衰老、调节情绪与行为活动等效应。

（2）作用机制 GH 可通过激活靶细胞膜上生长激素受体（growth hormone receptor，GHR）和诱导靶细胞产生胰岛素样生长因子（insulin-like growth factor，IGF）实现其生物学效应。GHR 广泛分布于肝、软骨、骨、脑、骨骼肌、心脏、肾及脂肪细胞和免疫系统细胞等。1 分子 GH 能与两分子 GHR 结合，使受体二聚化成为同二聚体，激活具有酪氨酸蛋白激酶活性的分子，继而启动下游信号转导通路，最终通过调节靶细胞基因转录、物质转运及胞质内某些蛋白激酶活性的变化等产生多种生物效应。

GH 的部分效应是通过诱导靶细胞（如肝细胞等）产生 IGF 间接实现。IGF 因其化学结构和功能与胰岛素相似，故称为胰岛素样生长因子。肝是 GH 重要的靶组织，也是产生 IGF 的主要部位，因此，下丘脑-腺垂体-肝构成了生长轴，是调控动物发育的关键轴，也是体内重要的调节轴。IGF 的主要作用是促进软骨生长，既能促进钙、磷、钠、钾、硫等多种元素进入软骨组织，还能促进氨基酸进入软骨细胞，增强其 DNA、RNA 和蛋白质的合成，促进软骨组织增殖和骨化，使长骨加长。

（3）分泌的调节 生长激素的分泌受多种因素的调节。

1）下丘脑对 GH 分泌的调节：GH 的分泌受下丘脑 GHRH 与 GHIH（或 SS）的双重调节。分泌 GHRH 的神经元主要位于下丘脑弓状核，分泌 GHIH 的神经元主要位于下丘脑室周区和弓状核等，这些核团之间有广泛的突触联系，通过多种神经递质相互促进与制约，形成复杂的神经环路，共同调节 GH 的分泌。一般认为，GHRH 对 GH 的分泌起经常性的调节作用，而 GHIH 则主要在应激等刺激引起 GH 分泌过多时才对 GH 分泌起抑制作用。

2）反馈调节：血中的 IGF 对 GH 分泌有反馈调节作用，可通过下丘脑和垂体两个水平对 GH 分泌进行负反馈调节，如刺激下丘脑释放 GHIH，从而抑制 GH 的分泌。

3）其他因素：睡眠和代谢产物也能影响 GH 分泌。白天觉醒状态下，GH 分泌少，睡眠时 GH 分泌明显增加。血液中糖、氨基酸与脂肪酸均能影响 GH 的分泌，低血糖对 GH 分泌的刺激作用最强；血液中氨基酸与脂肪酸增多可引起 GH 分泌增加，有利于机体对这些物质的代谢与利用。

2. 催乳素（PRL） PRL 也是单链肽类激素，结构上与 GH 相似。PRL 主要经过肝、肾清除，半衰期约为 20 min。

（1）生理作用 PRL 生理作用十分广泛，主要调节乳腺、性腺的发育及分泌，也参与机体应激和免疫调节。

1）调节乳腺活动：PRL 的主要作用是促进哺乳动物乳腺发育，使其具备泌乳能力，分娩后发动并维持泌乳。

2）促进性腺发育：PRL 刺激卵巢 LH 受体表达，进而促进黄体形成并分泌孕激素；PRL 可以促进雄性动物前列腺及精囊腺的生长，增强 LH 对间质细胞的作用，使睾酮的合成增加，促进性成熟。大剂量的 PRL 有相反作用。

3）参与应激反应：应激状态下，血中 PRL 浓度会不同程度升高，与 ACTH 及 GH 一样，也是重要应激激素之一。

4）参与免疫调节：许多免疫细胞都有 PRL 受体分布，PRL 可协同一些细胞因子，共同促进淋巴细胞的增殖，直接或间接促进 B 淋巴细胞分泌 IgM 和 IgG。

此外，PRL 和 GH 的分子序列有 92% 相同。因 GH 结构相似，PRL 也参与生长发育和物质代谢的调节。

（2）分泌的调节 PRL 的分泌受下丘脑释放的 PRF 与 PIF 的双重调节，前者促进 PRL 分泌，后者抑制其分泌，平时以 PIF 的抑制作用为主，现已明确 PIF 就是多巴胺，血中 PRL 升高可易化下丘脑多巴胺能神经元，分泌多巴胺抑制腺垂体 PRL 的分泌，恢复血中 PRL 水平。生长抑素、γ-氨基丁酸等也具有抑制 PRL 分泌的作用。妊娠期间，血液中 PRL 水平显著升高，直至分娩后下降，可能与大量雌激素对腺垂体 PRL 细胞的正反馈作用有关。

3. 促黑（素细胞）激素（MSH） MSH 是由垂体中间部产生的一种肽类激素。MSH 的主要生理作用是促进黑色素细胞中酪氨酸酶的激活和合成，催化酪氨酸转变为黑色素，同时使黑色素颗粒在细胞内扩散，导致皮肤和毛发颜色加深。黑暗情况下 MSH 分泌，动物肤色加深；在亮光背景下 MSH 分泌受到抑制，动物的皮肤颜色变淡，使低等脊椎动物皮肤变色以适应环境变化，有助于动物自身隐蔽。MSH 还可能参与 GH、CRH、LH、胰岛素和醛固酮等激素分泌的调节，并可抑制摄食行为。

MSH 的分泌主要受下丘脑 MIF 和 MRF 的双重调节，平时 MIF 的抑制作用占优势。血中 MSH 浓度升高也可反馈式抑制腺垂体 MSH 的分泌。

◆ 第三节 甲 状 腺

甲状腺位于喉的后方、气管的两侧和腹面，分左右两叶，中间由峡部相连。甲状腺的外面包有一薄层结缔组织膜，内部有很多由单层立方上皮细胞围成的大小不等的、圆形或椭圆形滤泡和滤泡间细胞团，滤泡周围有丰富的毛细血管和淋巴管。腺泡上皮细胞是甲状腺激素合成与释放的部位，腺泡腔内充满了上皮细胞的胶质分泌物，主要成分是含有甲状腺激素的甲状腺球蛋白，所以腺泡腔的胶质是甲状腺激素的储存库。甲状腺是唯一将激素储存在细胞外的内分泌腺，可保证机体长时间（50~120 d）的代谢需求。在甲状腺腺泡之间和腺泡上皮细胞之间有滤泡旁细胞，又称为 C 细胞，可分泌降钙素，主要参与体内钙、磷代谢调节。

一、甲状腺激素的合成

甲状腺激素（thyroid hormone，TH）主要有甲状腺素（3,5,3′,5′-四碘甲腺原氨酸，简称 T_4）和三碘甲腺原氨酸（3,5,3′-三碘甲腺原氨酸，简称 T_3）两种，它们都是酪氨酸碘化物（图 10-4）。在组织中 T_4 可脱掉一个碘原子成为少量的、活性更强的 T_3。

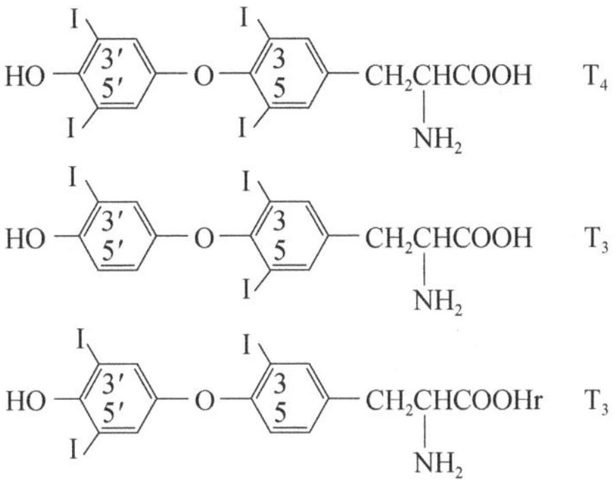

图 10-4　甲状腺激素（T_3、T_4）的化学结构
rT_3. 逆-三碘甲腺原氨酸

甲状腺激素合成原料是碘和甲状腺球蛋白。碘从食物中获取，人每天摄取 100～200 μg 碘，其中约 30% 进入甲状腺，碘过少或过多都将抑制甲状腺的功能。甲状腺球蛋白（TG）由甲状腺腺泡上皮细胞合成与分泌的糖蛋白，在腺泡腔中储存。甲状腺激素的合成在 TG 分子上进行。甲状腺过氧化酶（thyroid peroxidase，TPO）是甲状腺激素合成过程的关键酶。甲状腺激素合成过程分四步进行：①碘的摄取。甲状腺腺泡摄取碘的过程属于逆电化学梯度进行的主动转运过程，有很强的聚碘能力。血液中 I^- 浓度为 250 μg/L，而甲状腺内 I^- 的浓度却比血液高 20～25 倍。②碘的活化。摄入腺泡细胞的 I^- 经 TPO 氧化成活化碘。如果 TPO 生成障碍会影响碘的活化，进而影响甲状腺激素的合成，导致甲状腺肿大或甲状腺功能减退。③酪氨酸的碘化。酪氨酸碘化是活化碘取代甲状腺球蛋白分子上酪氨酸残基苯环上氢的过程。这一过程需要 TPO 的催化，生成一碘酪氨酸和二碘酪氨酸。④碘化酪氨酸的缩合。生成的一碘酪氨酸和二碘酪氨酸分子或者两个二碘酪氨酸分子，在 TPO 催化下，双双偶联成 T_3 和 T_4。

二、甲状腺激素的生理作用

（一）促进生长发育

甲状腺激素具有全面促进组织分化、生长与发育成熟的作用，并且主要影响脑和长骨的发育。在胚胎期缺碘可造成甲状腺激素合成不足或出生后甲状腺功能低下，脑的发育明显障碍，各部位的神经细胞变小，轴突、树突与髓鞘均减少，胶质细胞数量也减少，表现为智力低下，同时长骨生长停滞，身材矮小，称为呆小症。甲状腺激素还能刺激骨化中心发育，软骨骨化，促进长骨和牙齿的生长。

另外甲状腺激素分泌不足会使动物生殖功能发生障碍，幼畜缺乏甲状腺激素可导致性腺发育停止、副性征不表现等；成年动物甲状腺激素分泌不足将影响公畜精子成熟、母畜发情、排卵和受孕。

（二）调节物质代谢

1. 对能量代谢作用　　甲状腺激素可使机体多数组织基础代谢率增加，产热量增加，对心脏、肝、肾和骨骼的效应显著。甲状腺激素的生热效应是多种作用综合的结果，主要表现在以下几个方面：甲状腺激素可促使线粒体增大和数量增加，加速线粒体的呼吸过程，加强氧化磷酸化作用；T_3 还可提高细胞膜上钠-钾泵的浓度和活性，增加细胞的产热消耗，T_3 的生热作用比 T_4 强 3～5 倍，但持续时间较短。

甲状腺激素分泌过多时，机体的代谢率过高，产热量增加，出现烦躁不安、心率加快、对热环境难以忍耐、体重降低。与此相反，甲状腺激素分泌不足时，机体的代谢率降低，产热量减少，出现反应迟钝、心率降低、肌肉无力、对冷环境异常敏感、体重增加。两种情况下机体均不能很好地适应环境温度的变化。

2. 对物质代谢作用　　甲状腺激素几乎对所有的代谢途径都有调节作用，而且常表现为双向性。

（1）糖代谢　　一方面，甲状腺激素能促进小肠黏膜对糖的吸收，增强肝糖原分解，抑制糖原合成，并可增强肾上腺素、胰高血糖素、皮质醇和 GH 的升血糖作用。另一方面，增加胰岛素分泌，促进外周组织对糖的利用，而使血糖降低。甲状腺功能亢进时，患者进食后血糖迅速升高，甚至出现糖尿，但随后血糖快速下降。

（2）蛋白质代谢　　生理剂量的甲状腺激素促进蛋白质的合成，尿氮减少。当甲状腺激素分泌不足时，组织细胞内蛋白质合成减少。高剂量的甲状腺激素，促进蛋白质的分解，特别是加速骨骼肌蛋白质的分解，使肌酐含量降低，肌肉无力，尿素含量增加，并可促进骨基质蛋白质分解，导致血钙升高和骨质疏松，氮的排出量增加。

（3）脂类代谢　　甲状腺激素能促进脂肪酸氧化，增强儿茶酚胺和胰高血糖素对脂肪的分解作用；对胆固醇的作用有双重性，一般分解作用大于合成作用。

（4）水和离子转运　　甲状腺激素对维持毛细血管正常通透性有重要作用。甲状腺功能低下时，毛细血管通透性明显增大，细胞外液发生钠、氯和水的潴留，同时有大量黏蛋白沉积而表现黏液性水肿，补充甲状腺激素后水肿可消除。正常机体给予甲状腺激素后，可引起利尿效应而排出过多水分。甲状腺功能亢进时，可引起钙、磷代谢紊乱。

（三）对各系统作用

甲状腺激素影响中枢系统的发育，对已分化成熟的神经系统功能活动也有作用。甲状腺功能亢进时，中枢神经系统的兴奋性增高，主要表现为不安、烦躁、易激动、睡眠减少等；相反，甲状腺功能低下时，中枢神经系统兴奋性降低，对刺激感觉迟钝、反应缓慢、学习和记忆力减退、嗜睡等。

甲状腺激素对心血管系统也有明显的作用，可使心率加快，心肌收缩力增强，心输出量和心肌耗氧量增加。

三、甲状腺功能的调节

（一）下丘脑-腺垂体-甲状腺轴系调节

下丘脑释放 TRH，通过垂体门脉系统刺激腺垂体合成和释放 TSH，TSH 促进甲状腺细胞增生、腺体肥大和甲状腺激素合成与释放。寒冷或体温降低可刺激下丘脑，促进 TRH 释放，进而促进血液中甲状腺激素水平提高。血液中游离的 T_3 和 T_4 浓度变化对腺垂体 TSH 的分泌起经常性的反馈调节作用，一般认为血中甲状腺激素反馈性调节的主要部位是腺垂体。

（二）甲状腺功能的神经调节

甲状腺内分布有交感神经和副交感神经纤维，腺泡细胞膜上含有 α-肾上腺素能受体、β-肾上腺素能受体和 M-胆碱能受体。电刺激交感神经和副交感神经，可分别促进和抑制甲状腺激素的分泌。中枢神经系统通过下丘脑经 TSH 间接影响甲状腺。

（三）甲状腺功能的自身调节

甲状腺具有根据血碘水平来调节碘的摄取及合成甲状腺激素的能力，这是一种比较缓慢的调节，可使甲状腺激素的合成在一定范围内不受食物中碘含量的影响而发生急剧变化。当血液中碘浓度增高时，最初甲状腺激素合成会增加，当浓度超过一定限度时（如血碘超过 1 mmol/L），甲状腺摄取碘能力下降，甲状腺激素合成减少。如果血碘浓度持续升高，则抑碘作用消失，甲状腺激素合成再次增加，表现为高碘适应；当血碘含量不足时，甲状腺摄取和聚碘能力增强，加强甲状腺激素的合成。当机体长期缺碘时，可引起甲状腺激素分泌不足，会导致甲状腺组织代偿性肥大，称为单纯性甲状腺肿或地方性甲状腺肿。

◆ 第四节 肾 上 腺

大多数动物肾上腺左右各一，位于肾的前缘，分为外围的皮质和中央的髓质，二者在形态发生、结构、分泌的激素等方面都不相同，可看作两个内分泌腺。由于髓质的血液来自皮质，二者在功能上又有一定的联系。

一、肾上腺皮质

哺乳动物皮质占腺体的大部分，由外向内依次为球状带、束状带和网状带。球状带细胞分泌盐皮质激素，如醛固酮等，参与水盐代谢调节；束状带细胞分泌糖皮质激素，如皮质醇、皮质酮等，参与糖代谢调节；网状带细胞分泌性激素，以脱氢表雄酮为主，还有少量雌二醇（图 10-5）。这些激素都是以胆固醇为原料合成，属于类固醇激素。

（一）盐皮质激素

盐皮质激素中以醛固酮的生物活性最高。

1. **生理作用**　　醛固酮是调节机体水盐代谢的重要激素，其靶器官主要是肾，促进肾远曲小管和集合管上皮细胞重吸收钠和分泌钾，由于重吸收钠也促进了水分重吸收，即起到保钠、保水和排钾作用，这对维持细胞外液量和循环血量的稳态具有重要意义。

当醛固酮分泌过多时可导致机体 Na^+、水潴留，引起高血钠、低血钾和碱中毒及高血压；相反，醛固酮缺乏则 Na^+、水排出过多，可出现低血钠、高血钾和酸中毒及低血压。此外，醛固酮也能增强血管平滑肌对儿茶酚胺的敏感性，其作用甚至强于糖皮质激素。

2. **分泌调节**　　醛固酮的分泌主要受肾素-血管紧张素-醛固酮系统的调节，特别是血管紧张素 II（详见第四章）。正常情况下，ACTH 对醛固酮的分泌无调节作用；应激情况下，ACTH 对醛固酮的分泌起到一定的调节和支持作用。另外，血 K^+ 浓度升高，血 Na^+ 浓度降低都可促进醛固酮的分泌。

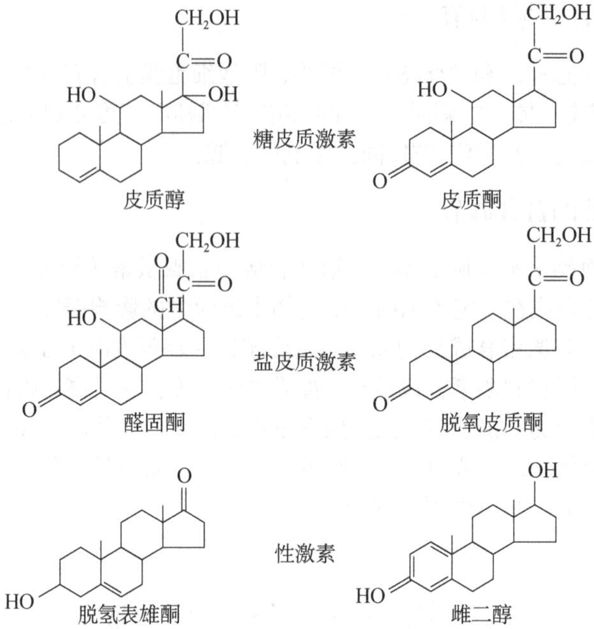

图 10-5　几种主要的肾上腺皮质激素的化学结构

（二）糖皮质激素

糖皮质激素主要是皮质醇和皮质酮，皮质酮的活性仅为皮质醇的 35%。两者在血液中以游离型和结合型两种形式存在，结合型和游离型相互转化，保持动态平衡，但是只有游离型的激素才有生物学活性。糖皮质激素主要通过调节靶基因的转录而发挥生物效应，也可通过作用于细胞膜上受体产生第二信使发挥其快速效应。

1. 糖皮质激素的生理作用　糖皮质激素作用非常广泛，在物质代谢、免疫反应和应激反应中都发挥重要作用。

（1）对物质代谢作用　糖皮质激素对机体糖、蛋白质、脂肪和水盐代谢均有影响。

1）糖代谢：糖皮质激素是调节体内糖代谢的重要激素之一，因显著升高血糖而得名。主要通过促进糖异生及抑制组织对葡萄糖的利用而使血糖升高。临床上肾上腺皮质功能亢进或大量使用糖皮质激素类药物，可出现血糖升高，尿糖阳性，称为肾上腺糖尿病。

2）蛋白质代谢：糖皮质激素能促进肝外组织特别是肌肉组织的蛋白质分解，生成的氨基酸入肝，为糖异生提供原料。因此，糖皮质激素过多时，会出现肌肉和淋巴组织萎缩、皮肤变薄、骨质疏松等体征。

3）脂肪代谢：糖皮质激素可促进脂肪分解，增加脂肪酸在肝内的氧化，利于糖异生。由于机体不同部位对糖皮质激素的敏感性不同，因此，肾上腺皮质功能亢进或大剂量使用糖皮质激素时可引起机体脂肪的异常分布，如面部、颈背、躯干脂肪分布增加，而四肢脂肪减少，在人类表现为"满月脸""水牛背"或四肢消瘦的"向心性肥胖"等体征（库欣综合征）。

4）水盐代谢：糖皮质激素与盐皮质激素有一定的交叉作用，因此具有保钠排钾作用。通过增加肾小球血流量，肾小球滤过率增加，促进水的排出。当机体糖皮质激素分泌不足时，排水功能低下，严重时可导致水中毒、全身肿胀，补充糖皮质激素后可使症状缓解。

（2）参与应激反应　当机体受到有害刺激（如缺氧、创伤、手术、饥饿、疼痛、寒冷及惊恐等）时，除了引起机体产生与刺激直接相关的特异性反应外，还引起一系列与刺激无直接关系的非特异性适应性反应，如多种激素分泌的变化等，机体的这些非特异性反应称为应激反应，简称应激（stress）。引起应激反应的刺激统称为应激原。

在应激反应中，下丘脑-腺垂体-肾上腺皮质轴被激活，使体内ACTH和糖皮质激素分泌迅速增加，还会引起一系列激素（如儿茶酚胺、生长激素、胰高血糖素及醛固酮等）分泌增加，促进糖异生，降低外周组织对葡萄糖的利用，保证心脏、脑组织对葡萄糖的需求；加强心肌收缩，使血压升高等。总之，应激反应是从多方面调整机体功能，动员机体的防御系统以克服应激原刺激所造成的不利影响，保持体内的稳态，提高机体对伤害刺激的抵御和耐受能力，扩大动物的适应范围，但过强的应激反应可对动物造成伤害，甚至危及生命。

（3）允许作用　只有当糖皮质激素存在时，胰高血糖素和儿茶酚胺才能影响能量代谢。糖皮质激素还能加强儿茶酚胺的促脂肪水解、血压升高等作用。

（4）对组织器官的作用　糖皮质激素对多种组织器官都有广泛而复杂的影响。

1）血细胞：糖皮质激素通过增强骨髓的造血功能，可使血中红细胞、血小板、单核细胞和中性粒细胞的数量增加，通过抑制淋巴组织细胞分裂，使淋巴细胞减少。

2）心血管系统：糖皮质激素能增强心肌、血管平滑肌对儿茶酚胺的敏感性，加强心肌收缩，保持血管的紧张性，以维持血压。糖皮质激素还可降低毛细血管的通透性，减少血浆的滤出，利于维持循环血量。

3）神经系统：糖皮质激素可提高中枢神经系统的兴奋性。当糖皮质激素分泌不足时，动物会表现精神委顿。

4）消化系统：糖皮质激素可促进多种消化液的分泌，但长期大量使用糖皮质激素会诱发或加重消化性溃疡。

此外，临床上使用大剂量的糖皮质激素及其类似物，可用于抗炎、抗过敏、抗中毒和抗休克等。

2. 糖皮质激素的分泌调节　糖皮质激素在正常生理状态下的基础分泌及应激状态下的分泌均受下丘脑-腺垂体-肾上腺皮质轴调节。受下丘脑CRH节律性释放的影响，腺垂体ACTH和肾上腺皮质激素的分泌有日周期的节律性波动。在生理状态下，哺乳动物糖皮质激素的分泌在日节律的基础上呈脉冲式释放，一般在清晨觉醒前达到分泌高峰，随后分泌减少，白天分泌维持在较低水平，夜间入睡后至深夜降至最低，凌晨又逐渐增多（啮齿类与此相反）。

当机体处于应激状态（如低血糖、失血、剧烈疼痛及精神紧张等）时，下丘脑CRH神经元分泌增加，同时刺激腺垂体ACTH分泌，最后引起肾上腺皮质大量分泌肾上腺皮质激素，提高机体对伤害性刺激的耐受能力。此外，血管升压素、催产素、血管紧张素、5-羟色胺、乙酰胆碱和儿茶酚胺等多种激素和神经肽也参与ACTH分泌的调节。

血中糖皮质激素的水平对下丘脑和腺垂体分泌可起反馈调节作用，大多数为负反馈调节（图10-6）。

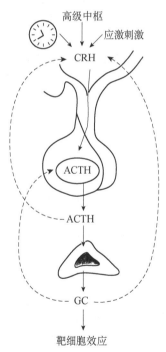

图 10-6　下丘脑-腺垂体-肾上腺轴及糖皮质激素分泌的调节

ACTH. 促肾上腺皮质激素；CRH. 促肾上腺皮质激素释放激素；GC. 糖皮质激素。实线箭头表示促进；虚线箭头表示抑制

（三）性激素

与性腺不同，肾上腺皮质可终生合成雄激素。肾上腺雄激素对两性的作用表现不同，对性腺功能正常的雄性动物作用甚微，但对幼年动物雄性器官的发育有一定作用；对不同生长阶段的雌性动物都发挥作用，分泌的雄激素是雌激素的主要来源，对维持雌性动物第二性征、性欲和性行为有一定作用。

二、肾上腺髓质

从胚胎发生看，肾上腺髓质与交感神经节同源。髓质细胞又称为嗜铬细胞，在功能上相当于无轴突的交感神经节神经元，并受交感神经（内脏大神经）节前神经纤维的支配，组成交感-肾上腺髓质系统。肾上腺髓质细胞分泌的激素主要是肾上腺素和去甲肾上腺素，还有少量多巴胺，这些激素结构中都有一个儿茶酚基（邻苯二酚基），因此都属于儿茶酚胺。髓质激素与交感神经节后递质去甲肾上腺素的合成过程基本一致，不同的是肾上腺髓质可使去甲肾上腺素甲基化为肾上腺素，而交感神经节后纤维末梢不能产生肾上腺素。血液中肾上腺素主要来自肾上腺髓质，去甲肾上腺素除由髓质分泌外，主要来自交感神经肾上腺素能神经节后纤维末梢释放。

（一）髓质激素的生理作用

髓质激素由酪氨酸加工而成，属于胺类激素，其作用与交感神经的作用类似。

1. 对中枢神经系统的作用　提高中枢神经系统兴奋性，使机体处于警觉状态，反应灵敏。肾上腺素的作用强于去甲肾上腺素。

2. 对心血管系统的作用　如血液循环章节所述，肾上腺素和去甲肾上腺素都有强心、提高心率、升压等作用，但肾上腺素的强心作用强于去甲肾上腺素，临床上常用作强心剂；去甲肾上腺素对全身的小动脉（除冠状血管外）有普遍的缩血管作用，使血压升高，临床上常用作升压药。

3. 对内脏平滑肌的作用　肾上腺素和去甲肾上腺素对内脏平滑肌的作用相似，都能使胃、肠、胆囊、膀胱和支气管平滑肌舒张，肾上腺素较去甲肾上腺素的作用强。临床上常用肾上腺素解除因支气管肌肉痉挛而引起的哮喘。

4. 对代谢的作用　加速肝糖原的分解，升高血糖，加速脂肪分解，使血中游离脂肪酸增多，葡萄糖和脂肪酸的氧化过程增强，适应应急情况下的能量需求。

5. 在应急反应中的作用　肾上腺髓质受交感神经节前纤维的支配。当机体遇到紧急情况（如遭遇恐惧、愤怒、焦虑、搏斗、运动、低血糖、低血压、寒冷等刺激）时，交感-肾上腺髓质系统活动增强，生理学上称为"应急反应"。机体的多种功能动员起来，机体处于警觉状态，反应极为机敏，表现为心率加快、心输出量增加、血压升高、全身血量重新分配（皮肤、黏膜、内脏血流量减少，心脏、脑及骨骼肌血流量增加）、呼吸加深加快、血糖升高、脂肪分解、葡萄糖和脂肪氧化增强等，以满足机体在紧急情况下骤增的能量需求。

通常引起应急反应的各种刺激往往也是引起应激反应的刺激，应激反应主要是加强机体对伤害刺激的基础耐受性和抵抗力，而应急反应更偏重提高机体的警觉性和应变能力。受到外界的刺激时，两种反应往往同时发生，共同维持机体适应能力。

（二）髓质激素的分泌调节

1. 神经调节　如前所述，髓质受交感神经节前纤维支配，交感神经兴奋时，节前纤维末梢释放乙酰胆碱，作用于髓质嗜铬细胞上的 N 型胆碱能受体，引起肾上腺素与去甲肾上腺素的释放。

2. 体液调节　　腺垂体分泌的 ACTH 可间接通过糖皮质激素或提高肾上腺髓质细胞中多巴胺 β-羟化酶的活性，促进肾上腺髓质激素的合成。

3. 自身调节　　当髓质嗜铬细胞内去甲肾上腺素或多巴胺增多达一定水平时，可反馈抑制酪氨酸羟化酶，以自分泌的方式反馈抑制肾上腺髓质激素的进一步合成。

另外，低血糖时，嗜铬细胞分泌肾上腺素和去甲肾上腺素增加，促进糖原分解，升高糖原。

◆ 第五节　调节钙磷代谢的激素

钙和磷是保证机体多种生理活动正常进行的重要元素。钙离子与机体许多重要的生理功能有密切关系，如骨骼的生长、膜电位的稳定、可兴奋组织的兴奋性、腺细胞分泌、血液凝固、肌肉收缩、酶的活性及细胞的信号转导过程等。磷是骨盐的主要成分，也是体内许多重要化合物（如核苷酸、核酸、磷脂及多种辅酶）的重要组成成分，参与体内重要物质的代谢及酸碱平衡的调节。机体中参与钙、磷代谢调节的激素主要有三种，即甲状旁腺激素（parathyroid hormone，PTH）、降钙素（calcitonin，CT）和 1,25-二羟维生素 D_3 [1,25-dihydroxycholecalciferol，1,25-$(OH)_2$-D_3]。它们共同作用于小肠、肾和骨骼，调节机体钙、磷水平，统称为钙调节激素。

一、甲状旁腺激素

甲状旁腺是位于甲状腺附近的小腺体，一般有两对，由主细胞和嗜酸细胞组成。甲状旁腺激素（PTH）主要由主细胞合成和分泌，是含有 84 个氨基酸残基的直链多肽，主要在肝内灭活，其代谢产物经肾排出体外。

（一）生理作用

PTH 总体作用是升高血钙和降低血磷（图 10-7）。实验中将动物的甲状旁腺切除后，其血钙水平逐渐下降，出现低钙抽搐，严重时可引起呼吸肌痉挛而窒息。

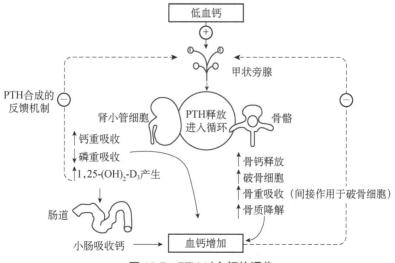

图 10-7　PTH 对血钙的调节

1. 对骨的作用 骨是体内最大的钙库，PTH 能加速骨溶解，促进骨钙入血。临床上，PTH 分泌过多可增强溶骨过程，会导致骨质疏松。

2. 对肾的作用 PTH 促进远曲小管和集合管对钙的重吸收，减少尿钙排泄，升高血钙；PTH 可抑制近端和远端小管对磷的重吸收，促进磷的排出，使血磷降低。

3. 对小肠的作用 PTH 可激活肾 1α-羟化酶，促进 25-OH-D_3 转变为有活性的 $1,25\text{-}(OH)_2\text{-D}_3$，间接促进小肠对钙和磷的吸收，使血钙升高。

（二）分泌的调节

PTH 的分泌受血钙浓度的反馈调节。血钙浓度降低刺激 PTH 分泌，血钙浓度升高抑制 PTH 分泌。血磷浓度可影响血钙浓度，间接调节 PTH 的分泌，如血磷浓度升高常引起血钙浓度降低，进而刺激 PTH 分泌，反之亦然。

二、降钙素

降钙素（CT）是甲状腺 C 细胞（或称滤泡旁细胞）分泌的有 32 个氨基酸残基的多肽激素。

（一）生理作用

CT 的主要作用是降低血钙和血磷，其受体主要分布在骨、肾、小肠。

1. 对骨的作用 破骨细胞与成骨细胞均含有 CT 受体。CT 能直接迅速抑制破骨细胞的活动，减弱骨吸收和溶骨过程，减少骨钙、磷的释放。CT 同时促进成骨细胞的活动，增强成骨过程，骨组织钙、磷沉积增加，减少骨钙、磷的释放。两种作用最终使骨组织释放钙、磷减少，因而血钙与血磷水平降低。

2. 对肾的作用 减少肾小管对钙、磷、钠和氯等离子的重吸收，增加其在尿中的排出，降低血钙和血磷水平。

3. 对小肠的作用 CT 通过抑制肾 1α-羟化酶，减少 25-OH-D_3 转变为 $1,25\text{-}(OH)_2\text{-D}_3$，间接抑制小肠对钙的吸收，使血钙水平降低。

（二）分泌的调节

CT 分泌也受血钙和血磷水平的影响。血钙浓度升高促进 CT 分泌；血钙浓度降低抑制其分泌。血磷浓度升高常引起血钙浓度降低，抑制 CT 分泌，反之亦然。

三、1,25-二羟维生素 D_3

维生素 D_3 是胆固醇的衍生物，也称为胆钙化醇，除来源于食物之外，主要由皮肤中的 7-脱氢胆固醇经阳光中紫外线照射转变而来。维生素 D_3 本身没有生物活性，必须先在肝内经 25-羟化酶系催化成 25-OH-D_3，再经肾 1α-羟化酶系催化生成活性较强的 $1,25\text{-}(OH)_2\text{-D}_3$。$1,25\text{-}(OH)_2\text{-D}_3$ 的活性比 25-OH-D_3 强 $500 \sim 1000$ 倍。

$1,25\text{-}(OH)_2\text{-D}_3$ 受体分布十分广泛，除存在于小肠、肾和骨细胞外，也分布于皮肤、骨骼肌、心肌、乳腺、淋巴细胞、单核细胞和腺垂体等部位。$1,25\text{-}(OH)_2\text{-D}_3$ 与靶细胞内的核受体结合后，通过调节基因表达产生效应。

（一）1,25-二羟维生素 D_3 的生理作用

1. 对骨的作用 $1,25\text{-}(OH)_2\text{-D}_3$ 维持骨的正常更新，溶解并吸收老的骨质，提高血钙、

血磷含量；也可通过刺激成骨细胞的活动参与新骨的钙化。骨质中骨钙素能与钙结合，是骨基质中含量最丰富的非胶原蛋白，占骨蛋白含量的 1%～2%，可调节和维持骨钙含量。骨钙素的分泌受 1,25-（OH）$_2$-D_3 的调节。

2. 对肾的作用　　1,25-（OH）$_2$-D_3 可加强肾小管对钙、磷的重吸收，减少钙、磷随尿排出。缺乏维生素 D_3 的动物，在给予 1,25-（OH）$_2$-D_3 后，肾小管对钙、磷的重吸收增加，尿中钙、磷的排出量减少。

3. 对小肠的作用　　1,25-（OH）$_2$-D_3 可与小肠上皮细胞中特异性受体结合，直接促进小肠黏膜上皮细胞对钙、磷的吸收，升高血钙和血磷水平。

（二）生成的调节

1,25-（OH）$_2$-D_3 的生成受血钙和血磷水平的影响。血钙和血磷降低均促进 1,25-（OH）$_2$-D_3 的生成，而血钙和血磷升高均抑制 1,25-（OH）$_2$-D_3 的生成。催乳素与生长激素均能促进 1,25-（OH）$_2$-D_3 的生成，而糖皮质激素抑制其生成。

◆ 第六节　胰　　岛

胰腺具有外分泌部和内分泌部。外分泌部主要分泌胰液；内分泌部呈小岛状散在分布于外分泌腺泡之间，称为胰岛。胰岛的形状、大小、数量和集中的部位随动物种属而不同。胰岛细胞按其染色、形态学特点及所分泌激素不同，主要分为 A 细胞、B 细胞、D 细胞、PP 细胞。A 细胞约占胰岛细胞的 20%，主要位于胰岛的周边部或岛内毛细血管近旁，分泌胰高血糖素（glucagon）；B 细胞约占 70%，位于胰岛的中央，分泌胰岛素（insulin）；D 细胞约占 4%～5%，散在于 A、B 细胞之间，分泌生长抑素（somatostatin，SS）；PP 细胞数量很少，占 1%～3%，位于胰岛周边部，或散在于胰腺的外分泌部，分泌胰多肽（pancreatic polypeptide，PP）。

一、胰岛素

胰岛素是由 A 链（21 个氨基酸残基）与 B 链（30 个氨基酸残基）通过两个二硫键结合组成的小分子蛋白质（图 10-8）。胰岛 B 细胞先合成一个含 110 个氨基酸残基的前胰岛素原，随后在粗面内质网迅速被蛋白酶水解成 86 肽的胰岛素原，被包装在囊泡中运输到高尔基体，再经水解脱去连接肽（C 肽）生成胰岛素。C 肽和胰岛素同时被释放入血，由于血中 C 肽与胰岛素的分泌量呈平行关系，因此测定 C 肽含量可反映 B 细胞的分泌功能。

胰岛素在血液内运输，可与血浆蛋白结合，也可以游离形式存在，只有游离的胰岛素具有生物活性。在血浆中，胰岛素的半衰期只有 5～8 min，主要在肝内灭活，肾与肌肉组织也有灭活作用。胰岛素受体属于酪氨酸激酶受体，几乎分布在哺乳动物所有的细胞膜中。

（一）胰岛素的生理作用

胰岛素是体内调节物质代谢和维持血糖稳定的重要激素，是机体内唯一降血糖的激素，也是机体内唯一同时促进糖原、脂肪、蛋白质合成的激素，同时具有促进生长的作用。胰岛素的主要靶组织是肝、肌肉和脂肪组织。

1. 调节糖代谢　　胰岛素能促进全身组织，特别是肝、肌肉和脂肪组织对葡萄糖的摄取和利用，促进肝糖原和肌糖原的合成与储存，并抑制糖异生和肝糖释放，还可以促进葡萄糖转变为脂肪酸，储存于脂肪组织中。总体结果是降低血糖。

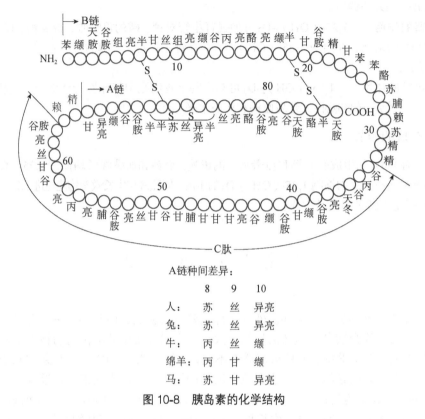

图 10-8　胰岛素的化学结构

胰岛素分泌过多时，血糖下降迅速，脑组织受影响最大，可出现惊厥、昏迷，甚至引起胰岛素休克。相反，胰岛素分泌不足或胰岛素受体数量及功能下降常使血糖升高，若血糖超过肾糖阈，则糖从尿中排出，引起糖尿病；前者引起的糖尿病称为胰岛素依赖型糖尿病（1 型糖尿病），后者引起的糖尿病称为非胰岛素依赖型糖尿病（2 型糖尿病）。

2. 调节脂肪代谢　　胰岛素能促进肝合成脂肪酸并储存在脂肪细胞中，还能抑制脂肪组织中脂肪酶活性，降低脂肪的分解，又能促进糖转化为脂肪。胰岛素缺乏可导致糖利用受阻，促进脂肪分解，生成大量酮体，出现酮症酸中毒。同时，脂肪代谢紊乱使血脂增加，可引起动脉硬化，进而导致心脑血管的严重疾患。

3. 调节蛋白质代谢　　胰岛素可促进蛋白质合成：①加速氨基酸通过膜转运进入细胞内，为蛋白质的合成提供原料；②加速细胞核内 DNA 的复制和转录，增加 mRNA 及蛋白质数量；③加强核糖体功能，促进 mRNA 的翻译过程，增加蛋白质合成。另外，胰岛素还能抑制蛋白质的分解，阻止氨基酸转化成糖，抑制肝糖异生。胰岛素缺乏可导致蛋白质分解增强，机体出现消瘦等现象。

4. 促进生长　　胰岛素促进生长的作用有直接作用和间接作用，前者通过胰岛素受体实现，后者则通过其他促生长因子（如生长激素或胰岛素样生长因子）的作用实现。胰岛素单独作用时，对生长的促进作用并不很强，只有在与生长激素共同作用时，才能发挥明显的促生长效应。

（二）胰岛素的分泌调节

胰岛素的分泌受神经、激素调节及血液中代谢物质等的影响。

1. 血液中代谢物质的调节

（1）血糖浓度　胰岛素 B 细胞对血糖变化十分敏感，血糖浓度是影响胰岛素分泌的最重要因素。血糖浓度升高直接促使 B 细胞分泌胰岛素；同时也通过兴奋迷走神经引起胰岛素的分泌增加，使血糖浓度降低。低血糖时调节相反。

（2）血液中氨基酸和脂肪酸浓度　血液中氨基酸、游离脂肪酸和酮体含量增多时，均可使胰岛素分泌增加。其中精氨酸、赖氨酸、亮氨酸和苯丙氨酸均有较强的刺激胰岛素分泌的作用。氨基酸和血糖对刺激胰岛素的分泌具有协同作用。氨基酸单独作用时仅引起胰岛素轻微增加，但氨基酸和血糖同时升高时，胰岛素的分泌可成倍增加。

2. 激素的调节　多种胃肠激素参与胰岛素的分泌调节，其中促胃液素、促胰液素、胆囊收缩素等均能促进胰岛素分泌。胃肠激素与胰岛素分泌之间的关系称为肠-胰岛轴，其生理意义在于"前馈"性地调节胰岛素分泌，即当食物还在消化时，胃肠激素在吸收及血糖升高前就刺激胰岛素分泌增加，有利于机体提前做好准备。生长激素、皮质醇和甲状腺激素均可通过升高血糖而间接刺激胰岛素分泌。胰岛 A 细胞分泌的胰高血糖素和 D 细胞分泌的生长抑素，可分别刺激和抑制 B 细胞分泌胰岛素。

3. 神经调节　胰岛受交感和副交感神经的双重支配。刺激迷走神经，可直接促进 B 细胞分泌胰岛素，同时可通过刺激胃肠激素释放而间接促进胰岛素的分泌。迷走神经调节胰岛素分泌作用，称为"迷走-胰岛系统"。交感神经兴奋时，抑制胰岛素的分泌，可防止运动增强时出现低血糖。

二、胰高血糖素

胰高血糖素由胰岛 A 细胞分泌，是由 29 个氨基酸残基组成的直链多肽激素，在血浆中半衰期为 5～10 min，主要在肝降解失活，部分在肾降解。

（一）胰高血糖素的生理作用

胰高血糖素的生理作用与胰岛素的作用相反，可促进分解代谢，动员机体储备能量，又称为"动员激素"。胰高血糖素的基本作用是促进糖原分解、糖异生、脂肪分解和酮体生成等。其主要靶器官是肝，与肝细胞膜受体结合后，经 cAMP-PKA 途径和 IP_3-DAG-PKC 途径发挥作用。

1. 对糖代谢的作用　激活肝细胞内的糖原磷酸化酶和糖异生关键酶，促进肝糖原分解，增强糖异生作用，促使肝释放大量葡萄糖进入血液，使血糖升高。

2. 对脂肪代谢的作用　激活肝细胞内的脂肪分解酶，促进肝脂肪分解和脂肪酸的氧化，抑制肝内脂肪酸合成甘油三酯，增加酮体生成。

3. 对蛋白质代谢的作用　抑制肝内蛋白质合成，促其分解，同时促进氨基酸转运入肝细胞，为糖异生提供原料。

（二）胰高血糖素分泌的调节

1. 血液中代谢物质的调节　血糖浓度是最主要的调节因素。血糖降低可促进胰高血糖素分泌，升高血糖；反之，则分泌减少。此外，血液中氨基酸浓度升高不仅刺激胰岛素的分泌，也可促进胰高血糖素分泌，以维持血糖稳态。

2. **激素调节**　胰岛素和生长抑素以旁分泌形式抑制 A 细胞分泌胰高血糖素，但胰岛素又可通过降低血糖而间接促进胰高血糖素分泌。胃肠激素，如促胃液素、胆囊收缩素等可促进胰高血糖素分泌，而促胰液素则起抑制作用。

3. **神经调节**　迷走神经兴奋抑制胰高血糖素分泌，交感神经兴奋则促进其分泌。

三、生长抑素和胰多肽

胰岛 D 细胞分泌的生长抑素有 SS_{14} 和 SS_{28} 两种类型，主要作用是通过旁分泌方式抑制胰岛其他三类细胞的分泌活动，参与胰岛素分泌调节；还可抑制各种胃肠激素、生长激素、促甲状腺激素、促肾上腺皮质激素和催乳素的释放。胰岛 PP 细胞分泌的胰多肽（PP）是含有 36 个氨基酸残基的直链多肽，在人类有减慢食物吸收的作用，但其确切的生理作用尚不清楚。

◆ 第七节　其他内分泌物质

一、松果体激素

松果体也称为松果腺，位于丘脑后上部，因形似松果而得名。松果体分泌的激素主要是褪黑素。褪黑素因可使两栖类动物肤色变浅而得名，其化学结构为 5-甲氧基-*N*-乙酰色胺，是色氨酸的衍生物。褪黑素对神经系统影响广泛，主要有镇静、催眠、镇痛、抗惊厥、抗抑郁等作用。褪黑素能抑制下丘脑-腺垂体-性腺轴与下丘脑-腺垂体-甲状腺轴活动，特别是对性腺轴的抑制作用更明显。另外，褪黑素还参与机体的免疫调节、生物节律的调整等。研究表明，在人和哺乳动物，生理剂量的褪黑素可促进睡眠。

褪黑素的合成和分泌与光线有关，呈典型的昼夜节律，白天分泌减少，夜间分泌增加。

二、胸腺激素

胸腺位于胸腔前部纵隔内，分颈、胸两部。在动物出生后继续发育至性成熟，随后逐渐萎缩，到老龄时仅残存小部分。作为免疫器官，胸腺能产生淋巴细胞，又能分泌多种激素。胸腺激素多为肽或蛋白质，其中胸腺素、胸腺刺激素和胸腺生长素参与机体的免疫功能的调节，保证免疫系统的发育，控制 T 淋巴细胞的分化和成熟，促进 T 淋巴细胞的活动。

三、前列腺素

前列腺素（PG）因最先在精液中发现，误以为由前列腺分泌而得名。实际上，几乎机体所有组织细胞都可合成 PG。就整体而言，PG 是一类分布广泛、作用复杂、代谢快（半衰期仅 1～2 min）的典型组织激素。

PG 是一族二十碳烷酸衍生物，前体是质膜的脂质成分。PG 种类繁多，生物学作用极为广泛而复杂，几乎对机体各个系统的功能活动均有影响。同一种 PG 对不同组织作用不同，同一组织对不同种类的 PG 反应也不同。PG 对机体各个系统功能活动的影响列于表 10-3 中。

表 10-3　前列腺素的主要作用

系统	类型	主要作用
血液循环系统	PGI$_2$	增强或减弱血小板聚集、影响血液凝固，使血管收缩或舒张
呼吸系统	PGE PGF$_{2\alpha}$	肺血管扩张、血流量增大，支气管扩张、减少肺通气阻力 肺血管和支气管收缩
消化系统	PGE$_2$、PGI$_2$	抑制胃腺分泌，保护胃黏膜，促进胃肠运动
泌尿系统	PGE$_2$ PGI$_2$	调节肾血流量，促进水、钠排出 肾素分泌、血管紧张素合成增加
神经系统	PG	调节神经递质的释放和作用，参与下丘脑体温调节，参与睡眠活动、参与疼痛和镇痛
内分泌系统	PG	增加皮质醇的分泌，增强组织对激素的反应性，参与神经-内分泌的调节
生殖系统	PGE、PGE$_2$、PGF$_2$ PGE	参与排卵、分娩等生殖活动 促进精子在雄性、雌性生殖道的运行
免疫系统	PGE	参与炎症反应

四、瘦素

脂肪组织曾长期被认为是能量的储存器，是一种不活跃的组织。后来研究发现脂肪组织可通过内分泌、旁分泌和自分泌等方式来调节自身、脑、肝和肌肉等组织的代谢活动，在整个机体能量平衡中扮演着重要的角色。脂肪细胞可分泌大量的生物活性物质，其中研究较多的是瘦素。

瘦素主要由白色脂肪组织合成和分泌，因能降低体重而得名。瘦素与受体结合后可通过酪氨酸激酶介导的信号转导途径（见第二章）直接作用于脂肪细胞，抑制脂肪的合成，并动员脂肪，使脂肪储存的能量转化、释放，降低体内脂肪的储存量，避免发生肥胖。瘦素是摄食和能量消耗的中枢性调节因子，还能降低动物的食欲、抑制摄食、增加机体的能量代谢，维持能量平衡。

此外，一些组织和功能性器官也具有内分泌的功能。例如，骨骼肌也具有分泌生物活性物质的功能，分泌的活性物质以旁分泌或自分泌方式调节骨骼肌的生长、代谢和运动功能，甚至以血液循环内分泌的方式远距离调节其他器官组织的功能；心脏和血管也分泌一些活性肽，调节心血管的活动；胃肠道黏膜上皮分泌大量的胃肠激素，参与消化道生长发育和消化功能的调节；肾分泌肾素、促红细胞生成素（EPO），加工和释放 1,25-二羟维生素 D$_3$；肝可合成胰岛素样生长因子（IGF），与胰岛素、生长激素、甲状腺激素共同促进全身组织细胞的生长；胎盘可产生绒毛膜促性腺激素、雌激素、孕激素等大量激素，调节母体和胎儿的活动。这些众多激素的作用是实现个体内部的信息传递，哺乳动物一些特化的皮肤腺可分泌外激素，完成个体间的信息传递。

❓ 思考题

1. 经典内分泌的概念是什么，与现代内分泌的概念有什么差异？
2. 什么是激素？激素分泌的反馈性调节机制有哪些？
3. 下丘脑-垂体功能单位如何在维持机体稳态中发挥作用？
4. 正常生理状态下甲状腺激素水平是如何维持稳定的？
5. 从胰岛素的生理作用，解释糖尿病患者出现多尿、多饮、体重减轻等症状的原因。
6. 试述机体血糖稳定的调节机制。
7. 试从应激的角度分析集约化养殖对动物生长发育的影响。

（郭爽）

|第十一章|

生 殖 系 统

引 言

"雄兔脚扑朔，雌兔眼迷离"，动物生长发育到一定时期，雌、雄动物为什么会表现出不同的形态特征？"关关雎鸠，在河之洲。窈窕淑女，君子好逑"，为什么生长到一定时期，两性会相互吸引和相悦？要想了解这些问题，请学习本章内容……

内容提要

生殖是物种延续所必需的，为了保证正常的生殖活动，雌雄个体在形态和功能上经过一系列特殊的发育，表现出明显的两性差异。本章重点阐述哺乳动物生殖过程的一般规律，包括两性生殖细胞（精子和卵子）的产生和成熟、交配、受精、妊娠、分娩等生理过程，以及下丘脑-腺垂体-性腺轴在生殖中的重要作用。

◆ 第一节 概 述

一、生殖的种类

动物生长、发育成熟后，产生与自己相似的子代个体，称为生殖（reproduction）。生殖是生物界普遍存在的一种生命现象，是生命活动的基本特征之一。生殖分为无性生殖和有性生殖，自然界大多数脊椎动物为有性生殖，其生殖方式有体内受精，行卵生（鸟类）、卵胎生（爬行类）和胎生（哺乳类），也有体外受精（如鱼类和两栖类）。

二、生殖器官和副性征

生殖器官包括主性生殖器官和附性生殖器官。主性生殖器官为睾丸（雄性）和卵巢（雌性），可以产生配子和分泌性激素，又称为性腺（gonad sexual gland）。高等动物的附性生殖器官比较复杂，雄性动物有附睾、输精管、精囊腺、前列腺、尿道球腺和阴茎，雌性动物有输卵管、子宫、阴道和外生殖器。两性成熟后，动物会出现一些与性有关的特征，称为副性征或第二性征，如个体大小、皮毛的色泽、叫声的差异和角（冠）的出现等。

三、性成熟和体成熟

动物性生长过程中，一般经历初情期、性成熟和体成熟三个阶段。动物首次表现发情、第一次排卵或开始产生精子，称为初情期（puberty）。初情期的动物虽然表现各种性行为，甚至有交配动作，但这时发情症状不完全，雌性发情周期无规律，常常由于配子不成熟或者公畜不射精而不具备生育力。动物生殖器官和副性征发育基本完成，开始具备生殖能力，这个时期称为性成熟（sexual maturity）。性腺开始形成成熟的配子（精子或卵子），表现出性需求和交配欲望，这时雌、雄动物可进行交配和受精，完成妊娠和胚胎发育过程。从初情期到性成熟（即具有正常生殖能力），需要经历几个月（猪、羊等）或 0.5～2 年（马、牛、骆驼、驴等）。性成熟的各种变化是由睾酮或者雌激素分泌增多而实现的。体成熟（body maturity）是指动物的骨骼、肌肉、内脏各器官等基本发育成熟，而且具备成年时固有的形态结构。尽管家畜或者其他人工饲养的动物性成熟时已具备繁殖能力，但一般不宜过早进行配种，因为其身体生长发育未达到体成熟。过早配种不仅会直接影响动物自身的生长发育，而且会间接影响子代的体质和生产性能。因此，家畜或人工饲养的动物通常在体成熟后才用于配种。

四、繁殖季节

动物的繁殖活动受温度、光照等环境因素的影响。野生动物一般在最适宜妊娠和幼子活动的季节繁殖；而家养动物因环境和食物来源稳定，它们的繁殖季节较长。按照繁殖季节的不同，动物可分为季节性繁殖和常年繁殖。

季节性繁殖指动物配子的形成、性行为表现、妊娠等生殖现象限定在一年中适当的时期进行，以使后代出生时气温、食物资源能够满足其生长和生存的需要。例如，中、高纬度地区草本植物的生长呈现明显的季节性变化，在这些区域生息的动物的交配期具有明显的季节性，如马、绵羊、猫和犬等。这类动物在一定的季节里出现一次或多次发情，有固定的交配期。影响季节性繁殖的主要因素有温度、光照和食物来源等。

常年繁殖指动物达性成熟后，雄性动物全年不断地生成精子，雌性动物全年有规律地多次发情，因而全年都能繁殖而无明显的繁殖季节性，如猪、牛、鼠和兔等。常年繁殖并不意味着全年生殖活动毫无变化，大多数动物在不同季节会出现有规律的高峰期和低潮期。

◆ 第二节　雄性生殖生理

一、睾丸的功能

睾丸位于阴囊中，阴囊温度较腹腔温度低 2～3℃，适合精子的生成。睾丸的主要功能是生成精子和分泌雄激素。大多数动物睾丸的生精功能从初情期开始，可以持续到性功能衰退。不同发育阶段的生精细胞通常呈同心层状有序排列，从基膜到管腔，分别为精原细胞、初级精母细胞、次级精母细胞、精子细胞、精子。睾丸生精小管由支持细胞和不同发育阶段的生殖细胞组成。支持细胞和管间组织中的间质细胞是睾丸中的体细胞，前者具有支持和营养生精细胞，合成雄激素结合蛋白，吞噬变态精子残体，参与形成血-睾屏障和分泌睾丸液的功能，后者合成和分泌雄激素，为精子的发生提供一个合适的激素环境。睾丸产生的雄激素主要促使雄性动物第二性征的出现和维持正常生殖功能。图 11-1 为睾丸和附睾结构模式图。

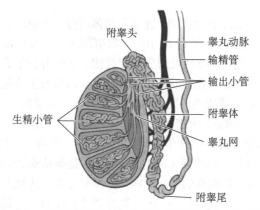

图 11-1 睾丸和附睾结构模式图（杨增明等，2005）

（一）精子的发生及形成

精子的发生是指精原细胞分裂增殖进而生成精子细胞的过程（图 11-2），这个过程包括精原细胞分裂、初级精母细胞形成、次级精母细胞形成、精子细胞形成等主要过程。最后，由精子细胞变态形成精子，即精子的形成。

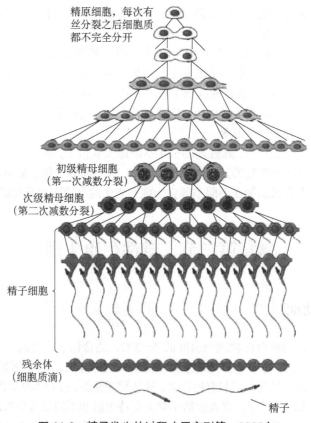

图 11-2 精子发生的过程（周定刚等，2022）

1. **精原细胞** 生精干细胞位于生精小管的基膜上，圆而小，经有丝分裂生成一个非活动的精原细胞和一个活动的精原细胞，前者作为干细胞储存，不进入分化途径，后者经数次分裂后，形成初级精母细胞。

2. **初级精母细胞** 初级精母细胞位于精原细胞的内侧，细胞核大而圆，是生精细胞中最大的一种。初级精母细胞完成第一次减数分裂并产生两个单倍体次级精母细胞，染色体数目减半。

3. **次级精母细胞** 次级精母细胞位于初级精母细胞的内侧，体积较初级精母细胞小，细胞质染色较深，细胞核为圆形，染色质呈粒状，核仁不易观察。次级精母细胞经过第二次减数分裂，形成两个单倍体精子细胞（染色体数目没有变）。

4. **精子细胞** 精子细胞位于精细管的浅层，多层排列，体积更小，为圆球状单倍体细胞，核小而圆，染色深，核仁明显。

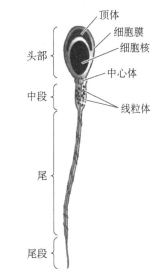

图 11-3 哺乳动物成熟精子结构模式图
（周定刚等，2022）

5. **精子的形成** 精子细胞经过复杂的形态变化形成外形似蝌蚪的精子。在此过程中大部分细胞质消失，细胞核高度浓缩，形成精子头部和顶体，中心体形成精子尾，线粒体聚集在中段（图 11-3），是精子能量代谢的主要部分。

精原细胞经过上述发育阶段最后形成 64 个（绵羊、兔、牛等）或 96 个（小鼠、大鼠等）精子。

（二）睾丸的内分泌功能

1. **雄激素** 睾丸间质细胞分泌的雄激素主要有睾酮（testosterone，T）、双氢睾酮（dihydrotestosterone, DHT）、脱氢表雄酮（dehydroepiandrosterone）和雄烯二酮（androstenedione）。雄激素的生理作用主要包括以下几个方面：①促进性器官发育和雄性副性征出现，并维持其正常状态；②维持正常生精，睾酮与生精细胞上雄激素受体结合，促进精子的生成；③促进蛋白质合成代谢，特别是促进肌肉蛋白质合成和红细胞生成；④维持正常的性欲和影响性行为；⑤对下丘脑和腺垂体的反馈抑制作用。

2. **抑制素** 抑制素是睾丸支持细胞分泌的糖蛋白激素，由 α 和 β 两个亚单位组成，可抑制腺垂体分泌促卵泡素（FSH），进而抑制睾丸的生长发育及功能。

（三）睾丸功能的调节

1. **下丘脑-腺垂体对睾丸功能的调节** 下丘脑、腺垂体和睾丸构成了雄性性腺轴，下丘脑释放的促性腺激素释放激素（GnRH）促进腺垂体合成和分泌 FSH、促黄体素（LH）。在 FSH 作用下，支持细胞参与精子发生的启动和雄激素结合蛋白的合成；此外，FSH 通过调节支持细胞缝隙连接的发育，形成血-睾屏障，以维持生精细胞特有的生理环境。LH 通过刺激睾丸的间质细胞分泌睾酮而调节生精过程。FSH 具有增强 LH 刺激睾酮分泌的作用

2. **睾丸激素对下丘脑-腺垂体的反馈调节** 血液中游离的睾酮反馈性抑制下丘脑 GnRH 和腺垂体 LH 的分泌，支持细胞分泌的抑制素则反馈性抑制腺垂体分泌 FSH，共同维持血液中睾酮水平的稳定。

3. 睾丸内局部调节　睾丸的支持细胞与生精细胞、间质细胞之间存在着复杂的局部调节机制。支持细胞中的芳香化酶可将睾酮转变为雌二醇（estradiol，E_2），并能直接抑制间质细胞睾酮的合成。睾丸还可产生多种肽类和蛋白质，如胰岛素样生长因子、转化生长因子及白细胞介素等，以旁分泌或自分泌的方式局部调节睾丸的内分泌功能。

另外，睾丸的温度也可影响生精功能。

二、附性器官的功能

（一）附睾及其功能

附睾位于睾丸后上方，为细长扁平器官，两者相通。附睾主要由附睾管构成，附睾管为不规则的迂曲小管。从睾丸曲细精管释放的精子缺乏运动能力，在功能上是不成熟的。因此，还需要在附睾内继续发育直至成熟。附睾对精子成熟的影响主要表现在对精子形态、精子表面成分及代谢的改变等方面。

（二）输精管和副性腺功能

输精管是附睾管的延续，主要是将精子从附睾中输出。另外，输精管腺体段产生的分泌物有利于精子的运动和生存。大多数动物的副性腺包括精囊腺、前列腺和尿道球腺等。成对的精囊腺属于复合管状腺或管泡腺，其分泌物为白色或黄白色胶状液体，占射精量的 25%～30%，富含果糖，因此可为精子提供能量并稀释精子。肉食动物无精囊腺。前列腺位于盆腔部的尿道上皮，属于单管腺泡。前列腺的分泌物为黏稠的蛋白样分泌物，偏碱性，可中和精液和刺激精子运动。

三、精液

精液包括精子和精清两部分。精清是各种副性腺的混合分泌物，pH 约为 7.0，渗透压与血浆相似，含有 Na^+、K^+、Ca^{2+}、Mg^{2+} 等无机离子和果糖、柠檬酸、山梨醇、肌醇、甘油磷酸胆碱等有机物。每次射精量随动物品种不同而不同，在几百微升到几百毫升不等；精子数量也有很大的不同，从每毫升几百到几千万，甚至几亿。

精清的主要生理作用有：①稀释精子；②为精子提供存活、运动的适宜环境；③为精子提供能源；④保护精子，防止精子被氧化损伤、阻止精子凝集；⑤精清中的前列腺素能刺激雌性生殖道的运动，有利于精子的运行；⑥有些动物的精清能在雌性生殖道中凝集形成栓塞，防止精液倒流。

大部分动物的精子在雌性生殖道或体温环境下可保持活性 12～48 h。精子经适当的冷冻程序，可在液氮中保存多年，复苏后仍具有受精能力。随着人工繁殖技术的发展及保存、推广优良品种的需要，精液保存技术的研究也在不断深入和广泛应用。

◆ 第三节　雌性生殖生理

雌性生殖器官包括卵巢、输卵管、子宫、阴道、阴门和相关腺体，这些生殖器官完成内分泌、卵子的发生、成熟、运输、受精、妊娠及分娩等功能。

一、卵巢的功能

卵巢主要的功能是产生卵子和分泌雌性激素。卵巢的大小与动物的年龄和生殖状态有关，多数成年动物的卵巢为卵圆形，由皮质和髓质两部分构成。

（一）卵巢的内分泌功能

排卵前的卵泡主要分泌雌激素（estrogen），包括雌酮和雌二醇，两者可相互转换，其中雌二醇的生理作用较强。排卵后形成的黄体及妊娠时的胎盘可分泌孕激素，主要是孕酮（progesterone）。此外，卵巢还分泌少量的雄激素、松弛素和抑制素，在卵泡液中存在促 FSH 释放蛋白，能促进 FSH 分泌。

1. **雌激素**　卵泡颗粒细胞内的芳香化酶能够将卵泡膜细胞产生的雄激素转变为雌激素。雌激素诱导雌性生殖器官的生长、发育及雌性动物的生殖行为。排卵前雌激素能诱导 LH 的大量释放，进而引起排卵和黄体的形成。卵泡的生长、成熟和雌激素分泌是在下丘脑-腺垂体-卵巢轴的调节下完成的。

2. **孕酮**　孕酮主要是由发情后期、间情期、妊娠期的黄体和胎盘产生。孕酮刺激子宫腺发育及分泌，使子宫内膜处于接受胚胎附植的状态；阻止卵泡的成熟和再次发情，维持动物的妊娠状态；雌激素和孕酮协同可促进乳腺的发育。

3. **雄激素**　雌性动物中的雄激素是作为雌激素的前体形式存在的，因此，有时在卵巢中可以检测到较高水平的雄激素。对于人类，雄激素过多则会出现男性化特征和多毛症。

4. **松弛素**　卵巢间质腺和妊娠黄体能分泌少量松弛素。随着妊娠进行松弛素浓度升高，分娩后血液中松弛素含量迅速下降。在雌激素作用的基础上，松弛素使子宫颈扩张和变软，抑制子宫平滑肌收缩，促使耻骨联合和其他骨盆关节松弛和分离，为分娩做准备。

5. **抑制素**　由卵巢的颗粒细胞分泌，抑制卵母细胞成熟，使其停留在第一次减数分裂前期。

（二）卵巢的生卵作用

1. **卵泡发育**　雌性动物出生时卵巢内存在大量原始卵泡。原始卵泡经过初级卵泡、次级卵泡、三级卵泡逐渐发育为成熟卵泡，这个过程称为卵泡发育（图 11-4）。

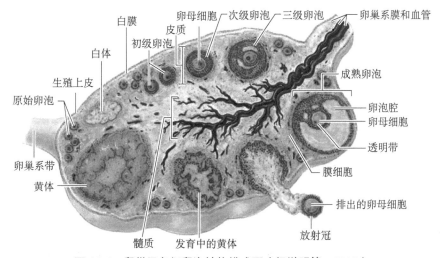

图 11-4　卵巢及各级卵泡结构模式图（杨增明等，2005）

彩图

（1）**原始卵泡**　　由中间的初级卵母细胞和周围的单层扁平卵泡细胞构成，外有基底膜，此时初级卵母细胞停留在第一次减数分裂早期。

（2）**初级卵泡**　　原始卵泡中的初级卵母细胞生长增大，卵泡细胞分裂增殖，出现多层颗粒细胞。在初级卵母细胞与颗粒细胞之间，由颗粒细胞分泌的糖蛋白构成透明带。

（3）**次级卵泡**　　卵泡细胞进一步增殖，并逐渐分离，形成的腔隙中充满由卵泡细胞分泌的卵泡液，此时的卵泡也称为有腔卵泡，此前的卵泡称为腔前卵泡。

（4）**三级卵泡**　　随着卵泡腔扩大和卵泡液增多，卵母细胞被挤向一边，连同包裹在卵母细胞周围的颗粒细胞形成卵丘。紧贴卵母细胞透明带周围的颗粒细胞呈放射状排列，称为放射冠。

（5）**成熟卵泡**　　三级卵泡继续生长，卵泡体积不断扩大，卵泡液增多，卵泡腔增大，导致卵泡从卵巢表面突出，卵泡壁变薄，此即成熟卵泡，又称赫拉夫卵泡。

初级卵泡发育成次级卵泡时，初级卵母细胞发生破裂，完成第一次减数分裂，排出第一极体，生成次级卵母细胞。次级卵母细胞进入第二次减数分裂并停留在分裂中期，直到受精后才完成第二次减数分裂，排出第二极体（图 11-5）。

雌性动物只有少数卵泡和卵子能够发育成熟和排出，绝大多数卵泡发生退化而消失，称为卵泡闭锁。卵泡闭锁的原因主要与类固醇激素及芳香化酶有关。雌激素促进细胞的有丝分裂和卵泡发育，并抑制卵泡闭锁；雄激素的作用则刚好相反。卵泡闭锁与细胞凋亡关系密切，细胞凋亡是卵泡闭锁的开始，卵泡闭锁则是细胞凋亡的终结。

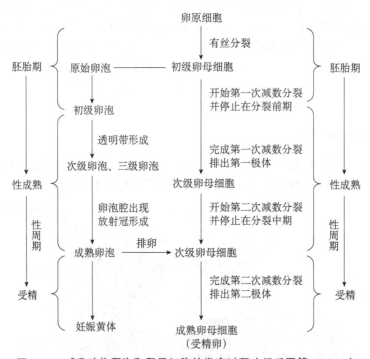

图 11-5　哺乳动物卵泡和卵母细胞的发育过程（杨秀平等，2016）

2. 排卵　　成熟卵泡破裂，将卵母细胞及其外周的透明带和放射冠随卵泡液一起排出卵巢，称为排卵（ovulation）。哺乳动物卵巢除卵巢门外其余部位均可发生排卵，但马属动物仅在卵巢的排卵窝发生排卵。

动物的排卵分为两种类型：自发排卵和诱发排卵。自发排卵是指成熟卵泡不需外界刺激即可排卵和形成黄体;诱发排卵是指动物经过交配或人为物理的(刺激子宫颈)、化学的(如注射FSH、人绒毛膜促性腺素)刺激才能引起排卵,又称为刺激性排卵,兔、貂、袋鼠等属于这种类型。雌性骆驼在配种后,精液的存在或注射精液也可诱发其排卵。

卵泡排卵后剩余的颗粒细胞和卵泡膜细胞在LH的作用下形成一个暂时性内分泌组织,称为黄体。黄体主要功能是分泌孕酮,同时也分泌雌激素,促使子宫内膜形态及功能变化以适应可能的早期胚胎发育及着床需要。如排出的卵子受精,则黄体继续发育成为妊娠黄体;如卵子没有受精,黄体经过一段时间后退化,形成白体。

3. 卵泡发育和排卵的调节 雌性动物的卵泡发育和排卵具有周期性,主要受下丘脑-腺垂体-卵巢轴的调节。

性成熟后,下丘脑开始分泌GnRH,作用于腺垂体,促进腺垂体分泌FSH和LH。在FSH的刺激下,卵泡开始生长发育。FSH能刺激颗粒细胞增生和卵泡液分泌,促进卵泡腔形成;FSH和雌激素协同诱导颗粒细胞LH受体的形成,使卵泡对LH的敏感性增强;到排卵时LH受体数量增至最多,卵泡逐渐由对FSH的依赖转变为对LH的依赖。排卵前LH峰促进卵泡的最终发育成熟和排卵。雌激素也是卵泡生长发育过程中的关键激素。

排卵是个复杂的生理过程,它受神经、内分泌、生化等因素的调控,其中起决定作用的是LH。排卵前卵泡内雌二醇合成增加,正反馈腺垂体,引起排卵前LH峰,LH峰引发卵泡破裂和排卵。此外,许多动物在排卵时FSH浓度也形成一个峰。实验证明,一定比例的FSH和LH协同作用可以促进排卵。在畜牧生产实践中,常配合使用FSH和LH或其类似物以达到超数排卵的目的。

排卵后形成的黄体分泌孕酮,孕酮一方面促进子宫的增生,另一方面抑制下丘脑-腺垂体-卵巢轴,使卵泡的生长、发育、成熟停止;如果卵子没有受精,黄体退化,孕酮下降,卵巢内卵泡开始下一个周期的生长、发育、成熟和排卵,周而复始。

二、发情周期

如上所述,雌性动物性成熟后,卵巢内出现周期性的卵泡生长、发育、成熟和排卵,生殖器官发生一系列的形态和功能变化,称为发情周期,又称为性周期。灵长类的性周期也称为月经周期。

(一)发情周期分期

根据雌性动物卵巢内卵泡的生长发育、排卵和黄体形成及雌性生殖道(子宫、阴道等)的生理变化及性欲表现等,通常将发情周期分为发情前期、发情期、发情后期及间情期。

1. 发情前期 发情前期也称为卵泡期,即卵巢内卵泡迅速生长并成熟,黄体进一步退化萎缩,雌激素开始分泌;输卵管内壁细胞生长,纤毛增多;子宫颈略微松弛,子宫腺体生长,腺体分泌活动逐渐增加,分泌少量稀薄黏液,子宫内膜血管大量增生;阴道黏膜上皮细胞增生;无性行为表现。

2. 发情期 发情期也称为排卵期,卵巢上的卵泡迅速发育,成熟卵泡破裂并排卵,雌激素分泌增多,阴道及阴门黏膜充血肿胀明显,子宫黏膜显著增生,子宫颈口开张,子宫肌层蠕动加强,腺体分泌增多,有大量透明稀薄黏液排出。雌性动物出现一系列发情征状,性欲达到高潮,愿意接受雄性交配。

3. 发情后期 发情后期也称为黄体形成期,雌性动物性欲恢复安静状态,无发情表现。

雌激素分泌显著减少,卵巢中开始形成黄体,并分泌孕酮。在孕酮作用下,子宫发生一系列变化。如排出的卵子受精,则开始进入妊娠阶段,性周期停止,直到分娩后一段时间才重新出现新的发情周期;如卵子未受精,则进入间情期。

4. 间情期 间情期也称为休情期,在此时间段,生殖器官的活动相对稳定,卵巢内黄体开始退化,生殖道逐渐恢复到发情前期以前的状态。黄体完全退化后,新的卵泡开始发育,进入下一个发情周期。

发情周期因动物种类不同而异,牛、水牛、猪、山羊、马、驴平均为 21 d,绵羊为 16～17 d,豚鼠为 16～19 d,兔为 8～15 d,鹿为 6～20 d,麝为 19～25 d,水貂为 6～9 d,海狸鼠为 5～27 d,虎为 20 d。大鼠、小鼠和仓鼠未交配发情周期约 5 d,交配未孕发情周期可维持 12～14 d。

(二)发情周期类型

雌性哺乳动物发情周期主要受神经、内分泌系统的调控,同时受外界环境的影响。根据发生的频率,哺乳动物发情周期可以划分为多次发情和单次发情两种类型。多次发情包括终年多次发情和季节性多次发情,终年多次发情是指动物在一年中除妊娠期和泌乳期外可周期性地出现发情,如舍饲牛、猪、兔等;季节性多次发情是指动物只有在发情季节出现多次发情,如马、驴、骆驼及绵羊等。单次发情的动物只有在一定季节出现一个发情周期,如犬、狼、狐、熊等在春、秋两季发情,每个发情季节只有一次发情周期,称为季节性单次发情动物。某些雄性野生动物的性活动也表现为周期性,如貂、鹿等。

(三)影响发情周期因素

1. 环境因素 所有影响发情周期的因素都是通过下丘脑-腺垂体-卵巢轴的活动来实现的。光照、温度、气味等各种内、外刺激经过不同途径作用于下丘脑,进而作用于腺垂体,调控卵巢中卵泡的生长发育、成熟、排出及性激素的产生,即控制着发情周期。

2. 营养条件 严重营养不良可使发情不正常,或停止发情。

3. 健康状况 精神刺激、疾病、创伤等都可引起性周期改变。

三、附性器官功能

输卵管是卵子、精子、受精卵运行的通道,同时也是生殖细胞停留、受精和获得营养的部位。输卵管伞部捕获由卵巢排出的卵母细胞;漏斗部上皮细胞的纤毛向子宫方向摆动将卵子运送到壶腹部;壶腹部是精子和卵子结合的部位,壶腹部上皮纤毛的运动和平滑肌的收缩共同参与受精卵运输。

子宫是胚胎附植和胎儿发育的地方。大多数动物的子宫由子宫角、子宫体、子宫颈三部分组成。子宫角与输卵管相连,子宫体通过子宫颈与阴道相连接。整个子宫通过阔韧带附着于盆腔和腹腔壁上。韧带中含有血管和神经,为子宫提供血液和神经支配。

阴道是雌性动物的交配器官和胎儿产出的通道。阴道黏膜淡红色,受性激素的影响呈周期性变化。牛的阴道长 20～25 cm,妊娠母牛阴道可增至 30 cm 以上;马的阴道长 15～20 cm,阴道穹窿呈环状;猪的阴道长 10～12 cm,肌层较厚,直径小,黏膜有皱褶,不形成阴道穹窿。

◆ 第四节 有性生殖过程

一、受精与授精

（一）授精

将动物的精液输入雌性动物生殖道的过程称为授精（insemination），包括自然授精和人工授精。自然授精是通过雌雄动物交配而实现的，而人工授精则是通过人工将精液输入雌性生殖道而实现的。自然授精根据精液输入雌性生殖道的部位分为阴道授精型和子宫授精型两种。阴道授精型即动物通过交配将精液输入雌性动物的阴道，如牛、羊、兔等。这种授精型的特点是每次射精的精液量少，但是精子密度高。动物通过交配将精液直接射入雌性动物子宫内，称为子宫授精型，如马、驴、猪、骆驼等。这种授精型特点是每次射精的精液量大，但是精子密度低。在实施人工授精时，一般都是将精液稀释一定倍数后，直接输入雌性动物子宫内，这样可避免大量精子在阴道内被酶所杀伤（阴道授精型动物，每次射出的精子中90%以上在阴道内被杀伤而失去活力），提高公畜的利用率。

（二）受精

受精（fertilization）是精子与卵子结合形成合子的过程。哺乳动物的受精大都发生在输卵管壶腹上部。受精过程包括：精卵运行、精子获能、精卵识别、顶体反应、精卵融合、透明带反应和卵黄膜反应等过程（图11-6）。

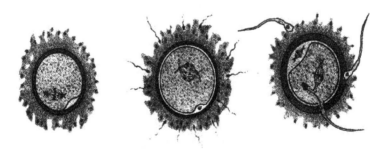

图11-6 受精过程模式图（周定刚等，2022）

1. 卵子运行 卵子运行取决于输卵管管壁纤毛摆动和肌肉活动，卵子进入输卵管内需要几分钟的时间，数小时内到达壶腹部，受精后在此停留36～72 h。随着输卵管逆蠕动的减弱和正向蠕动的加强，受精卵和输卵管分泌液迅速流入子宫。卵子在输卵管内运行时间一般不超过100 h。家畜卵子保持受精能力的时间大多数为12～24 h，动物卵子保持受精能力的时间存在种属差异（表11-1）。

表 11-1 卵子在输卵管内保持受精能力的时间（朱士恩，2006） （单位：h）

动物	牛	马	猪	绵羊	犬	兔	豚鼠	大鼠	小鼠	猴
保持时间	18～20	4～20	8～12	12～16	108	6～8	20	12	6～15	23

2. 精子运行　　精子在雌性生殖道中的运行除依靠自身的运动外，还需要子宫颈、子宫体及输卵管等的配合，才能使精子最终到达受精部位——输卵管的壶腹部（以阴道授精型家畜为例说明精子在母畜生殖道内的运行途径）。

（1）精子进入阴道　　交配时进入阴道的精液大部分存于阴道穹窿，在宫颈口周围形成精液池。阴道分泌物造成的酸性环境对精子生存不利，可使精子快速失活，因而精子必须快速转移到更为适宜的子宫内。

（2）精子穿过子宫颈　　大量精子进入子宫颈隐窝的黏膜皱褶内暂时储存，这是精子在雌性生殖道内的第一储库。

子宫颈管内充满黏液，精液与子宫颈黏液相混，借助宫颈肌的舒缩和精子的运动，精子进入子宫腔。

（3）精子在子宫腔内运行　　进入子宫腔的大部分精子进入子宫内膜腺体隐窝中，这是精子在雌性生殖道内的第二储库。在子宫肌和输卵管系膜的收缩、子宫液的流动及自身运动等综合作用下，精子通过子宫进入输卵管。

（4）精子通过输卵管　　进入输卵管的精子借助输卵管黏膜皱褶和输卵管系膜的收缩作用及管壁上皮纤毛摆动，继续前行直到受精部位（输卵管壶腹部）。能够到达受精部位的精子一般不超过1000个。

3. 精子获能　　哺乳动物射出的精子在雌性生殖道内获得受精能力的生理过程称为精子获能。哺乳动物及人类的精子必须先获能才可以引起顶体反应，精卵才能结合。

（1）精子获能的部位　　子宫授精型动物，精子获能始于子宫，但主要部位在输卵管；阴道授精型动物，精子获能始于阴道，但最有效部位在子宫和输卵管。

（2）精子获能时间　　精子获能所需时间因种类差异而不同，一般需要1.5～16 h，即使是同一种动物也存在着明显差异。精子获能所需时间：牛20 h，兔5～6 h，猪3～6 h，绵羊1.5 h。

（3）精子保持受精能力　　精子在雌性生殖道内的存活时间有明显的种属差异（表11-2），阴道授精型动物的精子，绝大多数在阴道内死亡，余下多数精子死于子宫颈、子宫输卵管连接处及输卵管峡部。

表 11-2　精子保持受精能力的时间（朱士恩，2006）　　　　　　　　　　（单位：h）

动物	牛	马	猪	绵羊	山羊	犬	兔	大鼠	小鼠	豚鼠
保持时间	24～28	144	24～28	24～48	24～48	168	30～32	14	6～12	22

4. 精卵识别　　精子与卵子识别是受精的第一步，精子与卵子间的特异性结合是通过精子表面的蛋白与卵子表面的受体相互作用而实现的。精卵之间的相互识别具有种属特异性，精子头部质膜和卵子透明带的糖基互补是精卵特异性识别结合的分子基础。

5. 顶体反应　　获能精子顶体释酶并溶解放射冠和透明带的过程称为顶体反应。正常情况下，只有获能精子才能发生顶体反应。顶体中含有透明质酸酶、放射冠穿透酶、顶体素、蛋白酶、脂解酶、神经酰胺酶和磷酸酶等多种水解酶。

6. 精卵融合　　精卵融合包括以下环节：①获能精子头部以不同的角度向透明带内部斜向穿入，凭借尾部强有力地摆动缓慢通过透明带，并在透明带上留下一条窄长的孔道。精子穿过透明带与卵质膜融合，精子膜上配体蛋白与卵子膜上受体结合，进入卵子。②激活卵子，使卵子从第二次减数分裂中的静息状态恢复并完成分裂。在融合蛋白的介导和离子的参与下，精卵合为一体，恢复为体细胞的正常染色体。

7. 透明带反应和卵黄膜反应　　精子进入卵后，激发卵质膜下的皮质颗粒与卵膜融合并发生胞吐，其中的酶类引起透明带糖蛋白发生变化，封闭透明带，阻止其他精子入卵，称为透明带反应。对于小鼠、大鼠、兔和猪等动物，由于其透明带反应较慢，有时会有几个精子同时进入透明带，但当其中一个精子进入卵黄膜后，卵黄体紧缩，卵黄膜增厚，并释放液体于周围，以阻止其他精子进入，这种反应称为卵黄膜反应。

二、妊娠

受精卵形成后，经过早期发育及在子宫内附植到胎儿发育成熟的过程称为妊娠（pregnancy），包括受精、着床和妊娠维持等过程。妊娠主要由孕激素和雌激素来维持，两种激素的水平和比例通过不断地变化，来调节和维持胎儿的正常发育。

（一）妊娠识别

受精卵在输卵管内发育至桑葚胚，在输卵管蠕动和管腔上皮纤毛摆动的作用下，逐渐向子宫运行，到达子宫腔，并发育成囊胚期胚胎，形成一个囊胚腔，内细胞团位于腔体的一端，又称为胚泡。

在妊娠初期，受精卵（胚泡）发出信号传递给母体，母体随即产生反应进而阻止黄体退化，维持孕酮的持续分泌和促进受精卵继续发育，这一生理过程称为妊娠识别。

不同动物的妊娠识别时间有所差异，绵羊的妊娠识别发生在受精后的第 9~21 天；牛的妊娠识别发生在受精后的第 16~19 天；猪的妊娠识别发生在受精后的第 11~12 天；马的妊娠识别发生在受精后的第 12~14 天；人和其他灵长类动物在妊娠识别时，会分泌绒毛膜促性腺激素阻止黄体的溶解。

（二）附植

胚泡中活化的囊胚滋养层细胞与母体子宫上皮细胞之间逐步建立起组织及生理上联系的过程称为附植。啮齿类和灵长类动物的胚胎是通过侵入和吞噬作用，穿过子宫黏膜，植入到子宫基膜中，同时引起基膜细胞的变形、增生；家畜胚胎滋养层与子宫内膜上皮之间只发生表面的、非侵入性的黏附作用，胚胎始终存在于子宫腔内。

子宫腔内血管稠密部是家畜胚泡附植的部位，也是最有利于胚泡发育的地方。牛、羊胚泡附植在子宫角内下 1/3 处；马的胚泡附植在子宫角基部。怀双胎时，则两侧子宫角各附植一个。对于多胎动物，胚泡均匀分布在两侧子宫角，胚泡间有适当的距离。影响附植的因素如下。

1. **母体子宫内膜和胚泡发育同步化**　如果子宫内环境受到干扰和破坏，胚泡就不能顺利附植，因此子宫内膜和胚泡发育的同步化是哺乳动物着床成功的先决条件。

2. **母体的激素环境**　妊娠后母体在雌激素和孕激素的联合作用下，子宫内膜上皮增生、腺体加长、弯曲增多，内膜变为分泌性内膜，为早期胚胎提供营养，给附植准备了能源，此种现象称为蜕膜化。

3. **胚泡的激素**　胚泡能够合成和分泌某些激素，也是调节附植的关键因素。胚泡激素增强局部毛细血管的通透性，有利于胚泡与子宫环境相互作用而实现附植。

4. **子宫的接受性**　子宫并不是在任何情况下都允许胚泡附植，只在某个特定时期允许胚胎附植，这一时期称为附植窗口。

5. **局部免疫保护**　胚胎因携带由父体遗传物质而产生的抗原物质，在母体子宫内如一个同种异体移植物。附植过程中胚胎不被母体免疫排斥在于局部免疫保护机制。

（三）妊娠的维持

正常妊娠的维持需要腺垂体、卵巢和胎盘分泌的各种激素相互配合来完成。其中孕酮是妊娠维持的主要激素。附植后的胚泡由胎盘提供营养，使胚泡在子宫内继续生长、发育直至分娩的生理过程，称为妊娠的维持。

胎盘（placenta）由胎儿的尿膜绒毛膜（猪还有羊膜绒毛膜）和母体子宫黏膜共同构成。胎盘是连接母体与胎儿的纽带，它不仅是胎儿的营养、呼吸、排泄器官和防御屏障，也是重要的内分泌器官。胎盘具体功能如下所述。

1. 物质交换功能　胎儿营养物质的摄入和代谢产物的排出，都是通过胎盘实现的。胎儿和母体的循环系统在胎盘中并不直接相通，而是存在胎盘屏障。有些物质必须在胎盘内分解成比较简单的物质才能进入胎儿血液；而有些物质，如抗体或者有害物质，则不能通过胎盘。因此，胎儿的血液成分与母体的血液成分存在明显差异。

2. 免疫功能　胎盘不受母体的免疫排斥，其机制尚不明确，一般认为胎盘滋养层组织的抗原性很弱，不易发生排斥反应。此外，妊娠时母体的内分泌系统发生变化，能有效地抑制母体对胎儿的免疫排斥作用。

3. 内分泌功能　胎盘是重要的内分泌器官，可分泌大量激素，以适应妊娠的需要和促进胎儿的生长发育。胎盘分泌孕酮、雌激素、松弛素和催乳素，其化学结构和生理功能与卵巢和垂体分泌的同种激素相同或相近。

为促进胎儿的正常发育，妊娠期内母体发生了一些生理变化。①卵巢的变化：妊娠后，卵巢内的妊娠黄体质地较硬，在整个妊娠期持续存在，并分泌较多的孕酮以维持妊娠。②子宫的变化：随着胎儿的生长发育，子宫体积增大并挤压腹部内脏，使横膈运动受阻而出现浅而快的胸式呼吸，挤压膀胱使排尿次数增多，并出现蛋白尿，因心脏负担加重而出现代偿性心肌肥大等症状。③乳腺的发育：妊娠黄体和胎盘所分泌的孕酮，除维持妊娠外，还在雌激素引起乳腺导管系统发育的基础上，进一步促进乳腺腺泡发育，使乳腺具备泌乳能力。④代谢的变化：为适应胎儿发育的特殊需要，母体代谢明显增强。⑤血液的变化：血浆容量增加，心脏负担加重，血液凝固能力提高，血沉加快。到妊娠后期，血液碱储减少，出现酮体而产生生理性酮血症。⑥其他变化：妊娠后组织内水分增加且分布不均匀，尤其是妊娠后半期容易出现腹下和四肢水肿的现象。

三、分娩

分娩（parturition）是胎生动物借助子宫和腹肌的收缩将发育成熟的胎儿及其附属膜（胎衣）排出的过程。分娩能否顺利完成，取决于产力、产道、胎儿这三个基本要素。

分娩全过程是从规律宫缩开始至胎儿胎盘娩出为止，一般分为 3 个产程：①开口期或是宫颈扩张期，子宫颈口开张，这一产程开始时子宫活动弱，间歇时间长，随产程进展，间歇时间缩短，收缩强度不断增加。②产出期或是胎儿娩出期，指从子宫口全开到胎儿娩出。③胎衣排出期或是胎盘娩出期，指从胎儿娩出到胎衣（盘）完全排出。

分娩是一个多因子相互作用的生理过程，胎儿和母体均参与正常的分娩过程。反刍动物胎儿的内分泌系统对于分娩发动起决定性的作用，随着胎儿的成熟，一方面胎儿迅速生长对子宫的机械扩张作用可促进子宫的激活；另一方面胎儿下丘脑-垂体-肾上腺轴（HPA）的激活，使糖皮质激素逐渐增多，促使胎盘的孕激素向雌激素转化，使孕激素水平下降，雌激素水平上升，以触发启动分娩。

对于非反刍动物，母体分娩发动机制是主要的，分娩前及过程中母体发生以下变化。①孕酮/雌激素比例变化：妊娠末期母体孕酮含量急剧下降或雌激素含量升高是发动分娩的主要原因。孕酮占优势的条件下，子宫处于相对安静状态。雌激素则刺激子宫肌发生节律性收缩，同时提高子宫肌对催产素的敏感性。当这两种激素比例发生改变时可导致分娩，但是雌激素不能诱发马和猪的分娩。②前列腺素（$PGF_{2\alpha}$）分泌增多：临分娩前 $PGF_{2\alpha}$ 的分泌量增加，可导致分娩，因为 $PGF_{2\alpha}$ 不但具有溶解黄体作用，而且能直接刺激子宫肌收缩和分娩时的阵缩，因而发动分娩。③松弛素增多：分娩前松弛素分泌增加，可发动分娩。④催产素增多：人和牛催产素不参与分娩的发动，当胎儿进入产道时，才通过神经-体液途径引起催产素分泌的增多，协助分娩的完成。⑤子宫平滑肌的活动：分娩开始，子宫活动方式包括长时间维持低振幅、低频率收缩和高频率、高振幅的短期收缩，同时子宫内压力上升。

? 思考题

1. 性腺的功能有哪些？
2. 简述哺乳动物的生殖周期和影响因素。
3. 简述睾丸的主要功能及其调节。
4. 简述卵巢的主要功能及其调节。
5. 简述受精过程。
6. 简述下丘脑-垂体-性腺轴的调节。
7. 简述精子获能及生理意义。
8. 什么是人工授精？它对保护濒危动物、改良动物品质有什么意义？

（杨彦宾）

本章思维导图

|第十二章|
泌 乳 系 统

—— 引 言 ——

哺乳动物为什么是进化最高级的动物？有什么特殊之处？"牛吃的是草，挤出来的是奶"，草在消化吸收后，为什么能在乳腺里转化为牛乳？让我们去了解一下吧……

—— 内容提要 ——

乳是哺乳动物特有的分泌产物，由乳腺上皮细胞分泌，为白色或微黄色液体，富含蛋白质、糖、脂肪等多种营养物质，易于消化，营养全面。乳是母体给后代的最佳"礼物"，对幼畜的生存和生长发育起着不可替代的重要作用。乳腺的基本分泌单位是腺泡，它从血液中摄取前体，合成乳中的各种成分，再分泌到腺泡腔中。乳的生成、分泌和排出受多种因素的影响，主要由神经和内分泌系统进行调控。

◆ 第一节 哺 乳 动 物

哺乳动物可通过分泌乳汁哺育后代，是动物界中进化程度最高的一类动物，广泛分布于世界各地。

一、哺乳动物的分类

哺乳动物隶属于动物界脊索动物门脊椎动物亚门哺乳纲，有 5000 多个不同物种。按外型、头骨、牙齿、附肢和生育方式等来划分，哺乳动物习惯上分为 3 个亚纲：原兽亚纲、后兽亚纲、真兽亚纲。

原兽亚纲是最原始的哺乳动物，卵生，现存的只有分布在大洋洲地区的单孔目，如鸭嘴兽、针鼹等。后兽亚纲是介于原兽亚纲和真兽亚纲之间的较低等种群，其特点是胎生，但大多数无真正的胎盘。发育不完全的幼仔出生后在母兽的育儿袋内继续发育，现存的只有有袋目（袋鼠、负鼠等），主要分布在澳大利亚，少数分布在美洲地区。真兽亚纲是具有真正胎盘的胎生脊椎动物，躯体结构和功能行为最为复杂。真兽亚纲种类最多，现存有食虫目、皮翼目、翼手目、贫齿目、鳞甲目、兔形目、啮齿目、食肉目、鳍足目、鲸目、偶蹄目、奇蹄目、蹄兔目、长鼻目、海牛目、管齿目、灵长目、树鼩目、象鼩目。除少数区域外，真兽亚纲哺乳动物几乎在全球都有分布。

二、哺乳动物的特点

哺乳动物具备最高等的形态结构和最完善的生理功能，还是与人类关系最密切的一个类群。与其他动物相比，哺乳动物具备了许多独特特征，其中最突出的特征是胎生和哺乳，这些特征大大提高了后代的成活率，增强了对自然环境的适应能力。

1. **哺乳** 雌雄哺乳动物都具有乳腺，但雌性动物的乳腺高度发达，能分泌含有丰富营养物质的乳汁哺育后代，保证后代有较高的成活率。

2. **胎生** 除原兽亚纲单孔目外，哺乳动物都是胎生。胚胎在母体里发育，母体直接产出胎儿。胎生的方式为胚胎提供了良好的发育条件，大大降低了外界环境对胚胎发育的影响。

3. **全身被毛** 毛是哺乳动物所特有的结构，是表皮角化的产物。毛发是哺乳动物的保护层，主要功能是绝热、保温，减少其对环境的依赖性。哺乳动物一般在每年的春季和秋季进行换毛，以适应季节的变化。

4. **体温恒定** 哺乳动物是恒温动物，具有高且恒定的体温（25～37℃）。哺乳动物的中枢神经系统具有完善的体温调节能力，保证了体温的相对稳定。

5. **快速运动能力** 哺乳动物的骨骼和肌肉系统发育完善，增强了运动能力，有助于获得食物和逃避敌害。

6. **发达的神经系统和感觉器官** 哺乳动物具有高度发达的神经系统，形成了高级的神经活动中枢，可以进行更复杂的行为。

◆ 第二节 乳腺的发育

乳腺（mammary gland）是皮脂腺体衍生出的一种外分泌器官，具备泌乳的功能。乳腺的位置、数量、形态、大小、结构等在不同种属间存在较大的差异。

一、乳腺的结构

乳腺最外层是柔软的皮肤，下方是筋膜，最内层是实质。筋膜是腹浅筋膜的延续部分，内含弹性纤维，对乳房起悬挂作用。乳房实质由乳腺组织（乳腺腺泡和导管系统）和相关的结缔组织构成。乳腺结缔组织的数量与产乳性能密切相关，它随动物的品种（乳用、肉用等）、年龄、泌乳周期及营养等情况而变化。

（一）乳腺腺泡

每个腺泡为球状中空结构，分泌的乳汁通过一条细小的乳导管流出，进入导管系统（图12-1A）。一群腺泡及其导管构成乳腺小叶，每个小叶被一层结缔组织所包裹，许多小叶被间隔包围形成乳叶。乳腺腺泡由单层分泌上皮构成，形状不规则，随分泌周期而发生变化。细胞的代谢活动显著增强，细胞内逐渐聚集脂滴和蛋白颗粒时，细胞呈高柱状或锥状；分泌时，细胞的顶端分解，细胞变为立方形或扁平状，腺泡腔增大，充满分泌物。

在腺上皮和基膜之间由肌上皮细胞包围。当腺泡外肌上皮细胞受到激素作用而收缩时，可使储存在腺泡中的乳汁排出。

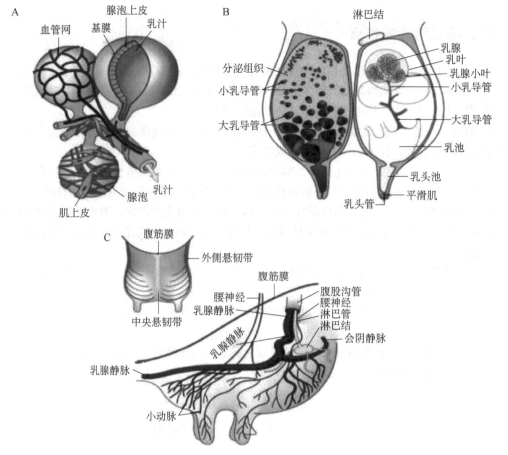

图 12-1 牛乳腺结构示意图（Sjaastas et al., 2013）

A. 腺泡结构；B. 乳导管系统；C. 乳腺血管、淋巴管、神经分布

（二）乳导管系统

乳导管系统是乳腺运输乳汁的管道系统,起始于连接腺泡的细小乳导管,汇合成中等乳导管,再汇合成较大的乳导管和大乳导管,最后汇合成乳池（cisterns）。乳池是储藏乳汁的腔道,包括位于乳房底部的乳腺乳池和位于乳头内的乳头池（图 12-1B）。

（三）乳腺的血液供应

乳腺的血液供应非常丰富（图 12-1C）。乳房动脉分支形成前、后乳房动脉,进入乳腺组织后不断再分支逐渐变小,最后形成毛细血管网,包围乳腺腺泡。这些血管组成了乳腺的血液供应网络,为乳腺提供营养物质和氧气,满足乳腺合成和分泌乳汁的需要。乳腺还具有发达的静脉系统,血液由乳静脉流出后,最后通过后腔静脉汇入心脏。当血液流经粗大的静脉血管时,血流速度缓慢,为乳腺合成乳汁提供有利条件。

此外,乳腺中存在与静脉伴行的淋巴系统,具有免疫作用。淋巴液中的乳糜微粒还是乳脂合成前体（脂肪酸和甘油）的主要来源。

（四）乳腺的神经支配

分布在乳腺的神经包括传入神经和传出神经,但神经分布少于其他组织。传入神经纤维主要是感觉神经纤维，由第一、第二腰神经的腹支、腹股沟神经和会阴神经发出，分布在乳腺腺泡间形成神经网，主管乳房皮肤的各种外部感觉，如温度觉、触觉、痛觉等。来自肠系膜后神经丛的乳腺传出神经属于交感神经，控制着乳腺内的血管、大乳导管和乳池周围的平滑肌（图12-1C）。乳房和乳头皮肤内有丰富的外感受器；乳腺的腺泡、导管系统中分布着大量的化学、机械的内感受器。这些感受器通过接收各种外界和内在的信号，在泌乳的反射性调节中发挥着重要作用。

二、乳腺的发育及调节

哺乳动物乳腺组织是动物体中少数发生相应周期性变化的器官之一，其生长发育具有明显的年龄特点，与动物的生殖周期密切相关。同时，雌性哺乳动物的乳腺是能够多次经历增殖、分化、凋亡的唯一器官。

（一）乳腺的发育过程

1. 胚胎期 以牛为例，牛的乳腺发育最早开始于胚胎期的外胚层。在母体内，30～36 d 乳房芽泡开始形成；60 d 时形成乳头；随后增殖的外胚层深入间质中形成初级萌芽；100 d 时初级萌芽的近端开始形成管沟，并延伸至远端形成次生芽；最终初级萌芽发育成腺体和乳头池，次生芽发育成乳导管，为后续乳腺实体发育提供准备。

2. 出生至妊娠前 新生幼仔雌雄间差异很小，乳房都具有明显的乳头和腺池。初情期以前，乳腺的生长速度与机体相等，称为等速生长阶段。犊牛出生 2～3 个月，乳腺组织发育进入异速生长阶段，导管系统广泛生长发育，不断向乳腺脂肪垫中入侵。随着机体的生长发育，乳腺中的结缔组织和脂肪逐渐增多。在乳腺发育过程中，乳腺脂肪垫的发育很重要，若乳腺脂肪垫发育受限将导致乳腺实体组织发育不良。到了初情期，犊牛的乳房体积开始增大，乳腺内形成复杂的细小导管系统。在发情周期内，雌激素、催乳素和生长激素刺激乳腺生长，促进乳腺导管的生长和分支增加。

3. 妊娠期 大多数哺乳动物乳腺的发育主要在妊娠期进行，乳腺组织迅速生长，乳腺导管数量继续增多，乳汁分泌性细胞和乳腺小叶腺泡开始发育。妊娠早期，奶牛乳腺发育主要是导管的生长和小叶腺泡形成。妊娠 3～4 个月后，牛的乳腺导管进一步延伸，乳腺实质逐渐代替基质；妊娠 6 个月后，腺泡小叶系统已充分发育。妊娠后期，导管继续发育，但更重要的是乳腺小叶腺泡的生长发育。此时雌激素与孕酮的协同作用对奶牛的乳腺发育至关重要，如在这一阶段对奶牛饲养进行严格管理，能使乳腺上皮细胞的数目呈几何级数增长。

4. 泌乳期 进入泌乳期后，奶牛乳腺上皮细胞活跃，大量合成并分泌乳汁。吮乳或挤奶能促进此时期乳腺的发育。乳腺上皮细胞的增殖与凋亡同时发生，泌乳早期增殖程度远大于凋亡程度，乳腺细胞数量持续增加，并持续到泌乳高峰期。泌乳后期，腺泡缩小、分泌腔消失、细小导管出现萎缩，此时乳房体积减小，称为乳腺回缩，这是一个渐进的过程。

5. 退化期 当吮乳或停止挤奶时，大多数动物的乳腺会发生退化，奶牛进入停乳阶段（干乳期）。此时上皮细胞发生凋亡，表现为乳腺上皮细胞数量的减少和分泌活动的降低。不同品种动物的腺泡退化程度存在一定差异，取决于发情周期内激素对腺泡小叶结构的维持作用。奶牛的干乳期平均为 40～60 d，年轻奶牛的干乳期较长，超过 70 d。

（二）乳腺发育的调节

乳腺发育、泌乳、排乳等都受到神经和体液的调节，其中体液调节起主要作用。

1. **神经调节**　　神经系统对乳腺发育起着重要的调节作用。刺激乳腺感受器，其发出的神经冲动传至神经中枢，通过下丘脑-垂体或者直接通过支配乳腺的传出神经调控乳腺的发育。生产中，在发育期和干乳期按摩奶牛的乳房，可促进乳房发育，明显地提高泌乳量。此外，神经系统还通过营养神经纤维影响乳腺发育。研究表明，切断性成熟前母羊的乳腺神经，乳腺停止发育；切断妊娠期母羊的乳腺神经，乳腺腺泡发育不良，不能形成腺泡腔和乳腺小叶。

2. **体液调节**　　在乳腺发育和泌乳过程中受到卵巢激素、垂体激素、胎盘激素等多种激素的调节作用。

（1）卵巢激素　　卵巢分泌的雌激素和孕酮是乳腺生长发育所必需的重要激素。不同物种间，雌激素和孕酮的比例存在明显的差异，通常孕酮的水平高于雌激素。

（2）垂体激素　　腺垂体分泌的 FSH、LH、GH、ACTH、PRL 都参与乳腺的生长发育过程。FSH 和 LH 可促进卵巢激素的分泌；PRL、GH 与卵巢激素具有协同作用，促进乳腺发育充分，还具有发动和维持泌乳的功能。

（3）胎盘激素　　胎盘激素在妊娠后期对乳腺的生长发育有重要作用，其中多胎动物的胎盘数量和重量与乳腺的发育有关。人类的胎盘催乳素在妊娠期能竞争性作用于乳腺，加速乳腺生长发育。

（4）其他激素　　甲状腺激素、肾上腺皮质激素、胰岛素等激素对乳腺的发育也起调节作用。甲状腺激素能提高机体的新陈代谢，对乳腺发育和乳生成有显著的促进作用；肾上腺皮质激素对机体的蛋白质、糖类、无机盐和水代谢都具有显著的调节作用，从而影响乳的生成。

◆ 第三节　乳的生成与分泌

一、乳的生成

乳的生成不是单纯的物质积累过程，而是在乳腺腺泡和细小乳导管分泌细胞内进行的一系列复杂的选择性吸收和物质合成的过程。乳的合成原料都来自血液。有些物质（血清蛋白、免疫球蛋白、维生素、无机盐等）直接扩散到乳中，有些物质（葡萄糖、脂肪酸、氨基酸等）作为合成的前体，在乳腺细胞内合成乳的基本成分（乳糖、乳脂、乳蛋白等），再运输到腺泡细胞顶端膜，通过跨膜转运进入腺泡腔。

（一）乳脂的合成

乳脂（milk fat）的合成在粗面内质网中进行，同时脂类聚集形成乳脂小球，释放到乳腺腺泡腔内，从细胞排出的过程中形成膜包裹的乳脂小球，悬浮于乳汁中。脂溶性维生素（维生素 A、维生素 D、维生素 E、维生素 K）结合在乳脂脂肪球上。

乳脂的主要成分是甘油三酯，合成原料为甘油和脂肪酸。大多数动物体内的甘油主要来源于糖分解代谢产生的 α-磷酸甘油，其余的来自乳腺细胞所摄取的乳糜微粒及脂蛋白中甘油三酯的水解。乳脂合成所需的脂肪酸有两个来源：一是直接来自血液；二是乳腺细胞的合成。血液中的乳糜微粒和低密度脂蛋白的降解为乳腺提供脂肪酸，反刍动物乳脂中约 50% 的 C_{16} 脂肪酸（如软脂酸）和全部的长链脂肪酸（$>C_{16}$）来自血液。除了血液提供脂肪酸外，非反刍动物可先把葡萄糖分解生成乙酰 CoA 和 NADPH，进而加工生成脂肪酸。反刍动物由于胞液中柠檬酸裂解酶的活性极低，不能利用葡萄糖合成脂肪酸，可利用从血液中获取的乙酸和β-羟丁酸合成脂肪酸。反刍动物体内几乎所有的短链脂肪酸（$C_4 \sim C_{14}$）和一半的 C_{16} 脂肪酸由乙酸（瘤胃中 40%~70% 乙酸被用于合成乳脂）合成，少量由β-羟丁酸合成。

（二）乳糖的合成

乳糖（lactose）中的葡萄糖和半乳糖都来自血液中的葡萄糖。血液中可利用的葡萄糖量是决定动物最大泌乳量的主要因素；同时，乳汁的渗透压主要受乳糖浓度的影响。因此，乳糖的合成直接关系到乳的分泌量。乳腺上皮细胞内，以葡萄糖为前体，在高尔基体内合成乳糖。乳糖合成酶是乳糖合成和乳分泌的限速酶，其活性在分娩前几乎为零，但随着泌乳开始而迅速上升。反刍动物可利用丙酸合成乳糖。

（三）乳蛋白的合成

乳蛋白（milk protein）根据来源可分为两类：来自血液的蛋白质（血清蛋白、免疫球蛋白等）和乳腺合成的蛋白质（酪蛋白、α-乳清蛋白、β-乳球蛋白等）。乳腺是合成蛋白质的活跃场所，大部分乳蛋白在乳腺上皮细胞内合成。乳蛋白的合成原料是氨基酸，其合成过程与其他组织内蛋白质的合成过程基本相同。血液中的氨基酸经上皮细胞吸收后被活化、转运，在核糖体内合成短的肽链，再到高尔基体内进一步合成各种酪蛋白颗粒及β-乳球蛋白等，最后移行至细胞表面，以胞吐形式释放。

二、乳的分泌

乳的分泌是一种复杂的乳腺活动过程，包括泌乳的发动和泌乳的维持两个阶段。乳的分泌与生殖过程相适应，受神经系统和内分泌系统的调控。

（一）泌乳的发动

泌乳的发动指随分娩发生的乳腺开始分泌乳汁的活动，是乳腺组织从非泌乳状态向泌乳状态转变的功能性变化过程。泌乳的发动分为两个阶段：①主要涉及腺泡上皮细胞内酶的变化，如乙酰 CoA 羧化酶、脂肪酸合成酶等活性显著增加；负责氨基酸、葡萄糖和其他前体的转运系统活性增强，免疫球蛋白在此阶段合成。②从分娩前产生乳汁中的各种成分开始，持续到分娩后的一段时间。这个阶段分泌的乳汁可以满足新生动物发育的需要。

（二）泌乳的维持

泌乳后，乳腺在很长的一段时间内持续进行泌乳活动即泌乳的维持。不同动物泌乳维持的时间不同，奶牛约 300 d，绵羊约 120 d，猪约 60 d。泌乳细胞数量和活性决定泌乳的持久性。研究表明，在分娩到泌乳高峰期间每日挤奶 2 次，可以增强奶牛乳腺细胞的分泌活性，但乳腺细胞的数量没有额外增加。母畜的生理状态对泌乳量也有很大的影响。充足的饲料供给、稳定的环境条件、有规律的吮吸或挤奶、合理的饲养管理等有利于泌乳的维持。

（三）乳分泌的调节

乳分泌主要通过体液途径进行调控，是多种激素共同作用的结果。妊娠期，胎盘和卵巢分泌大量的雌激素和孕酮，抑制腺垂体释放 PRL；分娩前，孕酮分泌迅速下降，解除对下丘脑和腺垂体的抑制作用，PRL 含量急剧增加，强烈促进乳腺活动，引起泌乳。PRL、TSH、ACTH、GH、PTH 和胰岛素对于泌乳的维持都是必需的。PRL 能够增加乳蛋白合成基因的表达，刺激乳腺细胞合成酪蛋白；TSH 能提高机体的新陈代谢，促进乳的生成，影响乳分泌的强度和持续时间；ACTH 通过影响乳腺细胞数量和代谢状态直接调控泌乳；GH 也具有促进泌乳的作用，但它并不直接作用于乳腺，而是通过动员其他组织器官的营养成分用于乳汁合成来发挥其作用。胰岛素能激活乳腺中许多基因的表达，能够促进乳蛋白的合成，与催乳素具有协同效应。

泌乳期，垂体分泌激素是一种反射活动。一般认为，由哺乳或挤奶对乳房刺激引起的神经冲动，首先到达脑部，兴奋下丘脑的有关神经中枢，作用于腺垂体，使 PRL 释放增强，从而调节乳腺的泌乳活动。同时，乳汁从乳腺有规律地排空也是维持泌乳的必要条件。

有学者认为神经系统直接通过支配乳腺的分泌神经纤维和营养神经纤维影响乳的生成过程。乳生成还受大脑皮层的影响，增强其兴奋，可加强乳的分泌。研究发现，家畜的神经活动类型与泌乳性能也有一定的关系。神经活动类型强的奶牛，具有较高的产乳量、平稳的泌乳曲线、乳产量的昼夜变化较小；而神经活动类型弱的奶牛泌乳能力差。

◆ 第四节 乳 的 成 分

乳为白色或微黄色的不透明液体，分为初乳和常乳。乳的成分非常复杂，含有上百种物质，主要包括水、乳糖、脂肪、蛋白质、盐类、维生素、酶类等。

一、初乳

初乳（colostrum）一般是指动物分娩后最初几天所分泌的乳。初乳比较黏稠、黄色、有特殊气味、稍有咸味或苦味。初乳是新生动物不可替代的食物，对幼畜的存活和生长发育至关重要。初乳的热稳定性差，易凝集成块，通常不能作为乳制品的加工原料。初乳的成分含量与常乳显著不同。牛初乳中干物质含量较高，固形物总量为 14%～18%，是常乳的数倍。

初乳中蛋白质含量为 5%～7%，远远高于常乳，具有较高的营养价值。特别是第 1 次挤出的初乳，其蛋白质含量可达常乳的 4～8 倍。牛初乳中还含有多种具有生物活性功能的免疫因子和促生长因子，其中免疫球蛋白是最重要的免疫因子，含量非常丰富，为 32～212 mg/mL，是常乳的 50～150 倍，可使犊牛获得被动免疫，增强其抵抗力。初乳中乳脂含量为 4%～5%，明显高于常乳。初乳中乳糖含量低于常乳，这对于乳糖酶活性不高的新生动物非常有利。初乳中还含有幼畜生长所必需的多种维生素，特别是维生素 A、维生素 C 和维生素 D 都要比常乳高好几倍，胡萝卜素使初乳呈现特殊的黄色。此外，初乳中还富含无机盐、微量元素和其他成分。

二、常乳

常乳是初乳期后乳腺所分泌的白色或微黄色乳汁。常乳的成分包括水、蛋白质、脂肪、糖类、矿物质、维生素和多种生物活性成分（表 12-1）。乳的成分受品种、个体、季节、年龄、营养水平、健康状况、泌乳阶段等因素的影响。

表 12-1 不同种类动物的乳成分（开赛尔·买买提明·特肯，2007）

种类	总固体 / %	水 / %	脂肪 / %	蛋白质 / %		乳糖 / %	残渣 / %（灰烬）
				酪蛋白	乳清蛋白		
人	12.4	87.1	4.6	0.4	0.7	6.8	0.2
猴子	8.5	87.3	0.6	0.7	0.7	6.1	0.4
马	11.2	88.8	1.6	1.3	1.2	6.2	0.4
骆驼	13.1	86.5	4.0	2.7	0.9	5.4	0.7
奶牛	12.7	87.3	4.4	2.8	0.6	4.6	0.7
水牛	17.2	82.2	7.8	3.2	0.6	4.9	0.8
山羊	13.2	86.7	4.5	2.6	0.6	4.4	0.8
绵羊	19.3	82.0	7.6	3.9	0.7	4.8	0.9
驴	10.1	88.3	1.5	1.0	1.0	7.4	0.5
兔子	12.8	79.0	10.3	6.4	2.0	2.6	1.3

（一）乳脂

乳脂是乳中主要的储能和营养物质，主要成分是甘油三酯（98%）、少量的甘油一酯、甘油二酯、游离脂肪酸、磷脂和胆固醇。乳脂以脂肪球形式均匀分散于乳中形成乳浊液。

乳脂是影响乳营养价值、风味、物理性质等的重要因素，也是乳中含量变化最大的成分，受物种、个体、季节、食物、胎次、挤奶间隔时间等因素的影响而发生变化。乳脂含量一般为 30～120 mg/mL，而海洋哺乳动物（海豹、海豚、鲸）及生活在两极地区的哺乳动物，其乳脂含量显著增大，最高可达 500 mg/mL。

（二）乳蛋白

乳蛋白包括酪蛋白、乳清蛋白、酪蛋白酸盐、浓缩乳蛋白及一些特殊蛋白混合物等。酪蛋白是由 α-、β-和 κ-酪蛋白组成的一种含磷蛋白质，约占乳蛋白的 80%，它的主要特征是具有高含量的磷酸化丝氨酸残基和脯氨酸。

乳清蛋白是一组小而紧密的球状蛋白，包括 α-乳球蛋白、β-乳清蛋白、血清蛋白、免疫球蛋白、乳铁蛋白等，占乳蛋白的 18%～20%。乳清蛋白水合能力强，分散度高，在乳中呈典型的高分子溶液状态。乳中含有多种非蛋白含氮物，大多数是蛋白质的代谢产物，含量较多的是尿素氮（≥50%），其次是肌酐氮和氨氮。

（三）乳糖

乳糖是哺乳动物所特有的糖类。大多数动物乳中乳糖的浓度比较恒定，为 4.4%～5.2%。乳糖有 α-乳糖和 β-乳糖两种异构体，属于还原糖类。乳糖在肠道黏膜中被乳糖酶分解为半乳糖和葡萄糖，再通过简单扩散和主动吸收机制进入血液。乳中除乳糖外，还含有少量的其他碳水化合物，包括葡萄糖、半乳糖、果糖、低聚糖等。

（四）盐类

乳中的盐类主要有钙、磷、钠、镁、硫、钾、氯等（表 12-2），还含有铁、铜、锌等十几种必需微量元素。汞、铝、砷等非必需微量元素在乳中也有微量存在。牛乳中的盐类大多以无机盐或有机盐形式存在，磷酸盐和柠檬酸盐的数量最多。大部分钠以氯化物、磷酸盐和柠檬酸盐的离子状态存在。总钙量的2/3以胶体形式存在于酪蛋白微团中，其余的存在于溶液中。磷是乳中磷蛋白和磷脂的组分。乳中存在钙和镁、磷酸和柠檬酸的平衡，影响乳的稳定性。

表 12-2　牛乳中主要盐类的含量（崔娜等，2013）　（单位：mg/100 mg 牛乳）

盐类	钾	钙	氯	磷	钠	硫	镁
含量	138	125	104	96	58	30	14

（五）其他成分

乳中还含有维生素、色素、酶、激素、气体、细胞等。这些成分在乳中含量极低，但很多是具有重要生理功能的生物活性物质。乳中含有几十种酶类，主要来源于乳腺组织、血浆、白细胞及微生物的分泌。通过检测乳中的酶，可以了解乳腺细胞的代谢情况，辅助疾病的诊断和判断乳的状态。例如，检测过氧化氢酶的活性，判断乳是否是异常乳；检测还原酶的活性判断乳的新鲜度；检测过氧化物酶的活性判断乳的热处理程度。

乳中的激素和生长因子种类很多，包括类固醇激素（雌二醇）、蛋白质类激素（催乳素、生长激素等）、胰岛素样生长因子、神经生长因子等，参与母子之间的信息传递，调节新生动物免疫功能等。

乳中含有一些细胞成分，主要是白细胞、乳房分泌组织的上皮细胞和少量的红细胞。乳中细胞的含量是衡量乳房健康及乳卫生状况的标准之一，通常正常乳中细胞数量不超过 5×10^5 个/mL。

◆ 第五节　乳的储存和排出

一、乳的储存

乳腺合成的乳持续分泌到腺泡腔内，排出到小导管，再进入大导管和乳池储存，最后充满整个乳房。乳腺腺泡腔储存量占总乳量的20%～60%，导管系统储存量占总乳量的15%～40%，乳池储存量占总乳量的20%～30%。

乳容纳系统的充盈程度影响乳的分泌。当腺泡腔、导管和乳池逐渐充满乳后，容纳系统的内压力逐渐升高，导致泌乳速度下降；当乳房充满更多的乳汁后，乳内压力达到一定限度时，泌乳几乎停止。刚刚挤空的乳房，乳腺细胞的泌乳速度很快，挤奶后的3～4 h，乳的生成最旺盛，然后逐渐减弱。生产中，测定母牛尿液中的乳糖含量（腺泡中的乳糖被吸收入血，再通过肾随尿排出）可以作为判断乳房是否过度充满的指标。

二、乳的排出

储存在腺泡、导管系统和乳池中的乳快速排出体外的过程称为排乳（milk excretion）。排乳是一种复杂的反射活动。按摩、挤奶或幼崽哺乳时，母畜乳头和乳房皮肤上的感受器受到刺激，反射性地引起乳房腺泡和小导管周围的肌上皮细胞收缩，使乳流入大的导管和乳池中；随着大导管和乳池的平滑肌强烈收缩，乳池内压力急剧升高，乳头括约肌开放，乳汁排出体外。排乳期间，乳池内压力维持较高的水平，使乳汁持续流出。

（一）排乳的过程

排乳过程中最先排出的是储存在乳池和大导管内的乳池乳，均占泌乳量的30%；随后被排出的是乳房腺泡和小导管内的乳汁，这部分乳的排出需要依靠乳腺肌细胞的反射性收缩，因此称为反射乳（reflex milk），约占泌乳量的70%。牛的乳池大，排乳反射时间短，哺乳或挤奶时，1 min内就可以引起排乳；而猪的乳池很小，排乳反射的时间较长，为2～5 min。

（二）排乳的调节

排乳受神经和内分泌系统的共同作用，是由多个神经中枢参与的反射活动，还涉及激素的体液调节。

排乳反射的感受器主要分布在乳头和乳房皮肤上。挤压或吮吸乳头是引起排乳反射的主要非条件刺激。此外，温热刺激、刺激生殖道、幼畜对乳房的冲撞等都可以引起排乳反射。外界环境的各种刺激也可以通过视觉、听觉、嗅觉、触觉等促进或抑制排乳的条件反射。感受器兴奋产生的神经冲动经精索外神经传递到脊髓，沿脊髓-丘脑束传到丘脑，最后达到大脑皮层。下丘脑视上核和室旁核是排乳反射的基本中枢；大脑皮层中有相应的代表区，控制下丘脑的活动。排乳反射的传出途径有两条：神经途径和神经-体液途径。排乳反射的传出神经主要存在于精索外神经和交感神经中，可以直接支配乳腺平滑肌的活动。神经-体液途径主要通过下丘脑调控垂体释放催产素和催乳素，催产素作用于乳腺腺泡和乳导管周围的肌上皮细胞，引起平滑肌收缩，排出乳汁（图12-2）。

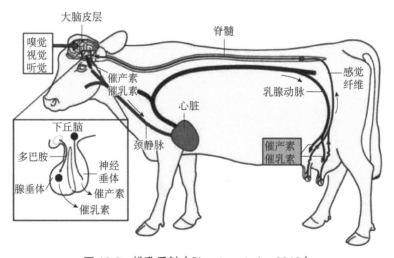

图 12-2　排乳反射（Sjaastas et al., 2013）

在非条件排乳反射的基础上，可以建立大量的条件反射，使母畜适应挤奶的时间、地点、设备、人员。当母畜受到噪声、环境条件改变、疼痛、恐惧等一些异常刺激后，通过脑的高级中枢抑制下丘脑排乳中枢，导致催产素释放减少，同时交感神经系统兴奋，肾上腺素分泌增加，乳房小动脉收缩，乳腺血流量下降，排乳受到抑制。生产中，养殖场需要建立合理的饲养管理制度，创造有利的条件，促进排乳，提高产乳量；避免泌乳期的母畜受到惊扰，造成排乳抑制及泌乳量下降。

? 思考题

1. 影响乳腺发育和乳汁分泌的激素有哪些? 各有什么生理作用?
2. 初乳的成分与常乳比较, 有什么不同之处?
3. 论述排乳反射调节途径。

（庞坤）

主要参考文献

陈守良. 2012. 动物生理学. 4 版. 北京：北京大学出版社.

崔娜，梁琪，文鹏程，等. 2013. 牛初乳与常乳的物化性质对比分析. 食品工业科技，34（9）：368-372.

丁明孝，王喜忠，张传茂，等. 2020. 细胞生物学. 5 版. 北京：高等教育出版社.

董尔丹，张幼怡. 2014. 血管生物学. 2 版. 北京：北京大学医学出版社.

冯仰廉. 2004. 反刍动物营养学. 北京：科学出版社.

韩济生. 1999. 神经科学原理：上、下册. 北京：北京医科大学出版社.

胡仲明，柳巨雄. 2003. 动物生理学前沿. 长春：吉林人民出版社.

姜云垒，冯江. 2006. 动物学. 北京：高等教育出版社.

金天明. 2012. 动物生理学. 北京：清华大学出版社.

开赛尔·买买提明·特肯. 2007. 人和几种动物乳汁的成分比较及其作用. 首都师范大学学报（自然科学版），28（5）：52-56.

李安然. 2018. 奈特神经科学彩色图谱. 3 版. 北京：北京大学医学出版社.

李庆章. 2009. 乳腺发育与泌乳生物学. 北京：科学出版社.

李永才，黄益明. 1985. 比较动物生理学. 北京：高等教育出版社.

李宗柱. 2022. 动物生理学. 2 版. 武汉：华中科技大学出版社.

利维，斯坦顿，凯普恩. 2010. 生理学原理. 4 版. 梅岩艾，王建军，译. 北京：高等教育出版社.

林学颜，张玲. 1999. 现代细胞与分子免疫学：北京：科学出版社.

刘景生. 2003. 细胞信息与调控. 2 版. 北京：中国协和医科大学出版社.

刘先国. 2010. 生理学. 2 版. 北京：科学出版社.

刘宗柱. 2022. 动物生理学. 2 版. 武汉：华中科技大学出版社.

柳巨雄，杨焕明. 2010. 动物生理学. 北京：高等教育出版社.

吕求达，霍仲厚. 2003. 特殊环境生理学. 北京：军事医学出版社.

寿天德. 2006. 神经生物学. 2 版. 北京：高等教育出版社.

王玢，左明雪. 2009. 人体及动物生理学. 3 版. 北京：高等教育出版社.

王金洛，艾晓杰. 2002. 动物生理学词典. 北京：中国农业出版社.

王庭槐. 2018. 生理学. 9 版. 北京：人民卫生出版社.

吴志新. 2022. 普通动物学. 4 版. 北京：中国农业出版社.

信文君，周光纪. 2020. 生理学. 4 版. 北京：科学出版社.

徐润林. 2013. 动物学. 北京：高等教育出版社.

杨秀平，肖向红，李大鹏. 2016. 动物生理学. 3 版. 北京：高等教育出版社.

杨增明，孙青原，夏国良. 2005. 生殖生物学. 北京：科学出版社.

姚泰，曹济民，樊小力，等. 2010. 生理学. 2 版. 北京：人民卫生出版社.

余承高，陈栋梁，秦达念，等. 2007. 图表生理学. 北京：中国协和医科大学出版社.

张玉生，柳巨雄，刘娜. 2000. 动物生理学. 长春：吉林人民出版社.

赵茹茜. 2020. 动物生理学. 6 版. 北京：中国农业出版社.

郑光美. 2012. 鸟类学. 2 版. 北京：北京师范大学出版社.

周定刚，马恒东，黎德兵，等. 2022. 动物生理学. 3 版. 北京：中国林业出版社.

周杰. 2018. 动物生理学. 北京：中国农业大学出版社.

朱士恩. 2006. 动物生殖生理学. 北京：中国农业出版社.

朱文玉. 2009. 医学生理学. 2 版. 北京：北京大学医学出版社.

Akers M R，Denbow D M. 2016. Anatomy & Physiology of Domestic Animals. 2nd ed. Hoboken：Wiley Blakwell Press.

Alitto H J，Usrey W M. 2003. Corticothalamic feedback and sensory processing. Curr Opin Neurobiol，13：440.

Berne R M，Levy M N. 2000. Principles of Physiology. 3th ed. St. Louis：Mosby.

Davies A，Blakeley A G H，Kidd C. 2001. Human Physiology. New York：Churchill Livingstone.

Fails A D，Magee C. 2019. Anatomy and Physiology of Farm Animals. 8th ed. Hoboken：Wiley Blakwell Press.

Ganong W F. 1999. Review of Medical Physiology. 20th ed. New York：McGraw-Hill Publishing Co Ltd.

Greger R，Windhorst U. 1996. Comprehensive Human Physiology：From Cellular Mechanisms to Integration. Berlin：Springer.

Guyton A C. 2000. Textbook of Medical Physiology. 10th ed. Philadelphia：W B Saunders Co Ltd.

Hall J L. 2016. Challenging conversations. Can Fam Physician，62(8)：685.

Reece W O. 2004. Dukes' Physiology of Domestic Animals. 12th ed. New York：Cornell University Press.

Reece W O，Erickson H H，Goff J P，et al. 2019. Dukes' Physiology of Domestic Animals. 13th ed. Hoboken：Wiley Blakwell Press.

Sherwood L，Klandorf H，Yancey P H. 2013. Animal Physiology：From Genes to Organisms. 2nd ed. Boston：Cengage Learning Press.

Sjaastad O V，Sand O，Hove K. 2016. Physiology of Domestic Animals. 3rd ed. Drobak：Scandinavian Veterinary Press.

Tortora G J，Derrickson B H. 2012. Principles of Anatomy and Physiology. 13th ed. New York: Wiley.

Widmaier E P，Raff H，Strang K T. 2007. Vander's Human of Physiology. 11th ed. New York: McGraw Hill Higher Education.

| 附 录 |
诺贝尔生理学或医学奖

年份	获奖人	获奖者研究领域
2023	Katalin Karikó，Drew Weissman	在核苷碱基修饰方面的发现，这些发现加速针对新冠感染的有效信使核糖核酸疫苗的开发
2022	Svante Pääbo	已灭绝人种的基因组和人类进化的发现
2021	David Julius，Ardem Patapoutian	发现温觉和触觉的受体
2020	Harvey J. Alter，Michael Houghton，Charles M. Rice	发现丙型肝炎病毒
2019	William G. Kaelin，Peter J. Ratcliffe，Gregg L. Semenza	发现了细胞如何感知和适应氧气的可用性
2018	James P. Allison，Tasuku Honjo	发现了抑制负性免疫调节的癌症疗法
2017	Jeffrey C. Hall，Michael Rosbash，Michael W. Young	发现了控制昼夜节律的分子机制
2016	Yoshinori Ohsumi	发现了细胞自噬机制
2015	屠呦呦，William C. Campbell，Satoshi ōmura	发现了治疗疟疾和寄生性线虫感染的新方法
2014	John O'Keefe，May-Britt Moser，Edvard I. Moser	发现了构成大脑定位系统的细胞
2013	James E. Rothman，Randy W. Schekman，Thomas C. Südhof	发现细胞内主要运输系统——囊泡运输的调节机制
2012	John B. Gurdon，Shinya Yamanaka	发现成熟细胞可以重新编程变为多能性
2011	Bruce A. Beutler，Jules A. Hoffmann，Ralph M. Steinman	先天免疫激活方面的发现
2010	Robert G. Edwards	为体外受精的发展做出的贡献
2009	Elizabeth H. Blackburn，Carol W. Greider，Jack W. Szostak	发现了端粒和端粒酶如何保护染色体
2008	Harald zur Hausen，FrançoiseBarré-Sinoussi，Luc Montagnier	发现了人类免疫缺陷病毒（HIV）和导致人类宫颈癌的人乳头状瘤病毒（HPV）
2007	Mario R. Capecchi，Martin J. Evans，Oliver Smithies	发现了利用小鼠胚胎干细胞进行特定基因修饰的原理
2006	Andrew Z. Fire，Craig C. Mello	发现了 RNA 干扰机制——通过双链 RNA 使基因沉默
2005	Barry J. Marshall，J. Robin Warren	发现了幽门螺杆菌及其在胃炎和消化性溃疡疾病中的作用
2004	Richard Axel，Linda B. Buck	发现了气味受体和嗅觉系统的组织方式
2003	Paul C. Lauterbur，Peter Mansfield	在磁共振成像方面的发现
2002	Sydney Brenner，H. Robert Horvitz，John E. Sulston	有关器官发育和程序性细胞死亡的遗传调控的发现
2001	Leland H. Hartwell，Tim Hunt，Paul M. Nurse	发现了细胞周期关键调控因子
2000	Arvid Carlsson，Paul Greengard，Eric R. Kandel	在神经系统信号转导方面的发现
1999	Günter Blobel	发现调控细胞内蛋白质转运和定位的信号途径
1998	Robert F. Furchgott，Louis J. Ignarro，Ferid Murad	发现一氧化氮是心血管系统中的信号分子
1997	Stanley B. Prusiner	发现了一种新的生物学感染途径——朊病毒
1996	Peter C. Doherty，Rolf M. Zinkernagel	发现了基于细胞介导免疫保护的特异性
1995	Edward B. Lewis，Eric F. Wieschaus，Christiane Nüsslein-Volhard	发现了有关早期胚胎发育的基因调控机制

续表

年份	获奖人	获奖者研究领域
1994	Alfred G. Gilman，Martin Rodbell	发现了 G 蛋白及其在细胞信号转导中的作用
1993	Richard J. Roberts，Phillip A. Sharp	发现了断裂基因
1992	Edmond H. Fischer，Edwin G. Krebs	发现了一种生物调节机制——可逆蛋白质磷酸化
1991	Erwin Neher，Bert Sakmann	发现了细胞中单个离子通道的功能
1990	Joseph E. Murray，E. Donnall Thomas	在器官和细胞移植治疗人类疾病方面的发现
1989	J. Michael Bishop，Harold E. Varmus	发现了逆转录病毒致癌基因的细胞起源
1988	James W. Black，Gertrude B. Elion，George H. Hitchings	发现了重要的药物治疗机制
1987	Susumu Tonegawa	发现了产生抗体多样性的遗传原理
1986	Stanley Cohen，Rita Levi-Montalcini	发现了生长因子
1985	Michael S. Brown，Joseph L. Goldstein	发现了有关胆固醇代谢的调节
1984	Niels K. Jerne，Georges J. F. Köhler，César Milstein	关于免疫系统发育和调节的特异性的理论及制作单克隆抗体的原理
1983	Barbara McClintock	发现了可移动的遗传元件
1982	Sune K.Bergström，Bengt I. Samuelsson，John R. Vane	发现了前列腺素及相关生物活性物质
1981	Roger W. Sperry，David H. Hubel，Torsten N. Wiesel	发现了大脑半球职能分工和有关视觉系统中的信息转导过程
1980	Baruj Benacerraf，Jean Dausset，George D. Snell	发现了遗传决定的调节免疫反应的细胞表面结构
1979	Allan M. Cormack，Godfrey N. Hounsfield	为计算机辅助层析成像技术的发展
1978	Werner Arber，Daniel Nathans，Hamilton O. Smith	发现了限制性内切酶及其在分子遗传学上的应用
1977	Roger Guillemin，Andrew V. Schally，Rosalyn Yalow	发现了脑中肽类激素和测定肽激素的放射免疫分析法
1976	Baruch S. Blumberg，D. Carleton Gajdusek	有关传染病起源和传播机制的新发现
1975	David Baltimore，Renato Dulbecco，Howard Martin Temin	发现了肿瘤病毒与细胞遗传物质之间的相互作用
1974	Albert Claude，Christian de Duve，George E. Palade	发现了细胞的相关结构和功能组织
1973	Karl von Frisch，Konrad Lorenz，Nikolaas Tinbergen	发现了有关个人和社会行为模式的运作和影响
1972	Gerald M. Edelman，Rodney R. Porter	有关抗体化学结构的发现
1971	Earl W. Sutherland	有关激素作用机制的发现
1970	Bernard Katz，Ulf von Euler，Julius Axelrod	发现了神经末梢递质及其储存、释放和失活的机制
1969	Max Delbrück，Alfred D. Hershey，Salvador E. Luria	发现了病毒的复制机制和遗传结构
1968	Robert W. Holley，Har Gobind Khorana，Marshall W. Nirenberg	发现了遗传密码及其在蛋白质合成中功能的解译
1967	Ragnar Granit，Haldan Keffer Hartline，George Wald	有关视觉形成过程中基本生理过程和化学机制的发现
1966	Peyton Rous，Charles Brenton Huggins	发现了诱导肿瘤的病毒和因其有关激素治疗前列腺癌的发现
1965	François Jacob，André Lwoff，Jacques Monod	发现有关酶和病毒合成的遗传调控机制
1964	Konrad Bloch，Feodor Lynen	发现了有关胆固醇和脂肪酸代谢的机制和调控
1963	John Carew Eccles，Alan Lloyd Hodgkin，Andrew Fielding Huxley	发现了中枢神经和外周神经兴奋和抑制的细胞膜离子机制
1962	Francis Harry Compton Crick，James Dewey Watson，Maurice Hugh Frederick Wilkins	发现了核酸的分子结构及其在生物体中信息传递的重要性
1961	Georg von Békésy	发现了耳蜗感受声音的物理机制
1960	Frank Macfarlane Burnet，Peter Brian Medawar	发现获得性免疫的耐受性
1959	Severo Ochoa，Arthur Kornberg	发现了核糖核酸和脱氧核糖核酸的生物合成机制
1958	George Wells Beadle，Edward Lawrie Tatum，Joshua Lederberg	发现基因通过调节特定的化学反应而起作用及有关基因重组和细菌遗传物质方面的发现
1957	Daniel Bovet	发现某些合成物质可抑制体内生物活性物质的活性，特别是对血管系统和骨骼肌的影响较大

年份	获奖人	获奖者研究领域
1956	André Frédéric Cournand，Werner Forssmann，Dickinson W. Richards	有关心脏导管插入术和循环系统病理变化的发现
1955	Axel Hugo Theodor Theorell	发现了氧化酶的性质和作用方式
1954	John Franklin Enders，Thomas Huckle Weller，Frederick Chapman Robbins	开发了脊髓灰质炎病毒在各种组织培养物中生长的技术和方法
1953	Hans Adolf Krebs，Fritz Albert Lipmann	发现了柠檬酸（三羧酸）循环和辅酶A及其在中间代谢的重要性
1952	Selman Abraham Waksman	发现了第一个对肺结核病有效的抗生素——链霉素
1951	Max Theiler	因其有关黄热病及其防治方法的成就
1950	Edward Calvin Kendall，Tadeus Reichstein，Philip Showalter Hench	发现了肾上腺皮质激素及其结构和生物学效应
1949	Walter Rudolf Hess，Antonio Caetano de Abreu Freire Egas Moniz	发现了间脑在调节内脏器官中的作用和切割脑部前叶白质对治疗某些精神病的作用
1948	Paul Hermann Müller	发现了滴滴涕作为接触性杀虫药的高效性
1947	Carl Ferdinand Cori，Gerty Theresa Cori，Bernardo Alberto Houssay	发现了糖原的酶促转化过程和垂体前叶激素在糖代谢中的作用
1946	Hermann Joseph Muller	发现通过X射线辐射可诱导基因突变
1945	Alexander Fleming，Ernst Boris Chain，Howard Walter Florey	对青霉素的发现及其在各种传染病中的疗效
1944	Joseph Erlanger，Herbert Spencer Gasser	有关单一神经纤维高度分化功能的发现
1943	Henrik Carl Peter Dam，Edward Adelbert Doisy	发现了维生素K及其化学性质
1942	—	—
1941	—	—
1940	—	—
1939	Gerhard Domagk	发现了磺胺药物的抗菌作用
1938	Corneille Jean François Heymans	发现了颈动脉窦和主动脉弓在呼吸调节中的作用及其机制
1937	Albert von Szent-Györgyi Nagyrápolt	在生物氧化过程中维生素C和富马酸的生理作用
1936	Henry Hallett Dale，Otto Loewi	神经冲动传递过程中化学递质的作用
1935	Hans Spemann	发现了胚胎发育中的组织者（胚胎发育中起中心作用的区域）效应
1934	George Hoyt Whipple，George Richards Minot，William Parry Murphy	发现了治疗贫血的肝疗法
1933	Thomas Hunt Morgan	发现了染色体在遗传中的作用
1932	Charles Scott Sherrington，Edgar Douglas Adrian	在神经元功能方面的发现
1931	Otto Heinrich Warburg	发现了呼吸酶的性质和作用方式
1930	Karl Landsteiner	发现了人类血型
1929	Christiaan Eijkman，Sir Frederick Gowland Hopkins	发现了抗神经炎维生素和刺激生长的维生素
1928	Charles Jules Henri Nicolle	在斑疹伤寒方面的工作
1927	Julius Wagner-Jauregg	发现了疟疾接种对麻痹性痴呆的治疗价值
1926	Johannes Andreas Grib Fibiger	发现了菲比格氏鼠癌
1925	—	—
1924	Willem Einthoven	发现了心电图的机制
1923	Frederick Grant Banting，John James Rickard Macleod	发现了胰岛素
1922	Archibald Vivian Hill，Otto Fritz Meyerhof	发现了肌肉中的代谢热的产生过程和肌肉中氧气消耗与乳酸代谢之间的固定关系

续表

年份	获奖人	获奖者研究领域
1921	—	—
1920	Schack August Steenberg Krogh	发现了毛细血管运动的调节机制
1919	Jules Bordet	有关免疫方面的一系列发现
1918	—	—
1917	—	—
1916	—	—
1915	—	—
1914	Robert Bárány	在内耳前庭器官生理和病理方面的工作
1913	Charles Robert Richet	在过敏反应方面的工作
1912	Alexis Carrel	在血管缝合及血管和器官移植方面的工作
1911	Allvar Gullstrand	有关眼睛屈光学方面的工作
1910	Albrecht Kossel	基于蛋白质、核酸的研究对细胞化学方面的贡献
1909	Emil Theodor Kocher	在甲状腺生理、病理和外科学方面的工作
1908	Ilya Ilyich Mechnikov，Paul Ehrlich	在免疫方面的工作
1907	Charles Louis Alphonse Laveran	发现并阐明了原生动物在诱发疾病中所起的作用
1906	Camillo Golgi，Santiago Ramón y Cajal	在神经系统结构方面的工作
1905	Robert Koch	在结核病方面的调查和发现
1904	Ivan Petrovich Pavlov	在消化生理学方面的工作，通过该工作使人们对消化系统的认知得到了扩大和提升
1903	Niels Ryberg Finsen	利用集中光辐射治疗疾病（尤其是狼疮）做出的贡献，开辟了医学研究新途径
1902	Ronald Ross	因其在疟疾方面的工作，他阐明了疟疾如何进入机体，从而为研究疟疾及防治疟疾方法奠定了基础
1901	Emil Adolf von Behring	在血清疗法方面的工作，特别是在治疗白喉方面的应用，使他为医学领域开辟了一条新道路，从而为医师提供了抵抗疾病和死亡的有力武器

索 引

A

嗳气（eructation）……………………120

胺前体摄取和脱羧（amine precursor uptake and
decarboxylation，APUD）……………108

B

白蛋白（albumin）……………………39

白细胞（white blood cell，WBC）………39

饱中枢（satiety center）………………109

泵血功能（cardiac pumping function）……58

壁细胞（parietal cell）………………112

C

初情期（puberty）……………………217

初乳（colostrum）……………………236

传导散热（thermal conduction）………145

传导性（conductivity）………………66

窗孔（fenestra）………………………157

雌二醇（estradiol，E2）………………220

雌激素（estrogens）…………………221

刺激（stimulus）………………………5

促红细胞生成素（erythropoietin，EPO）…44

促黄体素（LH）………………………219

促胃液素（gastrin）…………………108

促血小板生成素（thrombopoietin，TPO）…48

促胰液素（secretin）…………………108

催产素（oxytocin，OXT）……………199

D

代谢能（metabolizable energy，ME）………136

单核细胞（monocyte）…………………45

胆汁（bile）…………………………125

蛋白激酶A（PKA）……………………20

蛋白质C（protein C，PC）……………51

等热区

等热区（zone of thermal neutrality）…………144

低密度脂蛋白（LDL）…………………21

冬眠（hibernation）…………………151

动物生理学（animal physiology）…………2

动作电位（action potential，AP）………23

窦性节律（sinus rhythm）……………65

对侧伸肌反射（crossed-extensor reflex）……186

对流散热（thermal convection）………145

多巴胺（dopamine，DA）……………176

F

发酵能（energy in gaseous products of
digestion，Eg）……………………136

翻正反射（righting reflex）……………188

反刍（rumination）……………………120

反射（reflex）…………………………7

反射弧（reflex arc）……………………7

反射乳（reflex milk）…………………239

反应（reaction）………………………5

非蛋白氮（non-protein nitrogen，NPN）……122

非蛋白呼吸商（non-protein respiratory
quotient，NPRO）…………………138

非特异性投射系统（unspecific projection
system）……………………………183

分娩（parturition）……………………228

粪能（feces energy，FE）………………135

缝隙连接（gap junction）………………173

辐射散热（thermal radiation）…………145

负反馈（negative feedback）……………8

副交感神经（parasympathetic nerve）………189

G

钙僵（calcium rigor）…………………68

肝素（heparin）·············51
睾酮（testosterone，T）·············219
冠脉循环（coronary circulation）·············81

H

红蛋白（hemoglobin，Hb）·············43
红细胞（red blood cell，RBC）·············39
红细胞沉降率（erythrocyte sedimentation rate，ESR）·············43
红细胞凝集（agglutination）·············54
红细胞压积（packed cell volume，PCV）·······39
后负荷（afterload）·············60
呼吸商（respiratory quotient，RQ）·············137
环磷酸腺苷（cAMP）·············20
环鸟苷酸（cGMP）·············20
挥发性脂肪酸（volatile fatty acid，VFA）····118

J

肌醇三磷酸酰（IP$_3$）·············20
肌紧张（muscle tension）·············186
肌质网（sarcoplasmic reticulum，SR）·········29
基础代谢（basal metabolism）·············141
基础代谢率（basal metabolism rate，BMR）·············141
激素（hormone）·············195
急性实验（acute experiment）·············4
集落刺激因子（colony stimulating factor，CSF）·············47
脊髓动物（spinal animal）·············186
脊髓休克（spinal shock）·············186
甲状旁腺激素（parathyroid hormone，PTH）·············209
甲状腺过氧化酶（thyroid peroxidase，TPO）·············203
甲状腺激素（thyroid hormone，TH）·········203
腱反射（tendon reflex）·············185
降钙素（calcitonin，CT）·············209
交叉配血试验（cross-match test）·············55
交感神经（sympathetic nerve）·············189
净能（net energy，NE）·············136
静息电位（resting potential，RP）·············22
静止能量代谢（resting energy metabolism）····141
局部电位（local potential）·············25

绝对不应期（absolute refractory period，ARP）·············66
菌体蛋白（microbial protein，MCP）·········117

K

抗利尿激素（antidiuretic hormone，ADH）·············80
抗凝血酶Ⅲ（antithrombin Ⅲ）·············51
可塑变形性（plastic deformation）·············42

L

拦阻蛋白（arrestin）·············21
离体实验（*in vitro* experiment）·············4
淋巴细胞（lymphocyte）·············45
淋巴液（lymph fluid）·············75
磷酸肌酸（creatine phosphate，CP）·············136
磷脂酶C（PLC）·············20
瘤胃蛋白（rumen undegraded protein，RUP）·············123
瘤胃降解蛋白（rumen degraded protein，RDP）·············122
滤过分数（filtration fraction，FF）·············157

M

慢性实验（chronic experiment）·············4
每搏输出量（stroke volume，SV）·············59
每分输出量（minute volume，MV）·············60
免疫球蛋白（immunoglobulin，Ig）·············39

N

钠尿肽（natriuretic peptide，NP）·············80
脑-肠肽（brain-gut peptide）·············108
内分泌（endocrine）·············194
内分泌系统（endocrine system）·············194
内分泌细胞（endocrine cell）·············112
内环境（internal environment）·············6
能量代谢率（energy metabolic rate）·············139
黏度（viscosity）·············40
鸟苷二磷酸（GDP）·············20
鸟苷三磷酸（GTP）·············20
鸟苷酸环化酶（guanylyl cyclase，GC）·········20
尿能（urinary energy，UE）·············136
凝集素（agglutinin）·············54
凝集原（agglutinogen）·············54
凝血时间（clotting time）·············51

凝血因子（blood clotting factor）……49

P

排卵（ovulation）…………222
排乳（milk excretion）…………238
排泄（excretion）…………153
平滑肌（smooth muscle）…………35

Q

起搏点（pacemaker）…………65
牵张反射（stretch reflex）…………185
前负荷（preload）…………60
前列环素（prostacyclin，PGI₂）…………80
潜在起搏点（latent pacemaker）…………65
球蛋白（globulin）…………39
屈肌反射（flexor reflex）…………186
去大脑强直（decerebrate rigidity）…………188
去甲肾上腺素（norepinephrine，NE 或
noradrenaline，NA）…………79

R

二酰甘油（DG）…………20
热增耗（heat increment，HI）…………136
妊娠（pregnancy）…………227
溶剂拖曳（solvent drag）…………158
溶血（hemolysis）…………43
乳池（cisterns）…………232
乳蛋白（milk protein）…………235
乳糖（lactose）…………235
乳腺（mammary gland）…………231
乳脂（milk fat）…………234

S

三磷酸腺苷（ATP）…………15
杀伤细胞（killer cell，K 细胞）…………47
射血分数（ejection fraction，EF）…………59
摄食（feed intake）…………109
摄食中枢（feeding center）…………109
神经调节（neural regulation）…………7
神经调质（neuromodulator）…………177
神经胶质细胞（neuroglia cell）…………172
神经生长因子（nerve growth factor，
NGF）…………172
神经纤维（nerve fiber）…………170
神经营养因子（neurotrophic factor，
NF）…………172

神经元（neuron）…………169
肾单位（nephron）…………154
肾上腺素（epinephrine，E 或 adrenaline，
AD）…………79
肾小球滤过（glomerular filtration）…………156
肾小球滤过率（glomerular filtration rate，
GFR）…………157
渗透脆性（osmotic fragility）…………43
渗透压（osmotic pressure）…………40
生产净能（net energy for production，
NEp）…………136
生理性止血（hemostasis）…………48
生理学（physiology）…………1
生物节律（biorhythm）…………5
生长激素（GH）…………201
生长激素受体（growth hormone receptor，
GHR）…………201
生长抑素（somatostatin，SS）…………108
生长抑素（somatostatin，SS）…………211
生殖（reproduction）…………216
生殖（reproduction）…………5
食物的热价（caloric value）…………137
食物的氧热价（thermal equivalent of
oxygen）…………137
视前区-下丘脑前部（preoptic anterior
hypothalamus area，PO/AH）…………148
适应性（adaptation）…………5
嗜碱性粒细胞（basophil）…………45
嗜酸性粒细胞（eosinophil）…………45
收缩性（contractility）…………67
受精（fertilization）…………225
授精（insemination）…………225
双氢睾酮（dihydrotestosterone，DHT）…………219

T

调定点（set-point）…………147
调定点学说（set-point theory）…………149
胎盘（placenta）…………228
碳酸酐酶（carbonicanhydrase，CA）…………97
特殊动力作用（specific dynamic action）…………136
特异性投射系统（specific projection
system）…………182
体表温度（shell temperature）…………141

体成熟（body maturity）……………… 217
体核温度（core temperature）………… 142
体液调节（humoral regulation）……… 7
体液免疫（humoral immunity）……… 46
突触（synapase）……………………… 173
吞咽（swallowing）…………………… 110
脱氢表雄酮（dehydroepiandrosterone）…… 219
唾液（saliva）………………………… 110

W

外分泌细胞（exocrine cell）………… 112
维持净能（net energy for maintenance,
NEm）………………………………… 136
胃肠激素（gastrointestinal hormone）…… 108
胃动素（motilin）…………………… 108
胃排空（gastric emptying）………… 115
胃酸（gastric acid）………………… 112
稳态（homeostasis）…………………… 6

X

吸收（absorption）…………………… 104
细胞免疫（cellular immunity）……… 46
夏眠（estivation）…………………… 151
纤维蛋白原（fibrinogen）…………… 39
腺苷酸环化酶（AC）………………… 20
相对不应期（relative refractory period,
RRP）………………………………… 67
消化（digestion）…………………… 104
消化能（digestible energy, DE）…… 135
心动周期（cardiac cycle）…………… 57
心房钠尿肽（atrial natriuretic peptide,
ANP）………………………………… 80
心力储备（cardiac reserve）………… 60
心率（heart rate）…………………… 58
心输出量（cardiac output）………… 60
心指数（cardiac index, CI）………… 60
新陈代谢（metabolism）……………… 4
兴奋（excitation）…………………… 5
兴奋性（excitability）……………… 5
兴奋性突触后电位（excitatory postsynaptic
potential, EPSP）…………………… 174
性成熟（sexual maturity）…………… 217
性腺（gonad sexual gland）………… 216
雄烯二酮（androstenedione）……… 219

悬浮稳定性（suspension stability）…… 43
血管紧张素（angiotensin, Ang）…… 79
血管升压素（vasopressin, VP）…… 80
血红蛋白（hemoglobin, Hb）……… 43
血浆（plasma）……………………… 38
血量（blood volume）………………… 55
血清（serum）………………………… 38
血细胞（blood cell）………………… 38
血小板（platelet）…………………… 39
血型（blood group）………………… 54
血压（blood pressure）……………… 69
血液（blood）………………………… 38
血液凝固（blood coagulation）……… 49

Y

外分泌（exocrine）…………………… 194
一氧化氮（NO）……………………… 18
一氧化碳（CO）……………………… 18
一氧化碳血红蛋白（HbCO）………… 96
胰岛素（insulin）…………………… 211
胰岛素样生长因子（insulin-like grouth factor,
IGF）………………………………… 201
胰多肽（pancreatic polyeptide, PP）…… 211
胰高血糖素（glucagon）……………… 211
胰高血糖素样肽-1（glucagon like peptide-1,
GLP-1）……………………………… 109
乙酰胆碱（acetylcholine, ACh）…… 20
异位节律（ectopic rhythm）………… 65
异位起搏点（ectopic pacemaker）…… 65
抑胃肽（gastric inhibitory polypeptide）…… 108
抑制（inhibition）…………………… 5
抑制性突触后电位（inhibitory postsynaptic
potential, IPSP）…………………… 174
应激（stress）………………………… 207
有效不应期（effective refractory period,
ERP）………………………………… 66
有效滤过压（effective filtration pressure,
EFP）………………………………… 74
阈电位（threshold potential, TP）… 24
原尿（initial urine）………………… 157
孕酮（progesterone）………………… 221

Z

在体实验（*in vivo* experiment）…… 4

蒸发散热（thermal evaporation）·············· 145

整合生理学（integrative physiology）············ 2

正反馈（positive feedback）···················· 8

中性粒细胞（neutrophil）······················ 45

主细胞（chief cell）························· 112

自动节律性（autorhythmicity）················· 65

自然杀伤细胞（natural killer cell，NK

细胞）··································· 47

自身调节（auto regulation）···················· 7

总能（gross energy，GE）···················· 135

状态反射（attitudinal reflex）················· 188

锥体系统（pyramidal system）················· 189

锥体外系统（extrapyramidal system）········· 189

数字与符号

1,25-二羟维生素 D$_3$〔1,25-dihydroxycholecalciferol，
1,25-（OH）$_2$-D$_3$〕······························209

5-羟色胺（5-hydroxytryptamine，5-HT）······110

γ-氨基丁酸（GABA）·························110